普通高等教育"十一五"国家级规划教材

高等院校土建类专业新编系列教材

钢结构原理与设计

（新1版）

王先铁　主　编

武汉理工大学出版社

·武　汉·

内容提要

本书共分为7章。第1章阐述了钢结构的类型、特点、应用范围和发展;着重讲解了钢结构的设计原理和方法,以及钢结构常用的规范、标准。第2章主要讲解钢结构对材料性能的要求,包括钢材的物理性能和加工性能;同时论述了化学成分、冶金缺陷、温度、疲劳以及应力集中等各种因素对钢材性能的影响;给出了钢结构用钢材的种类、常用规格及选用方法。第3章介绍了焊缝、普通螺栓、高强度螺栓连接的工作性能和计算方法。第4章介绍了轴心受力构件的强度、刚度;轴心受压构件的整体稳定、局部稳定及截面设计;同时讲解了梁柱铰接连接形式及柱脚设计。第5章介绍了受弯构件的强度、刚度、稳定计算及截面设计。第6章介绍了拉弯压弯构件的强度、刚度、整体稳定及局部稳定计算;给出了受弯构件和框架柱的计算长度。第7章介绍了典型的钢结构——门式刚架轻型结构的特点、应用情况、结构形式及门式刚架结构、构件、节点设计方法。

本书既可作为土木工程专业本科教材,也可供有关工程技术人员参考。

图书在版编目(CIP)数据

钢结构原理与设计/王先铁主编. —武汉:武汉理工大学出版社,2018.8(2023.8重印)
ISBN 978-7-5629-5738-6

Ⅰ.① 钢… Ⅱ.① 王… Ⅲ.① 钢结构-理论 ② 钢结构-结构设计 Ⅳ.① TU391

中国版本图书馆CIP数据核字(2018)第181950号

项目负责人:汪浪涛 高 英　　**责任编辑**:王一维
责 任 校 对:刘 凯　　**封面设计**:林 田
出 版 发 行:武汉理工大学出版社
社 址:武汉市洪山区珞狮路122号
邮 编:430070
网 址:http://www.wutp.com.cn
经 销:各地新华书店
印 刷:武汉兴和彩色印务有限公司
开 本:787×1092 1/16
印 张:20.25
字 数:426千字
版 次:2018年8月第1版
印 次:2023年8月第4次印刷
印 数:7001—8000册
定 价:45.00元
凡购本书,如有缺页、倒页、脱页等印装质量问题,请向出版社发行部调换。
本社购书热线电话:027-87515778 87515848 87785758 87165708(传真)

新1版前言

鉴于近年来钢结构的迅速发展和《钢结构设计标准》(GB 50017—2017)《门式刚架轻型房屋钢结构技术规范》(GB 51022—2015)等的修订颁布,本书 2009 年第 3 版已经不能适应当前的需要,为此,在已有钢结构教材的基础上编写了本书。

“钢结构原理与设计:是土木工程专业的主要专业基础课之一,是研究建筑钢结构基本工作性能的一门工程技术型课程。本课程是土木工程专业方向的必修课,课程教学的目的是使学生系统地学习钢结构的基本原理、基本知识、计算方法、结构特点、钢构件的稳定及典型钢结构形式的特点和设计方法。本书在阐述钢结构基本原理的同时,还注重了学生应用能力的培养。

本书共分为 7 章。第 1 章阐述了钢结构的类型、特点、应用范围和发展;着重讲解了钢结构的设计原理和方法,以及钢结构常用的规范、标准。第 2 章主要讲解钢结构对材料性能的要求,包括钢材的物理性能和加工性能;同时论述了化学成分、冶金缺陷、温度、疲劳以及应力集中等各种因素对钢材性能的影响;给出了钢结构用钢材的种类、常用规格及选用方法。第 3 章介绍了焊缝、普通螺栓、高强度螺栓连接的工作性能和计算方法。第 4 章介绍了轴心受力构件的强度、刚度;轴心受压构件的整体稳定、局部稳定及截面设计;同时讲解了梁柱铰接连接形式及柱脚设计。第 5 章介绍了受弯构件的强度、刚度、稳定计算及截面设计。第 6 章介绍了拉弯压弯构件的强度、刚度、整体稳定及局部稳定计算;给出了受弯构件和框架柱的计算长度。第 7 章介绍了典型的钢结构——门式刚架轻型结构的特点、应用情况、结构形式及门式刚架结构、构件、节点设计方法。

本书第 1、2、5 章(第 1 版)由周绥平编写,第 3 章(第 1 版)由魏瑞演编写,第 4、6 章(第 1 版)由窦立军编写,第 7 章(第 2 版)由舒兴平编写。第 2 版的修订工作及主编由周绥平担任。第 3 版中,第 1～5 章由周绥平进行修订,第 6、7 章由窦立军进行修订。周绥平、窦立军任第 3 版主编。此次修订,第 1、2 章由王先铁负责,第 3 章由马尤苏夫负责,第 4、5 章由田黎敏负责,第 6、7 章由郑江负责。全书由王先铁负责统稿。

本书新 1 版的修订得到了西安建筑科技大学苏明周教授的帮助和指导,编者对此表示衷心感谢!

本书既可作为土木工程专业本科教材,也可供有关工程技术人员参考。

对于书中存在的不足之处,敬请读者批评指正!

编　者

2018 年 7 月

第1版前言

目　录

1 绪　论

提要：本章讲述钢结构的特点、应用范围及结构组成；简要介绍我国有关钢结构的规范体系及现行《钢结构设计标准》（GB 50017—2017）的计算方法，当前钢结构的发展方向；讨论了钢结构课程的学习方法。

1.1 钢结构的特点及应用范围

1.1.1 钢结构的特点

钢结构是以钢板、热轧型钢或冷弯薄壁型钢等为主要承重结构材料，通过焊接或螺栓连接组成的承重构件或承重结构。在土木建筑工程中，除钢结构外，还有钢筋混凝土结构、砖石结构、木结构等。作工程规划时，要根据各类结构的特点，结合工程的具体情况来确定选用结构的类型，以便使工程设计经济合理。

与其他结构相比，钢结构有如下特点：

（1）强度高、自重小

与混凝土、砖石、木材及铝合金材料等相比，钢材强度要高得多，因此，虽然钢材的容重比钢筋混凝土、砖石及木材大，但在承载力相同的条件下，钢结构的自重比其他结构要小。如使用H型钢制作的钢结构与混凝土结构比较，自重可减轻20%～30%。在跨度和承载力相同的条件下，钢屋架的重量仅是钢筋混凝土屋架的1/4～1/3，冷弯薄壁型钢屋架甚至接近1/10。另一方面，由于结构自重小，就可以承担更多的外加荷载，或具有更大的跨度；自重小也便于运输和吊装，例如，交通不便、取材困难的边远山区修建公路或输电工程时，常常考虑运输方便而选用钢桥或钢制输电线塔架。但由于强度高，一般所需要的构件截面小而壁薄，受压时容易发生失稳破坏，或受刚度控制强度有时不能充分发挥。

（2）塑性、韧性好

钢材破坏前要经受很大的塑性变形，能吸收和消耗很大的能量。因此，一般情况下不会因偶然局部超载而突然发生脆性破坏，对动力荷载的适应性强，抗震性能好。国内外大量的调查表明，地震后，各类结构中钢结构所受的损害最小。

（3）材质均匀，工作可靠性高

钢材在冶炼和轧制过程中，质量受到严格的检验控制，因而材质比较均匀，质量比较稳定。钢材各向同性，弹性工作范围大，因此它的实际工作情况与一般结构力学计算中采用的材料为均质各向同性体的假定较为符合，工作可靠性高。

（4）工业化程度高、施工周期短

组成钢结构的各个部件一般是在专业化的金属结构加工厂制造，然后运至现场，用焊接或螺栓进行拼接和吊装，因此加工精细，质量易于控制，生产效率高，是工业化生产程度最高的一种结构。施工采用机械化，可以大大缩短现场的施工周期。同时，采用螺栓连接的钢结构，在结构加固、改建和可拆卸结构中，具有其他结构不可替代的优势。此外，钢结构工程主要是干作业，能改善施工环境，有利于文明施工。

(5) 对生态环境的影响小

采用钢结构可大大减少沙、石、灰的用量，减轻对不可再生资源的破坏。钢结构拆除后可回炉再生循环利用，有的还可以搬迁复用，可大大减少灰色建筑垃圾。因此，采用钢结构有利于保护环境、节约资源，被认为是环保产品。

(6) 综合经济指标较好

综合上述特点，与混凝土结构相比，钢结构是环保型、可再次利用的，也是易于产业化的结构，同时还有较好的综合经济指标。例如，因自重小，其地基基础费用相对较省；因构件截面相对较小，可增加有效使用面积；与混凝土结构相比，采用热轧 H 型钢的钢结构有效使用面积可增加 4%～6%；因施工快、工期短，可节省贷款利息并提前发挥使用效益；工程资料表明，1t 钢结构可减少 7t 混凝土用量，这样又可以节约能源。

(7) 密闭性好

钢结构钢材的水密性和气密性好，不易渗漏，适用于制作各种压力容器、油罐、气柜、管道等对水密性、气密性要求较高的密闭结构。

(8) 耐热性能好，但耐火性能差

钢材在常温至 200℃以内性能变化不大，但超过 200℃，钢材的强度和弹性模量将随温度升高而大大降低，到 600℃时就完全失去承载能力。另外，钢材导热性很好，局部受热(如发生火灾)也会迅速引起整个结构升温，危及结构安全。一般认为，当钢结构表面长期受 150℃以上的高温辐射，或短时间内可能受到火焰作用，或可能受到炽热熔化金属喷溅，以及可能遭受火灾袭击时，就应采取有效的防护措施，如用耐火材料做成隔热层等。

(9) 易锈蚀

这是钢材的最大弱点。据有关资料估算，有 10%～12%的钢材损耗属于锈蚀损耗。低合金钢的抗锈能力比低碳钢好，其锈蚀速度比低碳钢慢。耐候钢(见第 2 章)抗锈最好，其抗锈能力高出一般钢材 2～4 倍。

钢材锈蚀严重时会影响结构的使用寿命，因此钢结构必须采用防锈措施，彻底除锈并涂以油漆和镀锌等。此外，还应注意使结构经常处于清洁和干燥的环境中，保持通风良好，及时排除侵蚀性气体和湿气；选用的结构构件截面的形式及构造方式应有利于防锈；尽量避免出现难以检查、清洗和油漆之处，以及能积留湿气和大量灰尘的死角和凹槽，闭口截面应沿全长和端部焊接封闭；平时应加强维护，及时进行清灰、清污工作，视涂装情况，每隔数年应重新油漆一次；必要时可采用耐候钢，如桥梁等露天结构。

(10) 对缺陷较为敏感

钢材出厂时就有内在缺陷，构件在制作和安装过程中还会出现新的缺陷，如初始几何缺陷、残余应力等。钢结构对缺陷较为敏感，设计时需考虑其影响。

1.1.2 钢结构的应用范围

钢结构的应用范围和特点与钢材供应情况密切相关。从新中国成立到 20 世纪 90 年代中期，我国钢材供应短缺，节约钢材、少用钢材成为当时的重要任务，致使钢结构的应用范围受到很大限制。直至1996年钢产量达到1亿吨，局面才得到根本改变。近年来我国钢产量有了很大发展，2017年钢产量达到8.3173亿吨，约占世界总钢产量的一半，再次成为世界第一粗钢生产国。随着我国钢产量逐年提高，钢材品种不断丰富，钢结构应用范围不断扩大。

目前，钢结构在我国建筑工程中的应用范围大致如下：

(1) 承受荷载大的结构

工业建筑中的重型厂房，吊车起重量大且操作频繁，动载影响大。如冶金工厂(图1.1)的炼钢、轧钢车间，重型机器制造厂(图1.2)的铸钢、锻压、水压机、总装配车间均属重型厂房。这类厂房的主要承重骨架及吊车梁大多采用钢结构。

图1.1 冶金工厂

图1.2 重型机器制造厂

(2) 大跨度结构

结构跨度越大，自重在全部荷载中所占比例就越大，减轻自重、提高经济效益就愈显重要，因此，大跨度的结构如大型公共建筑物(体育馆、影剧院、大会堂等)、大型工业厂房、飞机维修库以及大跨度桥梁等常采用钢结构。很多大型体育馆屋盖结构的跨度都已超过100m。如国家体育场“鸟巢”(图1.3，最大跨度约333m)、国家游泳中心“水立方”(图1.4，最大跨度125m)、南京奥林匹克体育中心(图1.5，最大跨度约360m)就是大跨度钢结构的代表。2012年建成的矮寨特大悬索桥(图1.6)，是世界峡谷跨径最大的钢桁梁悬索桥，悬索桥的主跨为1176m，桥面到峡谷底高差达355m。

图1.3 国家体育场“鸟巢”

图1.4 国家游泳中心“水立方”

图 1.5 南京奥林匹克体育中心

图 1.6 矮寨特大悬索桥

(3) 高层建筑

高层建筑采用钢结构，由于结构自重轻、强度高，结构构件截面积小，可以获得较大的建筑空间。采用钢结构承重骨架，相比钢筋混凝土结构可减轻自重约 1/3 以上。结构自重轻，可以减少运输和吊装费用，基础的负载也相应减少，从而降低基础造价。此外，钢结构自重轻也可显著减少地震作用，一般情况下，地震作用可减少 40%左右。同时抗震性能好、工期短、施工方便，对高层建筑的修建极为有利。因此，高层建筑尤其是超高层建筑的骨架多采用钢结构。较具代表性的如 118 层、632m 高的上海中心大厦(图 1.7)，117 层、621m 高的天津高银 117 大厦(图 1.8)等。

图 1.7 上海中心大厦

图 1.8 天津高银 117 大厦

(4) 轻型钢结构

轻型钢结构通常指由薄壁型钢、薄钢板、小角钢或圆钢等焊接而成的结构。它多用于轻型工业厂房，一般设置起重量较小的吊车。其类型有轻型门式刚架结构(图 1.9)、拱形波纹钢屋盖(图 1.10)、冷弯薄壁型钢结构(图 1.11)等。轻型门式刚架的特点是：主要承重结构为单跨或多跨单层门式钢架，刚架由实腹工字形变截面的横梁和立柱组成，其余支撑、檩条、墙架梁等均采用冷弯薄壁型钢，并采用轻型屋面和轻型墙体(一般用彩色压型钢板制成)。它的跨度一般不大于 40m，用钢量大约为 30kg/m²。拱形波纹钢屋盖结构跨度一般不超过 30m，用钢量大约为 20kg/m²。冷弯薄壁型钢结构的典型应用是轻型钢结构住宅，该结构体系适用于不超过 6 层的建筑，抗震设防烈度为 8 度及其以下的地区。轻型钢结构住宅自 20 世纪 90 年代中期在我国开始应用，近年来得到了迅速发展。目前跨度最大的轻型钢结构是大连某国家粮仓储备库，其跨度已达到 72m，用钢量大约为 49.7kg/m²。轻型钢结构的优点是自重轻、造价低、生产制作工厂化程度高、现场安装工作量小、建设速度快，同时外形美观、内部空旷、建筑面积及空间利用率高，因此在建筑市场上极具竞争力。近二十年来，轻型钢结构在我国发展很快，其应用范围已从工业厂房、仓库、体育场馆等向住宅、别墅发展。

图 1.9 轻型门式刚架结构

图 1.10 拱形波纹钢屋盖

图 1.11 冷弯薄壁型钢结构

(5) 高耸结构

这类结构的特点是高度大，主要承受侧向荷载作用，要求具备较强的抗风及抗震能力。采用钢结构自重轻的优点，对运输及安装有利。同时还因材料强度高，所需构件截面小，可以减小风荷载，能取得较好的经济效益。高耸结构包括塔架和桅杆结构，如电视塔、微波塔、输电铁塔、钻井塔、环境大气监测塔、无线电天线桅杆、广播电视发射塔等，如高达 450m 的广州新电视塔(图 1.12)、高 325m 的北京气象铁塔。高耸结构也可用于城市巨型雕塑及纪念性建筑，如美国纽约的自由女神像、法国巴黎的埃菲尔铁塔(图 1.13)等。

图 1.12　广州新电视塔

图 1.13　埃菲尔铁塔

(6) 可以拆除和搬迁的结构

钢结构因为可以采用螺栓连接,拆除搬迁方便,且结构自重较轻,韧性好。因此,常用作建筑施工用的吊装塔架,以及各种需要搬迁的活动房屋,如流动展览馆、移动式混凝土搅拌站、施工临时用房等。

(7) 挡水结构、容器及大直径管道

由于钢材易于制成不渗漏的密闭结构,故常用作水工结构中的挡水闸门、各种容器以及大直径管道等。如三峡船闸人字门最大高度 38.5m,人字门最大单扇门重 850t(图 1.14),西宁特钢 20 万立方米煤气柜(图 1.15)等。

图 1.14　三峡船闸人字门

图 1.15　西宁特钢煤气柜

(8) 钢与混凝土组合结构

充分利用钢与混凝土各自材料性能的优势,将它们组合成各种构件,可以取得较好的技术经济效益。如钢与混凝土组合梁、钢管混凝土柱等,这类结构在房屋及桥梁建筑中应用很广。

1.2 钢结构的类型及组成

由于使用功能及结构组成方式不同,钢结构种类繁多,形式各异。如 1.1 节所述,在房屋建筑中有大量的钢结构厂房、高层钢结构建筑、大跨度钢网架建筑、悬索结构建筑等。在公路及铁路上有各种形式的钢桥,如板梁桥、桁架桥、拱桥、悬索桥、斜张桥等。钢塔及钢桅杆则广泛用作输电线塔、电视广播发射塔。此外,还有海上采油平台钢结构、卫星发射钢塔架等。

所有这些钢结构尽管用途、形式各不相同,但他们都是由钢板和型钢经过加工,制成各种基本构件,如拉杆(有时还包括钢索)、压杆、梁、柱及桁架等,然后将这些基本构件按一定方式通过焊接和螺栓连接组成结构。

下面通过一些示例对如何按一定方式将基本构件组成能满足各种使用功能要求的钢结构作简要说明。

(1) 单层房屋钢结构

图 1.16 是一个单层房屋钢结构组成的示意图。单层房屋承受重力荷载、水平荷载(风荷载及吊车制动力等)。图中屋盖桁架和柱组成一系列的平面承重结构,如图 1.16(a)所示,主要承受竖向重力荷载和横向水平荷载。这些平面承重结构又用纵向构件和各种支撑(上弦横向支撑、垂直支撑及柱间支撑等)连成一个空间整体,如图 1.16(b)所示,保证整个结构在空间各个方向都成为一个几何不变体系。

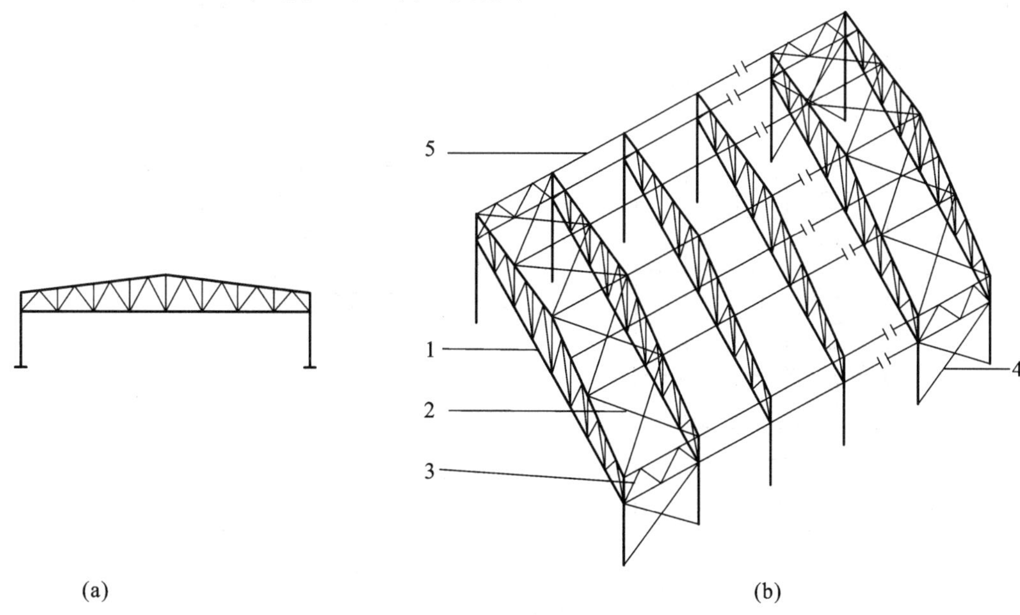

图 1.16 单层房屋钢结构组成示例

(a)平面结构;(b)空间结构

1—屋架;2—上弦横向支撑;3—垂直支撑;4—柱间支撑;5—纵向构件

如图 1.16 所示，单层房屋的平面承重结构除由桁架和柱组成之外，还可以由实腹的梁和柱组成框架和拱。框架和拱可以做成三铰、二铰或无铰，跨度大的还可以用桁架拱，如图 1.17 所示。

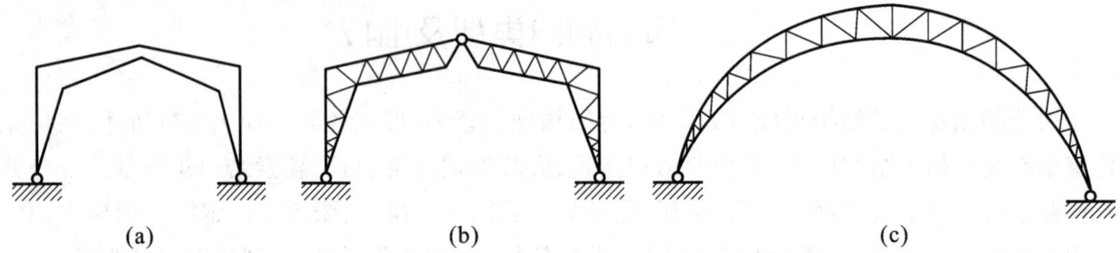

图 1.17　几种平面承重结构的形式

(a)二铰刚架；(b)三铰刚架；(c)二铰桁架拱

上述结构均属于平面结构体系。其特点是结构由承重体系及附加构件两部分组成，其中承重体系是一系列相互平行的平面结构，结构平面内的垂直和横向水平荷载由它承担，并在该结构平面内传递到基础。附加构件（纵向构件及支撑）的作用是将各个平面结构连成整体，同时也承受结构平面外的纵向水平力。当建筑物的长度和宽度尺寸接近，或平面呈圆形时，如果将各个承重构件自身组成为空间几何不变体系而省去附加构件，受力就更为合理。如图 1.18 所示平板网架屋盖结构，它由倒置的四角锥体组成，锥底的四边为网架的上弦杆，锥棱为腹杆，连接各锥顶的杆件为下弦杆。屋架的荷载沿两个方向传到四边的柱上，再传至基础，形成一种空间传力体系。因此这种结构也称为空间结构体系。这个平板网架中，所有的构件都是主要承重体系的部件，没有附加构件，因此，内力分布合理，能节省钢材。图 1.19 所示为另一种空间结构体系——空间网壳圆屋顶。其特点是质量小、覆盖面积大。

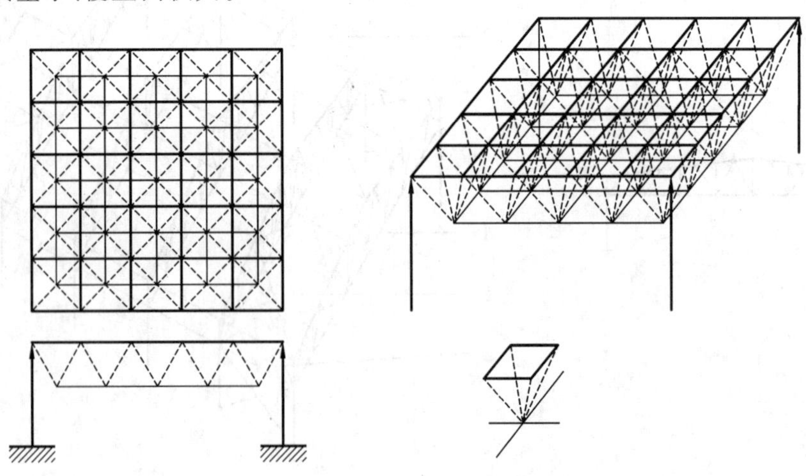

图 1.18　平板网架屋盖

—上弦杆；—下弦杆；---腹杆

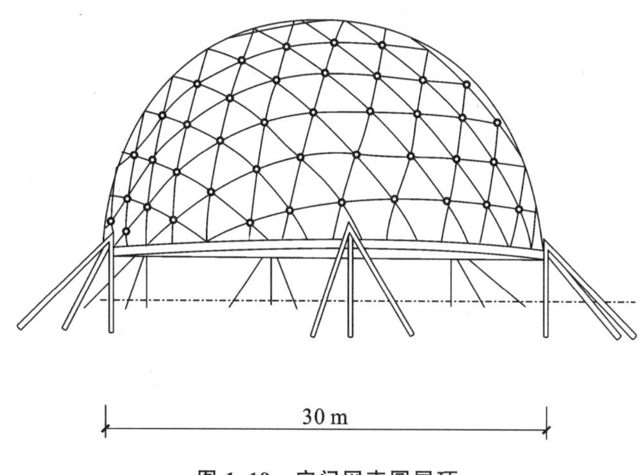

图 1.19 空间网壳圆屋顶

(2) 多层房屋钢结构

多层房屋结构的特点是随着房屋高度的增加，水平风荷载及地震荷载起着越来越重要的作用。提高结构抵抗水平荷载的能力，以及控制水平位移不要过大，是这类房屋需考虑的主要问题。一般多层钢结构房屋组成的体系主要有：框架体系，即由梁和柱组成的多层多跨框架，如图 1.20 所示；带支撑的框架体系，即在两列柱之间设置斜撑，形成竖向悬臂桁架，以便承受更大的水平荷载，如图 1.21 所示；筒式结构体系，即沿框架四周用密集排列的柱形成空间刚架式的筒体，它能更有效地抵抗水平荷载。如果不用密集排列的柱，也可以在建筑表面附加斜支撑，斜撑与梁、柱组成桁架，这样房屋四周就形成了刚度很大的空间桁架——支撑筒，这也是一种筒式结构体系，如图 1.22 所示。

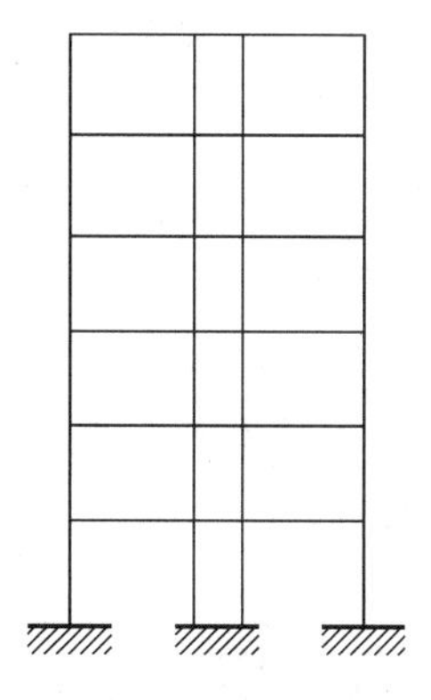

图 1.20 框架结构

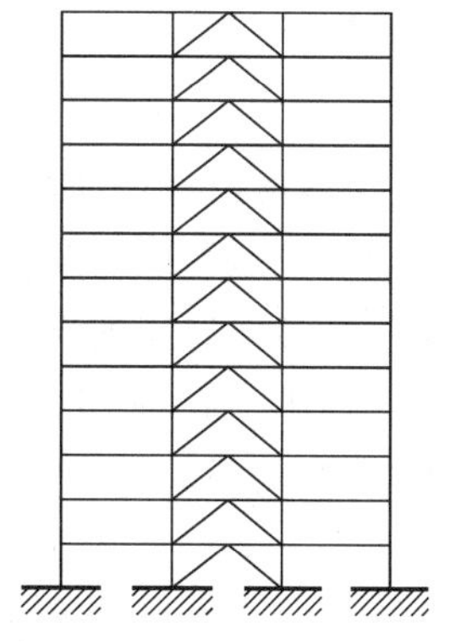

图 1.21 带支撑的框架结构

图 1.23 所示为香港汇丰银行 47 层大楼立面示意图(地下楼层部分未示出)。这是一个悬挂结构体系，在立面上，结构有 2 个巨大的钢管组合柱，每个立柱由 4 根大直径钢管组合而成，在立柱上连接 5 道水平伸臂桁架，每个桁架占 2 个楼层高度。立柱和桁架一起组成 5 层框架，承受重力及横向风荷载，如图 1.23(a)所示。各个楼层悬挂在各桁架的下弦节点，如图 1.23(b)所示，顶层桁架悬挂 4 个楼层，然后向下逐渐增多，直到最低一个桁架悬挂 8

个楼层。图 1.23(b)所示框架共有 4 个,它们沿纵向平行设置,间距为 16.2m,其间用十字交叉支撑相连。建筑物的平面尺寸为 70m×55m。这种结构体系的优点是平面上仅有 8 个立柱,楼层开间尺寸大,建筑平面布置灵活。同时,各桁架上悬挂的楼层可上下同时施工,因而施工进度可以加快。缺点是荷载传递路线不是最短的(楼层自重由悬吊拉杆向上传至桁架,再传至立柱,然后向下传至地基),从结构上来说,耗费钢材可能要多一些。

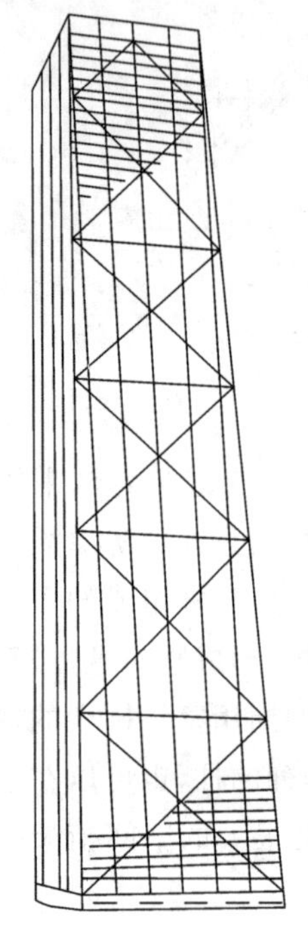

图 1.22　钢支撑筒式结构

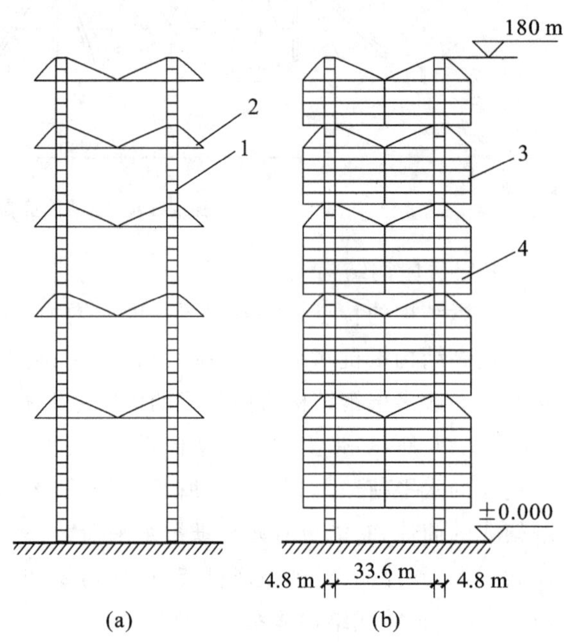

图 1.23　悬挂结构体系示意图

1—立柱;2—伸臂桁架;3—吊杆;4—楼层

综上所述,钢结构的组成应满足结构使用功能的要求,结构应形成空间整体(几何不变体系),才能有效而经济地承受荷载,同时还要考虑材料供应条件及施工方便等因素。

本节仅对单层及多层房屋的钢结构组成作了一些简单介绍,但是其他结构如桥梁、塔架等同样也遵循这些原则。同时,我们还应看到,随着工程技术的不断发展,以及对结构组成规律不断深入地研究,将会创造和开发出更多的新型结构体系。

1.3　钢结构的设计原理及方法

结构设计必须足够可靠、经济合理。可靠是指结构必须满足下列各项功能要求:

① 能承受在正常施工和正常使用时可能出现的各种作用;

② 在正常使用时具有良好的工作性能;

③ 在正常维护下具有足够的耐久性能;

④ 在偶然事件发生时及发生后,仍能保持必需的整体稳定性,不致倒塌。

上述 4 项功能可以概括为结构应具有安全性、适用性、耐久性，或统称为结构的可靠性。用什么指标来衡量结构的可靠性是结构设计方法的重要课题。

结构的可靠性与多种因素有关，这些因素又都存在着不确定性。例如，结构所承受的各种作用(荷载、温度变化、基础沉降、地震等)是变化的，决定结构承载力的材料强度、截面尺寸等也是变化的，它们的计算取值常常与结构的实际情况有一定出入，此外计算模型不完善、制造安装几何尺寸及质量有差异等，这些因素都具有随机性。因此，采用概率分析方法来衡量结构的可靠性是较为科学的方法。《钢结构设计标准》(GB 50017—2017)就是采用以概率理论为基础，用分项系数表达的极限状态设计方法。下面简单介绍这一方法。

我国《建筑结构可靠度设计统一标准》(GB 50068—2001)(以下简称《统一标准》)规定：结构在规定时间(指设计基准期，一般建筑结构取 50 年)内，在规定条件(正常设计、正常施工、正常使用、正常维护)下，完成预定功能的概率，称为结构的可靠度，或称为可靠概率 p_s。反之，结构不能完成预定功能的概率就称为失效概率 p_f。显然，$p_s+p_f=1$。p_s 和 p_f 可用来度量结构的可靠性，但习惯上常常是控制结构的失效概率使之小到一定数值来保证结构的可靠性。

《统一标准》还规定，结构的可靠度应采用以概率理论为基础的极限状态设计方法分析确定。通常情况下，结构所处的状态可以用结构所受作用(荷载、温度变化、基础沉降、地震等)产生的效应 S(称为作用效应)和结构的抗力 R 之间的关系来描述，即

当结构处于可靠状态时，$R>S$ 或 $Z=R-S>0$；

当结构处于失效状态时，$R<S$ 或 $Z=R-S<0$；

当结构处于极限状态时，$R=S$ 或 $Z=R-S=0$。

由于多数结构承受的作用主要是荷载，本节以下将按承受荷载的结构进行讨论。

从上述关系可以看出，从函数 Z 可以判断结构所处的状态，因此 Z 称为结构的功能函数或状态函数。$Z=R-S=0$ 是结构的极限状态方程。失效概率 p_f 就是 $Z=R-S<0$ 这一时间的概率，即

$$p_f=P\quad (Z=R-S<0) \tag{1.1}$$

设 S、R 这两个随机变量相互独立，且均为正态分布，根据概率理论，Z 也将是正态分布的随机变量。图 1.24 所示为 Z 的概率函数 $f_z(Z)$。图中阴影部分的面积即代表失效概率 p_f 的大小，μ_Z 是平均值，σ_Z 是标准差，若取 $\mu_Z=\beta\sigma_Z$，即 $\beta=\mu_Z/\sigma_Z$。对于正态分布函数，p_f 和 β 呈一一对应关系，如表 1.1 所示。已知 β 即可确定 p_f，β 值愈大，p_f 值就愈大，结构愈可靠，故 β 值称为结构的可靠指标。实际计算中，是以可靠指标代替 p_f 来衡量结构的可靠性。这样只要已知随机变量 R、S 的平均值 μ_R、μ_S 及标准差 σ_R、σ_S，则由概率理论可知，$\mu_Z=\mu_R-\mu_S$，$\sigma_Z=\sqrt{\sigma_R^2+\sigma_S^2}$。由此得出 $\beta=\mu_Z/\sigma_Z=(\mu_R-\mu_S)/\sqrt{\sigma_R^2+\sigma_S^2}$。

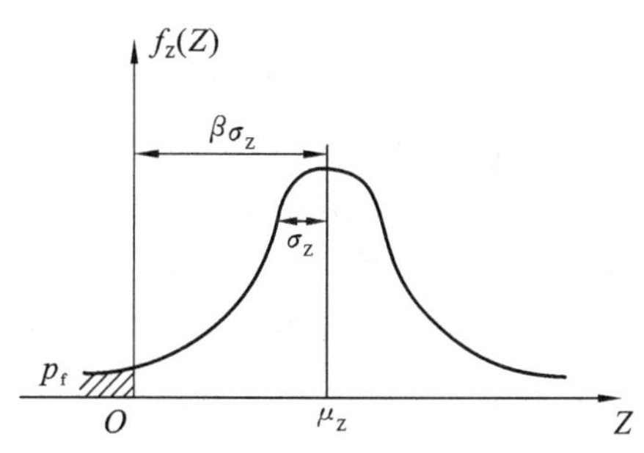

图 1.24 概率密度函数 $f_z(Z)$

表 1.1　β 和 p_f 的对应关系

β	p_f	β	p_f
1.0	1.59×10^{-1}	3.0	1.35×10^{-3}
1.5	6.68×10^{-2}	3.5	2.33×10^{-4}
2.0	2.28×10^{-2}	4.0	3.17×10^{-5}
2.5	6.21×10^{-3}	4.5	3.40×10^{-6}

以上结论是按 R、S 为正态分布求得的。实际结构的各种作用效应 S 及抗力 R 多数都不是正态分布，对于这些非正态分布的随机变量，可以将它们转换成当量正态分布函数，然后按当量正态分布的平均值及标准差计算即可。

《统一标准》规定，整个结构或结构的一部分超过某一特定状态就不能满足设计规定的某一功能要求，这种特定状态就称为该功能的极限状态。根据结构的安全性、适用性和耐久性功能要求，极限状态可分为下列两类：

(1) 承载能力极限状态

这种极限状态对应于结构或结构构件达到最大承载力或不适于继续承载的最大塑性变形的情况。

当结构或结构构件出现下列状态之一时，即认为超过了承载能力极限状态。

① 整个结构或结构的一部分作为刚体失去平衡(如倾覆等)；

② 结构构件或连接因材料强度被超过而破坏(包括疲劳破坏)，或因过度的塑性变形而不适于继续承载；

③ 结构转变为机动体系；

④ 结构或结构构件丧失稳定(如压屈等)；

⑤ 地基丧失承载力而破坏(如失稳等)。

(2) 正常使用极限状态

这种极限状态对应于结构或结构构件达到正常使用或耐久性能的某项规定限值的情况。

当结构或结构构件出现下列状态之一时，即认为超过了正常使用极限状态。

① 影响正常使用或外观的变形；

② 影响正常使用或耐久性能的局部损坏(包括裂缝)；

③ 影响正常使用的振动；

④ 影响正常使用的其他特定状态。

针对上述两种极限状态，对其失效概率 p_f 或可靠指标 β 合理取值，才认为能保证结构设计足够可靠和经济合理。由于 Z 是随机变量，要求失效概率 $p_f=0$，即结构绝对安全是不可能的。同时，若 p_f 取值过小，结构可靠度虽然增加，但结构造价会增加，不经济。因此，合理取值应该是要求结构的失效概率 p_f 足够小，小到人们可以接受的程度即可。统一标准对承载力极限状态的 p_f 和 β 取值如表 1.2 所示。表中数值是对按原有规范设计的现有各类结构进行反算求得其可靠度，然后加以综合调整确定的。这说明统一标准所规定的结构可靠度，实际上是根据与原有规范的结构总体可靠度水平相近的原则确定的。

表 1.2 结构构件承载力极限状态设计时采用的可靠指标 β 值和失效概率 p_f 值

破坏类型 \ 安全等级	一级		二级		三级	
	β	p_f	β	p_f	β	p_f
延性破坏	3.7	1.08×10^{-4}	3.2	6.87×10^{-4}	2.7	3.47×10^{-3}
脆性破坏	4.2	1.33×10^{-5}	3.7	1.08×10^{-4}	3.2	6.87×10^{-4}

注：(1) 延性破坏是指结构构件在破坏前有明显的变形或其他预兆；

(2) 当承受偶然作用时，β 值应符合专门规范的规定。

表 1.2 中所提到的安全等级，是根据结构破坏可能产生的后果(危及人的生命、造成经济损失、产生社会影响等)的严重性来划分的。一般情况下，重要的工业与民用建筑物(如影剧院、体育馆、高层建筑等)划为一级，一般的工业与民用建筑物划为二级，次要的建筑物则划为三级。

由于结构脆性破坏要比延性破坏更危险，因此，表 1.2 中脆性破坏的可靠指标 β 要比延性破坏提高 0.5。另外，安全等级愈高的结构，其可靠指标 β 要求也愈高。

一般钢结构的安全等级为二级，构件按延性破坏考虑，取 $\beta=3.2$。对于钢结构的连接，统一标准未作具体规定，考虑到钢结构的连接是以破坏强度作为极限状态，β 值应取得高一些，一般可取 4.5。

对于正常使用极限状态，构件的可靠指标 β 值根据其可逆程度宜取 0～1.5。

进行结构设计就是要保证实际结构的可靠指标 β 值等于或大于规定的限值(表 1.2)。但是，直接计算 β 值十分麻烦，同时其中有些与设计有关的统计参数还不容易求得。为使计算简便，《统一标准》规定的设计方法是将对 β 值的控制等效地转化为以分项系数表达的设计表达式。建筑钢结构设计采用承载能力和正常使用两种极限状态下的分项系数表达式，它们分别是：

(1) 承载能力极限状态

承载能力极限状态按荷载效应的基本组合和偶然组合两种情况分别计算。其中基本组合应按下列两个设计表达式中最不利值计算。

$$\gamma_0(\gamma_G S_{G_k} + \gamma_{Q_1} S_{Q_{1k}} + \sum_{i=2}^{n} \gamma_{Q_i} \psi_{ci} S_{Q_{ik}}) \leqslant R(\gamma_R, f_k, \alpha_k, \cdots) \tag{1.2a}$$

$$\gamma_0(\gamma_G S_{G_k} + \sum_{i=1}^{n} \gamma_{Q_i} \psi_{ci} S_{Q_{ik}}) \leqslant R(\gamma_R, f_k, \alpha_k, \cdots) \tag{1.2b}$$

式中 γ_0——结构重要性系数，安全等级为一级时，$\gamma_0\geqslant1.1$，安全等级为二级时，$\gamma_0\geqslant1.0$，安全等级为三级时，$\gamma_0\geqslant0.9$；

γ_G——永久荷载分项系数，一般情况下，对式(1.2a)取 1.2，对式(1.2b)取 1.35，但是，当永久荷载效应对承载能力有利时，取值不应大于 1.0；

γ_{Q_1}，γ_{Q_i}——第一个和第 i 个可变荷载的分项系数，一般情况下采用 1.4，但是当可变荷载效应对承载能力有利时，应取 0，各项可变荷载中，在结构构件或连接中产生应力最大者为第一个可变荷载；

S_{G_k}——永久荷载标准值的效应；

$S_{Q_{1k}}$——在基本组合中起控制作用的一个可变荷载标准值的效应；

$S_{Q_{ik}}$——第 i 个可变荷载标准值的效应；

ψ_{ci}——第 i 个可变荷载的组合值系数，其值不应大于 1，按荷载规范的规定采用；

$R(\cdots)$——结构构件的抗力函数；

f_k——材料强度标准值；

γ_R——材料抗力分项系数，钢结构设计中，对于 Q235 钢，$\gamma_R=1.087$，对于 Q345、Q390、Q420、Q460 钢，$\gamma_R=1.111$；

α_k——几何参数的标准值。

对于一般排架、框架结构，式(1.2a)可采用下列简化极限状态设计表达式

$$\gamma_0(\gamma_G S_{G_k}+\psi\sum_{i=1}^{n}\gamma_{Q_i}S_{Q_{ik}})\leqslant R(\gamma_R,f_k,\alpha_k,\cdots) \tag{1.3}$$

式中 ψ——简化设计表达式中采用的荷载组合系数，一般情况下取 $\psi=0.9$；当只有一个可变荷载时取 $\psi=1.0$。

直接承受动力荷载的结构，按式(1.2a)、式(1.2b)和式(1.3)计算时，还应按有关规定乘以动力系数。计算疲劳时，应采用标准荷载。

式(1.2a)、式(1.2b)和式(1.3)适用于荷载的基本组合情况。对于荷载的偶然组合，应按有关专门规范计算。

(2) 正常使用极限状态

对于正常使用极限状态，结构应分别采用作用效应的标准组合、频遇组合及准永久组合进行计算，以满足结构的变形、振幅、加速度、应力、裂缝等限制要求。由于一般钢结构的正常使用极限状态设计只涉及控制变形和挠度，如梁的挠度、柱顶的水平位移、高层建筑层间相对水平位移等，因此只考虑荷载的标准组合。计算时采用荷载标准值，不乘荷载分项系数，对于动力荷载也不乘动力系数。

按标准组合计算时设计表达式为

$$v=v_{G_k}+v_{Q_{1k}}+\sum_{i=2}^{n}\psi_{ci}v_{Q_{ik}}\leqslant[v] \tag{1.4}$$

式中 v——挠度及变形；

$[v]$——容许挠度或变形，其值按有关规定和使用要求确定；

其余符号与式(1.2a)、式(1.2b)同。

上列各式中所提到的永久荷载是指设计基准期(结构使用期)内，不随时间变化或其变化与平均值相比很小的荷载。可变荷载是指设计基准期内其值随时间变化，且其变化与平均值相比较大的荷载。荷载标准值是指正常情况下可能出现的最大荷载值，按设计基准期内最大荷载的概率分布的某一分位值确定。结构如果同时承载多个可变荷载作用，各个可变荷载同时达到各自最大值的可能性很小，因此用组合系数 ψ_Q 进行折减。材料强度标准值 f_k 是材料强度概率分布 0.05 分位值(其含义是材料强度低于标准强度值的概率为 5%)。

前面已经提到分项系数的设计表达式是按规定的可靠指标 β 经等效转化得到的。在

进行等效转化时，对各种荷载分项系数 γ_G、γ_Q 及材料抗力分项系数 γ_R 进行调整，使其按分项系数设计表达式设计出来的各种结构构件的实际 β 值，与规定的 β 值在总体上误差最小，由此来确定各个分项系数值。上列各式中的分项系数值就是经过优化找出的最佳匹配值。

在分项系数设计表达式中虽然没有可靠指标 β，但并不等于没按规定的可靠指标 β 设计，分项系数设计表达式的各种系数实质上起着可靠指标 β 的作用。因此，满足分项系数设计表达式，即等效于结构可靠指标 β（或失效概率 p_f）达到或接近预定要求。

1.4 有关钢结构的规范、规程及标准简介

建筑结构有关设计施工的规范、规程及标准等是技术性法律文件，是工程建设应遵守的原则。我国的建筑结构设计和施工有一套完整的规范体系，它们对工程建设的质量、效益起着重要的保证作用。随着我国基本建设事业的迅猛发展、建筑结构理论研究的不断深入和应用技术的不断进步，这套规范体系也在不断地改进和完善。每隔数年，这些规范、规程、标准会进行一次修订，或者有一些新的规范、规程、标准颁布实施。因此，从事建筑结构设计和施工的技术人员必须了解和掌握有关的现行规范、规程、标准及其代号，并简单说明它们在我国建筑结构规范体系中的地位。

我国涉及钢结构的规范、规程、标准等从总体上可分为 5 个层次。

属于第 1 层次的有：

①《建筑结构可靠度设计统一标准》(GB 50068—2001)；

②《工程结构设计基本术语标准》(GB/T 50083—2014)；

③《建筑结构制图标准》(GB/T 50105—2010)。

在第 1 层次中，《建筑结构可靠度设计统一标准》(GB 50068—2001)是最高层次的标准，它是制定下属各层次规范、规程等应遵守的原则。其主要内容已在 1.3 节中简要介绍。

属于第 2 层次的是《建筑结构荷载规范》(GB 50009—2012)。它依据第 1 层次的标准制定，并为第 3 层次的设计规范、规程等提供荷载代表值及其组合方式。

第 3 层次为各种结构设计规范，它们均依据第 1 层次的标准制定，并与上述荷载规范配套使用。属于第 3 层次的有：

①《钢结构设计标准》(GB 50017—2017)；

②《冷弯薄壁型钢结构设计规范》(GB 50018—2002)；

③《门式刚架轻型房屋钢结构技术规范》(GB 51022—2015)；

④《高层民用建筑钢结构技术规程》(JGJ 99—2015)；

⑤《空间网格结构技术规程》(JGJ 7—2010)；

⑥《钢板剪力墙技术规程》(JGJ/T 380—2015)；

⑦《轻型钢结构住宅技术规程》(JGJ 209—2010)；

⑧《高耸结构设计规范》(GB 50135—2006)；

⑨《钢管结构技术规程》(CECS 280—2010)。

第 4 层次为与施工有关的，并与相应设计规范、规程配套的规范、规程、标准。它们同样

也是依据第 1 层次的标准制定的，属于这一层次的有：

①《钢结构工程施工质量验收规范》(GB 50205—2001)；

②《钢结构焊接规范》(GB 50661—2012)；

③《钢结构高强度螺栓连接技术规程》(JGJ 82—2011)；

④《钢网架螺栓球节点》(JG/T 10—2009)；

⑤《钢网架焊接空心球节点》(JG/T 11—2009)。

第 5 层次是与上述设计和施工规范、规程配套的钢材、焊条、型钢、钢板、紧固件等标准。这些标准既是制定各种钢结构规范的依据，又是施工现场材料检验的标准。

其他还有与建筑抗震、防火、防腐有关的规范，它们分别是建筑抗震设防、防火设计及防腐设计和施工的依据。

按照适用范围，我国的工程建设标准可分为国家标准、行业标准、地方标准和企业标准；按执行效力，可分为强制性标准和推荐性标准。上述规范、规程、标准名称后面的括号内容是其代号，GB 表示国家标准，JGJ 表示建设部制定的行业标准，CECS 表示由工程建设标准化协会制定的工程建设推荐性标准。推荐性标准不具备强制性，当事人可自愿采用。上述其他规范、规程、标准均为强制性标准。

1.5　钢结构的发展

钢结构的发展始终伴随着科学的进步与技术的创新，主要体现在材料、连接形式、结构体系、设计计算方法及施工技术等领域。

从所用材料看，早期的金属结构主要是采用铸铁、锻铁，后来发展到以普通碳素钢和低合金钢作为承重结构材料，近年来又发展了铝合金，并逐步发展高强度低合金钢材。1988 年发布的《钢结构设计规范》，强度最高的钢材 15MnV 相当于 Q390 级，2003 年版的规范则增加了 Q420 级钢，为了适应不断发展的工程应用需要，《钢结构设计标准》(GB 50017—2017)增加了 Q460、Q345GJ 钢。从发展趋势来看，还会有强度更高的结构用钢出现。随着冶金技术的不断发展，高性能钢材在工程中逐渐得到应用。高性能不仅表现在强度上，还伴随有塑性和韧性要求以及其他方面的优良性能。改善钢材性能还有一个方向，就是改进它的耐腐蚀和耐火性能。

从钢结构连接方式的发展看，在生铁和熟铁时代主要采用的是销钉连接，19 世纪初发展到铆钉连接，20 世纪初有了焊接连接，后期则发展了高强度螺栓连接。

我国现行《钢结构设计标准》(GB 50017—2017)与 2003 年规范(GB 50017—2003)比较，增加了结构分析及稳定性设计、加劲钢板剪力墙、钢筋混凝土柱及节点、钢结构抗震性能化设计、钢结构防护等一些新的内容，这些改进和新增内容也表明了钢结构的发展方向。

目前钢结构的设计方法采用考虑分布类型的二阶矩概率法计算结构可靠度，从而制定了以概率理论为基础的极限状态设计法(简称概率极限状态设计法)。这个方法的特点主要表现在不是用经验的安全系数，而是用根据各种不定性分析所得的失效概率(或可靠指标)去度量结构可靠性，并使所计算的结构构件的可靠度达到预期的一致性和可比性。但是这个方法还有待发展，因为它计算的可靠度还只是构件或某一截面的可靠度，而不是结构体系的可靠度。常用构件的极限状态大多已经了解清楚，不过仍然不断有新问题出现，例如新截面形状冷弯型钢的特性，连接的极限状态的研究滞后于构件，整体结构的极限状态还有大量工作要做。计算手段的不断改进，为此提供了有利条件。极限状态的研究成果，需要迅速吸收到设计规范中去。

从结构的形式看，早期钢结构主要用于桥梁和铁塔、储气库等。新中国成立后，钢结构应用日益扩大。20 多年，我国过江及跨海大桥的建设更是突飞猛进。钢结构后来逐步发展到工业及民用建筑、水工结构以及板壳结构（如高炉、储液库）等。在房屋建筑中，高层和大跨成为钢结构的主要发展方向。我国高层建筑钢结构自 20 世纪 80 年代末、90 年代初从北京、上海、深圳等地起步，陆续兴建了一批高层钢结构，这些高层钢结构的建成表明了我国高层建筑发展的新趋势。超高层结构近年来得到很大发展和应用。

结构体系的革新也是今后钢结构发展的方向。新型结构材料和新型结构构件的使用，促进了新型结构形式的诞生。用高强钢丝束作悬索桥的主要承重构件，已经有七八十年的历史。钢索用于房屋结构可以说是方兴未艾，新的大跨度结构形式如索膜结构和张拉整体结构等不断出现。钢索是只能承受拉力的柔性构件，需要和刚性构件如桁架、环、拱等配合使用，并施加一定的预应力。预应力技术也是钢结构形式改革的一个因素，可以少用钢材和减轻结构重量。

钢和混凝土组合结构，是使两种不同性能的材料取长补短、相互协作而形成的结构。压型钢板组合楼板已经在多层和高层建筑中普遍采用。压型钢板兼充模板和受拉钢筋，不仅简化了施工，还可以减小楼板厚度。钢梁和所承钢筋混凝土楼板（或组合楼板）协同工作，楼板充任钢梁的受压翼缘，可以节约钢材 4%～15%，降低造价约 10%。梁的高度也有所减小，节省了建筑空间。钢和混凝土组合柱有多种组合形式，其中钢管混凝土柱以其多方面的优点而推广得最为迅速。钢管有混凝土支持，可以取较大的径厚比而不致局部失稳；混凝土受到钢管约束，抗压强度大为提高。钢管混凝土作为一个整体，具有很好的塑性和韧性，抗震性能很好。它的耐火性能也优于钢柱，所需防火涂料仅为钢柱的一半或更少。

索和拱配合使用，常被称为杂交结构，这是结构形式的杂交。钢和混凝土组合结构，可以认为是不同材料的杂交。相信今后还会有其他形式的杂交结构出现。

制造业正在趋向于机电一体化，钢结构也不例外。发达国家的工业软件把钢材切割、焊接技术和焊接标准集成在一起，既保证构件质量又节省劳动力。我国参与国际竞争，必须在提高技术水平和降低成本方面下功夫。提高技术水平除了技术标准（包括设计规范）要和国际接轨外，制造和安装质量也必须跟上。在现场质量控制、吊装安装技术以及技术工人水平等方面还需要进一步提高。

最近几年，我国成品钢材朝着品种齐全、材料标准化方向发展。国产建筑钢结构用钢在数量、品种和质量上都有了较大改进，热轧 H 型钢、彩色钢板、冷弯型钢的年生产能力大大提高，为钢结构发展创造了重要条件。

国家大力发展装配式结构政策的实施，将大力推动钢结构在结构形式、设计方法及施工技术方面的发展。

1.6　钢结构课程的任务、特点及学习方法

钢结构是土木工程专业的一门主要课程，其任务是通过对本课程的学习，初步获得必须具备的钢结构基本理论、基本概念的知识及基本设计能力。针对课程的任务，本教材安排如下内容：钢结构的特点及应用、钢结构设计基本原理、钢材的基本性能、钢结构的连接及基本构件（梁、柱、拉杆、压杆等）的设计原理及方法，以及门式刚架轻型钢结构的设计。

土木工程专业的结构课程有两大系列：一是力学系列，包括理论力学、材料力学及结构力学。在这些课程中，将实际的结构及其构件抽象简化形成计算简图，然后分析它们在荷载（以及温度变化、地基沉降等）作用下，结构及其构件平衡、内力（应力）和变形（应变）的情况，概括说来，就是认识客观规律、认识世界。二是结构设计课程系列，包括混凝土与砌体结构、钢结构、地基及基础。这类课程研究如何应用力学的规律并结合实践工程经验来解决实际结构的设计问题，属于应用科学。在土木工程专业中，力学课程列为基础课，结构设计类课程则列为专业课。

在土木工程专业中，力学课程是结构设计课程的基础课，而结构设计课程则是学习力学课程的目的。两类课程紧密相关，但各自的性质不同，其学习方法也应有别。力学课程更着重于分析、推理以及对受荷结构进行分析计算。结构设计课程要求特别注意理论联系实际，学习时一方面要掌握基本概念及设计计算方法，另一方面要注意联系工程实践，吸取感性知识。在今后实践应用中，既不要死抠书本、规范，也不能盲目只凭经验办事，而应根据具体工程和实际情况，灵活运用理论知识、遵循规范来解决工程中的问题。

结构设计必须既可靠又经济。可靠和经济常常是相互矛盾的，正是这一对矛盾推动着结构理论学科不断向前发展。人们为了设计出更完美更经济的结构，就不断开发新的建筑材料，创造新的结构体系，改进结构设计理论及试验手段，更新有关的各种标准、规范。这就导致结构设计课程的内容也要不断修改和扩充。例如 20 世纪 50 年代，钢结构课程有大量篇幅讲述铆钉连接，现在都已删去，代之以高强度螺栓连接。今天的大学生将要工作到 21 世纪的中期，不难预料，到那时，今天教材中的许多内容将因陈旧而被淘汰，许多新的内容又会增加进来。因此学习钢结构要有发展的观点，尤其要培养、锻炼自学能力，以便在今后的工作中，不断补充和更新自己的知识，跟上时代发展。

钢结构课程学时有限，本教材仅根据我国《钢结构设计标准》（GB 50017—2017）进行讲解，同时也只讲述门式刚架轻型钢结构。尽管各种钢结构的设计规范不同，同一种结构各个国家的规范也不相同，但钢结构的基本原理和基本概念是一致的；各种钢结构的组成方式及特点各不相同，但组成结构的原则和规律是相同的。因此具备钢结构的基本知识以后，对其他的结构及规范经过一段时间研究学习也是能够掌握的。学习中应注意扩大知识面，做到触类旁通，举一反三，将来就能向更宽更深的层面上发展。

从我国目前情况看，本科层次土木工程专业的学生，今后大多从事房屋建筑施工工作，钢结构作为一门设计课程如前所述，它的内容涉及结构在荷载作用下的基本性能及设计原理，这些知识在结构的整个施工过程中都会用到。实际上，一个结构从材料加工成零件→（通过焊接或螺栓连接等）组成构件→运送到工地→吊装就位连接成整体结构，直到投入运

营，在整个过程中，结构都是以不同的形式处于不同的荷载作用下。例如在运输或吊装过程中，组成结构的构件或部件就支撑在不同的支点或吊点上，承受着自重或其他荷重。在这些状态下，它们的强度是否满足要求，它们的稳定是否得到保证等，都是施工人员必须考虑的问题。虽然这些状态不是每一项都要进行验算，但是施工人员必须对它们的受力状态有清楚的了解和认识，对一些关键的部位和状态，还必须进行验算，必要时还须采取恰当的措施来保证施工安全。因此对施工人员来说，不仅要掌握施工的技术和方法，还要有一定的结构设计知识，为今后能够灵活有效地处理施工过程中的许多问题，奠定必要的基础。

最后要提及的是，工程结构的设计和施工涉及人民生命财产的安全，当一项工程设计图纸完成，经设计人员签字交付施工，或一项工程施工完毕，经施工人员签字交付使用时，就意味着设计、施工人员必须对许多人的生命财产安全负责。因此学习钢结构课程，要注意培养严肃认真的工作作风。过去出现的一些工程质量事故，造成人员伤亡和财产损失，其中许多就是由于不按科学规律办事和不负责任造成的，这些教训值得吸取和警惕。

本章小结

(1) 任何一种钢结构都是由一些基本构件(如梁、柱、板、桁架等)按一定方式通过焊接或螺栓连接组成的空间几何不变体系的结构，其目的是：①满足某种功能要求；②以最有效的途径将外荷载及自重传到地基。根据组成方式不同，钢结构设计时有的可按平面结构计算，有的可按空间结构计算。

(2) 钢结构的优点是：强度高，自重轻，塑性、韧性好，材质均匀，工作可靠，工业化生产程度高，环保性能好，可重复利用，可节约能源，能制成不渗漏的密闭结构，耐热性能好。钢结构的缺点是：耐火性能差，易锈蚀。

(3) 钢结构最适合于跨度大、高耸、重型、受动力荷载的结构，轻钢结构用于住宅建筑更具有许多其他住宅不具备的优点。随着钢产量的提高和钢结构技术的发展，钢结构的应用范围将不断扩大。

(4) 我国钢结构设计方法采用以概率理论为基础，用分项系数表达的极限状态设计法。它要求结构完成预定功能的概率(结构可靠度 p_s)要达到某一规定值，或其失效概率 p_f 要小于某一规定值，才能认为结构是安全的。同时它又将不满足预定功能的状态称为极限状态，并将其分为承载能力极限状态和正常使用极限状态。p_s 和 p_f 可以用可靠指标 β 来衡量，即 β 要达到某一规定值才认为结构安全。为便于设计计算，我国《钢结构设计标准》将两种极限状态的 β 值控制转化为以分项系数表达的极限状态设计表达式，满足这个表达式，即等效于 β 值、失效概率 p_f 达到要求。

(5) 当前我国发展钢结构的政策是“积极、合理、较快速地发展钢结构”。今后的主要任务是：①发展建筑钢材，积极增加新钢种和型材。②发展建筑钢结构，要重点发展钢和混凝土的混合结构体系，积极发展钢结构体系；在建立现代化住宅产业工业体系中，要重点开发装配式钢结构、轻钢结构体系。③发展钢结构施工工艺。

(6)学习钢结构首先要了解本课程的目的和特点，注意理论联系实际。要将力学及工程制图等课程的知识熟练并灵活地应用于本课程，还要通过各种途径了解并熟悉工程实践知识。

思考题

1.1　目前我国钢结构主要应用在哪些方面？钢结构的应用范围与钢结构的特点有何关系？

1.2　说明下列各词语的含义：结构极限状态，结构可靠性，可靠度（可靠概率）p_s，失效概率 p_f，可靠指标 β，荷载标准值，荷载设计值，强度标准值，强度设计值。

1.3　分项系数设计表达式与可靠指标 β 有何关系？

习题

浏览或阅读最近 5 期《钢结构》杂志，根据浏览或阅读内容，在教师指导下完成下列工作：

1.1　写一份 500～1000 字的钢结构杂志内容简介。

1.2　每位同学各自从《钢结构》杂志中找出一篇介绍某钢结构工程的文章，仔细阅读后，写一篇读书报告，并对该钢结构的组成及工程情况做简短介绍。

1.3　全班组织一次学习讨论会，请几位同学宣读上述读书报告，并就报告内容及钢结构课程学习方法进行讨论（该会也可在学完第 2 章后进行，届时可同时讨论第 2 章内容）。

2 建筑钢材

提要:本章讲述建筑钢材(Q235、Q345、Q390、Q420、Q460 及 Q345GJ)的主要机械性能及影响这些性能的主要因素,钢材受力的两种破坏形式及防止脆性破坏的措施;介绍我国目前生产的建筑钢材品种及规格。

2.1 建筑钢材的基本要求

钢材品种很多,各自的性能、产品规格及用途都不相同。用于建筑的钢材,在性能方面要求具有较高的强度、较好的塑性及韧性,以及良好的加工性能。对于焊接结构还要求可焊性良好。在低温下工作的结构,要求钢材在低温下也能保持较好的韧性。在易受大气侵蚀的露天环境下或在有害介质侵蚀的环境下工作的结构,要求钢材具有较好的抗锈能力。

我国现行《钢结构设计标准》(GB 50017—2017)(以下简称《标准》)推荐采用 Q235、Q345、Q390、Q420、Q460 及 Q345GJ 钢材作为建筑结构使用钢材。其中 Q235 号钢材属于碳素结构钢中的低碳钢(C 含量≤0.25%);而 Q345、Q390、Q420、Q460 及 Q345GJ 都属于低合金高强度结构钢,这类钢材在冶炼碳素结构钢时加入少量合金元素(合金元素总量低于5%),而含碳量与低碳钢相近。由于增加了少量的合金元素,使材料的强度、冲击韧性、耐腐蚀性能均有所提高,而塑性降低却不多,因此是性能优越的钢材。

各类钢种供应的钢材规格分为型材、板材、管材及金属制品四个大类,其中钢结构用得最多的是型材和板材。

本章根据对建筑钢材的基本要求,讲述建筑钢材的主要机械性能及影响钢材机械性能的各种因素,并介绍我国目前生产的建筑钢材常用的品种及规格。目的是使建造者在设计时能合理地选择和使用钢材,在施工中能按设计要求严格进行钢材的验收管理,并按正确的方法进行加工和制造。

2.2 建筑钢材的主要机械性能

本节介绍建筑钢材的主要机械性能,包括强度、塑性、冷弯试验、韧性及可焊性。

2.2.1 强度和塑性

建筑钢材的强度和塑性一般由常温静载下单向拉伸试验曲线表明。该试验是将钢材的标准试件放在拉伸试验机上,在常温下按规定的加荷速度逐渐施加拉力荷载,使试件逐渐伸长,直至拉断破坏,然后根据加载过程中所测得的数据画出其应力-应变曲线(即 σ-ε 曲线)。

图 2.1 是低碳钢在常温静载下的单向拉伸 σ-ε 曲线。图中纵坐标为应力 σ(按试件变形前的截面积计算)，横坐标为试件的应变 ε($\varepsilon=\Delta L/L$，L 为试件原有标距段长度，对于标准试件，L 取为试件直径的 5 倍，ΔL 为标距段的伸长量)。从该条曲线中可以看出钢材在单向受拉过程中有下列阶段：

(1) 弹性阶段(曲线的 OA 段)

应力很小，不超过 A 点。这时如果试件卸荷，σ-ε 曲线将沿着原来的曲线下降，至应力为 0 时应变也为 0，即没有残余的永久变形。这时钢材处于弹性工作阶段，A 点的应力称为钢材的弹性极限 f_e，所发生的变形(应变)称为弹性变形(应变)。实际上弹性阶段 OA 是由一直线段及一曲线段组成，直线段从 O 开始到接近 A 点处终止，然后是一极短的曲线段到 A 点终止。直线段的应变随着应力增加成比例地增长，即应力-应变关系符合虎克定律，直线的斜率 $E=\mathrm{d}\sigma/\mathrm{d}\varepsilon$ 称为钢材的弹性模量。直线段终点处的应力称为钢材的比例极限 f_p，由于 f_p 与 f_e 十分接近，一般认为二者相同。《标准》取各类建筑钢材的弹性模量 $E=2.06\times10^5\mathrm{N/mm^2}$。

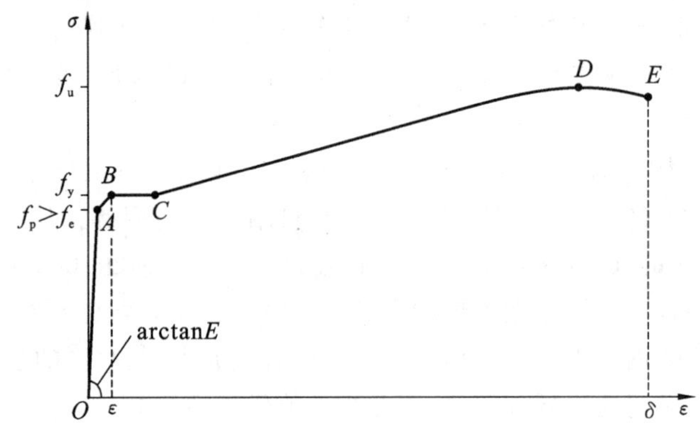

图 2.1 低碳钢拉伸曲线示意图

(2) 弹塑性阶段(曲线的 AB 段)

在这一阶段应力与应变不再保持直线变化而呈曲线关系。弹性模量亦由 A 点处 $E=2.06\times10^5\mathrm{N/mm^2}$ 逐渐下降，至 B 点趋于 0。B 点应力称为钢材屈服点(或称屈服应力、屈服强度)f_y。这时如果卸荷，σ-ε 曲线将从卸荷点开始沿着与 OA 平行的方向下降，至应力为 0 时，应变仍保持一定数值，称为塑性应变或残余应变(详见 2.4 节图 2.6)。在这一阶段，试件既包括弹性变形(应变)，也包括塑性变形(应变)，因此 AB 段称为弹塑性阶段。其中弹性变形在卸荷后可以恢复，塑性变形在卸荷后仍旧保留，故塑性变形又称为永久变形。

(3) 屈服阶段(曲线的 BC 段)

低碳钢在应力达到屈服点 f_y 后，应力不再增加，应变却可以继续增加。应变由 B 点开始屈服时，$\varepsilon\approx0.15\%$，增加到屈服终了时，ε 达到 2.5%左右。这一阶段曲线保持水平，故又称为屈服台阶，在这一阶段钢材处于完全的塑性状态。对于材料厚度(直径)不大于 16mm 的 Q235 号钢，$f_y\approx235\mathrm{N/mm^2}$。

(4) 应变硬化阶段(曲线的 CD 段)

钢材在屈服阶段经过很大的塑性变形，达到 C 点以后又恢复继续承载的能力，σ-ε 曲线又开始上升，直到应力达到 D 点的最大值，即抗拉强度 f_u。这一阶段（CD 段）称为应变硬化阶段。对于 Q235 号钢，f_u 为 370～500N/mm²。

(5) 颈缩阶段（曲线的 DE 段）

试件应力达到抗拉强度 f_u 时，试件中部截面变细，形成颈缩现象。随后 σ-ε 曲线下降，直到试件拉断（E 点）。曲线的 DE 段称为颈缩阶段。试件拉断后的残余应变称为伸长率 δ。对于材料厚度（直径）不大于 16mm 的 Q235 号钢，δ 大于或等于 26%。

钢材拉伸试验所得的屈服点 f_y、抗拉强度 f_u 和伸长率 δ，是钢结构设计对钢材机械性能要求的 3 项重要指标。f_y、f_u 反映钢材强度，其值愈大，承载力愈高。钢结构设计中，常把钢材应力达到屈服点 f_y，作为评价钢结构承载能力（抗拉、抗压、抗弯强度）极限状态的标志，即取 f_y 作为钢材的标准强度 $f_k = f_y$。设计时还将 σ-ε 曲线简化为如图 2.2 所示的理想弹塑性材料的 σ-ε 曲线。根据这条曲线，认为钢材应力小于 f_y 时是完全弹性的，应力超过 f_y 后则是完全塑性的。设计中以 f_y 作为极限，是因为超过 f_y 钢材就进入应变硬化阶段，材料性能发生改变，使基本的计算假定（理想弹塑性材料）无效。另外，钢材从开始屈服到破坏，塑性区变形范围很大（ε=0.15%～2.5%），约为弹性区变形的 200 倍。同时抗拉强度 f_u 又比屈服点高出很多，因此取屈服点 f_y 作为钢材设计应力极限，可以使钢结构有相当大的强度安全储备。

钢材的伸长率 δ 是反映钢材塑性（或延性）的指标之一，其值愈大，钢材破坏吸收的应变能愈多，塑性愈好。建筑用钢材不仅要求强度高，还要求塑性好，能够调整局部高应力，提高结构抗脆断的能力。

反映钢材塑性（或延性）的另一个指标是截面收缩率 ψ，其值为试件发生颈缩拉断后，断口处横截面积（即颈缩处最小横截面积）A_1，与原横截面积 A_0 的缩减百分比，即

$$\psi = \frac{A_0 - A_1}{A_0} \times 100\%$$

截面收缩率标志着钢材颈缩区在三向拉应力状态下的最大塑性变形能力。ψ 值愈大，钢材塑性愈好。对于抗层状撕裂的 Z 向钢，要求 ψ 值不得过低（见 2.5 节）。

建筑中有时也使用强度很高的钢材，例如用于制造高强度螺栓的经过热处理的钢材。这类钢材没有明显的屈服台阶，伸长率 δ 也相对较小。对于这类钢材，取卸荷后残余应变为 ε=0.2%时所对应的应力作为屈服点，这种屈服点又称为条件屈服点，它和有明显屈服点的钢材一样均用 f_y 表示（图 2.3），并统称为屈服强度。

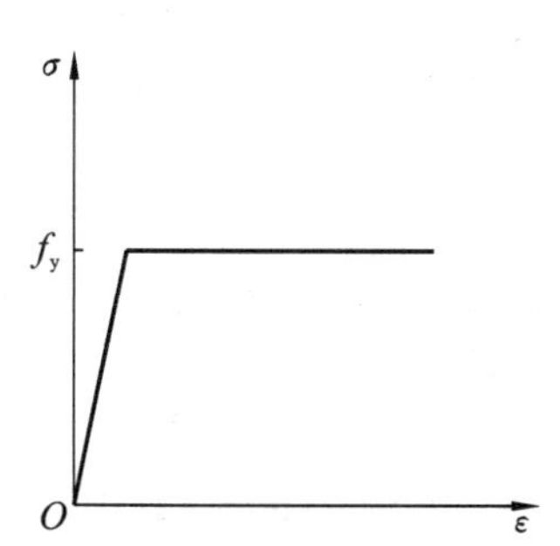

图 2.2 理想弹塑性材料的 σ-ε 曲线

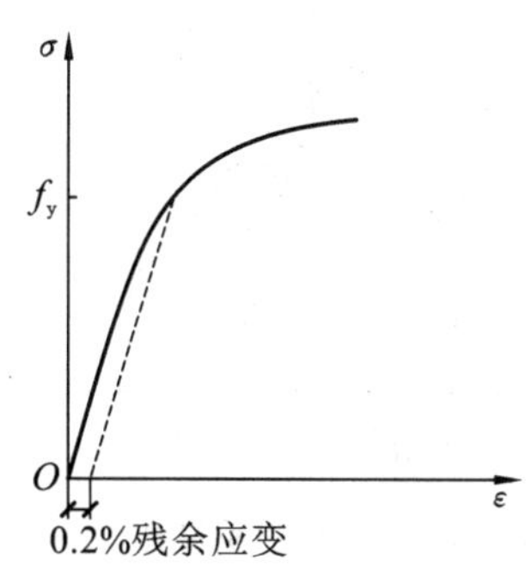

图 2.3 钢材的条件屈服点

2.2.2 冷弯试验

冷弯试验又称为弯曲试验，它是将钢材按原有厚度（直径）做成标准试件，放在如图 2.4 所示的冷弯试验机上，用具有一定弯心直径 d 的冲头，在常温下对标准试件中部施加荷载，使之弯曲达 180°，然后检查试件表面，如果不出现裂纹和起尘，则认为试件材料冷弯试验合格。冲头的弯心直径 d 根据试件厚度 a 和钢种确定，一般厚度愈大，d 也愈大。同时钢种不同，也有区别。

冷弯试验一方面可以检验钢材能否适应构件加工制作过程中的冷作工艺，另一方面还可暴露出钢材的内部缺陷（如颗粒组织、结晶状况、夹杂物分布及夹层情况、内部微观裂纹气泡等）。由于冷弯试件在试验过程中受到冲头挤压以及弯曲和剪切的作用，因此冷弯试验也是考查钢材在复杂应力状态下发展塑性变形能力的一项指标。

2.2.3 韧性

韧性是指钢材抵抗冲击或振动荷载的能力，其衡量指标称为冲击韧性值。

前述钢材的屈服点 f_y、抗拉强度 f_u、伸长率 δ 是在常温静载下试验得到的，因此只能反映钢材在常温静载下的性能。实际的钢结构常常会承受冲击或振动荷载，如厂房中的吊车梁、桥梁结构等。为保证结构承受动力荷载安全，就要求钢材的韧性好、冲击韧性值高。

冲击韧性值由冲击试验求得。即用带夏比 V 形缺口的标准试件，在冲击试验机上通过动摆施加冲击荷载，使之断裂（图 2.5），由此测出试件受冲击荷载发生断裂所吸收的冲击功，即为材料的冲击韧性值，用 A_{KV} 表示，单位为 J。A_{KV} 值愈高，表明材料破坏时吸收的能量愈多，因而抵抗脆性破坏的能力愈强，韧性愈好。因此它是衡量钢材强度、塑性及材质的一项综合指标。

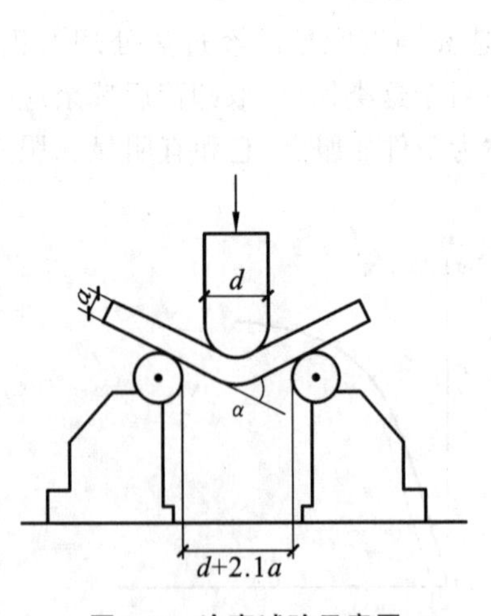

图 2.4 冷弯试验示意图

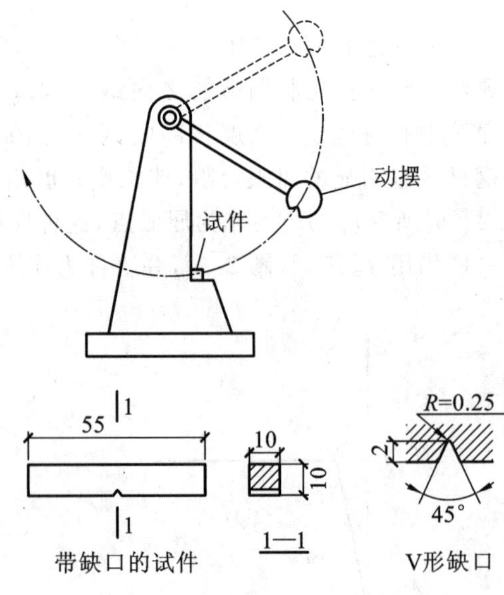

图 2.5 冲击韧性试验示意图（单位：mm）

冲击试验采用V形缺口试件是考虑到钢材的脆性断裂常常发生在裂纹和缺口等应力集中处或三向拉应力场处，试件的V形缺口根部比较尖锐，与实际缺陷情况相近，因此能更好地反映钢材的实际性能。

冲击韧性值的大小与钢材的轧制方向有关。由于钢材顺着轧制方向(纵向)经受的碾压次数多，内部结晶构造细密，性能好。故沿纵向切取的试件冲击韧性值较高，横向切取的则较低。冲击韧性值的大小还与试验温度有关，试验温度愈低，其值愈低。对于Q235钢，根据钢材质量等级不同，有的不要求保证A_{KV}值，有的则要求在+20℃或0℃或-20℃时，纵向A_{KV}值大于27J。

2.2.4 可焊性

钢材在焊接过程中，焊缝及其附近的金属要经历升温、熔化、冷却及凝固的过程。这与一个复杂的金属冶炼过程类似。经历这样一个过程后，焊缝区金属机械性能是否发生变化，是否还能满足结构设计要求，是钢材可焊性研究的课题。

目前我国还没有规定衡量钢材可焊性的指标。一般来说，可焊性良好的钢材用普通的焊接方法焊接后，焊缝金属及其附近热影响区的金属不产生裂纹，并且其机械性能不低于母材的机械性能。钢材可焊性与钢材品种、焊缝构造及所采用的焊接工艺有关。《标准》所推荐的几种建筑钢材(当含碳量不超过0.2%时)均有良好的可焊性，但需保证焊逢构造设计合理并遵循恰当的焊接工艺。对于其他钢材，必要时可进行焊接工艺试验来确定其可焊性。

钢结构设计中，除上述各种机械性能需要了解之外，还有下列四种数据也会常常用到：

① 钢材的质量密度：$\rho=7850\text{kg/m}^3=76.98\text{kN/m}^3$；

② 钢材的泊松比：$\nu=0.3$；

③ 钢材的温度线膨胀系数：$\alpha=1.2\times10^{-5}$/℃；

④ 钢材的剪变模量：$G=7.9\times10^4\text{N/mm}^2$。

2.3 建筑钢材的两种破坏形式

为了保证建筑结构的安全可靠，人们对建筑结构材料的破坏形式给予特别的关注。通常将建筑结构的材料破坏分为两种类型：延性(塑性)破坏和脆性破坏。

材料在破坏之前如果有显著的变形，并吸收很多的能量，从发生变形到最后破坏要持续较长的时间，这种破坏称为延性破坏。例如前节所述低碳钢试件在常温静载单向拉伸作用下的破坏，就是典型的延性破坏。相反，材料在破坏之前没有显著变形，吸收能量很少，破坏突然发生，这种破坏称为脆性破坏。一般砖石材料的破坏均属脆性破坏。

延性破坏由于破坏前变形大，持续时间长，易于发现和补救，因此危险性相对较小；而脆性破坏由于事先无显著变形，不易引起人们警觉，破坏突然发生，造成的危害和损失往往比延性破坏大得多。为此，我国《建筑结构可靠度设计统一标准》(GB 50068—2001)对延性破坏情况所规定的设计允许失效概率p_f值就比脆性破坏情况的要大一些。例如，安全等级为二级的建筑物，如果是延性破坏，按承载能力极限状态计算时取 $p_f=6.87\times10^{-4}$；如果是脆性破坏，则相应的 p_f 值降低为 1.08×10^{-4}（表 1.2）。

《标准》所推荐的几种建筑钢材均有较好的塑性和韧性。在正常情况下，它们都不会发生脆性破坏。因此，我国规范对钢结构构件的可靠性计算一般根据延性破坏来取值。

但是，钢材究竟会发生何种形式的破坏，不仅与钢材的品种有关，还与钢材所建结构的工作环境、结构构件形式等多种因素有关。常常有这样的情况，即原来塑性很好的钢材，当工作环境改变，如应力集中严重、在低温下受冲击荷载作用等，就可能导致钢材性能转脆，发生脆性破坏。历史上曾有过多起焊接桥梁、船舶、吊车梁及贮罐等，由于气温骤降、受冲击荷载、有严重应力集中或钢材及焊缝品质不合格等，导致脆性破坏的事故。我国 1989 年曾发生过一起直径 20m 的焊接钢制贮罐在交工验收后使用不久即突然破坏的事故。事故发生过程不足 10s，无任何先兆，呈明显的脆性断裂特征。当时气温为 −11.9℃，罐内装载低于设计容量，罐体压力远低于钢材屈服点。调查判定为低应力下低温脆性断裂事故。进一步调查发现，贮罐焊缝大量未焊透，部分钢材含碳量、含硫量较高，降低了钢材的塑性及可焊性，其常温冲击韧性值比规定值低，是导致低温断裂的原因。鉴于这些教训，对钢材发生脆性破坏的危险性应有充分的认识，应注意研究钢材的机械性能及钢材性能转脆的条件，在钢结构的设计、制造及安装过程中，应采取适当的措施，防止发生脆性破坏。

2.4 影响钢材性能的主要因素

影响钢材性能的因素很多，本节讨论化学成分、钢材制造过程、钢材硬化、复杂应力和应力集中、残余应力、温度变化及疲劳等因素对钢材性能的影响。

2.4.1 化学成分的影响

钢结构主要采用碳素结构钢和低合金结构钢。钢的主要成分是铁(Fe)。碳素结构钢中纯铁含量占 99%以上，其余是碳(C)，此外还有冶炼过程中留下来的杂质，如硅(Si)，锰(Mn)、硫(S)、磷(P)等元素。低合金高强度结构钢中，除铁、碳元素之外，冶炼时还特意加入少量合金元素，如锰、硅、钒(V)、铜(Cu)、铬(Cr)、钼(Mo)等。这些合金元素通过冶炼工艺以一定的结晶形态存在于钢中，可以改善钢材的性能(注意：同一种元素以合金的形式和以杂质的形式存在于钢中，其影响是不同的)。下面分别叙述各种元素对钢材性能的影响。

① 碳　钢材中含碳量增加，会使钢材强度增加，塑性降低，冷弯性能及冲击韧性，尤其是低温下的冲击韧性也会降低，还会使钢材的可焊性及抗锈性能变差。碳素结构钢按含碳量多少分为三类：低碳钢(含碳量不大于 0.25%)、中碳钢(含碳量 0.25%～0.60%)、高碳钢(含碳量不低于 0.6%)。建筑钢材要求强度高、塑性好。《标准》所指定的碳素结构钢 Q235，其含碳量为 0.12%～0.22%，属低碳钢，其强度、塑性适中，有明显的屈服台阶(图 2.1)。

② 锰　在碳素钢中锰作为一种脱氧剂加入，因此它常以杂质的形式留在钢中。我国的低合金高强度结构钢中，锰常常作为一种合金元素加入，是仅次于碳的一种重要的合金元素。当锰的含量不多时，它能提高钢材强度，但又不会过多降低塑性和冲击韧性。此外，在

钢中锰能与硫生成硫化锰，从而消除硫的不利影响。锰还可以改善钢材冷脆的倾向。

③ 硅　硅也是作为一种脱氧剂加入碳素钢中的。硅作为一种合金元素可以提高钢的强度，同时对钢的塑性、冷弯性能、冲击韧性及可焊性没有显著的不利影响。

④ 钒　钒作为一种合金元素加入钢中，可以提高钢的强度，增加钢材的抗锈性能，同时又不会显著降低钢的塑性。

⑤ 硫和磷　它们是冶炼过程中留在钢中的杂质，是有害元素。硫能使钢的塑性及冲击韧性降低，并使钢材在高温时出现裂纹，称为“热脆”现象，这对钢材热加工不利。磷使钢材在低温下冲击韧性降低很多，称为“冷脆”现象，这对低温下工作的结构不利。硫和磷一般作为杂质，其含量均应严格控制，详见后文 2.5 节表 2.1。

氧(O)和氮(N)以及氢(H)是冶炼过程中留在钢中的杂质，它们均是有害元素，含量高时可分别使钢热脆或冷脆。

2.4.2 冶炼、浇注、轧制过程及热处理的影响

建筑用的轧制钢材，是将炼钢炉炼出的钢液注入盛钢桶中，再由盛钢桶送入浇注车间，浇注成钢锭，一般钢锭冷却至常温放置，需要时再将钢锭加热切割，送入轧钢机中反复碾压轧制成各种型号的钢材(钢板、型钢等)。

钢材在冶炼、轧制过程中常常出现的缺陷有偏析、夹层、裂纹等。偏析是指金属结晶后化学成分分布不均匀。钢材中的夹层是由于钢锭内留有气泡，有时气泡内还有非金属夹渣，当轧制温度及压力不够时，不能使气泡压合，气泡被压扁延伸，形成了夹层。此外，因冶炼过程中残留的气泡、非金属夹渣，或因钢锭冷却收缩，或因轧制工艺不当，还可能导致钢材内部形成细小的裂纹。偏析、夹层、裂纹等缺陷都会使钢材性能变差。

建筑所用的钢材一般由平炉和氧气转炉炼成。目前用这两种方法冶炼的钢材，其质量相当，但氧气转炉钢成本较低。

钢液从出炉到浇注的过程中，会析出氧气等并生成氧化铁，造成钢材内部夹渣等缺陷。为保证钢材质量，需要在钢液中加入脱氧剂进行脱氧。根据脱氧程度不同，钢材分为沸腾钢、半镇静钢、镇静钢及特殊镇静钢。

沸腾钢是以脱氧能力较弱的锰作为脱氧剂，因而脱氧不够充分，在浇铸过程中，有大量气体逸出，钢液表面剧烈沸腾(故称为沸腾钢)。沸腾钢注锭时冷却快，钢液中的气体(氧、氮、氢等)来不及逸出，在钢中形成气泡。沸腾钢结晶构造粗细不匀、偏析严重，常有夹层，因而塑性、韧性及可焊性相对较差。

镇静钢所用脱氧剂除锰之外，还用脱氧能力较强的硅，因而脱氧充分，在脱氧过程中产生很多热量，使钢液冷却缓慢，气体容易逸出，浇注时没有沸腾现象，钢锭模内钢液表面平静(故称为镇静钢)。镇静钢结晶构造细密，杂质气泡少，偏析程度低，因而塑性、冲击韧性及可焊性比沸腾钢好，同时冷脆及时效敏感性也低。

半镇静钢的情况介于沸腾钢与镇静钢之间。

特殊镇静钢是在用锰和硅脱氧之后，再加铝或钛进行补充脱氧，其性能得到明显改善，尤其是可焊性显著提高。

轧制钢材时，在轧机压力作用下，钢材的结晶晶粒会变得更加细密均匀，钢材内部的气

泡、裂缝可以得到压合。因此,轧制钢材的性能比铸钢优越。轧制次数多的钢材比轧制次数少的性能改善程度要好些,一般薄的钢材的强度及冲击韧性优于厚的钢材。此外,钢材性能与轧制方向也有关,一般钢材顺轧制方向的强度和冲击韧性比横方向的要好。

对于某些特殊用途的钢材,在轧制后还常经过热处理进行调质,以改善钢材性能。常见的热处理方式有淬火、正火、回火、退火等。用作高强度螺栓的合金钢,如 20MnTiB(20 锰钛硼)就要进行热处理调质(淬火后高温回火),使其强度提高,同时又保持良好的塑性和韧性。

2.4.3 钢材的冷作硬化与时效硬化

图 2.6(a)所示为低碳钢试件单向拉伸的 σ-ε 曲线。如前所述,当拉伸应力从 0 增加,超过弹性阶段 OA,进入弹塑性阶段 AB 内的某一 1 点时,这时如果卸荷,曲线不会沿着原来的曲线返回至 O 点,而是从点 1 开始沿着与 OA 平行的方向直线下降至应力为 0 时的点 2,产生残余应变 ε_p($O2$ 段)。如果再加荷,曲线将沿从 2 到 1 的方向上升至点 1,这意味着经历一次加载后,钢材的弹性极限(或比例极限)由原来的 A 点升至点 1,弹性范围加大了。如果再继续加荷到点 3 又卸荷,曲线将从点 3 沿着与 OA 平行的方向降至应力为 0 时的点 4。若再加荷,曲线由点 4 升至点 3,弹性范围更大。若继续加荷至拉断破坏,曲线沿着原来的实线,拉断后直线下降至应力为 0 的点 5。这就是说,经历几次重复加载后,钢材的塑性变形范围由原来的 $O5$ 段缩小至“45”段了。σ-ε 曲线的这种变化说明钢材受荷超过弹性范围以后,若重复地卸载、加载,将使钢材弹性极限提高,塑性降低。这种现象称为应变硬化或冷作硬化。

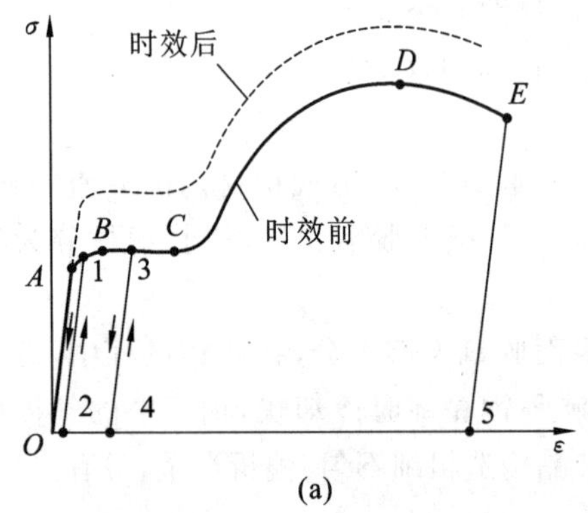

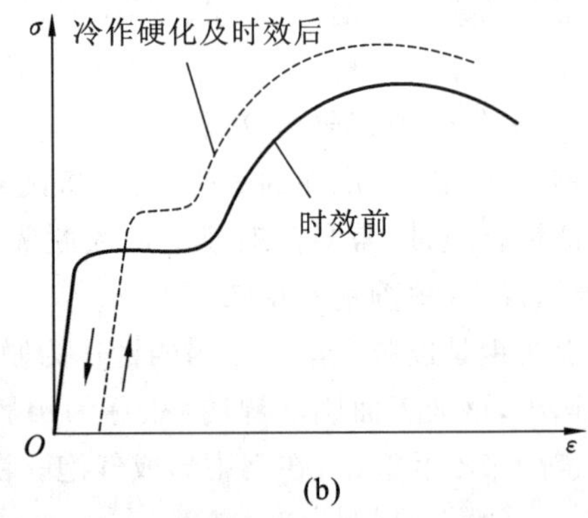

图 2.6 钢材的冷作硬化与时效硬化(示意图)

轧制钢材放置一段时间后,其机械性能也会发生变化。钢材的 σ-ε 曲线会由图 2.6(a)中的实线变成虚线所示的曲线。比较实线和虚线,可以看出钢材放置一段时间后,强度提高,塑性降低,这种现象称为时效硬化。如果钢材经过冷加工产生过塑性变形,时效过程会加快[图 2.6(b)]。如果冷加工后又将钢材加热(例如加热到 100℃左右),其时效过程就更加迅速,这种处理称为人工时效。在钢筋混凝土结构中,常常利用这种性能对钢筋进行冷拉、冷拔等工艺,然后再作人工时效处理,以提高钢筋的承载力。对于冷弯薄壁型钢,考虑到它在经受冷弯加工成型过程中,由于冷作硬化和时效硬化的影响,其屈服点较原来有较大的提高,其抗拉强度也略有提高,延伸率降低,科技人员经过一系列的理论和试验研究,并借鉴国外成功的经验,认为在设计中可以考虑利用冷弯效应引起的强度提高,以充分发挥冷弯薄壁型钢的承载力,因此在现行的冷弯薄壁型钢设计规范中,列入了考虑冷弯效应引起设计强度提高的条款。

但是,在一般的由热轧型钢和钢板组成的钢结构中,不利用冷作硬化来提高钢材强度。对于直接承受动荷载的结构,还要求采取措施消除冷加工后钢材硬化的影响,防止钢材性能变脆。例如,经过剪切机剪断的钢板,为消除剪切边缘冷作硬化的影响,常常用火焰烧烤使之"退火",或者将剪切边缘部分钢材用刨、削的方法将其除去(刨边)。

2.4.4 复杂应力和应力集中的影响

首先讨论钢材在复杂应力(即二向应力或三向应力)作用下的塑性条件。由前面已知,钢材单向受力时的塑性条件是 $\sigma \geqslant f_y$。实际钢结构中,常有复杂应力存在(图 2.7),这时钢材的塑性条件就要用所谓折算应力 σ_{eq} 来判别,即当 $\sigma_{eq} < f_y$ 时,钢材处于弹性工作状态,而 $\sigma_{eq} \geqslant f_y$ 时,钢材处于塑性工作状态。

折算应力 σ_{eq} 由材料力学能量强度理论导出,其计算公式如下:

当三向受力用主应力 σ_1、σ_2、σ_3 表示时

$$\sigma_{eq}=\sqrt{\frac{1}{2}\left[(\sigma_1-\sigma_2)^2+(\sigma_2-\sigma_3)^2+(\sigma_1-\sigma_3)^2\right]} \tag{2.1}$$

当三向受力用应力分量 σ_x、σ_y、σ_z、τ_{xy}、τ_{yz}、τ_{xz} 表示时

$$\sigma_{eq}=\sqrt{\sigma_x^2+\sigma_y^2+\sigma_z^2-(\sigma_x\sigma_y+\sigma_y\sigma_z+\sigma_x\sigma_z)+3(\tau_{xy}^2+\tau_{yz}^2+\tau_{xz}^2)} \tag{2.2}$$

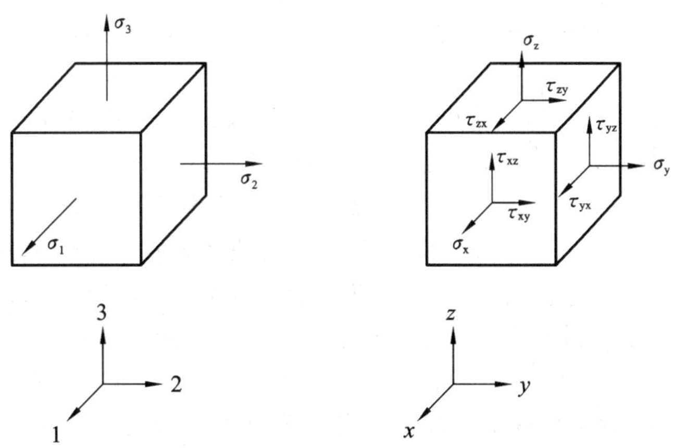

图 2.7 钢材的应力状态

当二向受力(即 $\sigma_3=0$ 或 $\sigma_z=\tau_{xz}=\tau_{yz}=0$)时,$\sigma_{eq}$ 可简化为

$$\sigma_{eq}=\sqrt{\sigma_1^2+\sigma_2^2-\sigma_1\sigma_2} \tag{2.3}$$

或

$$\sigma_{eq}=\sqrt{\sigma_x^2+\sigma_y^2-\sigma_x\sigma_y+3\tau_{xy}^2} \tag{2.4}$$

在单向受弯的梁内,只有 σ 和 τ 作用,即 $\sigma_x=\sigma$、$\tau_{xy}=\tau$、$\sigma_y=0$,则 σ_{eq} 可简化为

$$\sigma_{eq}=\sqrt{\sigma^2+3\tau^2} \tag{2.5}$$

若纯受剪应力，$\sigma=0$，则

$$\sigma_{eq}=\sqrt{3}\tau \tag{2.6}$$

取 $\sigma_{eq}=f_y$，则 $\tau=f_y/\sqrt{3}=0.58$，表明纯受剪应力时，剪应力达到 $0.58f_y$，钢材进入塑性状态。因此，《标准》取钢材抗剪强度设计值 $f_v=0.58f$ 的整数值（f 为钢材抗拉强度设计值，见附表 1.1）。

下面讨论复杂应力对钢材性能的影响。在低碳钢试件拉伸试验中观察到，试件破坏前有显著伸长，中部截面变细呈颈缩现象。试件破坏断口处呈纤维状，颜色发暗，断裂面与作用力方向约呈 45°，即最大剪应力方向。破坏面有显著的滑移痕迹，说明很大的塑性变形是剪应力作用导致滑移的结果，即材料的塑性变形与剪应力大小有关。由材料力学已知材料单元体的剪应力与各向主应力的差成正比。例如二向应力状态下，最大剪应力 $\tau_{max}=(\sigma_1-\sigma_2)/2$，若 σ_1 与 σ_2 同号时，τ_{max} 比单向或异号时应力要小，说明同号二向应力状态下塑性变形不能充分发展，钢材性能变脆。反之，σ_1 和 σ_2 异号时，τ_{max} 增大，塑性变形可以充分发展，塑性增加。三向应力状态亦如此。再分析式(2.1)，当主应力 σ_1、σ_2、σ_3 同号且数值相近时，即使其中某个主应力超过 f_y，由式(2.1)算得 σ_{eq} 也会小于 f_y，说明同号复杂应力状态下材料强度提高。反之，若其中某一应力异号，则可能最大主应力还小于 f_y 时，σ_{eq} 就已达到 f_y，说明异号复杂应力状态下材料强度降低。

由上面分析得出结论：钢材受同号复杂应力作用时，强度提高，塑性降低，性能变脆。钢材受异号复杂应力作用时，强度降低，塑性增加。

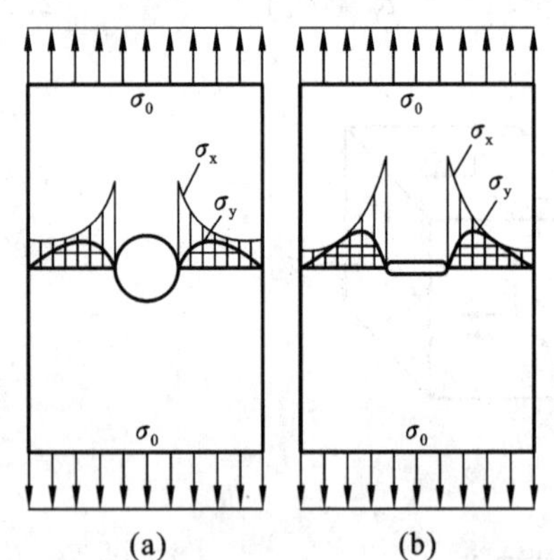

图 2.8　构件孔洞处的应力集中现象

σ_x—沿孔洞截面纵向应力；

σ_y—沿孔洞截面横向应力

现在讨论应力集中对钢材性能的影响。实际钢结构中的构件常因构造而有孔洞、缺口、凹槽，或采用变厚度、变宽度的截面，这类构件就会有应力集中现象。例如图 2.8 所示为带有孔洞的轴向受力构件，孔洞处的截面应力不再是均匀分布，而是在孔口边缘处有局部的应力高峰，其余部分则应力较低，这种现象称为应力集中。应力高峰值及应力分布不均匀的程度与杆件截面变化急剧的程度有关。例如，槽孔尖端处[图 2.8(b)]就比圆孔[图 2.8(a)]的应力集中程度大得多。同时，应力集中处不仅有纵向应力 σ_x，还有横向应力 σ_y，常常形成同号应力场，有时还会有三向的同号应力场。这种同号应力场导致钢材塑性降低，脆性增加，使结构发生脆性破坏的危险性增大。

在静荷载作用下，应力集中可以因材料本身具有塑性（即 σ-ε 曲线上的屈服台阶）得到缓和。例如图 2.9 中的杆件，当荷载增加孔口边缘应力高峰首先达到屈服点 f_y 时，如荷载继续增加，边缘达到 f_y 处的应变可以继续增加，但应力保持 f_y。截面其他地方应力及应变仍旧继续增加。这样，截面上的应力随荷载增加逐渐趋向均匀，直到全截面的应力都达到 f_y，不会影响截面的极限承载能力。因此，塑性良好的钢材可以缓和应力集中。

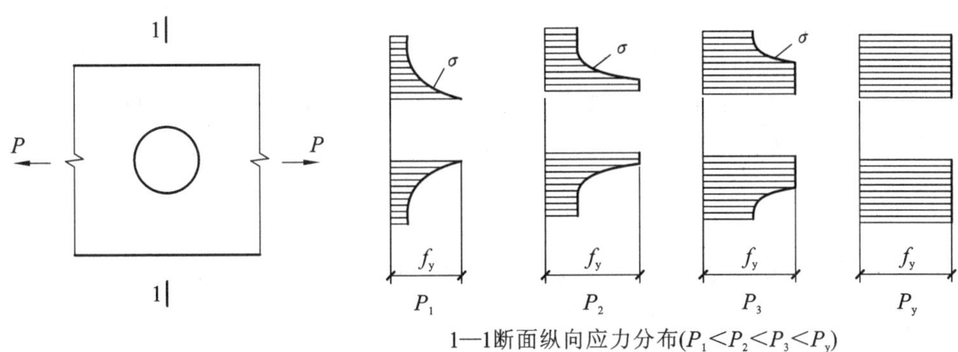

图 2.9 应力集中缓和的过程

常温下受静荷载的结构只要符合设计和施工规范要求,计算时可不考虑应力集中的影响。但是对于受动荷载的结构,尤其是低温下受动荷载的结构,应力集中引起钢材变脆的倾向更为显著,常常是导致钢结构脆性破坏的原因。对于这类结构,设计时应注意构件形状合理,避免构件截面急剧变化以减小应力集中程度,从构造措施上来防止钢材脆性破坏。

注:前面讲述冲击韧性试验的试件带有 V 形缺口,就是为了使试件受荷载时产生应力集中,由此测得的冲击韧性值就能够反映材料对应力集中的敏感性,因而能够更全面地反映材料的综合品质。

2.4.5 残余应力的影响

型钢及钢板热轧成材后,一般放置堆场自然冷却,冷却过程中截面各部分散热速度不同,导致冷却不均匀。例如,钢板截面两端接触空气表面积大,散热快,先冷却,而截面中央部分则因接触空气表面积小,散热慢,后冷却。同样,工字钢翼缘端部及腹板中央部分一般冷却较快,腹板与翼缘相交部分则冷却较慢。先冷却的部分恢复弹性较早,它将阻止后冷却部分自由收缩,从而引起后冷却部分受拉,先冷却部分则受后冷却部分收缩的牵制引起受压。这种作用和反作用最后导致截面内形成自相平衡的内应力,称为热残余应力。

除轧制钢材有残余应力外,焊接结构因焊接过程不均匀受热及冷却也会产生残余应力,这将在第 3 章和第 4 章中讲述。

钢材中残余应力的特点是应力自相平衡且与外荷载无关。

当外荷载作用于结构时,外荷载产生的应力与残余应力叠加,导致截面某些部分应力增加,可能提前到达屈服点进入塑性区。随着外荷载的增加,塑性区会逐渐扩展,直到全截面进入塑性达到极限状态。因此,残余应力对构件强度极限状态承载力没有影响,计算中不予考虑。但是,由于残余应力使部分截面提前进入塑性区,截面弹性区减小,因而刚度也随之减小,导致构件稳定承载力降低。此外,残余应力与外荷载应力叠加常常产生二向或三向应力,将使钢材抗冲击断裂能力及抗疲劳破坏能力降低。尤其是低温下受冲击荷载的结构,由于残余应力的存在更容易引起低工作应力状态下的脆性断裂。

对钢材进行"退火"热处理,在一定程度上可以消除一些残余应力。

2.4.6 温度的影响

当温度升高时，钢材的强度(f_u、f_y)及弹性模量(E)降低，但在200℃以内，钢材性能变化不大，因此，钢材的耐热性较好。但超过200℃，尤其是在430～540℃之间，f_u及f_y急剧下降，到600℃时强度很低已不能继续承载，所以钢结构是一种不耐火的结构。对于受高温作用的钢结构，钢结构规范对其隔热、防火措施有具体的规定。

此外，钢材温度在250℃附近，强度有一定的提高，但塑性降低，性能转脆。由于在这个温度下，钢材表面氧化膜呈蓝色，故又称蓝脆。在蓝脆温度区加工钢材，可能引起裂纹，故应尽量避免在这个温度区对钢材进行热加工。

在负温度范围，随着温度的下降，钢材强度略有提高，但塑性及韧性下降，钢材性能变脆。当温度下降到某一区间时，冲击韧性急剧下降，其破坏特征很明显地转变为脆性破坏。因此对于在低温下工作的结构，尤其是在受动力荷载和采用焊接连接的情况下，钢结构规范要求不但要有常温冲击韧性的保证，还要有低温(如0℃、－20℃等)冲击韧性的保证。

2.4.7 钢材的疲劳

生活中常有这样的经验，一根细小的铁丝，要拉断它很不容易，但将它弯折几次就容易折断了；又如机械设备中高速运转的轴，由于轴内截面上应力不断交替变化，承载能力就较静荷载时低得多，常常在低于屈服点时就断了。这些实例说明，钢材承受重复变化的荷载作用时，材料强度降低，破坏提早。这种现象称为疲劳破坏。

疲劳破坏的特点是强度降低，材料转为脆性，破坏突然发生。

钢结构规范规定，对于承受动力荷载作用的构件(如吊车梁、吊车桁架、工作平台等)及其连接，当应力变化的循环次数超过5×10^4次时，就需要进行疲劳计算，以保证不发生疲劳破坏。

钢材发生疲劳破坏一般认为是由于钢材内部有微观细小的裂纹，在连续反复变化的荷载作用下，裂纹端部产生应力集中，其中同号的应力场使钢材性能变脆，交变的应力使裂纹逐渐扩展，这种累积的损伤最后导致其突然的脆性断裂。因此钢材发生疲劳对应力集中也最为敏感。对于受动荷载作用的构件，设计时应注意避免截面突变，让截面变化尽可能平缓过渡，目的是减缓应力集中的影响。

一般情况下钢材静力强度不同，其疲劳破坏情况没有显著差别。因此，对于受动荷载的结构不一定要采用强度等级高的钢材，但宜采用质量等级高的钢材，使其有足够的冲击韧性，以防止疲劳破坏。

2.5 建筑钢材的种类、规格及选择

2.5.1 建筑钢材的种类

各类钢材都是根据国家标准冶炼。这些标准详细规定了钢材的化学成分及机械性能要求、试验方法、检验规则等。

我国《钢结构设计标准》(GB 50017—2017)中所推荐的 Q235 要求其质量符合国家标准《碳素结构钢》(GB/T 700—2006)。另外,《标准》所推荐的 Q345、Q390、Q420、Q460、Q345GJ 钢要求其质量符合国家标准《低合金高强度结构钢》(GB/T 1591—2008)。Q345GJ 属于国家标准《建筑结构用钢板》(GB/T 19879—2005),其后缀 GJ 表示高性能建筑结构用钢。其中,Q345GJ 是高层建筑用钢,其性能优于普通 Q345 钢。同样是 Q345 钢,厚度为 100mm 的 GJ 钢屈服强度为 325MPa,断后伸长率不小于 22%,而一般 Q345 钢的对应数据分别为 305MPa 和 19%～20%。同时,Q345GJ 规定有屈服强度的上限(下限加 120MPa)和屈强比的上限(0.83),而普通 Q345 没有。GJ 钢的高性能还体现在屈服强度的离散性低,因此抗力分项系数高。

《碳素结构钢》(GB/T 700—2006)中钢材牌号表示方法由字母 Q、屈服点数值(N/mm^2)、质量等级代号(A、B、C、D)及脱氧方法代号(F、b、Z、TZ)四个部分组成。Q 是“屈”字汉语拼音的首位字母,质量等级中 A 级最差、D 级最优,F、b、Z、TZ 则分别是“沸”“半”“镇”及“特镇”汉语拼音的首位字母,分别代表沸腾钢、半镇静钢、镇静钢及特殊镇静钢。其中代号 Z、TZ 可以省略。Q235 中 A、B 级有沸腾钢、半镇静钢及镇静钢,C 级全部为镇静钢,D 级全部为特殊镇静钢。《低合金高强度结构钢》(GB/T 1591—2008)中钢材全部为镇静钢或特殊镇静钢,所以它的牌号就只由 Q、屈服点数值及质量等级三个部分组成,其中质量等级有 A～E 五个级别。

这样,按照国家标准,钢号的代表意义举例如下:

Q235-A:屈服点为 $235N/mm^2$ 的 A 级镇静碳素结构钢;

Q235-BF:屈服点为 $235N/mm^2$ 的 B 级沸腾碳素结构钢;

Q235-D:屈服点为 $235N/mm^2$ 的 D 级特殊镇静碳素结构钢;

Q345-E:屈服点为 $345N/mm^2$ 的 E 级低合金高强度结构钢。

GB/T 700—2006 将碳素结构钢按屈服点数值分为 5 个牌号:Q195、Q215、Q235、Q255 及 Q275。GB/T 1591—2008 将低合金高强度结构钢按屈服点数值分为 5 个牌号:Q295、Q345、Q390、Q420 及 Q460。

各类钢材的化学成分及机械性能在表 2.1～表 2.4 中示出。表中伸长率以 δ_5 标记,指该项数据是由标距长为 5 倍直径的试件试验得出。钢材供货时,碳素结构钢中的 A 级钢应保证抗拉强度、屈服点及伸长率按标准满足要求,必要时可附加冷弯试验的要求。碳素结构钢中的 B、C、D 级钢均应保证抗拉强度、屈服点、伸长率、冷弯试验和冲击韧性值按标准满足要求。各个质量等级的低合金高强度结构钢均应保证抗拉强度、屈服点、伸长率、冷弯试验按标准满足要求,其中 B、C、D、E 级还应保证冲击韧性值按标准满足要求。低合金高强度结构钢中的 A 级钢应进行冷弯检验,其他质量级别的钢若供方能保证冷弯试验符合规定要求,可不做检验。

各个牌号的质量等级主要以对冲击韧性值的要求不同来区别。A 级钢不要求保证冲击韧性,B、C、D 级要求冲击韧性(夏氏 V 形缺口试验)A_{KV} 值不低于 27J(Q235)和 34J(Q345,Q390,Q420,Q460),E 级要求不低于 27J(Q345、Q390、Q420、Q460)。同时,各级冲击韧性的试验温度也不同,B 级为常温 20℃,C 级为 0℃,D 级为 −20℃,E 级为 −40℃。为保证上述冲击韧性值达到要求,同一牌号不同质量等级钢材的化学元素含量也略有区别,如质量等级高的钢材，其硫、磷含量限制更为严格。

表 2.1 至表 2.5 分别摘自国家标准 GB/T 700—2006 和 GB/T 1591—2008。标准对表中各项数据取值还有一些详细规定和注释，例如 Q345 和 Q390 钢拉伸试验及冷弯试验的取材方向规定、合金元素含量的规定等。这些规定和注释此处从略，读者需要时可参阅上述标准。

表 2.1　Q235 钢的化学成分（熔炼分析）　　（%）

<table>
<tr><th>质量等级</th><th>C</th><th>Mn</th><th>Si
≤</th><th>S
≤</th><th>P
≤</th><th>脱氧方法</th></tr>
<tr><td>A</td><td>0.12～0.14</td><td>0.30～0.65</td><td rowspan="4">0.30</td><td>0.050</td><td rowspan="2">0.045</td><td rowspan="2">F、b、Z</td></tr>
<tr><td>B</td><td>0.12～0.20</td><td>0.30～0.70</td><td>0.045</td></tr>
<tr><td>C</td><td>≤0.18</td><td rowspan="2">0.35～0.80</td><td>0.040</td><td>0.040</td><td>Z</td></tr>
<tr><td>D</td><td>≤0.17</td><td>0.035</td><td>0.035</td><td>TZ</td></tr>
</table>

表 2.2　Q235 钢的机械性能

<table>
<tr><th rowspan="3">钢材厚度或直径(mm)</th><th colspan="3">拉伸试验</th><th colspan="2" rowspan="2">180°冷弯试验
$b=2a$</th><th colspan="3" rowspan="2">冲击韧性</th></tr>
<tr><th rowspan="2">f_y
(N/mm²)
≥</th><th rowspan="2">f_u
(N/mm²)</th><th rowspan="2">δ_5
(%)
≥</th></tr>
<tr><th>纵向</th><th>横向</th><th>质量等级</th><th>温度(℃)</th><th>冲击功
A_{KV}(J)
≥</th></tr>
<tr><td>≤16</td><td>235</td><td rowspan="8">370～500</td><td>26</td><td rowspan="4">$d=a$</td><td rowspan="4">$d=1.5a$</td><td rowspan="2">A</td><td rowspan="2">—</td><td rowspan="2">—</td></tr>
<tr><td rowspan="2">16～40</td><td rowspan="2">225</td><td rowspan="2">26</td></tr>
<tr><td rowspan="2">B</td><td rowspan="2">20</td><td rowspan="2">27</td></tr>
<tr><td>40～60</td><td>215</td><td>25</td></tr>
<tr><td>60～100</td><td>215</td><td>24</td><td>$d=2a$</td><td>$d=2.5a$</td><td rowspan="2">C</td><td rowspan="2">0</td><td rowspan="2">27</td></tr>
<tr><td rowspan="2">100～150</td><td rowspan="2">195</td><td rowspan="2">22</td><td rowspan="3">$d=2.5a$</td><td rowspan="3">$d=3a$</td></tr>
<tr><td rowspan="2">D</td><td rowspan="2">−20</td><td rowspan="2">27</td></tr>
<tr><td>>150</td><td>185</td><td>21</td></tr>
</table>

表 2.3　Q345、Q390、Q420、Q460 及 Q345GJ 钢的化学成分（熔炼分析）　　（%）

<table>
<tr><th rowspan="2">钢号</th><th rowspan="2">质量等级</th><th rowspan="2">C
≤</th><th rowspan="2">Mn
≤</th><th rowspan="2">Si
≤</th><th>P</th><th>S</th><th rowspan="2">V</th><th rowspan="2">Nb</th><th rowspan="2">Ti</th><th>Al</th></tr>
<tr><th colspan="2">≤</th><th>≥</th></tr>
<tr><td rowspan="5">Q345</td><td>A</td><td rowspan="3">0.20</td><td rowspan="5">1.70</td><td rowspan="5">0.50</td><td>0.035</td><td>0.035</td><td rowspan="5">≤0.15</td><td rowspan="5">≤0.07</td><td rowspan="5">≤0.20</td><td rowspan="2">—</td></tr>
<tr><td>B</td><td>0.035</td><td>0.035</td></tr>
<tr><td>C</td><td>0.030</td><td>0.030</td><td rowspan="3">0.015</td></tr>
<tr><td>D</td><td rowspan="2">0.18</td><td>0.030</td><td>0.025</td></tr>
<tr><td>E</td><td>0.025</td><td>0.020</td></tr>
</table>

续表 2.3

<table>
<tr><th rowspan="2">钢号</th><th rowspan="2">质量等级</th><th>C</th><th>Mn</th><th>Si</th><th>P</th><th>S</th><th rowspan="2">V</th><th rowspan="2">Nb</th><th rowspan="2">Ti</th><th>Al</th></tr>
<tr><th>≤</th><th>≤</th><th>≤</th><th colspan="2">≤</th><th>≥</th></tr>
<tr><td rowspan="5">Q390</td><td>A</td><td rowspan="5">0.20</td><td rowspan="5">1.70</td><td rowspan="5">0.50</td><td>0.035</td><td>0.035</td><td rowspan="5">≤0.20</td><td rowspan="5">≤0.07</td><td rowspan="5">≤0.20</td><td rowspan="2">—</td></tr>
<tr><td>B</td><td>0.035</td><td>0.035</td></tr>
<tr><td>C</td><td>0.030</td><td>0.030</td><td rowspan="3">0.015</td></tr>
<tr><td>D</td><td>0.030</td><td>0.025</td></tr>
<tr><td>E</td><td>0.025</td><td>0.020</td></tr>
<tr><td rowspan="5">Q420</td><td>A</td><td rowspan="5">0.20</td><td rowspan="5">1.70</td><td rowspan="5">0.50</td><td>0.035</td><td>0.035</td><td rowspan="5">≤0.20</td><td rowspan="5">≤0.07</td><td rowspan="5">≤0.20</td><td rowspan="2">—</td></tr>
<tr><td>B</td><td>0.035</td><td>0.035</td></tr>
<tr><td>C</td><td>0.030</td><td>0.030</td><td rowspan="3">0.015</td></tr>
<tr><td>D</td><td>0.030</td><td>0.025</td></tr>
<tr><td>E</td><td>0.025</td><td>0.020</td></tr>
<tr><td rowspan="3">Q460</td><td>C</td><td rowspan="3">0.20</td><td rowspan="3">1.80</td><td rowspan="3">0.60</td><td>0.030</td><td>0.030</td><td rowspan="3">≤0.20</td><td rowspan="3">≤0.11</td><td rowspan="3">≤0.20</td><td rowspan="3">0.015</td></tr>
<tr><td>D</td><td>0.030</td><td>0.025</td></tr>
<tr><td>E</td><td>0.025</td><td>0.020</td></tr>
<tr><td rowspan="3">Q345GJ</td><td>C</td><td>0.20</td><td rowspan="3">1.60</td><td rowspan="3">0.55</td><td rowspan="3">0.025</td><td rowspan="3">0.015</td><td rowspan="3">0.02～0.15</td><td rowspan="3">0.015～0.060</td><td rowspan="3">0.01～0.10</td><td rowspan="3">0.015</td></tr>
<tr><td>D</td><td rowspan="2">0.18</td></tr>
<tr><td>E</td></tr>
</table>

表 2.4　Q345、Q390、Q420、Q460 钢的机械性能

<table>
<tr><th rowspan="4">钢号</th><th rowspan="4">质量等级</th><th colspan="5">屈服点</th><th rowspan="3">抗拉强度 f_u (N/mm^2)</th><th rowspan="3">伸长率 δ_5 (%)</th><th colspan="2">冲击功(纵向)</th><th colspan="2">180°弯曲试验
d=弯心直径
a=试件厚度(直径)</th></tr>
<tr><th colspan="5">厚度(直径、边长)</th><th rowspan="2">温度(℃)</th><th rowspan="2">A_{KV} (J)</th><th colspan="2" rowspan="2">钢材厚度(直径)(mm)</th></tr>
<tr><th>≤16</th><th>16～40</th><th>40～63</th><th>63～80</th><th>80～100</th></tr>
<tr><th colspan="6">≥</th><th colspan="3">≥</th><th>≤16</th><th>16～100</th></tr>
<tr><td rowspan="5">Q345</td><td>A</td><td rowspan="5">345</td><td rowspan="5">335</td><td rowspan="5">325</td><td rowspan="5">315</td><td rowspan="5">305</td><td rowspan="5">470～630</td><td rowspan="2">20</td><td>—</td><td>—</td><td rowspan="5">$d=2a$</td><td rowspan="5">$d=3a$</td></tr>
<tr><td>B</td><td>20</td><td rowspan="4">34</td></tr>
<tr><td>C</td><td rowspan="3">21</td><td>0</td></tr>
<tr><td>D</td><td>−20</td></tr>
<tr><td>E</td><td>−40</td></tr>
</table>

续表 2.4

钢号	质量等级	屈服点 厚度(直径、边长) ≤16	16～40	40～63	63～80	80～100	抗拉强度 f_u (N/mm²)	伸长率 δ_5 (%)	冲击功(纵向) 温度(℃)	A_{KV} (J)	180°弯曲试验 d=弯心直径 a=试件厚度(直径) 钢材厚度(直径)(mm) ≤16	16～100
		≥						≥				
Q390	A	390	370	350	330	330	490～650	20	—	—	$d=2a$	$d=3a$
	B								20	34		
	C								0			
	D								−20			
	E								−40			
Q420	A	420	400	380	360	360	520～680	19	—	—	$d=2a$	$d=3a$
	B								20	34		
	C								0			
	D								−20			
	E								−40			
Q460	C	460	440	420	400	400	550～720	17	0	34	$d=2a$	$d=3a$
	D								−20			
	E								−40			

表 2.5　Q345GJ 钢的机械性能

钢号	质量等级	屈服点 厚度(直径、边长) ≤16	16～35	35～50	50～100	抗拉强度 f_u (N/mm²)	伸长率 δ_5 (%)	冲击功(纵向) 温度(℃)	A_{KV} (J)	180°弯曲试验 d=弯心直径 a=试件厚度(直径) 钢材厚度(直径)(mm) ≤16	16～100
							≥				
Q345GJ	C	≥345	345～455	335～445	325～435	490～610	22	0	34	$d=2a$	$d=3a$
	D							−20			
	E							−40			

下面讨论抗层状撕裂的 Z 向钢和耐候钢。随着高层建筑和大跨度结构的发展，要求构件的承载力越来越大，所用钢板的厚度也日趋增大。目前国内高层建筑中所用钢板最大厚

度已超过 100mm。前面已经提到，钢板沿三个方向的机械性能是有差别的：沿轧制方向性能最好，垂直于轧制方向的性能稍差，沿厚度方向的性能则又次之。一般情况下，钢材尤其是厚钢板，局部性的夹渣、分层往往难于避免。夹渣、分层主要来源于钢中的硫、磷偏析和非金属夹杂等缺陷。另一方面，在实际的钢结构中，尤其是层数较高的建筑和跨度较大的结构，常常会有沿钢板厚度方向受拉的情况，例如梁与柱的连接处。钢板沿厚度方向塑性较差以及夹渣、分层现象，常常造成钢板沿厚度方向受拉时发生层状撕裂。为保证安全，要求采用一种能抗层状撕裂的钢，称为厚度方向性能钢板，或称 Z 向钢(Z 向是指钢材厚度方向)。

Z 向钢是在某一级结构钢(称为母级钢)的基础上，经过特殊冶炼、处理的钢材。其含硫量控制更严，为一般钢材的 1/5 以下，截面收缩率 ψ 在 15%以上。因此，Z 向钢沿厚度方向有较好的延性。我国生产的 Z 向钢板的技术指标符合国家标准《厚度方向性能钢板》(GB/T 5313—2010)规定，其标记是在母级钢牌号后面加上 Z 向钢板等级标记 Z15、Z25 和 Z35。Z 后面的数字为截面收缩率 ψ 的指标(%)，Z 向钢板的附加性能见表 2.6。

表 2.6 Z 向钢板的附加性能

等级	含硫量(%)≤	板厚方向截面收缩率 ψ(%)≥	
		3 个试件平均值	单个试件值
Z15	0.010	15	10
Z25	0.007	25	15
Z35	0.005	35	25

耐候钢是在低碳钢或低合金钢中加人铜、铬、镍等合金元素制成的一种耐大气腐蚀的钢材。在大气作用下，钢材表面自动生成一种致密的防腐薄膜，起到抗腐蚀作用，其耐大气腐蚀能力约为碳素钢的 4 倍。因此，对处于外露环境，且对抗大气腐蚀有特殊要求，或在腐蚀性气态和固态介质作用下的承重结构，宜采用耐候钢，其质量要求应符合现行国家标准《耐候结构钢》(GB/T 4171—2008)的规定。

除前面所述碳素结构钢外，钢材中还有一类优质碳素结构钢。它与普通碳素结构钢相比，有严格的化学成分，硫、磷等有害杂质的含量较少，还要保证力学性能的有关指标。这类钢材的牌号用代表平均含碳量的万分之几的两位数表示。其中 35 号、45 号钢(即平均含碳量为 0.35%，0.45%)在钢结构中常用作高强度螺栓的螺母及垫圈等。

2.5.2 建筑钢材的规格

根据国家标准及冶金部标准，我国钢结构中常用的钢板及型钢有下列几种规格(图 2.10)：

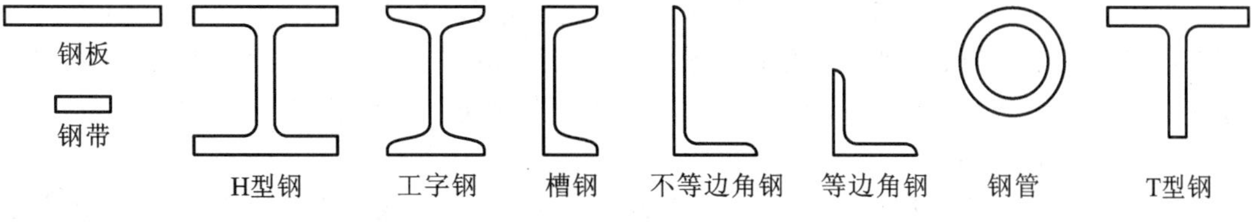

图 2.10 热轧型钢

(1) 钢板

钢板分热轧薄钢板、热轧厚钢板及扁钢,热轧薄钢板厚度为 0.35~4mm,主要用来制作冷弯薄壁型钢。热轧厚钢板厚度为 4.5~60mm,广泛用作钢结构构件及连接板件。扁钢宽度较小,为 12~200mm,在钢结构中用得不多。此外还有高层建筑结构用的钢板,YB 4104—2000 就是国家为这类钢板制定的最新专用标准,它适用于高层建筑钢结构或其他重要钢结构。其厚度为 6~100mm,牌号有 Q235GJ、Q345GJ、Q235GJZ、Q345GJZ,均为 C、D、E 质量等级,带 Z 标记牌号的为可保证 Z 向性能的牌号,可按 Z15、Z25、Z35 不同级别要求订货。

(2) 热轧普通工字钢

热轧普通工字钢翼缘内表面是斜面,斜度成 1∶6。它的翼缘比腹板厚度大,翼缘宽度比截面高度小很多,因此截面对弱轴的惯性矩较小。热轧普通工字钢的规格以代号 I 截面高度×翼缘宽度×腹板厚度(mm)表示,也可用型号表示,即以代号和截面高度的厘米数表示,如 I16。截面高度相同的工字钢,可能有几种不同的腹板厚度和翼缘宽度,需在型号后面加 a、b、c 予以区别,如 I32a、I32b、I32c 等。一般按 a、b、c 顺序,腹板厚度和翼缘宽度依次递增 2mm。我国生产的热轧普通工字钢规格有 I10~I63 号。另外,轻型工字钢目前已极少生产使用。

(3) 热轧 H 型钢

热轧 H 型钢分为宽翼缘 H 型钢、中翼缘 H 型钢和窄翼缘 H 型钢,此外还有 H 型钢桩,其代号分别为 HW、HM、HN 和 HP(W、M、N 和 P 分别为英文字头 wide、middle、narrow 和 pile)。它们的规格标记用高度 H(mm)×宽度 B(mm)×腹板厚度 t_1(mm)×翼缘厚度 t_2(mm)表示,如 H340×250×9×14。我国自 1998 年开始生产热轧 H 型钢,目前生产的 HW 型钢截面高度为 100~500mm,宽高比 $B/H\approx1$;HM 型钢截面高度为 150~600mm,宽高比 $B/H=1/2\sim2/3$;HN 型钢截面高度为 100~1000mm,宽高比 $B/H=1/3\sim1/2$。H 型钢是一种经工字钢发展而来的经济断面型材,与普通工字钢相比,它的翼缘内外表面平行,内表面无斜度,翼缘端部为直角,与其他构件连接方便。同时它的截面材料分布更向翼缘集中,截面力学性能优于普通工字钢,在截面面积相同的条件下,H 型钢的实际承载力比普通工字钢大。其中 HW 型钢又由于翼缘宽,对弱轴(平行于腹板的轴)惯性矩较大,倾向稳定性好。因此,现在许多国家大都用 H 型钢代替普通工字钢,我国也正在积极推广采用 H 型钢。H 型钢桩的腹板厚度较大,与翼缘厚度相同,常用作柱子构件。

除热轧 H 型钢外,还有普通焊接 H 型钢和轻型焊接 H 型钢。前者是将钢板裁剪、组合后再用自动埋弧焊制成;后者一般采用手工焊、二氧化碳气体保护焊或高频电焊工艺焊接而成。这类型钢由于焊接残余应力较大,力学性能不如热轧 H 型钢。

(4) 热轧剖分 T 型钢

热轧剖分 T 型钢是由 H 型钢剖分而成。其代号与 H 型钢相应,采用 TW、TM、TN 分别表示宽翼缘 T 型钢、中翼缘 T 型钢和窄翼缘 T 型钢,其规格标记亦与 H 型钢相同。用剖分 T 型钢代替由双角钢组成的 T 形截面,其截面力学性能更为优越,且制作方便。

(5) 热轧普通槽钢

热轧普通槽钢翼缘内表面是斜面,斜度为 1∶10。它的翼缘比腹板厚度大,翼缘宽度比截面高度小很多,因此截面对弱轴(平行于腹板的主轴)惯性矩较小,且弱轴方向不对称。热轧普通槽钢的规格以代号[截面高度×翼缘宽度×腹板厚度表示，单位为 mm，也可以用型钢表示，即以代号和截面高度的厘米数及 a、b、c 表示（a、b、c 意义与工字钢相同），如[16。我国生产的热轧普通槽钢规格有[5～[40 号。另外，轻型槽钢目前都已极少生产使用。

（6）热轧角钢

角钢由两个互相垂直的肢组成，若两肢长度相等，称为等边角钢，若不等则为不等边角钢。等边角钢、不等边角钢的代号分别为 L 或 L，其规格用代号和肢宽（mm）×肢厚（mm）或长肢宽（mm）×短肢宽（mm）×肢厚（mm）表示，例如 L90×6、L125×80×8 等。角钢的规格有 L20×3～L200×24，L25×16×3～L200×125×18。

（7）冷弯薄壁型钢

冷弯薄壁型钢一般由厚度为 1.5～6mm 的钢板或钢带（成卷供应的薄钢板）经冷弯或模压制成，其截面各部分厚度相同，转角处均呈圆弧形。冷弯薄壁型钢有各种截面形式，图 2.11 是几种截面示例。冷弯薄壁型钢的特点是薄壁，截面呈几何形状，因而与面积相同的热轧型钢相比，其截面惯性矩大，是一种高效经济的截面，缺点是因为壁薄，对锈蚀影响较为敏感。冷弯薄壁型钢多用于跨度小、荷载轻的轻型钢结构中。

（8）压型钢板

压型钢板是由厚度为 0.4～2mm 的钢板经压制而成的波纹状钢板（图 2.12），波纹高度在 10～200mm 范围内，钢板表面涂漆、镀锌、涂有机层（又称彩色压型钢板）以防止锈蚀，因而耐久性好。压型钢板常用作屋面板、墙板及楼板等，其优点是轻质、高强、美观、施工快。

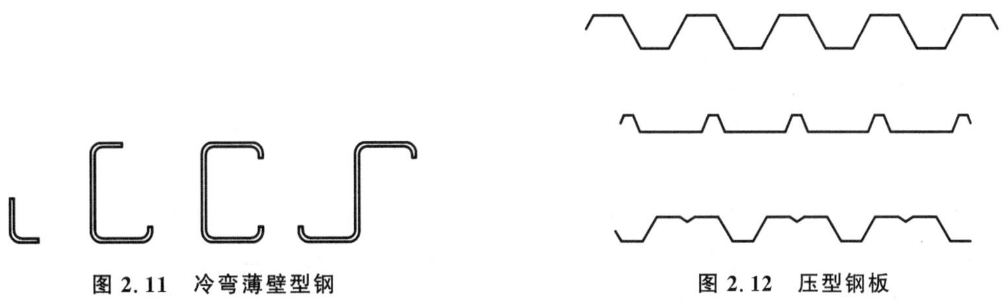

图 2.11 冷弯薄壁型钢　　**图 2.12 压型钢板**

本书附表 5～附表 9 分别列出了热轧等边及不等边角钢、热轧普通工字钢及槽钢、热轧 H 型钢和部分 T 型钢的截面特性。

2.5.3 建筑钢材的选择

建筑钢材的选择是指根据规范要求确定钢材牌号及其质量等级。选择的目的是保证安全可靠、经济合理。选择钢材时应考虑下述原则：

（1）结构的重要性

对重型工业建筑结构、大跨度结构、高层民用建筑结构等重要结构，应考虑选用质量好的钢材。根据统一标准的规定，结构安全等级有一级（重要的）、二级（一般的）和三级（次要的）。安全等级不同，所选钢材的质量也应不同。同时，构件造成破坏对结构整体的影响也应考虑。当构件破坏导致整个结构不能正常使用时，则后果十分严重；如果构件破坏只造成局部损害而不致危及整个结构正常使用，则后果就不很严重。两者对材质的要求也应有所区别。

(2) 荷载情况

直接承受动荷载的结构和强烈地震区的结构，应选用综合性能好的钢材，一般承受静荷载的结构则可选用质量等级稍低的钢材，以降低造价。

(3) 连接方法

钢结构的连接方法有焊接和非焊接两种。对于焊接结构，为保证焊缝质量，要求可焊性较好的钢材。

(4) 结构所处的温度和工作环境

在低温下工作的结构，尤其是焊接结构，应选用有良好抗低温脆断性能的镇静钢。在露天或在有害介质环境中工作的结构，应考虑结构要有较好的防腐性能。必要时应采用耐候钢。

对于具体的钢结构工程，选用哪一种钢材应根据上述原则结合工程实际情况及钢材供货情况进行综合考虑。同时对于所选的钢材，还应按规范要求并视工程具体情况，提出保证各项指标合格的要求，如承重结构的钢材应具有抗拉强度、伸长率、屈服强度和硫、磷含量的合格保证，对焊接结构尚应具有碳含量的合格保证。焊接承重结构以及重要的非焊接承重结构的钢材还应具有冷弯试验的合格保证。对于需要验算疲劳的结构，还应根据结构的工作温度及所用钢材的品种保证不同温度下的冲击韧性合格。一般说来，保证的条件愈高，保证的项目愈多，钢材的价格愈高。因此，所提要求应力图经济合理。

本章小结

(1) 建筑钢材要求强度高、塑性韧性好，焊接结构还要求可焊性好。

(2) 衡量钢材强度的指标是屈服点 f_y、抗拉强度 f_u，衡量钢材塑性的指标是伸长率 δ_5 和冷弯试验合格，衡量钢材韧性的指标是冲击韧性值 A_{KV}。

(3) 碳素结构钢的主要化学成分是铁和碳，其他为杂质成分；低合金高强度钢的主要化学成分除铁和碳外，还有总量不超过5%的合金元素，如锰、钒、铜等，这些元素以合金的形式存在于钢中，可以改善钢材性能。此外，低合金高强度钢中也有杂质成分，如硫、磷、氧、氮等是有害成分，应严格控制其含量。对于焊接结构，含碳量不宜过高，要求控制在0.2%以下。

(4) 影响钢材机械性能的因素除化学成分外，还有冶炼轧制工艺（脱氧程度：沸腾钢、镇静钢等；缺陷：偏析、非金属夹渣、裂纹、分层等）、加工工艺（冷作硬化、残余应力）、受力状态（复杂应力）、构造情况（孔洞、截面突变引起应力集中）、重复荷载（疲劳）和环境温度（低温、高温）等因素。

(5) 钢材承受重复变化的荷载作用时，强度降低，破坏提早，且呈脆性破坏，这种现象称为疲劳破坏。《标准》规定，当结构应力变化的循环次数超过 5×10^4 次时，应进行疲劳验算。这些结构不一定要选用强度等级高的钢材，但要选用质量等级高的钢材，以保证有足够的冲击韧性值。同时，结构设计还应注意尽量避免应力集中现象。

(6) 钢材有两种破坏形式：塑性破坏和脆性破坏。脆性破坏时变形小，破坏突然发生，危险性大，因此应注意：①要根据具体情况合理选用钢材品种；②采购钢材时严格按规定查验进货钢材的各项指标；③充分了解上述各项影响钢材机械性能的因素，注意钢材在各种因素影响下由塑性转向脆性的可能性，并在设计、制造、安装中采取措施严加防范。

（7）现行《标准》推荐采用碳素结构钢中的Q235钢及低合金高强度钢中的Q345、Q390、Q420、Q460、Q345GJ钢。Q235钢有A、B、C、D共四个质量等级，其中A、B级有沸腾钢、半镇静钢、镇静钢，C级只有镇静钢，D级只有特殊镇静钢；Q345、Q390、Q420、Q460钢有A、B、C、D、E共五个质量等级，其中A、B、C、D级只有镇静钢，E级只有特殊镇静钢。供货时，除A级钢不保证冲击韧性值和Q235-A钢不保证冷弯试验合格外，其余各级各类钢材均应保证抗拉强度、屈服点、伸长率、冷弯试验及冲击韧性值达到标准规定要求。

（8）随着生产的发展，国家标准及产品规格会不断修改，市场供货情况也会因时因地有所变化，因此，选购钢材时应注意根据现行国家标准及产品规格，以及当时当地具体情况合理选择。

思考题

2.1　钢结构对钢材性能有哪些要求？这些要求用哪些指标来衡量？

2.2　钢材受力有哪两种破坏形式？它们对结构安全有何影响？

2.3　影响钢材机械性能的主要因素有哪些？为何低温下及复杂应力作用下的钢结构要求质量较高的钢材？

2.4　钢结构中常用的钢材有哪几种？钢材牌号的表示方法是什么？

2.5　钢材选用应考虑哪些因素？怎样选择才能保证经济合理？

习题

2.1　去图书馆、书店或互联网上查询有关钢结构的书籍，将查得的书籍分类列出，并作简短介绍。

2.2　浏览最近5期《钢结构》杂志或其他有关钢结构的书籍，摘读其中有关我国近期钢材生产、研究情况的内容，然后写一份500～1000字的读书报告。

2.3　全班组织一次学习讨论会，请几位同学宣读上述读书报告，并就报告内容进行讨论。

3　钢结构的连接

提要:本章讲述钢结构中的焊缝连接、普通螺栓连接及高强度螺栓连接(摩擦型和承压型)连接的设计和构造方法,以及保证连接施工质量的要点。

3.1　钢结构连接的种类及其特点

钢结构是将钢板和型钢按需要裁剪成各种零件,通过连接将它们组成基本的构件(梁、柱、拉杆、压杆等),然后再将这些基本构件通过连接组成需要的结构。这里,连接设计和基本构件设计一样,在整个钢结构设计中占有重要地位。同时,整个钢结构的制造和安装过程中,连接部分所占的工程量最大。因此,钢结构的连接设计必须安全可靠,选型要合理,既要做到传力明确,又要构造简单,节约钢材,施工方便。

钢结构中常用的连接方法有焊接和螺栓连接两种(图 3.1)。钢结构构件的连接应根据作用力的性质和施工环境条件选择合理的连接方法。工厂加工构件的连接宜采用焊接,可选用角焊缝或对接焊缝连接;现场连接宜采用螺栓连接,主要承重构件的现场连接或拼接应采用高强度螺栓连接或同一接头中高强螺栓与焊接用于不同部位的栓焊共同连接。

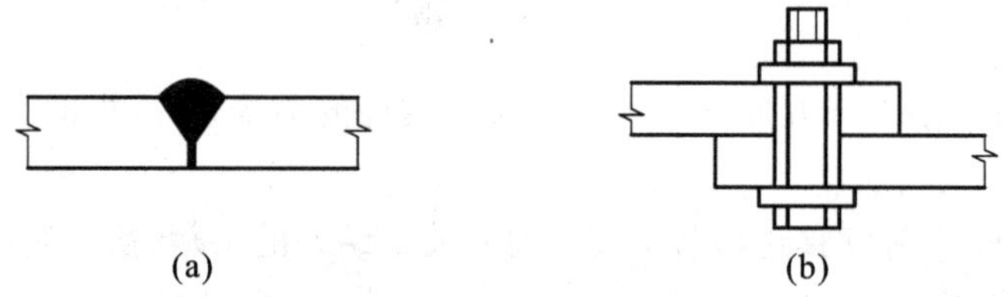

图 3.1　钢结构的连接方法

(a)焊接;(b)螺栓连接

焊接是通过电弧产生高温,将构件连接边缘及焊条金属熔化,冷却后凝成一体,形成牢固连接。焊接的优点是:焊件直接相连,构造简单,不削弱截面,连接刚度大,密闭性好,操作方便,在一定条件下可采取自动化操作。焊接的缺点是:焊缝金属在焊接过程中,要经历一次高温熔化而后冷却凝固的过程,使焊缝及周围热影响区的金属结晶构造及机械性能发生变化,部分焊缝金属性能变脆,同时在升温及冷却过程中,温度分布不均匀还会导致焊接结构内产生残余应力和残余变形,使结构承载力和使用性能降低。

螺栓连接有普通螺栓连接和高强度螺栓连接两种。普通螺栓通常采用 Q235 钢材制成,安装时由人工用普通扳手拧紧螺栓。高强度螺栓用高强度钢材经热处理制成,安装时用特制的扳手拧紧螺栓。拧紧时螺栓杆被迫伸长,栓杆受拉,其拉力称为预拉力。由此产生的反作用力使连接钢板压紧,导致板件之间产生摩阻力,可阻止板件相对滑移。特制的扳手有相应的预拉力指示计，施工时必须保证螺栓预拉力达到规定的数值。

普通螺栓分 A、B、C 三级，其中 A 级和 B 级为精制螺栓，在钢结构中较少采用；C 级为粗制螺栓，在钢结构中采用较多。粗制螺栓由圆钢压制而成，为安装方便，其螺栓的孔径 d_0 比螺栓杆公称直径 d 大 1.0mm～1.5mm。普通螺栓连接受剪时，连接板件之间产生滑动，直到螺栓杆件与板件孔壁接触，最后以螺栓杆被剪断或孔壁被挤压破坏时的荷载为极限承载力。

高强度螺栓连接受剪时，按其传力方式可分为摩擦型连接和承压型连接两种。摩擦型连接受剪时，以外剪力达到板件接触面间最大摩擦力为极限状态，即保证在整个使用期间外剪力不超过最大摩擦力为准则。这样，板件之间不会发生相对滑移变形，连接板件始终是整体弹性受力，因而连接刚性好，变形小，受力可靠，耐疲劳。承压型连接则允许接触面间摩擦力被克服，从而板件之间产生滑移，直至栓杆与孔壁接触，由栓杆受剪或孔壁受挤压传力直至破坏，此时受力性能与普通螺栓相同。

螺栓连接的优点是安装方便，可以拆卸，施工需要技术工人少；其缺点是连接构造复杂，连接件需要开孔，构件有削弱，安装需要拼装对孔，增加制造工作量，同时耗费钢材也较多。

普通螺栓连接与高强度螺栓连接的区别是：普通螺栓拧紧时，栓杆中的预拉力很小，且数值不加控制，普通螺栓大量用于工地安装连接，以及需要拆装的结构，如施工用的塔架和临时性结构；而高强度螺栓连接要求板件之间压紧产生摩阻力来阻止滑移，因此施工时要求栓杆预拉力要达到规定的数值。和普通螺栓相比，高强度螺栓不仅承载力大，而且安全可靠性好，多用于重要的构件连接。受剪的高强度螺栓连接中，承压型连接设计承载力显然高于摩擦型连接，但其整体性和刚度相对较差，实际强度储备相对较小，一般多用于承受静力或间接动力荷载的连接。

3.2 焊缝连接

3.2.1 焊接方法

钢结构常用的焊接方法是电弧焊，包括手工电弧焊、自动或半自动埋弧焊及气体保护焊等。

3.2.1.1 手工电弧焊

手工电弧焊是钢结构中最常用的焊接方法，其设备简单，操作灵活方便，实用性强，应用极为广泛。但生产效率比自动或半自动焊差，质量较低，且变异性大，焊缝质量在一定程度上取决于焊工的技术水平，劳动条件差。

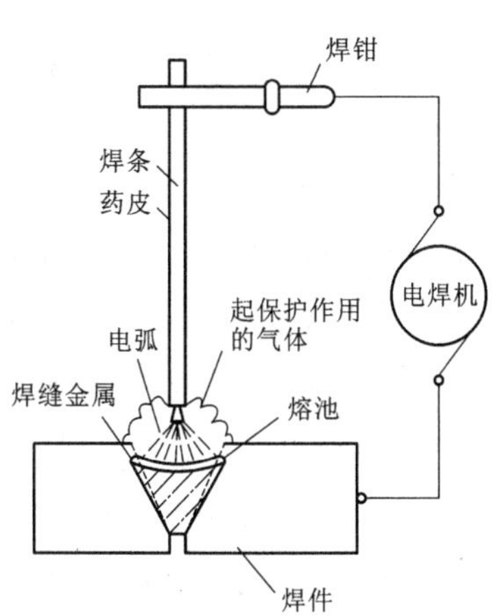

图 3.2 手工电弧焊原理

图 3.2 是手工电弧焊的原理示意图。它是由焊条、焊钳、焊件、电焊机和导线等组成电路。通电引弧后，在涂有焊药的焊条端和焊件间的间隙中产生电弧，使焊条

熔化，熔滴滴入被电弧吹成的焊件熔池中，同时焊药燃烧，在熔池周围形成保护气体，稍冷后在焊缝熔化金属的表面又形成熔渣，隔绝熔池中的液体金属和空气中的氧、氮等气体的接触，避免形成脆性易裂的化合物。焊缝金属冷却后就与焊件熔成一体。

手工焊常用的焊条有碳钢焊条和低合金钢焊条，其牌号有 E43 型、E50 型、E55 型和 E60 型等。其中 E 表示焊条，两位数字表示焊条熔敷金属抗拉强度的最小值(单位为 kgf/mm^2)。手工焊采用的焊条应符合国家标准的规定。

在选用焊条时，应与主体金属相匹配。一般情况下，对 Q235 钢采用 E43 型焊条，对 Q345、Q390、Q345GJ 钢采用 E50、E55 型焊条，对 Q420、Q460 钢采用 E55、E60 型焊条。当不同强度的两种钢材进行连接时，宜采用与低强度钢材相适应的焊条。

3.2.1.2　自动或半自动埋弧焊

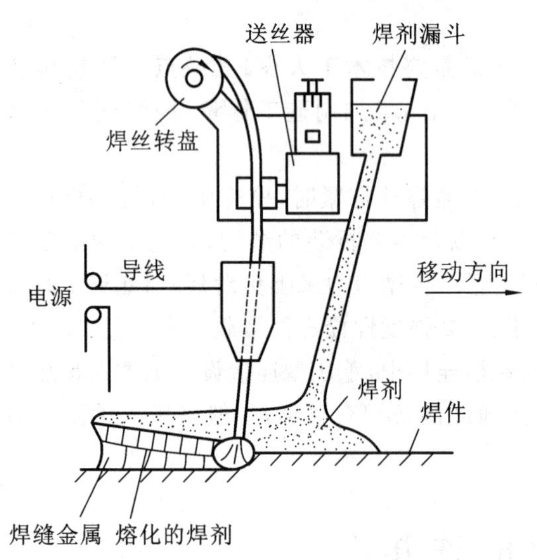

图 3.3　自动埋弧焊原理

自动或半自动埋弧焊的原理见图 3.3 所示。其特点是焊丝成卷装置在焊丝转盘上，焊丝外表裸露不涂焊剂(焊药)。焊剂呈散状颗粒装置在焊剂漏斗中。通电引弧后，当电弧下的焊丝和附近焊件金属熔化时，焊剂也不断从漏斗流下，将熔融的焊缝金属覆盖，其中部分焊剂将熔成焊渣浮在熔融的焊缝金属表面。由于有覆盖层，焊接时看不见强烈的电弧光，故称为埋弧焊。当埋弧焊的全部装备固定在小车上，由小车按规定速度沿轨道前进进行焊接时，这种方法称为自动埋弧焊。如果焊机的移动是由人工操作，则称为半自动埋弧焊。

由于自动埋弧焊有焊剂和熔渣覆盖保护，电弧热量集中，熔深大，可以焊接较厚的钢板，同时由于采用了自动化操作，焊接工艺条件好，焊缝质量稳定，焊缝内部缺陷少，塑性和韧性好，因此其质量比手工电弧焊好。但它只适合于焊接较长的直线焊缝。半自动埋弧焊质量介于二者之间，因由人工操作，故适合于焊接曲线或任意形状的焊缝。另外，自动或半自动埋弧焊的焊接速度快，生产效率高，成本低，劳动条件好。

自动或半自动埋弧焊应采用与焊件金属强度匹配的焊丝。焊丝和焊剂均应符合国家标准的规定，焊剂种类应根据焊接工艺要求确定。

3.2.1.3　气体保护焊

气体保护焊的原理是在焊接时用喷枪喷出的惰性(或 CO_2)气体把电弧、熔池与大气隔离，从而保持焊接过程的稳定。操作时可用自动或半自动焊方式。由于焊接时没有熔渣，故便于观察焊缝的成型过程，但操作时须在室内避风处，若在工地施焊则须搭设防风棚。

气体保护焊电弧加热集中，焊接速度较快，焊件熔深大，热影响区较窄，焊接变形较小，焊缝强度比手工焊高，且具有较高的抗锈能力。但设备较复杂，电弧光较强，金属飞溅多，焊缝表面成型不如埋弧焊平滑。

3.2.2　焊缝连接的形式

焊缝连接按所连接构件的相对位置可分为对接、搭接、T 形连接和角接共四种类型，这些连接所用的焊缝有对接焊缝和角焊缝两种基本形式（图 3.4）。在具体应用时，应根据连接的受力情况，结合制造、安装和焊接条件进行合理选择。

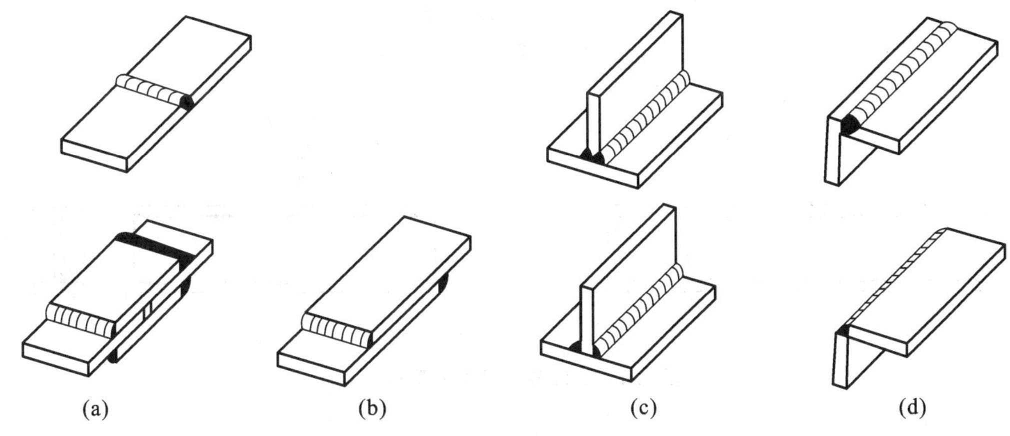

图 3.4　焊缝连接的形式

(a)对接接头；(b)搭接接头；(c)T 型接头；(d)角接接头

注：上行各图为对接焊缝，下行各图为角焊缝

对接焊缝位于被连接板件或其中一个板件的平面内且焊缝截面与构件截面相同，因而传力均匀平顺，没有明显的应力集中，受力性能较好，尤其是用于直接承受动力荷载的接头中；但对接焊缝连接要求下料和装配的尺寸准确，保证相连板件间有适当空隙，还需要将焊件边缘开坡口，故制造费工。角焊缝位于板件边缘，传力不均匀，受力情况复杂，受力不均匀容易引起应力集中；但因不需开坡口，尺寸和位置要求精度稍低，使用灵活，制造较方便，故得到广泛应用。

按作用力与焊缝方向之间的关系，对接焊缝可分为直缝和斜缝；角焊缝可分为正面角焊缝（端缝）和侧面角焊缝（侧缝）（图 3.5），还有斜向角焊缝（见后文图 3.18）。

角焊缝按沿其长度方向的布置，还可分为连续角焊缝和间断角焊缝两种（图 3.6）。连续角焊缝受力情况较好，应用广泛；间断角焊缝易在分段的两端引起严重的应力集中，重要结构应避免使用。受力间断角焊缝的间断距离不宜过大，对受压翼缘净间距小于或等于 $15t$，对受拉翼缘净间距小于或等于 $30t$（t 为较薄焊件厚度）。

按施焊时焊缝在焊件之间的相对空间位置，焊缝连接可分为平焊、横焊、立焊和仰焊四种[图 3.7(a)]。平焊亦称为俯焊，施焊方便，质量易保证；立焊、横焊施焊较难，质量和效率

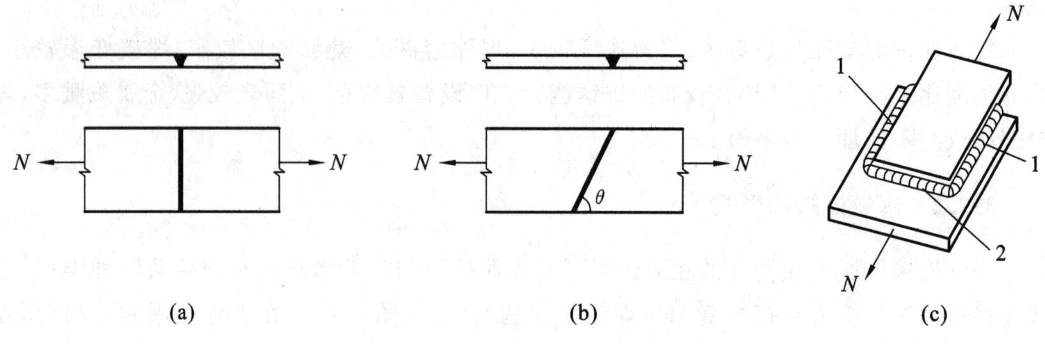

图 3.5　焊缝与作用力方向关系

(a)对接直焊缝；(b)对接斜焊缝；(c)角焊缝

1—侧面角焊缝；2—正面角焊缝

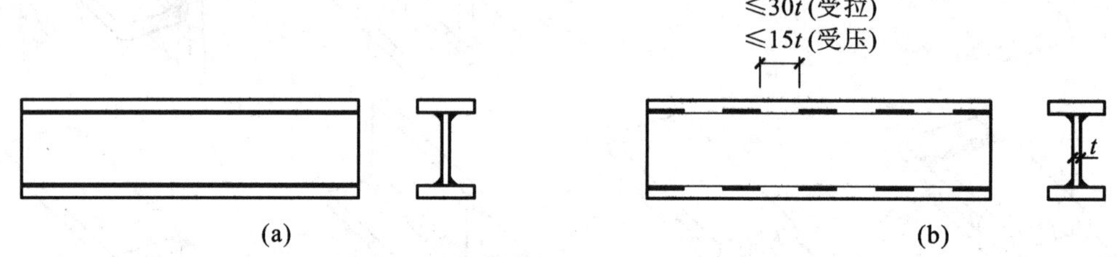

图 3.6　连续角焊缝和间断角焊缝

(a)连续角焊缝；(b)间断角焊缝

均低于平焊；仰焊最为困难，施焊条件最差，质量不易保证，故设计和制造时应尽量避免。

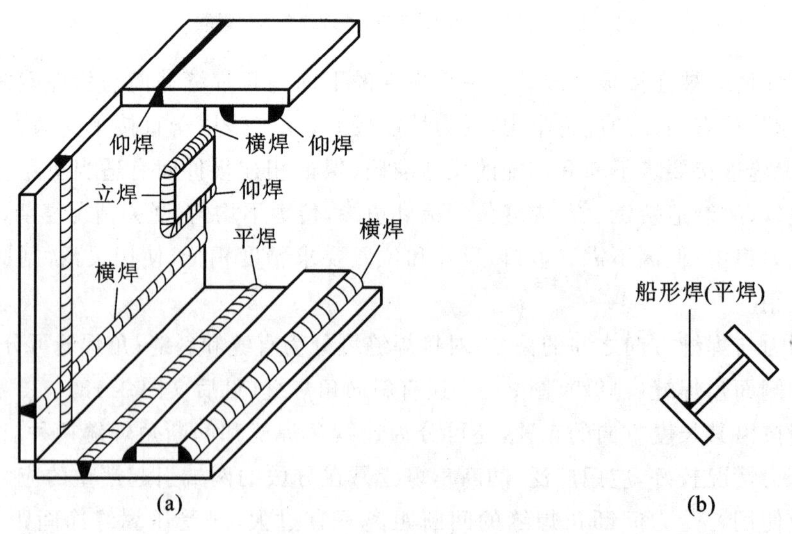

图 3.7　焊缝的施焊位置

在车间焊接时构件可以翻转，使其处于较方便的位置施焊。工字形或 T 形截面构件的翼缘与腹板间的角焊缝，常采用图 3.7(b)所示的平焊位置(称船形焊)施焊，这样施焊方便，质量容易保证。

3.2.3 焊缝连接的缺陷、质量检验和焊缝质量级别

焊缝连接的缺陷是指在焊接过程中，产生于焊缝金属或附近热影响区钢材表面或内部的缺陷。最常见的缺陷有裂纹、焊瘤、烧穿、弧坑、气孔、夹渣、咬边、未熔合、未焊透(规定部分焊透者除外)及焊缝外形尺寸不符合要求、焊缝成型不良等(图 3.8)。它们将直接影响焊缝质量和连接强度，使焊缝受力面积削弱，且在缺陷处引起应力集中，导致产生裂纹，并由裂纹扩展引起断裂。

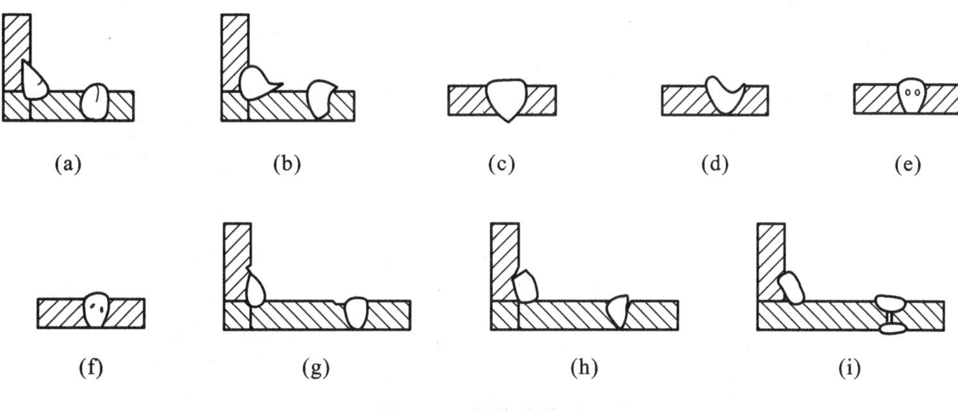

图 3.8 焊缝的缺陷

(a)裂纹；(b)焊瘤；(c)烧穿；(d)弧坑；(e)气孔；(f)夹渣；(g)咬边；(h)未熔合；(i)未焊透

焊缝的质量检验按《钢结构工程施工质量验收规范》(GB 50205—2012)分为三级，其中三级焊缝只要求对全部焊缝作外观检查；二级焊缝除要求对全部焊缝作外观检查外，还须对部分焊缝作超声波等无损探伤检查；一级焊缝要求对全部焊缝作外观检查及无损探伤检查，这些检查都应符合各自的检验质量标准(见 GB 50205—2012)。

《规范》根据结构的重要性、荷载特性、焊缝形式、工作环境及应力状态等情况，对焊缝质量等级有具体规定。一般情况允许采用三级焊缝，但是，对于需要进行疲劳计算的对接焊缝和要求与母材等强度的对接焊缝，除要求焊透之外，对焊缝质量等级有较高要求，其中受拉的焊缝质量等级又比受压的焊缝质量等级要求更高一些。此外，对承受动力荷载的吊车梁也有较高的要求。

3.2.4 焊缝符号及标注方法

在钢结构施工图上，应将焊缝的形式、尺寸和辅助要求用焊缝符号标注出来。焊缝符号由国家标准《焊缝符号表示法》(GB/T 324—2008)和《建筑结构制图标准》(GB/T 50105—2010)规定。根据 GB/T 324—2008，焊缝符号主要由指引线和基本符号组成，必要时还可以加上补充符号、尺寸符号及数据等，见表 3.1。

表 3.1 焊缝符号

名称			示意图	符号	示例
基本符号	对接焊缝	I形			
		V形			
		单边V形			
		K形			
	角焊缝				
	塞焊缝				

续表 3.1

	名称	示意图	符号	示例
辅助符号	平面符号	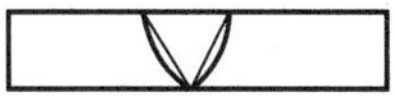	—	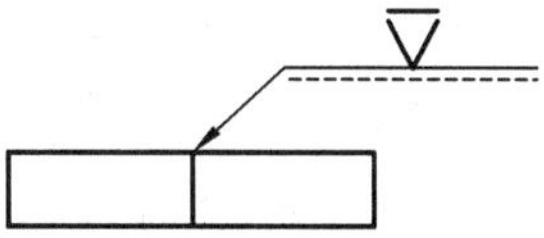
	凹面符号	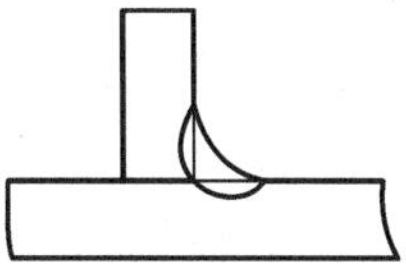	 ◡	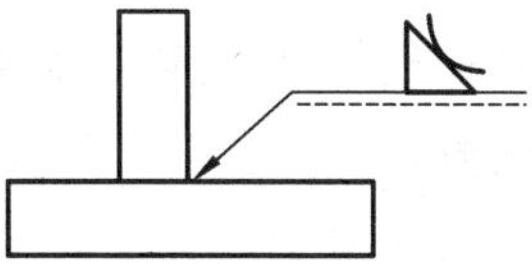
补充符号	三面围焊符号	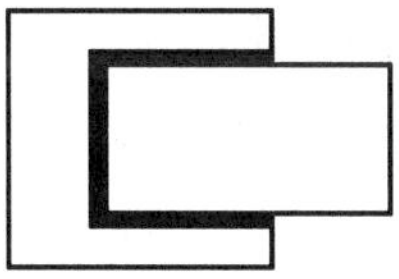	⊏	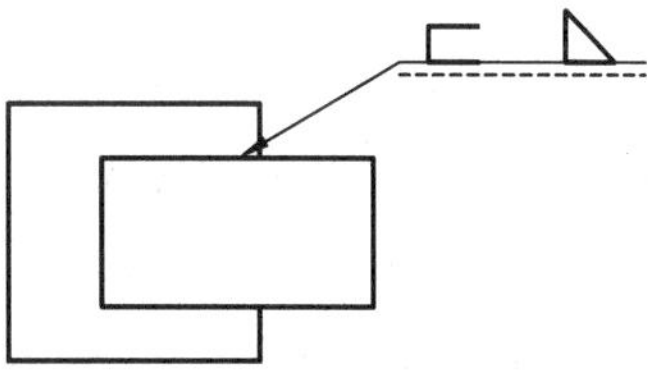
	周边焊缝符号	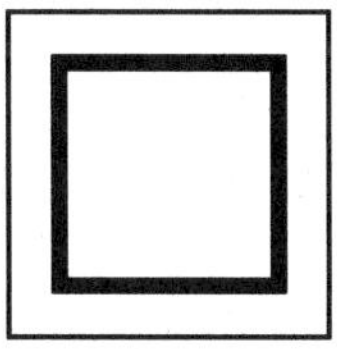	 ○	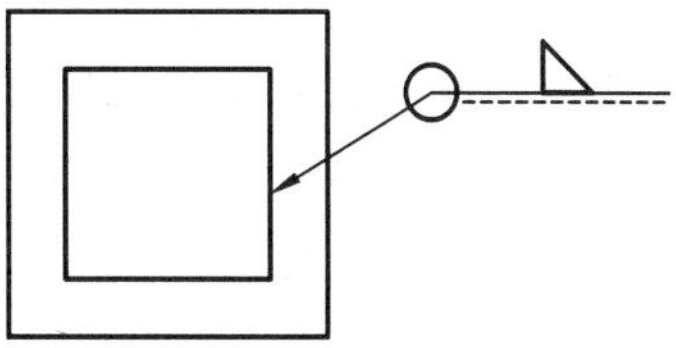
	工地现场焊符号			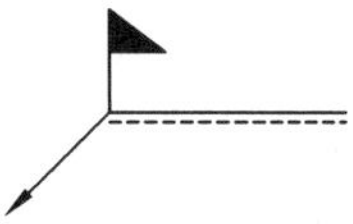 或 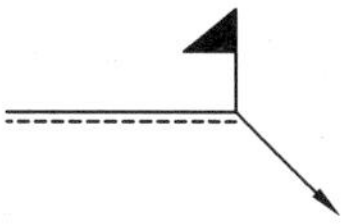
	焊缝底部有垫板的符号	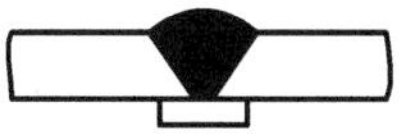	▭	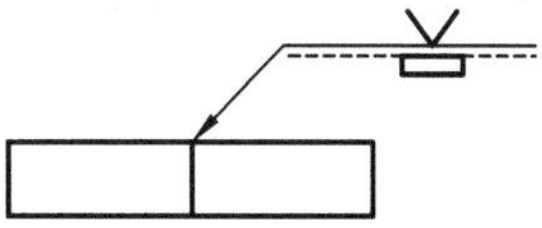
	尾部符号		 ＜	
栅线符号	正面焊缝			
	背面焊缝			
	安装焊缝	 ××××××××××××××××××		

指引线由带箭头的指引线(简称箭头线)和两条基准线(一条为细实线,另一条为细虚线)两部分组成。基准线的虚线可以画在实线的上侧,也可以画在实线的下侧。

基本符号表示焊缝的基本截面形式,如◺表示角焊缝(其垂线一律在左边,斜线在右边);‖表示I形对接焊缝,∨表示V形坡口的对接焊缝;|/表示单边V形坡口的对接焊缝(其垂线一律在左边,斜线在右边)。

基本符号标注在基准线上,其相对位置规定如下:如果焊缝在接头的箭头侧,则应将基本符号标注在基准线实线侧;如果焊缝在接头的非箭头侧,则应将基本符号标注在基准线虚线侧,这与符号标注的上下位置无关。如果为双面对称焊缝,基准线可以不加虚线。箭头线相对于焊缝位置一般无特别要求,对有坡口的焊缝,箭头线应指向带有坡口的一侧。

补充符号用来补充说明有关焊缝或接头的某些特征(诸如表面形状、衬垫、焊缝分布、施焊地点等)。如▽表示对接V形焊缝表面的余高部分应加工成平面使之与焊件表面齐平,此处∨上所加的一短线为辅助符号;又如◺表示角焊缝表面应加工成凹面,此处◡形符号也是辅助符号;[表示三面围焊;○表示周边焊缝;▶表示在工地现场施焊的焊缝(其旗尖指向基准线的尾部);▭表示焊缝底部有垫板的符号;<是尾部符号,它标注在基准线的尾端,是用来标注需要说明的焊接工艺方法和相同焊缝数量。

焊缝的基本符号、补充符号均用粗实线表示,并与基准线相交或相切。但尾部符号除外,尾部符号用细实线表示,并且在基准线的尾端。

焊缝尺寸标注在基准线上。这里应注意的是,不论箭头线方向如何,有关焊缝横截面的尺寸(如角焊缝的焊角尺寸 h_f)一律标在焊缝基本符号的左边,有关焊缝长度方向的尺寸(如焊缝长度)则一律标在焊缝基本符号的右边。此外,对接焊缝中有关坡口的尺寸应标在焊缝基本符号的上侧或下侧。

当焊缝分布不规则时,标注焊缝符号的同时,可在焊缝位置处加栅线表示,如表3.1中,栅线符号栏中所示用栅线分别表示正面(可见)焊缝、背面(不可见)焊缝及工地的安装焊缝。

3.3 对接焊缝连接

3.3.1 对接焊缝的形式和构造

对接焊缝按是否焊透可分为焊透和部分焊透两种。后者性能较差,一般只用于板件较厚且内力较小或不受力的情况。以下只讲述焊透的对接焊缝连接的计算和构造。

对接焊缝中常根据所焊板件的厚度,将板件待焊边缘加工成各种形式的坡口,如图3.9所示,以保证能将焊缝焊透。这些焊缝正面焊好后,需再从背面清根补焊(即封底焊缝)。

对接焊缝施焊时的起点和终点常因起弧和灭弧出现弧坑等缺陷,此处极易产生应力集中

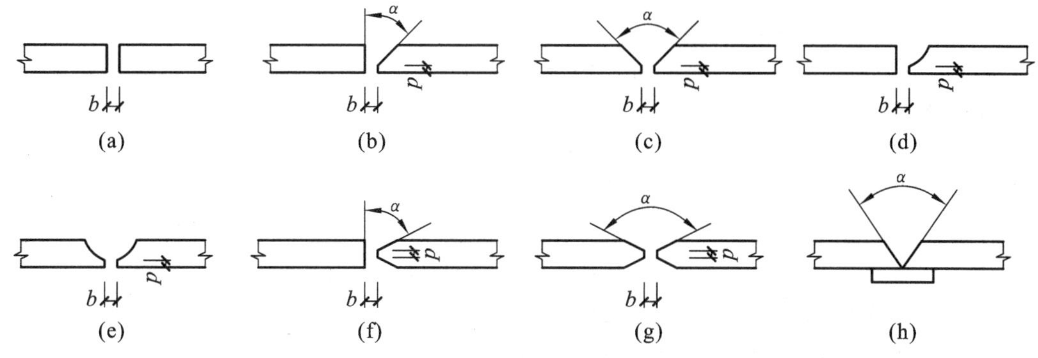

图 3.9 对接焊缝的坡口形式

(a)I 形;(b)单边 V 形;(c)V 形;(d)单边 U 形;(e)U 形;(f)K 形;(g)X 形;(h)预设垫板

和裂纹,对承受动力荷载的结构尤为不利。为避免焊口缺陷,施焊时应在焊缝两端设置引弧板(图 3.10),这样,引弧、灭弧均在引弧板上发生,焊接完毕后用气割切除,并将板边沿受力方向修磨平整,以消除焊口缺陷的影响。当受条件限制而无法采用引弧板施焊时,则每条焊缝的计算长度取为实际长度减 $2t$(此处 t 为较薄焊件厚度)。

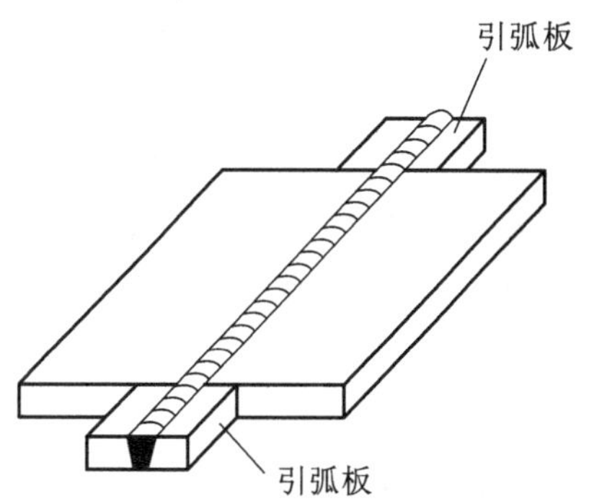

图 3.10 对接焊缝施焊用引弧板

当对接焊缝处的焊件宽度不同或厚度相差超过规定值时,应将较宽或较厚的板件加工成坡度不大于 1∶2.5 的斜坡[图 3.11、图 3.12(a)],形成平缓的过渡,使构件传力平顺,减少应力集中。当厚度相差不大于规定值 Δt 时,可以不做斜坡,直接使焊缝表面形成斜坡即可[图 3.12(b)]。Δt 规定为:当较薄焊件厚度 $5\text{mm} \leqslant t \leqslant 9\text{mm}$ 时,$\Delta t = 2\text{mm}$;$9\text{mm} < t \leqslant 12\text{mm}$ 时,$\Delta t = 3\text{mm}$;$t > 12\text{mm}$ 时,$\Delta t = 4\text{mm}$。

对于直接承受动力荷载且需计算疲劳的结构,上述变宽、变厚处的坡度斜角不应大于 1∶4。

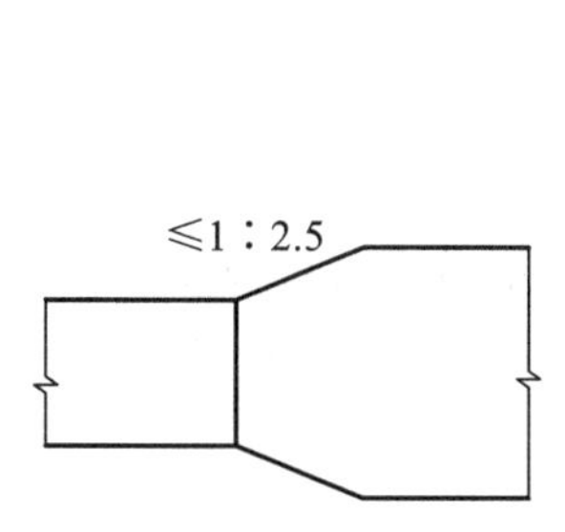

图 3.11 变宽度板的对接

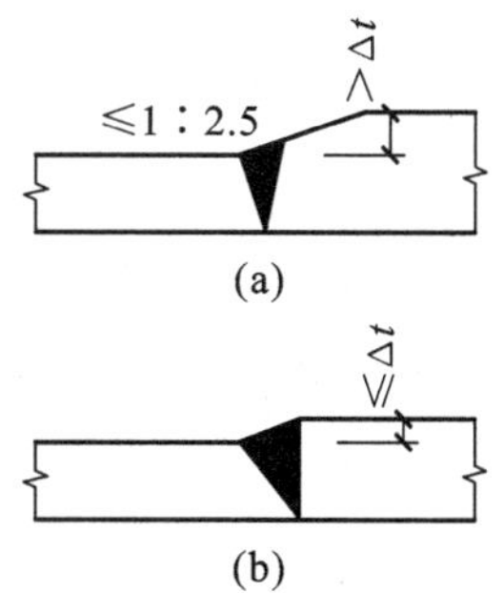

图 3.12 变厚度板的对接

3.3.2 对接焊缝连接的计算

对接焊缝的截面与被连接件截面基本相同,故焊缝中应力与被连接件截面的应力分布情况一致,设计时采用的强度计算式与被连接件的基本相同。

3.3.2.1 轴心受力对接焊缝的计算

图 3.13(a)所示对接焊缝受垂直于焊缝长度方向的轴心力(拉力或压力)，其焊缝强度按下式计算：

$$\sigma=\frac{N}{l_{\mathrm{W}}\cdot t}\leqslant f_{\mathrm{t}}^{\mathrm{W}} \text{或 } f_{\mathrm{c}}^{\mathrm{W}} \tag{3.1}$$

式中 N——轴心拉力或压力 *(* 本书中凡公式中内力和应力在未加说明时均为设计值)；

l_{W}——焊缝的计算长度，当采用引弧板时，取焊缝的实际长度，当未采用引弧板时，每条焊缝取实际长度减去 $2t$；

t——在对接接头中取连接件的较小厚度，T 形接头取腹板的厚度；

$f_{\mathrm{t}}^{\mathrm{W}}$，$f_{\mathrm{c}}^{\mathrm{W}}$——对接焊缝的抗拉、抗压强度设计值，按附表 1.2 采用。

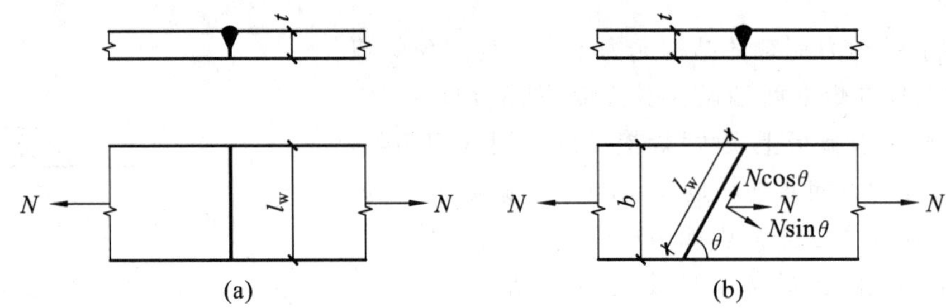

图 3.13 轴心受力对接焊缝

由钢材的强度设计值(见附表 1.1)和焊缝的强度设计值比较可知，对接焊缝中，抗压和抗剪强度设计值，以及一级和二级质量的抗拉强度设计值均与连接件钢材相同，只有三级质量的抗拉强度设计值低于主体钢材的抗拉强度设计值(约为 0.85 倍)。因此，当采用引弧板施焊时，质量为一级、二级和没有拉应力的三级对接焊缝，其强度无须计算。

质量为三级的受拉或无法采用引弧板的对接焊缝须进行强度计算。当计算不满足要求时，首先应考虑把直焊缝移到拉应力较小($\sigma\leqslant f_{\mathrm{t}}^{\mathrm{W}}$)的部位，不便移动时可改用二级直焊缝或三级斜焊缝[图 3.13(b)]。斜焊缝与作用力间的夹角 θ 符合 $\tan\theta\leqslant1.5(\theta\leqslant56°)$时，则强度不低于母材，可不必再作计算。采用斜焊缝可加长焊缝计算长度，提高连接承载力，但焊件斜接较费钢材。

3.3.2.2 弯矩、剪力共同作用时对接焊缝的计算

图 3.14(a)为在弯矩 M、剪力 V 共同作用下的矩形截面对接焊缝连接。由于焊缝截面中的最大正应力和最大剪应力不在同一点上，故应分别验算其最大的正应力和剪应力

$$\sigma_{\max}=\frac{M}{W_{\mathrm{W}}}=\frac{6M}{l_{\mathrm{W}}^{2}\cdot t}\leqslant f_{\mathrm{t}}^{\mathrm{W}} \tag{3.2}$$

$$\tau_{\max}=\frac{V\cdot S_{\mathrm{W}}}{I_{\mathrm{W}}\cdot t}\leqslant f_{\mathrm{v}}^{\mathrm{W}} \tag{3.3}$$

式中 M——计算截面的弯矩；

W_{W}——焊缝计算截面的截面模量；

V——与焊缝方向平行的剪力；

S_W——焊缝计算截面在计算剪应力处以上或以下部分截面对中和轴的面积矩；

I_W——焊缝计算截面对中和轴的惯性矩；

f_v^W——对接焊缝的抗剪强度设计值，按附表 1.2 采用。

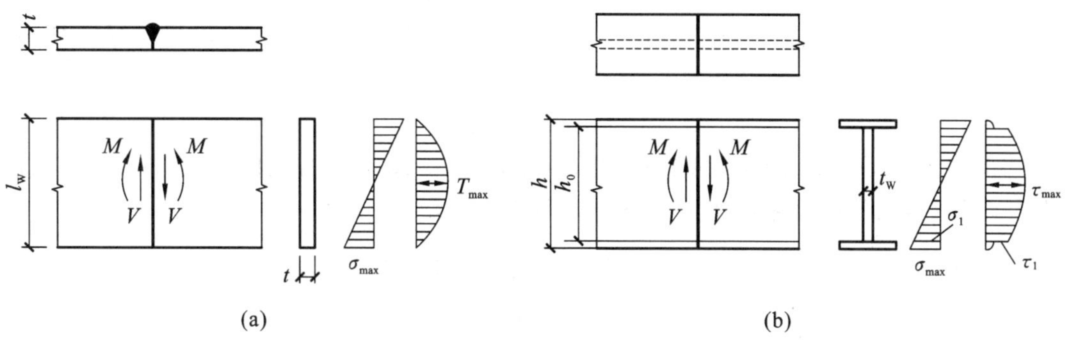

图 3.14　对接焊缝受弯矩、剪力共同作用

图 3.14(b)为在弯矩 M、剪力 V 共同作用下的工字形截面对接焊缝连接，同样，截面中的最大正应力和最大剪应力也不在同一点上，所以也应按式(3.2)和式(3.3)分别进行验算。此外，在同时受有较大正应力 σ_1 和较大剪应力 τ_1 的翼缘与腹板交接处，还应按式(3.4)验算其折算应力，式中 f_t^W 前系数 1.1 为考虑最大折算应力只在腹板端点处局部出现，而焊缝强度最低限值与最不利应力同时存在的概率较小，故将其强度设计值 f_t^W 提高 10%。

$$\sqrt{\sigma_1^2+3\tau_1^2}\leqslant 1.1f_t^W \tag{3.4}$$

式中　σ_1——腹板对接焊缝端部处的正应力，按 $\sigma_1=\dfrac{M}{W_W}\cdot\dfrac{h_0}{h}=\sigma_{max}\dfrac{h_0}{h}$ 计算；

τ_1——腹板对接焊缝端部处的剪应力，按 $\tau_1=\dfrac{VS_{W1}}{I_W t_W}$ 计算；

S_{W1}——工字形截面受拉翼缘对截面中和轴的面积矩；

t_W——工字形截面的腹板厚度。

3.3.2.3　弯矩、剪力和轴心力共同作用时对接焊缝的计算

图 3.15(a)所示的矩形截面构件用对接焊缝连接，因受弯矩、剪力和轴力共同作用，焊缝的最大正应力为轴心力和弯矩产生的应力之和，位于焊缝端部，最大剪应力在截面的中和轴上。故应按式(3.5)～式(3.6)分别验算：

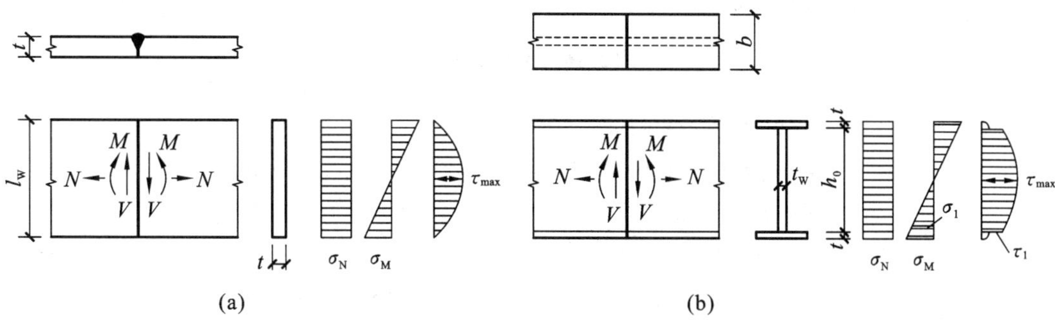

图 3.15　对接焊缝受弯矩、剪力和轴力共同作用

$$\sigma_{max}=\sigma_N+\sigma_M=\frac{N}{l_W\cdot t}+\frac{M}{W_W}\leqslant f_t^W 或 f_c^W \tag{3.5}$$

$$\tau_{max}=\frac{V\cdot S_W}{I_W\cdot t}\leqslant f_v^W \tag{3.6}$$

当作用的轴力较大而弯矩相对较小时，在 τ_{max} 处（中和轴），虽然 $\sigma_M=0$，但尚有 σ_N 作用，因而还须验算该处的折算应力

$$\sqrt{\sigma_N^2+3\tau_{max}^2}\leqslant 1.1f_t^W \tag{3.7}$$

图 3.15(b)所示的工字形截面构件用对接焊缝连接，同理应分别按式(3.8)～式(3.11)验算工字形截面的最大正应力、最大剪应力和折算应力

$$\sigma_{max}=\frac{M}{W_W}\pm\frac{N}{A_W}\leqslant f_t^W 或 f_c^W \tag{3.8}$$

$$\tau_{max}=\frac{V\cdot S_W}{I_W\cdot t_W}\leqslant f_v^W \tag{3.9}$$

$$\sqrt{(\sigma_N+\sigma_1)^2+3\tau_1^2}\leqslant 1.1f_t^W \tag{3.10}$$

$$\sqrt{\sigma_N^2+3\tau_{max}^2}\leqslant 1.1f_t^W \tag{3.11}$$

式中　A_W——焊缝计算截面面积；

　　σ_1,τ_1——由弯矩和剪力引起的腹板边缘对接焊缝处的正应力和剪应力。

式(3.10)是验算翼缘与腹板交接处，即腹板边缘的折算应力，式(3.11)则是验算焊缝截面中和轴处的折算应力。

【例题 3.1】 某 8m 跨度简支梁的截面和荷载（含梁自重在内的设计值）如图 3.16 所示。在距支座 2.4m 处有翼缘和腹板的拼接连接，试设计其拼接的对接焊缝。已知钢材为 Q235，采用 E43 型焊条，手工焊，三级质量标准，施焊时采用引弧板。

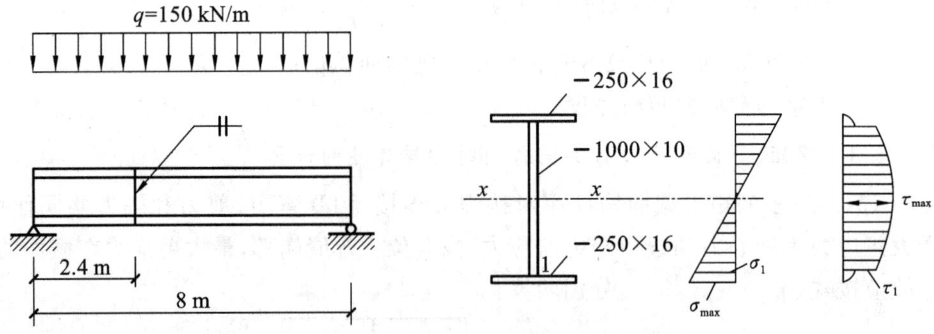

图 3.16　例题 3.1 图

解：(1) 距支座 2.4m 处的内力计算

$$M=qab/2=150\times2.4\times(8-2.4)/2=1008\text{kN}\cdot\text{m}$$

$$V=q(l/2-a)=150\times(8/2-2.4)=240\text{kN}$$

(2) 焊缝计算截面的几何特征值计算

$$I_W=(250\times1032^3-240\times1000^3)/12=2898\times10^6\text{mm}^4$$

$$W_W=2898\times10^6/516=5.6163\times10^6\text{mm}^3$$

$$S_{W1}=250\times16\times508=2.032\times10^{6}\text{mm}^{3}$$

$$S_{W}=2.032\times10^{6}+10\times500\times500/2=3.282\times10^{6}\text{mm}^{3}$$

(3) 焊缝强度计算

由附表 1.2 查得：$f_t^W=185\text{N/mm}^2$，$f_v^W=125\text{N/mm}^2$

$$\sigma_{max}=\frac{M}{W_W}=\frac{1008\times10^6}{5.6163\times10^6}$$

$$=179.5\text{N/mm}^2<f_t^W=185\text{N/mm}^2\text{（满足）}$$

$$\tau_{max}=\frac{V\cdot S_W}{I_W\cdot t_W}=\frac{240\times10^3\times3.282\times10^6}{2898\times10^6\times10}$$

$$=27.2\text{N/mm}^2<f_v^W=125\text{N/mm}^2\text{（满足）}$$

$$\sigma_1=\sigma_{max}\cdot\frac{h_0}{h}=179.5\times\frac{1000}{1032}=173.9\text{N/mm}^2$$

$$\tau_1=\frac{V\cdot S_{W1}}{I_W\cdot t_W}=\frac{240\times10^3\times2.032\times10^6}{2898\times10^6\times10}$$

$$=16.8\text{N/mm}^2$$

$$\sqrt{\sigma_1^2+3\tau_1^2}=\sqrt{173.9^2+3\times16.8^2}=176.3\text{N/mm}^2$$

$$<1.1f_t^W=1.1\times185=203.5\text{N/mm}^2\text{（满足）}$$

采用直缝拼接满足要求。为使受力良好，实际设计中通常将三块板的拼接错开布置。

【例题 3.2】 试验算图 3.17 所示柱与牛腿的对接焊缝连接。已知 $F=170\text{kN}$，钢材为 Q390，焊条为 E55 型，手工焊，三级质量，不用引弧板。

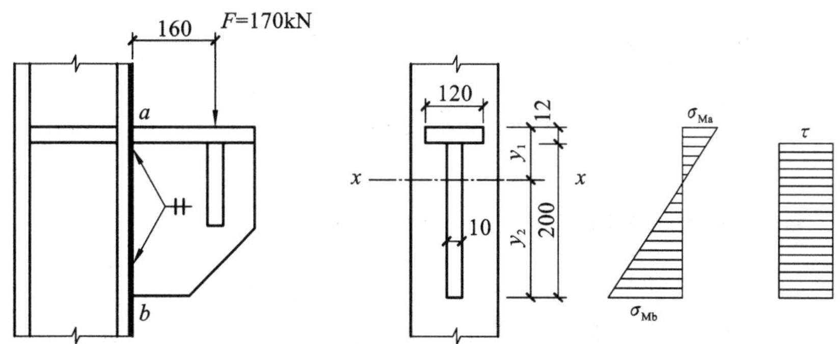

图 3.17 例题 3.2 图（单位：mm）

解题分析：工字形或 T 形截面牛腿与柱的对接焊缝受剪时，近似假定柱与牛腿是两个刚体，焊缝则是弹性体。在剪力 V 作用下焊缝各点在竖直方向产生相等的位移，因此，各点所受的剪应力相等、均匀分布。在弯矩 M 作用下，牛腿（刚体）绕截面形心轴线转动，牛腿端面（与焊缝相交处）是竖直平面，转动后仍保持平面（斜平面），符合材料力学受弯构件平截面假定，所以，焊缝截面弯曲应力分布与材料力学中的一般梁弯曲应力分布相同（但要注意，在相应的柱截面处必须设置加劲肋）。

工字形或 T 形截面（牛腿）的翼缘部分很薄，在剪力 V 作用下，其竖向抗剪刚度很低，不能起刚体作用。故在计算时，假定剪力全部由腹板上的竖直焊缝平均承受，而弯矩则由整个焊缝计算截面承受(此假设也可用于角焊缝中的牛腿计算)。

解:由附表 1.2 查得:$f_c^W=350\text{N/mm}^2$,$f_t^W=300\text{N/mm}^2$,$f_v^W=205\text{N/mm}^2$

(1) 焊缝截面的几何特征值计算

焊缝计算截面的形心位置:

$$y_1=\frac{(12-2.4)\times1.2\times0.6+(20-1.0)\times1.0\times10.7}{(12-2.4)\times1.2+(20-1.0)\times1.0}=6.89\text{cm}$$

$$y_2=(20-1.0+1.2)-6.89=13.31\text{cm}$$

$$I_W=\frac{1.0\times(20-1.0)^3}{12}+(20-1.0)\times1\times(10.7-6.89)^2+\frac{(12-2.4)\times1.2^3}{12}$$
$$+(12-2.4)\times1.2\times(6.89-0.6)^2=1304.6\text{cm}^4$$

$$A_W=(20-1.0)\times1=19.0\text{cm}^3$$

(2) 焊缝强度计算

$$\sigma_{Mb}=\frac{M\cdot y_2}{I_W}=\frac{107\times10^3\times160\times13.31\times10}{1304.6\times10^4}=174.7\text{N/mm}^2<f_c^W=350\text{N/mm}^2$$

$$\sigma_{Ma}=\frac{M\cdot y_1}{I_W}=\frac{107\times10^3\times160\times6.89\times10}{1304.6\times10^4}=90.4\text{N/mm}^2<f_t^W=300\text{N/mm}^2$$

$$\tau=\frac{V}{A_W}=\frac{107\times10^3}{19.0\times10^2}=56.3\text{N/mm}^2<f_v^W=205\text{N/mm}^2$$

b 点的折算应力为:

$$\sqrt{\sigma_{Mb}^2+3\tau^2}=\sqrt{174.7^2+3\times56.3^2}=200.0\text{N/mm}^2$$
$$<1.1f_t^W=1.1\times300=330\text{N/mm}^2$$

验算表明,该连接满足要求。

3.4 角焊缝连接

3.4.1 角焊缝的形式与构造

3.4.1.1 角焊缝的形式

角焊缝按其与外力作用方向的不同可分为平行于力作用方向的侧面角焊缝、垂直于力作用方向的正面角焊缝(也称端焊缝)和与力作用方向斜交的斜向角焊缝三种(图 3.18)。

角焊缝按其截面形式可分为普通型、平坦型和凹面型三种(图 3.19)。一般情况下采用普通型角焊缝,但其力线弯折,应力集中严重;对正面角焊缝也可采用平坦型或凹面型角焊缝;对承受直接动力荷载的结构,为使传力平缓,正面角焊缝宜采用平坦型(长边顺内力方向),侧缝则宜采用凹面型角焊缝。

普通型角焊缝截面的两个直角边长 h_f 称为焊脚尺寸。计算焊缝承载力时,按最小截面即 $\alpha/2$ 角处截面(直角角焊缝在 45°角处截面)计算,该截面称为有效截面或计算截面。其截面厚度称为计算厚度 h_e[图 3.19(a)]。

直角角焊缝的计算厚度,当两焊件间隙 $b\leqslant1.5\text{mm}$ 时,$h_e=0.7h_f$;$1.5\text{mm}<b\leqslant5\text{mm}$ 时,$h_e=0.7(h_f-b)$,不计凸出部分的余高。凹面型焊缝和平坦型焊缝的 h_f 和 h_e 按图 3.19(b)、(c)采用。

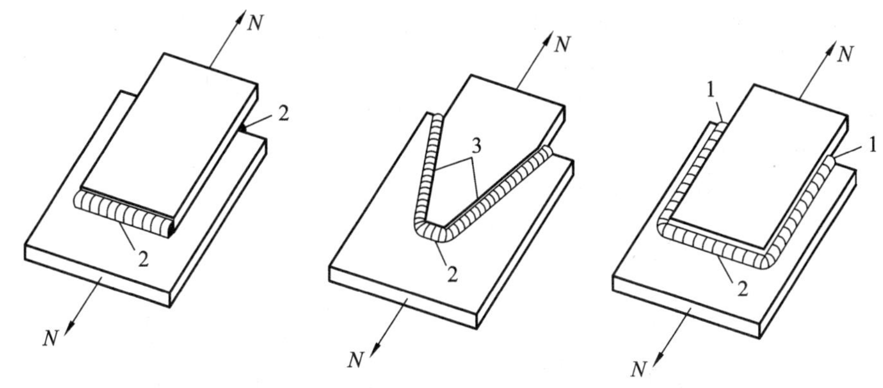

图 3.18 角焊缝的受力形式

1—侧面角焊缝；2—正面角焊缝；3—斜向角焊缝

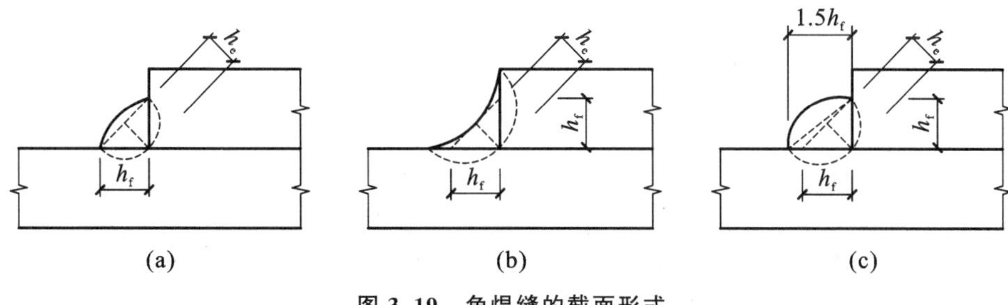

图 3.19 角焊缝的截面形式

(a)普通型；(b)凹面型；(c)平坦型

3.4.1.2 角焊缝的构造要求

(1) 最小焊脚尺寸

如果板件厚度较大而焊缝焊脚尺寸过小，则施焊时焊缝冷却速度过快，可能产生淬硬组织，易使焊缝附近主体金属产生裂纹。因此，《标准》规定，角焊缝的最小焊脚尺寸 $h_{f,min}$ 应满足表 3.2 要求。

表 3.2 角焊缝最小焊脚尺寸 （单位：mm）

母材厚度 t	角焊缝最小焊脚尺寸 $h_{f,min}$
$t \leqslant 6$	3
$6 < t \leqslant 12$	5
$12 < t \leqslant 20$	6
$t > 20$	8

注：(1) 采用不预热的非低氢焊接方法进行焊接时，t 等于焊接接头中较厚件厚度，宜采用单道焊缝；采用预热的非低氢焊接方法或低氢焊接方法进行焊接时，t 等于焊接接头中较薄件厚度；

(2) 焊缝尺寸不要求超过焊接接头中较薄件厚度的情况除外；

(3) 承受动荷载的角焊缝最小焊脚尺寸为 5mm。

(2) 最大焊脚尺寸

角焊缝的 h_f 过大，焊接时热量输入过大，焊缝收缩时将产生较大的焊接残余应力和残余变形，且热影响区扩大易产生脆裂，较薄焊件易烧穿。板件边缘的角焊缝与板件边缘等厚时，施焊时易产生咬边现象。因此，角焊缝的 $h_{f,max}$ 应符合下列规定[图 3.20(a)]：

$$h_{f,max} \leqslant 1.2t_{min}$$

t_{min} 为较薄焊件厚度。对板件边缘(厚度为 t_1)的角焊缝尚应符合下列要求[图 3.20(b)]：

① 当 $t_1 > 6$mm 时，$h_{f,max} \leqslant t_1 - (1 \sim 2)$；

② 当 $t_1 \leqslant 6$mm 时，$h_{f,max} \leqslant t_1$。

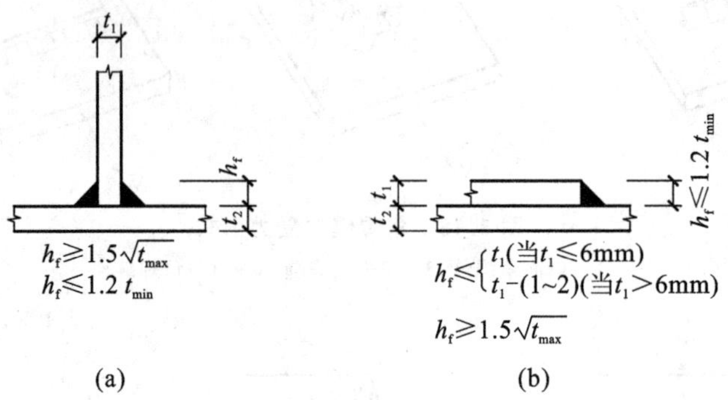

图 3.20　角焊缝的焊脚尺寸

(3) 最小计算长度

角焊缝的焊缝长度过短，焊件局部受热严重，且施焊时起落弧坑相距过近，再加上一些可能产生的缺陷使焊缝不够可靠。因此，规定角焊缝的最小计算长度 $l_W \geqslant 8h_f$，且不小于 40mm。

(4) 侧面角焊缝的最大计算长度

侧缝沿长度方向的剪应力分布很不均匀，两端大而中间小，且随焊缝长度与其焊脚尺寸之比值的增大而更为严重。当焊缝过长时，其两端应力可能达到极限，而中间焊缝却未充分发挥承载力。因此，侧面角焊缝的最大计算长度取 $l_W \leqslant 60h_f$。当侧缝的实际长度超过上述规定数值时，超过部分在计算中不予考虑，或对焊缝的承载力设计值进行折减，乘以折减系数 α_f，$\alpha_f = 1.5 - \dfrac{l_W}{120h_f} \geqslant 0.5$；若内力沿侧缝全长分布时则不受此限，例如工字形截面柱或梁的翼缘与腹板的角焊缝连接等。

(5) 在搭接连接中，为减小因焊缝收缩产生过大的焊接残余应力及因偏心产生的附加弯矩，要求搭接长度 $L \geqslant 5t_1$，且不小于 25mm(图 3.21)，t_1 为较薄板件厚度。

(6) 板件的端部仅用两侧缝连接时(图 3.22)，为避免应力传递过于弯折而致使板件应力过于不均匀，应使焊缝长度 $l_W \geqslant b$；同时，为避免因焊缝收缩引起板件变形拱曲过大，应满足 $b \leqslant 200$mm。若不满足此规定则应加焊端缝。

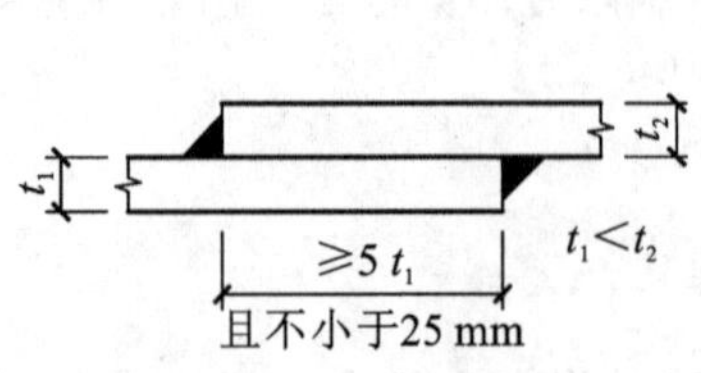

图 3.21　搭接长度要求

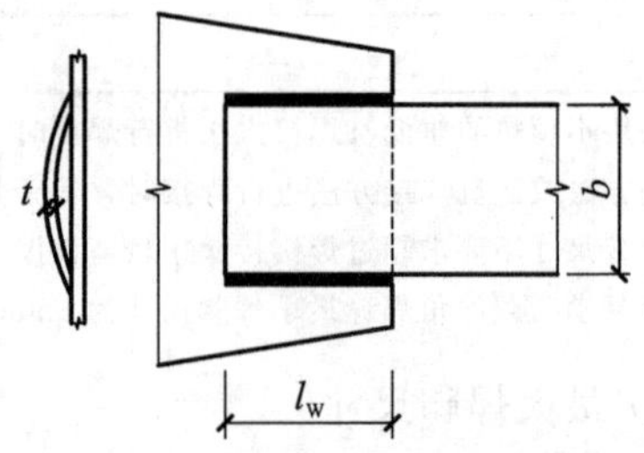

图 3.22　仅用两侧缝连接的构造要求

(7) 当角焊缝的端部在构件的转角处时,为避免起落弧缺陷发生在此应力集中较严重的转角处,宜作长度为 $2h_f$ 的绕角焊(图 3.23),且转角处(包括围焊缝的转角处)必须连续施焊,以改善连接的受力。

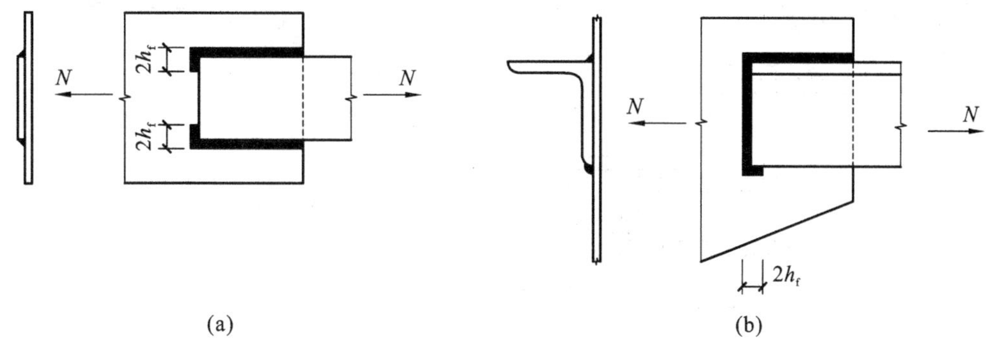

图 3.23 角焊缝的绕角焊

(8) 在次要构件或次要焊接连接中,可采用断续角焊缝。断续角焊缝焊段的长度不得小于 $10h_f$ 或 50mm,其净距不应大于 $15t$(对受压构件)或 $30t$(对受拉构件),t 为较薄焊件厚度。腐蚀环境中不宜采用断续角焊缝。

3.4.2 角焊缝的连接强度

图 3.24 所示的侧面角焊缝在轴心力 N 作用下,主要承受由剪力 $V(=N)$ 产生的平行于焊缝长度方向的剪应力 $\tau_{\parallel}$,则 N 引起的偏心弯矩产生的垂直于焊缝轴线方向的正应力很小,可忽略不计。所以,侧缝主要受剪,由于剪应力 $\tau_{\parallel}$ 沿侧缝长度方向的分布不均匀,两端大中间小,故在弹性阶段,其弹性模量和承载力均较低。但侧缝的塑性变形性能较好,当焊缝的长度不大时,两端出现塑性变形后将产生应力重分布,剪应力可逐渐趋于均匀。故计算时可按均匀分布考虑。通常破坏发生在最小截面,破坏的起点在焊缝两端,当该处出现裂纹后即迅速扩展,最终导致焊缝断裂。

图 3.24 侧面角焊缝的应力状态

图 3.25(a)所示为端缝承受轴心力 N 作用下的应力情况。应力沿焊缝长度方向分布比较均匀,中间部分比两端略高,但应力状态比侧缝复杂。在焊缝的根角处(B 点)有正应力和剪应力,且分布很不均匀,应力集中严重。故通常裂纹首先在根角处产生,破坏形式可能是沿焊缝的焊脚 AB 面的剪坏,或 BC 面的拉坏,或计算厚度 BD 面的断裂破坏[图 3.25(b)]。正面角焊缝刚度大,破坏时变形小,强度比侧缝高,但塑性变形能力比侧缝差,常呈脆性破坏。

从上述分析可以看出,要对角焊缝进行精确的计算是十分困难的,实际计算采用简化的方法,即假定角焊缝的破坏均发生在最小截面,其面积为角焊缝的计算厚度 h_e 与焊缝计算长度 l_W 的乘积,此截面称为角焊缝的计算截面。又假定截面上的应力沿焊缝计算长度均匀分布,同时不论是正面焊缝还是侧面焊缝,均按破坏时计算截面上的平均应力来确定其强

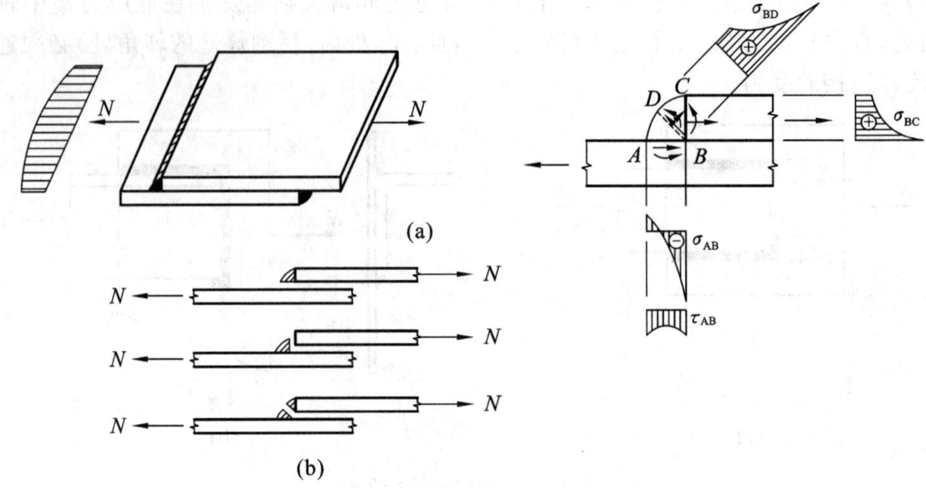

图 3.25 正面角焊缝的应力状态

度。对于侧面焊缝，其强度设计值为 f_f^W；对于正面焊缝，其强度设计值为 $\beta_f f_f^W$。f_f^W 值见附表 1.2，β_f 是正面焊缝强度设计值提高系数。

3.4.3 角焊缝连接的计算

3.4.3.1 角焊缝受轴心力作用时的计算

当作用力(拉力、压力、剪力)通过角焊缝群形心时，认为焊缝沿长度方向的应力均匀分布。由于作用力与焊缝长度方向间关系的不同，故在应用角焊缝的一般强度计算表达式时分别为：

(1) 侧面角焊缝或作用力平行于焊缝长度方向的角焊缝

$$\tau_f = \frac{N}{h_e \sum l_W} \leqslant f_f^W \tag{3.12}$$

式中 τ_f——按焊缝计算截面计算，平行于焊缝长度方向的剪应力；

f_f^W——角焊缝的强度设计值，按附表 1.2 采用。

(2) 正面角焊缝或作用力与焊缝长度方向垂直的角焊缝

$$\sigma_f = \frac{N}{h_e \sum l_W} \leqslant \beta_f f_f^W \tag{3.13}$$

式中 σ_f——按焊缝计算截面计算，垂直于焊缝长度方向的应力；

β_f——正面角焊缝的强度设计值提高系数，对承受静力或间接承受动力荷载的结构取 $\beta_f = 1.22$；对直接承受动力荷载的结构取 $\beta_f = 1.0$。

(3) 斜焊缝或作用力与焊缝长度方向斜交成 θ 的角焊缝

首先将外力分解到与焊缝平行和垂直的方向，分别算出各方向的应力，再将各方向应力合成，与角焊缝强度设计值进行比较。

$$\sqrt{\left(\frac{N\sin\theta}{\beta_f h_e l_W}\right)^2 + \left(\frac{N\cos\theta}{h_e l_W}\right)^2} \leqslant f_f^W \tag{3.14}$$

对于承受静力和动力荷载的情况，若将 $\beta_f = 1.22$ 和 $\cos^2\theta = 1 - \sin^2\theta$ 代入式(3.14)中，

整理后可得

$$\frac{N}{h_e \sum l_w} \sqrt{1 - \frac{1}{3}\sin^2\theta} \leqslant f_f^w \tag{3.15}$$

取

$$\beta_{f\theta} = \frac{1}{\sqrt{1 - \frac{1}{3}\sin^2\theta}} \tag{3.16}$$

则为

$$\frac{N}{h_e \sum l_w} \leqslant \beta_{f\theta} f_f^w \tag{3.17}$$

式中　$\beta_{f\theta}$——斜向角焊缝强度设计值提高系数，对承受静力或间接承受动力荷载的结构，按式(3.16)计算，对直接承受动力荷载的结构取 $\beta_{f\theta}=1.0$；

θ——轴心力与焊缝长度方向的夹角。

(4) 周围焊缝

由侧面、正面和斜向各种角焊缝组成的周围焊缝(图 3.18)，假设破坏时各部分角焊缝都同时达到各自的极限强度，则可按下式计算：

$$\frac{N}{\sum (\beta_{f\theta} h_e l_w)} \leqslant f_f^w \tag{3.18}$$

【例题 3.3】 试设计如图 3.26(a)所示一双盖板的对接接头。已知钢板截面为 250×14，盖板截面为 2－200×10，承受轴心力设计值 700kN(静力荷载)，钢材为 Q235，焊条 E43 型，手工焊。

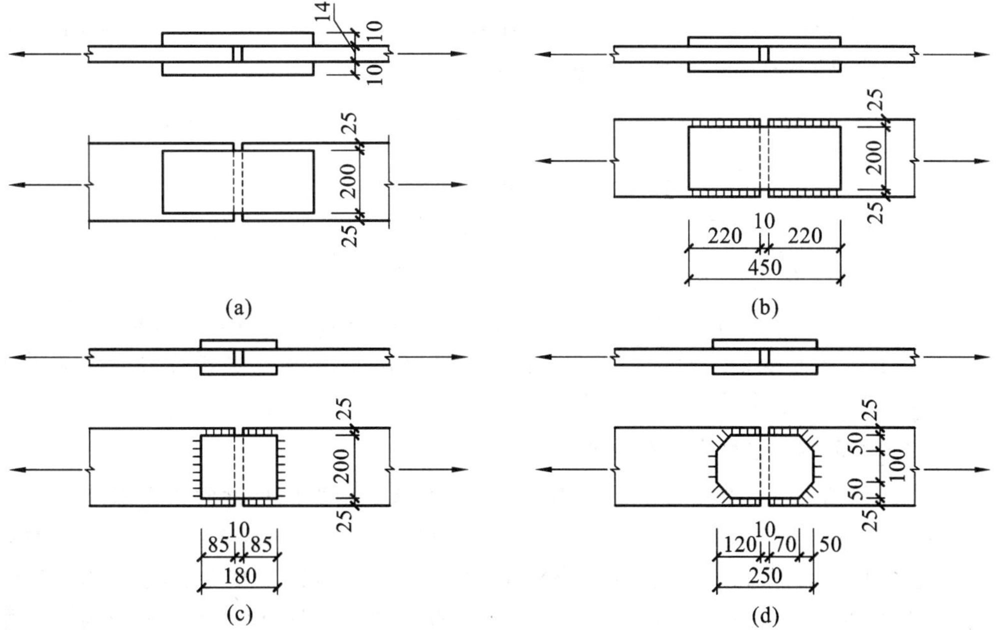

图 3.26　例题 3.3 图(单位：mm)

解：确定角焊缝的焊脚尺寸 h_f：

取　　　$h_f = 8\text{mm} \leqslant h_{f,\max} = t - (1 \sim 2)\text{mm} = 10 - (1 \sim 2)\text{mm} = 8 \sim 9\text{mm}$

$<1.2t_{min}=1.2\times10=12mm$

$>h_{f,min}=6mm$

由附表1.2查得角焊缝强度设计值 $f_f^W=160N/mm^2$。

(1) 采用侧面角焊缝[图3.26(b)]

因用双盖板,接头一侧共有4条焊缝,每条焊缝所需的计算长度为:

$$l_W=\frac{N}{4h_e f_f^W}=\frac{700\times10^3}{4\times0.7\times8\times160}=195.3mm\quad 取\ l_W=200mm$$

盖板总长：$L=(200+2\times8)\times2+10=442mm$ 取 $L=450mm$

$l_W=200mm<60h_f=60\times8=480mm$

$>8h_f=8\times8=64mm$

$l=220mm>b=200mm$

$t=10mm<12mm$ 且 $b=200mm$ 满足构造要求。

(2) 采用三面围焊[图3.26(c)]

正面角焊缝所能承受的内力 N' 为:

$$N'=2\times0.7h_f l'_W\beta_f f_f^W=2\times0.7\times8\times200\times1.22\times160=437248N$$

接头一侧所需侧缝的计算长度为:

$$l'_W=\frac{N-N'}{4h_e f_f^W}=\frac{700000-437248}{4\times0.7\times8\times160}=73.3mm$$

盖板总长：$L=(73.3+8)\times2+10=172.6mm$ 取 $L=180mm$

(3) 采用菱形盖板[图3.26(d)]

为使传力较平顺和减小拼接盖板四角处焊缝的应力集中,可将拼接盖板做成菱形。连接焊缝由三部分组成:①两条端缝 $l_{W1}=100mm$;②四条侧缝 $l_{W2}=70-8=62mm$;③四条斜缝 $l_{W3}=\sqrt{50^2+50^2}=71mm$。其承载力分别为:

$$N_1=\beta_f h_e\sum l_W f_f^W=1.22\times0.7\times8\times2\times100\times160=218624N$$

$$N_2=h_e\sum l_W f_f^W=0.7\times8\times62\times4\times160=222208N$$

斜焊缝因 $\theta=45°$,由式(3.16)算得 $\beta_{f\theta}=1.1$,则

$$N_3=h_e\sum l_W\beta_{f\theta}f_f^W=0.7\times8\times4\times71\times1.1\times160=279910N$$

连接一侧共能承受的内力为：$N_1+N_2+N_3=720.7kN>700kN$

所需拼接盖板总长:$L=(50+70)\times2+10=250mm$,比采用三面围焊的矩形盖板的长度有所增加,但改善了连接的工作性能。

3.4.3.2 角钢连接的角焊缝计算

图3.27(a)所示为一钢屋架(桁架)的结构简图,这类桁架的杆件常采用双角钢组成的T形截面,桁架节点处设一块钢板作为节点板,各个双角钢杆件的端部用贴角焊缝焊在节点板上,使各杆所受轴力通过焊缝传到节点板上,形成一个平衡的汇交力系,如图3.27(b)所示。由于双角钢T形截面的重心布置成与桁架的轴线重合,因此保证了各杆成为轴心受力杆件。角钢与节点板用角焊缝连接可采用三种形式:两个侧面焊缝、三面围焊和L形围焊。为避免偏心受力,布置在角钢肢背和角钢肢尖的焊缝的重心,应与角钢杆件的重心也就是桁架的轴线重合。

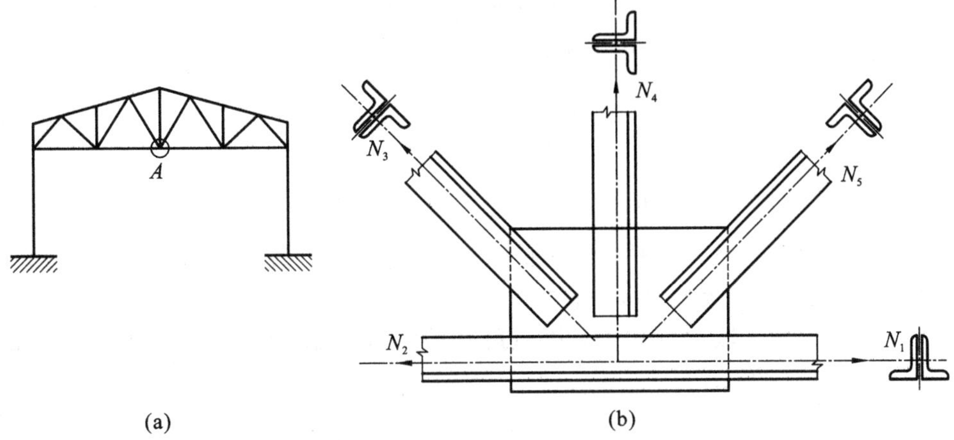

图 3.27 钢屋架节点示意图

(a)钢屋架；(b)A 节点详图

(1) 用两侧缝连接时[图 3.28(a)]

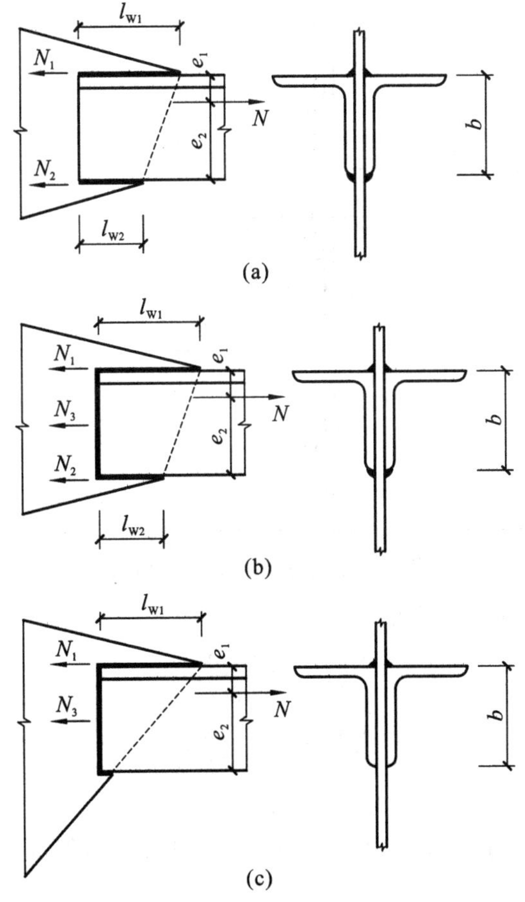

图 3.28 角钢与钢板的角焊缝连接

(a)两侧缝连接；(b)三面围焊；(c)L 形围焊

由于角钢截面重心轴线到肢背和肢尖的距离不相等，靠近重心轴线的肢背焊缝承受较大的内力。设 N_1、N_2 分别为角钢肢背和肢尖焊缝承受的内力，由平衡条件 $\sum M=0$ 可得

$$N_1=\frac{e_2}{e_1+e_2}\cdot N=\frac{e_2}{b}\cdot N=K_1N \tag{3.19}$$

$$N_2=\frac{e_1}{e_1+e_2}\cdot N=\frac{e_1}{b}\cdot N=K_2N \tag{3.20}$$

式中　e_1，e_2——角钢与连接板贴合肢重心轴线到肢背与肢尖的距离；

b——角钢与连接板贴合肢的肢宽；

K_1，K_2——角钢肢背与角钢肢尖焊缝的内力分配系数，实际设计时，可按表 3.3 的近似值采用。

表 3.3　角钢侧面角焊缝内力分配系数

角钢类型	连接情况	分配系数	
		角钢肢背 K_1	角钢肢尖 K_2
等边		0.70	0.30
不等边（短肢相连）		0.75	0.25
不等边（长肢相连）		0.65	0.35

算得 N_1、N_2 后，根据构造要求确定肢背和肢尖的焊缝尺寸 h_{f1} 和 h_{f2}，然后分别计算角钢肢背和肢尖焊缝所需的计算长度

$$\sum l_{w1}=\frac{N_1}{0.7h_{f1}f_f^w} \tag{3.21}$$

$$\sum l_{w2}=\frac{N_2}{0.7h_{f2}f_f^w} \tag{3.22}$$

(2) 采用三面围焊时[图 3.28(b)]

根据构造要求，首先选取端缝的焊脚尺寸 h_f，并计算其所能承受的内力（设截面为双角钢组成的 T 形截面）

$$N_3=2\times 0.7h_f b\beta_f f_f^w \tag{3.23}$$

由平衡条件可得

$$N_1 = K_1 N - \frac{N_3}{2} \tag{3.24}$$

$$N_2 = K_2 N - \frac{N_3}{2} \tag{3.25}$$

同样，可由 N_1、N_2 分别计算角钢肢背和肢尖的侧面焊缝。

(3) 采用 L 形围焊时[图 3.28(c)]

L 形围焊中由于角钢肢尖无焊缝，可令式(3.25)中的 $N_2=0$，则可得

$$N_3 = 2K_2 N \tag{3.26}$$

$$N_1 = N - N_3 = (1-2K_2)N \tag{3.27}$$

求得 N_3 和 N_1 后，可分别计算角钢正面角焊缝和肢背侧面角焊缝。

【例题 3.4】 图 3.29 所示角钢与连接板的三面围焊连接中，轴心力设计值 $N=800\text{kN}$（静力荷载），角钢为 2L110×70×10（长肢相连），连接板厚度为 12mm，钢材为 Q235，焊条为 E43 型，手工焊。试确定所需焊脚尺寸和焊缝长度。

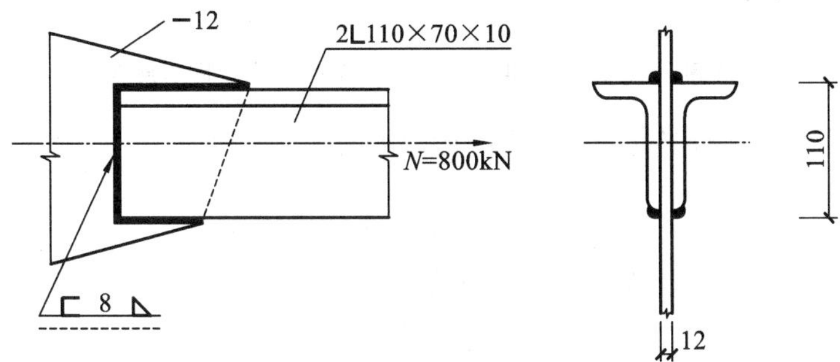

图 3.29 例题 3.4 图（单位：mm）

解：设角钢肢背、肢尖及端部焊脚尺寸相同，取

$$h_f = 8\text{mm} \leqslant t-(1\sim2) = 10-(1\sim2) = 8\sim9\text{mm}$$

$$< 1.2t_{\min} = 1.2\times10 = 12\text{mm}$$

$$> h_{f,\min} = 5\text{mm}$$

由附表 1.2 查得角焊缝强度设计值 $f_f^w = 160\text{N/mm}^2$

端缝能承受的内力为：

$$N_3 = 2\times0.7h_f b\beta_f f_f^w = 2\times0.7\times8\times110\times1.22\times160 = 240\text{kN}$$

肢背和肢尖承受的内力分别为：

$$N_1 = K_1 N - \frac{N_3}{2} = 0.65\times800 - \frac{240}{2} = 400\text{kN}$$

$$N_2 = K_2 N - \frac{N_3}{2} = 0.35\times800 - \frac{240}{2} = 160\text{kN}$$

肢背和肢尖焊缝需要的实际长度为：

$$l_1 = \frac{N_1}{2\times0.7h_f f_f^w} + 8 = \frac{400\times10^3}{2\times0.7\times8\times160} + 8 = 231\text{mm}，取 235\text{mm}$$

$$l_2 = \frac{N_2}{2\times0.7h_f f_f^w} + 8 = \frac{160\times10^3}{2\times0.7\times8\times160} + 8 = 97\text{mm}，取 100\text{mm}$$

3.4.3.3 在弯矩、剪力和轴心力共同作用下的T形连接角焊缝计算

图3.30所示为一同时承受轴心力N、弯矩M和剪力V作用的T形连接。焊缝的A点为最危险点，由轴心力N产生的垂直于焊缝长度方向的应力为

$$\sigma_f^N=\frac{N}{A_W}=\frac{N}{2h_e l_W} \tag{3.28}$$

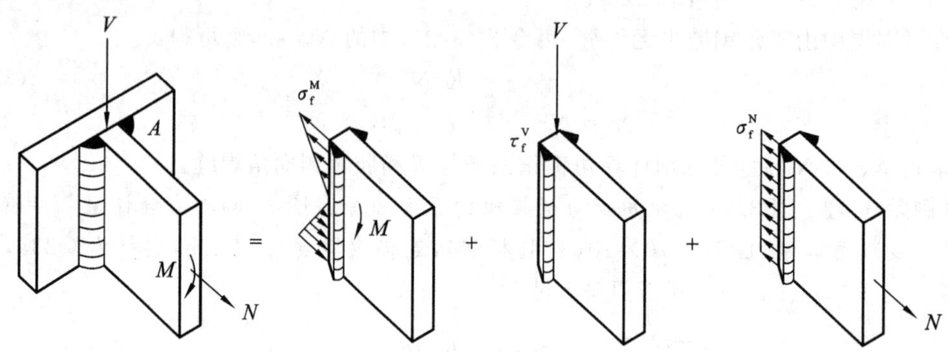

图3.30 弯矩、剪力和轴心力共同作用时T形接头角焊缝

由剪力V产生的平行于焊缝长度方向的应力为

$$\tau_f^V=\frac{V}{A_W}=\frac{V}{2h_e l_W} \tag{3.29}$$

由弯矩M引起的垂直于焊缝长度方向的应力为

$$\sigma_f^M=\frac{M}{W_W}=\frac{6M}{2h_e l_W^2} \tag{3.30}$$

将垂直于焊缝方向的应力σ_f^N和σ_f^M相加，考虑σ_f及τ_f的联合作用，焊缝的强度条件应为

$$\sqrt{\left(\frac{\sigma_f^N+\sigma_f^M}{\beta_f}\right)^2+\tau_f^2}\leqslant f_f^W \tag{3.31}$$

式中 A_W——角焊缝的有效截面面积；

W_W——角焊缝的有效截面模量。

【例题3.5】 图3.31所示角钢与柱用角焊缝连接，焊脚尺寸$h_f=10\text{mm}$，钢材为Q345，焊条为E50型，手工焊。试计算焊缝所能承受的最大静力荷载设计值F。

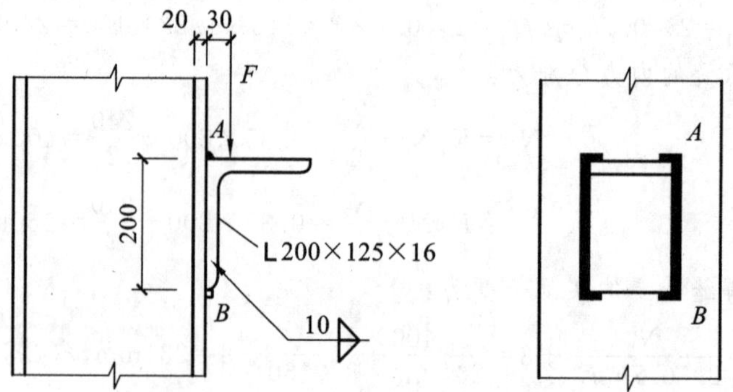

图3.31 例题3.5图(单位：mm)

解:将偏心力 F 向焊缝群形心简化,则焊缝同时承受弯矩 $M=Fe=30F\text{kN}\cdot\text{mm}$ 及剪力 $V=F\text{kN}$,虽然角钢为不等肢,但仅两竖直边有焊缝,故焊缝群中和轴仍位于两竖直焊缝的重心轴线,因此,应按最危险点 A 或点 B 确定焊脚尺寸。此外,因转角处有绕角焊 $2h_f$,故焊缝计算长度不考虑弧坑影响,$l_W=200\text{mm}$。

(1) 焊缝计算截面的几何参数

$$A_W=2\times0.7h_fl_W=2\times0.7\times10\times200=2800\text{mm}^2$$

$$W_W=\frac{2\times0.7h_fl_W^2}{6}=\frac{2\times0.7\times10\times200^2}{6}=93333\text{mm}^3$$

(2) 求应力分量

$$\sigma_f^M=\frac{M}{W_W}=\frac{30F\times10^3}{93333}=0.3214F$$

$$\tau_f^V=\frac{V}{A_W}=\frac{F\times10^3}{2800}=0.3571F$$

(3) 求 F

由附表 1.2 查得角焊缝强度设计值 $f_f^W=200\text{N/mm}^2$

$$\sqrt{\left(\frac{\sigma_f^M}{\beta_f}\right)^2+(\tau_f^V)^2}=\sqrt{\left(\frac{0.3214F}{1.22}\right)^2+(0.3571F)^2}\leqslant f_f^W=200\text{N/mm}^2$$

解得:$F\leqslant450.7\text{kN}$

因此,该连接所能承受的最大静力荷载设计值 F 为 450.7kN。

【例题 3.6】 验算图 3.32 所示牛腿与柱的连接角焊缝。钢材为 Q235,焊条为 E43 型,手工焊,作用力设计值 $F=380\text{kN}$(静力荷载)。

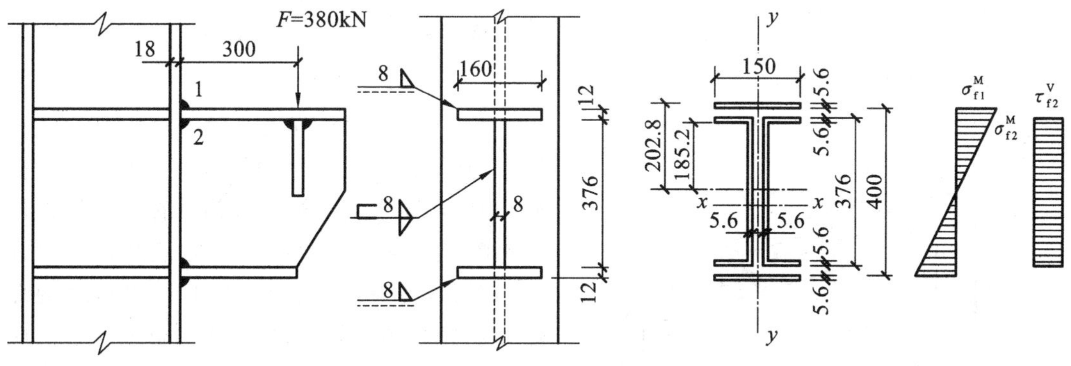

图 3.32　例题 3.6 图(单位:mm)

解:将作用力 F 移至焊缝计算截面形心轴线上,则焊缝同时承受弯矩 $M=Fe=380\times10^3\times300=1.14\times10^8\text{N}\cdot\text{mm}$ 及剪力 $V=F=380\text{kN}$。因牛腿翼缘板的竖向刚度较低,一般不考虑其承受剪力,故全部剪力由腹板上的两条竖向焊缝承担,弯矩则由全部焊缝计算截面承受。

(1) 焊缝有效截面的几何参数

取　　$h_f=8\text{mm}<1.2t_{min}=1.2\times8=9.6\text{mm}$

$$>h_{f,min}=6mm$$

两条腹板竖向焊缝的计算截面面积为：

$$A_W=2\times0.7\times8\times376=4211.2mm^2$$

整个焊缝计算截面对 x 轴的惯性矩和截面抵抗矩为：

$$I_W=2\times\frac{1}{12}\times0.7\times8\times376^3+2\times0.7\times8\times(160-2\times8)\times202.8^2$$

$$+4\times0.7\times8\times(76-5.6-8)\times185.2^2=1.64\times10^8mm^4$$

$$W_W=\frac{1.64\times10^8}{205.6}=8.0\times10^5mm^3$$

(2) 焊缝强度验算

由附表 1.2 查得角焊缝强度设计值 $f_f^W=160N/mm^2$

点 1 有由弯矩 M 产生的垂直于焊缝长度方向的应力 σ_{f1}^M：

$$\sigma_{f1}^M=\frac{M}{W_W}=\frac{1.14\times10^8}{8.0\times10^5}=143N/mm^2<\beta_f f_f^W=1.22\times160=195.2N/mm^2$$

点 2 有由弯矩 M 和剪力 V 产生的应力 σ_{f2}^M 和 τ_{f2}^V：

$$\sigma_{f2}^M=\sigma_{f1}^M\cdot\frac{h_0}{h'}=143\times\frac{188}{205.6}=130.3N/mm^2$$

$$\tau_{f2}^V=\frac{V}{A_W}=\frac{380\times10^3}{4211.2}=90.2N/mm^2$$

$$\sqrt{\left(\frac{\sigma_{f2}^M}{\beta_f}\right)^2+(\tau_{f2}^V)^2}=\sqrt{\left(\frac{130.3}{1.22}\right)^2+90.2^2}=140N/mm^2<f_f^W=160N/mm^2$$

所以，焊缝强度满足要求。

3.4.3.4　在扭矩、轴心力和剪力共同作用下的搭接连接角焊缝的计算

(1) 角焊缝承受扭矩作用

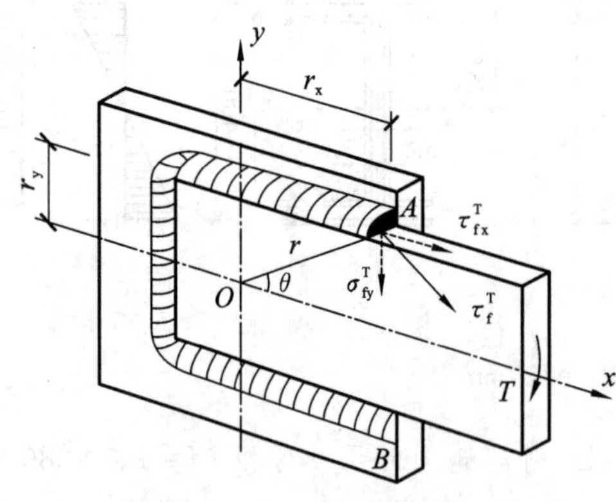

图 3.33　角焊缝承受扭矩作用

图 3.33 所示角焊缝承受扭矩 T 作用。扭矩作用于角焊缝所在平面内，使角焊缝产生扭转。此时，通常假定被连接构件在扭矩平面内可忽略其变形，即视为刚性体，按弹性受力计算。因此，角焊缝在扭矩作用下，以焊缝的形心 O 为扭转中心发生扭转，焊缝群上各点剪应力的方向均垂直于该点与形心的连线，大小则与该点至形心的距离 r 成正比。则焊缝的最危险点在 r 最大处，对图 3.33 来说为 A、B 点(剪应力值相等)。A 点应力按下式计算

$$\tau_f^T=\frac{T\cdot r}{I_P}=\frac{T\cdot r}{I_x+I_y}\qquad(3.32)$$

式中　$I_P=I_x+I_y$——角焊缝计算截面的极惯性矩。I_x、I_y 分别为角焊缝计算截面对 x 轴和 y 轴的惯性矩。

把由扭矩 T 引起的剪应力 τ_f^T 分解成垂直于焊缝方向的应力分量 σ_{fy}^T 和平行于焊缝方向的应力分量 τ_{fx}^T，则

$$\sigma_{fy}^T=\tau_f^T\cos\theta=\frac{T\cdot r}{I_P}\cdot\frac{r_x}{r}=\frac{T\cdot r_x}{I_P} \tag{3.33}$$

$$\tau_{fx}^T=\tau_f^T\sin\theta=\frac{T\cdot r}{I_P}\cdot\frac{r_y}{r}=\frac{T\cdot r_y}{I_P} \tag{3.34}$$

式中 r_x, r_y——r 在 x 轴和 y 轴方向的投影长度。

则 A 点（或 B 点）焊缝强度的计算公式为

$$\sqrt{\left(\frac{\sigma_{fy}^T}{\beta_f}\right)^2+(\tau_{fx}^T)^2}\leqslant f_f^W \tag{3.35}$$

（2）角焊缝承受扭矩、轴心力、剪力共同作用

图 3.34(a)所示角焊缝承受斜向力 F 作用。将 F 分解并向角焊缝计算截面形心 O 简化后，与图 3.34(b)、(c)所示的 $T(=Ve)$、V 和 N 同时作用等效。T、N、V 均在角焊缝同一平面内。

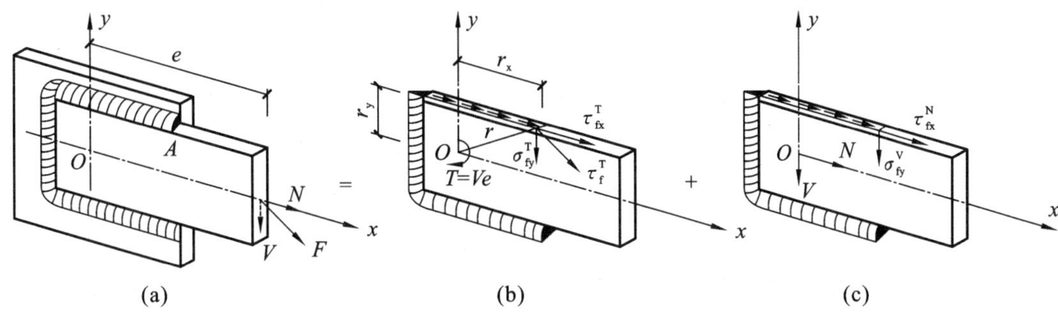

图 3.34 扭矩、剪力和轴心力共同作用时搭接接头角焊缝

在扭矩 T 作用下引起的应力按式(3.33)、式(3.34)计算，剪力 V 和轴心力 N 由全部角焊缝的计算截面面积 $A_W=\sum h_e l_W$ 均匀承受。T、V 和 N 引起的各个应力分量在叠加或相减，并考虑 β_f 进行合成后，在某一角点处（图 3.34 为 A 点）为最不利，则最不利点 A 的强度计算公式为（其中 $\sigma_{fy}^T=\frac{T\cdot r_x}{I_P}$，$\tau_{fx}^T=\frac{T\cdot r_y}{I_P}$，$\sigma_{fy}^V=\frac{V}{A_W}$，$\tau_{fx}^N=\frac{N}{A_W}$）

$$\sqrt{\left(\frac{\sigma_{fy}^T+\sigma_{fy}^V}{\beta_f}\right)^2+(\tau_{fx}^T+\tau_{fx}^N)^2}\leqslant f_f^W \tag{3.36}$$

上式中，哪些应力分量需除以 β_f 应具体考察该验算点处的实际焊缝方向确定。

【例题 3.7】 如图 3.35 所示为梁与柱的简支连接，用角钢 2L75×10 与梁腹板用三面围焊角焊缝连接。已知钢材为 Q235，焊脚尺寸 $h_f=10$mm，焊条为 E43 型，手工焊，梁端反力设计值 $R=600$kN，角钢长 300mm。为便于安装，梁端缩进连接角钢背面 10mm。试验算该角焊缝连接是否安全。

解：一只连接角钢焊缝受力 $R_1=\frac{R}{2}=300$kN

角钢顶端和底端水平焊缝计算长度各为：75－10－10＝55mm

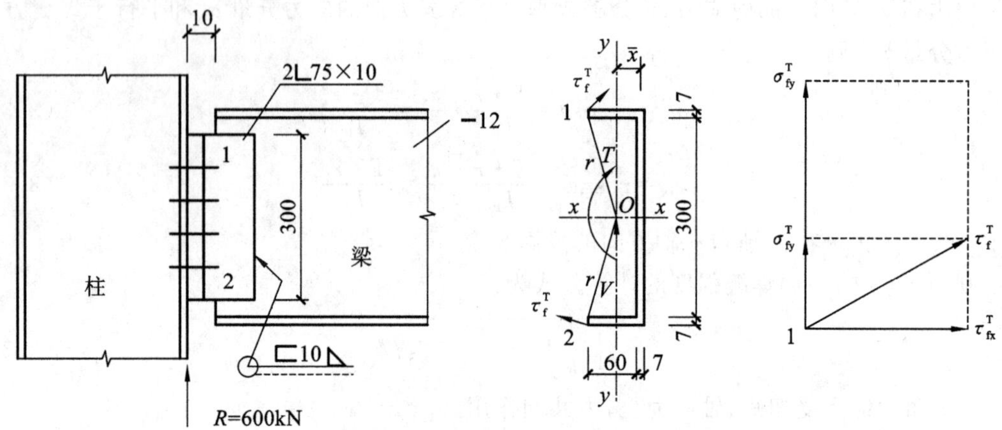

图 3.35　例题 3.7 图(单位:mm)

(1) 焊缝有效截面的几何特性

$$A_W=(55\times2+300+2\times7)\times0.7\times10=2968\text{mm}^2$$

焊缝形心 O 的位置:

$$\bar{x}=\frac{2\times55\times7\times\left(\frac{1}{2}\times55+3.5\right)}{2968}=8.0\text{mm}$$

$$I_x=\frac{1}{12}\times7\times314^3+2\times55\times7\times(150+3.5)^2=3620\times10^4\text{mm}^4$$

$$I_y=7\times314\times8.0^2+2\times\left[\frac{1}{12}\times7\times55^3+7\times55\times\left(\frac{55}{2}+3.5-8.0\right)^2\right]=74\times10^4\text{mm}^4$$

$$I_P=I_x+I_y=(3620+74)\times10^4=3694\times10^4\text{mm}^4$$

(2) 焊缝所受荷载设计值

将梁反力 R 移至焊缝形心 O 处。

竖向剪力　　$V=R=300\text{kN}$

扭矩　　$T=Ve=300\times(75+3.5-8.0)=21150\text{kN}\cdot\text{mm}$

(3) 焊缝强度验算

由附表 1.2 查得角焊缝强度设计值 $f_f^W=160\text{N/mm}^2$

由分析可知,点 1 和点 2 处焊缝受力最大(两点数值相等),其应力为:

$$\sigma_{fy}^V=\frac{V}{A_W}=\frac{300\times10^3}{2968}=101\text{N/mm}^2(\uparrow)$$

$$\sigma_{fy}^T=\frac{T\cdot r_x}{I_P}=\frac{21150\times10^3\times(55+3.5-8.0)}{3694\times10^4}=29\text{N/mm}^2(\uparrow)$$

$$\tau_{fx}^T=\frac{T\cdot r_y}{I_P}=\frac{21150\times10^3\times(150+7)}{3694\times10^4}=90\text{N/mm}^2(\rightarrow)$$

$$\sqrt{\left(\frac{\sigma_{fy}^T+\sigma_{fy}^V}{\beta_f}\right)^2+(\tau_{fx}^T)^2}=\sqrt{\left(\frac{101+29}{1.22}\right)^2+90^2}=139.4\text{N/mm}^2<f_f^W=160\text{N/mm}^2$$

经验算,该焊缝连接满足要求。

3.5 焊接残余变形和残余应力

3.5.1 焊接残余变形和残余应力及其产生的原因

钢结构在焊接过程中，焊件局部范围加热至熔化，而后又冷却凝固，结构经历了一个不均匀的升温冷却过程，导致焊件各部分热胀冷缩不均匀，从而在结构内产生了焊接残余变形和残余应力。

图 3.36(a)是两块钢板用 V 形坡口焊缝连接。在焊接过程中，焊缝金属加热到熔融状态时，熔融的金属处于完全塑性，两块钢板保持在一个平面上。随后熔融金属冷却收缩，对于 V 形坡口，靠外圈金属长、收缩量大[如图 3.36(a)中示意圈 1]，靠内圈金属短、收缩量小[如图 3.36(a)中示意圈 2]，冷却凝固后，钢板两端就会因收缩而翘起，不再保持原有的平面。

又如图 3.36(b)中两块钢板用角焊缝组成 T 形连接，由于同样原因，角焊缝截面内外圈不均匀收缩，可能会导致焊接后翼缘弯曲。其他还有如图 3.36(c)所示的 T 形梁弯曲变形，图 3.36(d)所示钢板连接的波浪式变形，图 3.36(e)所示工字形梁的扭曲变形等，都是由于焊接引起的变形，故称为焊接残余变形。

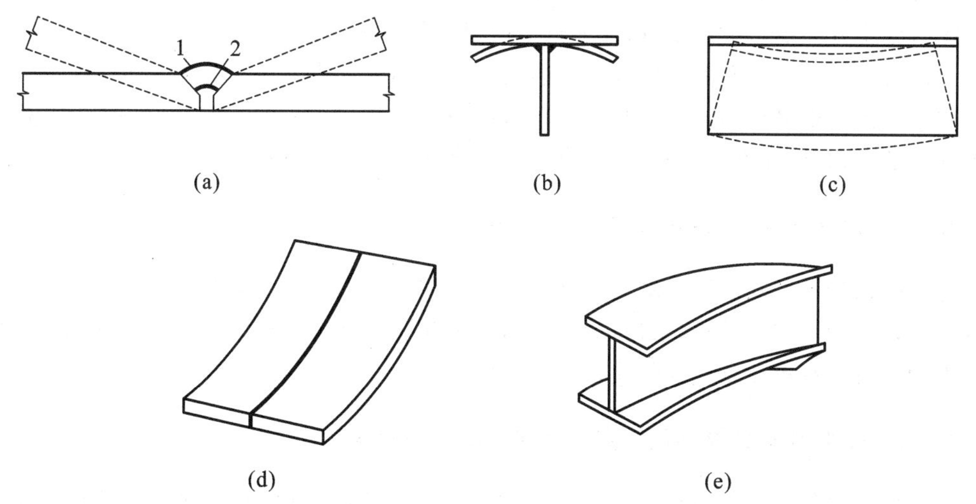

图 3.36 焊接残余变形

图 3.37 是焊接残余应力的示例。图 3.37(a)是两块钢板对接连接。焊接时钢板焊缝一边受热，将沿焊缝方向纵向伸长。但伸长量会因钢板的整体性受到钢板两侧未加热区域的限制，由于这时焊缝金属是熔融塑性状态，伸长虽受限，却不产生应力(相当于塑性受压)。随后焊缝金属冷却恢复弹性，收缩受限将导致焊缝金属纵向受拉，两侧钢板则因焊缝收缩倾向牵制而受压，形成图 3.37(b)所示的纵向焊接残余应力分布。它是一组在外荷载作用之前就已产生的自相平衡的内应力。

两块钢板对接连接除产生上述纵向残余应力外，还可能产生垂直于焊缝长度方向的残余应力。由图中可以看到，焊缝纵向收缩将使两块钢板有相向弯曲变形的趋势[图 3.37(a)中虚线所示]。但钢板已焊成一体，弯曲变形将受到一定的约束，因此在焊缝中段将产生横向拉应力，在焊缝两端则产生横向压应力，如图 3.37(c)所示。此外，焊缝冷却时除了纵向收缩外，焊缝横向也将产生收缩。由于施焊是按一定顺序进行的，先焊好的部分冷却凝固恢复弹性较早，将阻碍后焊部分自由收缩，因此，先焊部分就会横向受压，而后焊部分则横向受拉，形成如图 3.37(d)所示的应力分布。图 3.37(e)是上述两项横向残余应力的叠加，它也是一组自相平衡的内应力。

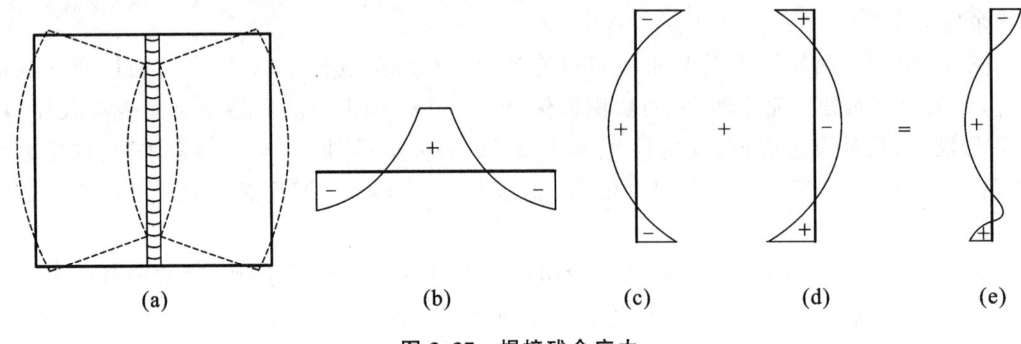

图 3.37　焊接残余应力

对于厚度较大的焊缝，外层焊缝因散热较快先冷却，故内层焊缝的收缩将受其限制，从而可能沿厚度方向也产生残余应力，形成三向应力场。

上述仅是焊接残余变形和残余应力的几个简单示例。在实际焊接结构中，焊接残余变形和残余应力是很复杂的，作为钢结构课程，简单地讲述它的现象及产生的原因，只是为了了解它的危害，并能在设计、制造中采取适当的措施消除或减小它的影响。

3.5.2　焊接残余变形和残余应力的危害

焊接残余变形和残余应力是焊接结构的主要缺点。焊接残余变形使结构构件不能保持正确的设计尺寸及位置，影响结构正常工作，严重时还可使各个构件无法安装就位。焊接残余应力的危害性在第 2 章已经叙述，此处不再重复。

3.5.3　消除和减少焊接残余变形及残余应力的措施

如前所述，焊接残余变形和残余应力对结构性能均有不利影响，因此，钢结构从设计到制造安装都应密切注意如何消除和减少焊接残余变形和残余应力。

(1) 设计方面

应注意选用适宜的焊脚尺寸和焊缝长度；焊缝应尽可能对称布置，尽量避免焊缝过度集中和多方向相交；连接过渡应尽量平缓；焊缝布置应尽可能考虑施焊方便，例如尽量避免仰焊等。

(2) 制造加工方面

采用合理的施焊次序。例如，对于长焊缝实行分段倒方向施焊[图 3.38(a)]；对于厚的焊缝进行分层施焊[图 3.38(b)]；工字形顶接焊接时采用对称跳焊[图 3.38(c)]；钢板分块拼焊[图 3.38(d)]等。这些做法的目的是避免焊接时热量过于集中,从而减少焊接残余变形和残余应力。对于某些构件,还可以采用预先反变形(图 3.39),即在施焊前使构件有一个和焊接残余变形相反的变形,使焊接后产生的焊接残余变形与预变形相互抵消,以减小最终的总变形。对已经产生焊接残余变形的结构,可局部加热后用机械的方法进行矫正。对于焊接残余应力,可采用退火法、锤击法等措施来消除或减小。

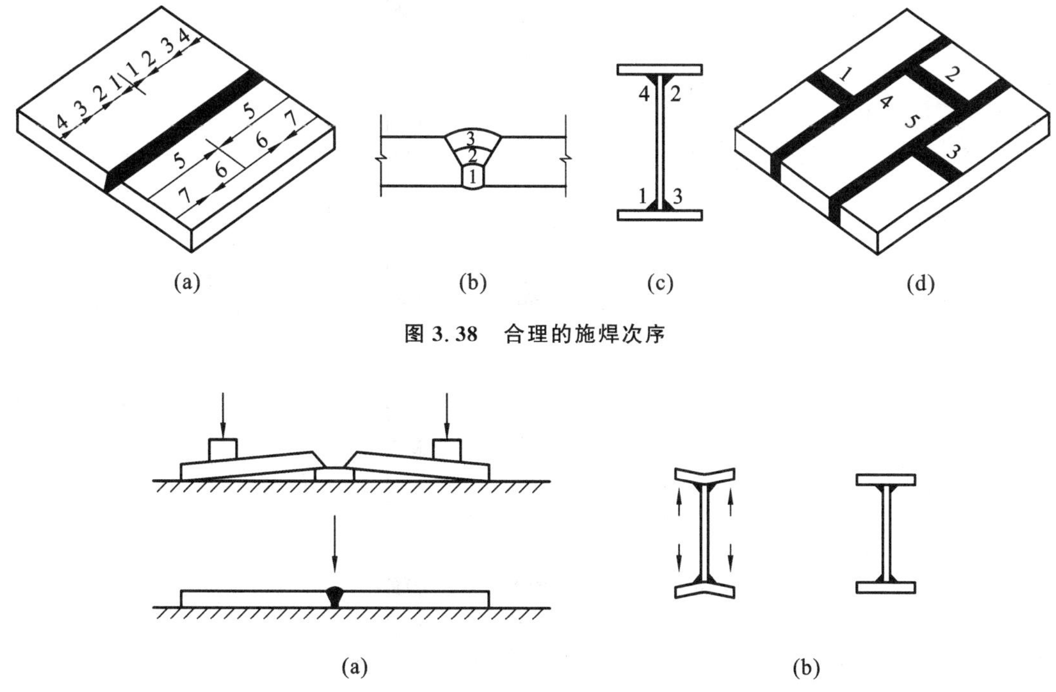

图 3.38 合理的施焊次序

图 3.39 用反变形法减少焊接残余变形

条件允许时,可在施焊前将构件预热再行焊接,这样可减少焊缝不均匀收缩和减慢冷却速度,它是减小和消除焊接残余变形与残余应力的有效方法。

3.6 普通螺栓连接

3.6.1 普通螺栓连接的构造

3.6.1.1 螺栓的规格

钢结构采用的普通螺栓为六角头型,其代号用字母 M 和公称直径的毫米数表示。为制造方便,一般情况下,同一结构中应尽可能采用一种栓径和孔径的螺栓,需要时也可采用 2～3 种螺栓直径。

螺栓直径 d 应根据整个结构及其主要连接的尺寸和受力情况选定,受力螺栓一般用 $d \geqslant$ M16,建筑工程中常用 M16、M20、M24 等。

钢结构施工图上的螺栓和孔的制图符号见表 3.4。其中细"+"线表示定位线,同时应标注或统一说明螺栓的直径和孔径。

表 3.4 螺栓及孔图例

序号	名称	图例	说明
1	永久螺栓		1. 细“+”线表示定位线； 2. 必须标注螺栓直径和孔径
2	安装螺栓		
3	高强度螺栓		
4	圆形螺栓孔		
5	长圆形螺栓孔	b a	

3.6.1.2 螺栓的排列

螺栓的排列有并列和错列两种基本形式(图 3.40)。并列较简单,但栓孔对截面削弱较多;错列较紧凑,可减少截面削弱,但排列较繁杂。

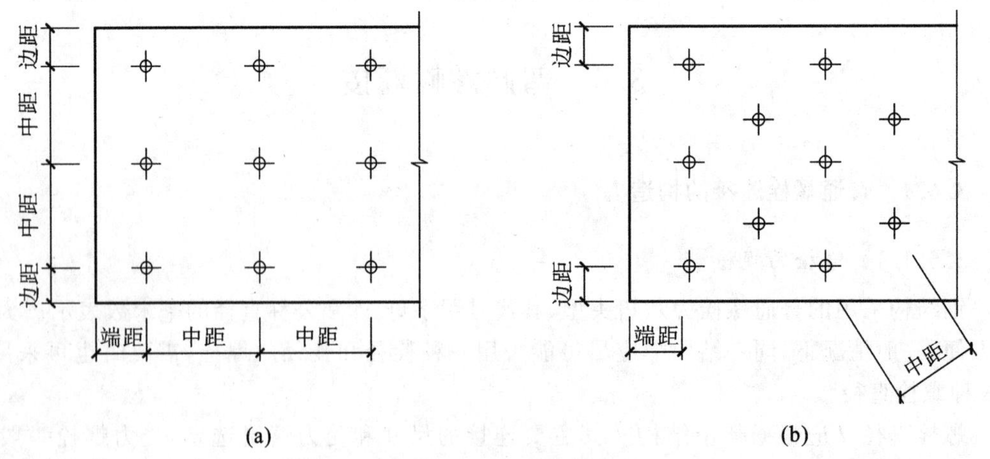

图 3.40 螺栓的排列

(a)并列布置;(b)错列布置

螺栓在构件上的排列，应保证螺栓间距及螺栓至构件边缘的距离不应太小，否则螺栓之间的钢板以及边缘处螺栓孔前的钢板可能沿作用力方向被剪断；同时，螺栓间距及边距太小，也不利于扳手操作。另一方面，螺栓的间距及边距也不应太大，否则连接钢板不易夹紧，潮气容易侵入缝隙引起钢板锈蚀。对于受压构件，螺栓间距过大还容易引起钢板鼓曲。为此，《标准》根据螺栓孔直径、钢材边缘加工情况（轧制边、切割边）及受力方向，规定了螺栓中心间距及边距的最大、最小限值，见表 3.5。

对于角钢、普通工字钢和槽钢上的螺栓排列，除应满足表 3.5 要求外，还应注意不要在靠近截面倒角和圆角处打孔，为此，还应分别符合表 3.6、表 3.7 和表 3.8 的要求。在 H 型钢上的螺栓排列，腹板上的 c 值可参照普通工字钢取值，翼缘上的 e 或 e_1、e_2 值（指螺栓轴线至截面弱轴 y 轴的距离）可根据其外伸宽度参照角钢取值。表中各项数据位置见各型钢线距表内附图。

表 3.5 螺栓或铆钉的孔矩、边距和端矩容许值

名称	位置和方向			最大容许间距（取两者的较小值）	最小容许间距
中心间距	外排（垂直内力方向或顺内力方向）			$8d_0$ 或 $12t$	$3d_0$
	中间排	垂直内力方向		$16d_0$ 或 $24t$	
		顺内力方向	构件受压力	$12d_0$ 或 $18t$	
			构件受拉力	$16d_0$ 或 $24t$	
	沿对角线方向			—	
中心至构件边缘距离	顺内力方向			$4d_0$ 或 $8t$	$2d_0$
	垂直内力方向	剪切边或手工气割边			$1.5d_0$
		轧制边自动气割或锯割边	高强度螺栓		
			其他螺栓或铆钉		$1.2d_0$

注：(1) d_0 为螺栓或铆钉的孔径，对槽孔为短向尺寸，t 为外层较薄板件的厚度；

(2) 钢板边缘与刚性构件（如角钢，槽钢等）相连的高强度螺栓的最大间距，可按中间排的数值采用；

(3) 计算螺栓孔引起的截面削弱时取 $d+4$mm 和 d_0 的较大者。

表 3.6 角钢上螺栓或铆钉线距表 （单位：mm）

单行排列	角钢肢宽	40	45	50	56	63	70	75	80	90	100	110	125
	线距 e	25	25	30	30	35	40	40	45	50	55	60	70
	钉孔最大直径	11.5	13.5	13.5	15.5	17.5	20	20	20	20	24	26	26

双行错排	角钢肢宽	125	140	160	180	200	双行并排	角钢肢宽	160	180	200
	e_1	55	60	70	70	80		e_1	60	70	80
	e_2	90	100	120	140	160		e_2	130	140	160
	钉孔最大直径	24	24	26	26	26		钉孔最大直径	24	24	26

表 3.7 工字钢和槽钢腹板上的螺栓线距表 (单位:mm)

工字钢型号	12	14	16	18	20	22	25	28	32	36	40	45	50	56	63
线距 $c_{\min}$	40	45	45	45	50	50	55	60	60	65	70	75	75	75	75
槽钢型号	12	14	16	18	20	22	25	28	32	36	40	—	—	—	—
线距 $c_{\min}$	40	45	50	50	55	55	55	60	65	70	75	—	—	—	—

表 3.8 工字钢和槽钢翼缘上的螺栓线距表 (单位:mm)

工字钢型号	12	14	16	18	20	22	25	28	32	36	40	45	50	56	63
线距 $a_{\min}$	40	40	50	55	60	65	65	70	75	80	80	85	90	95	95
槽钢型号	12	14	16	18	20	22	25	28	32	36	40	—	—	—	—
线距 $a_{\min}$	30	35	35	40	40	45	45	45	50	56	60	—	—	—	—

3.6.2 普通螺栓连接的受力性能和计算

普通螺栓连接按其传力方式可分为:外力与栓杆垂直的受剪螺栓连接;外力与栓杆平行的受拉螺栓连接;同时受剪和受拉的螺栓连接。受剪螺栓依靠栓杆抗剪和栓杆对孔壁的承压传力[图 3.41(a)];受拉螺栓由板件使螺栓张拉传力[图 3.41(b)];同时受剪和受拉的螺栓连接如图 3.41(c)所示。

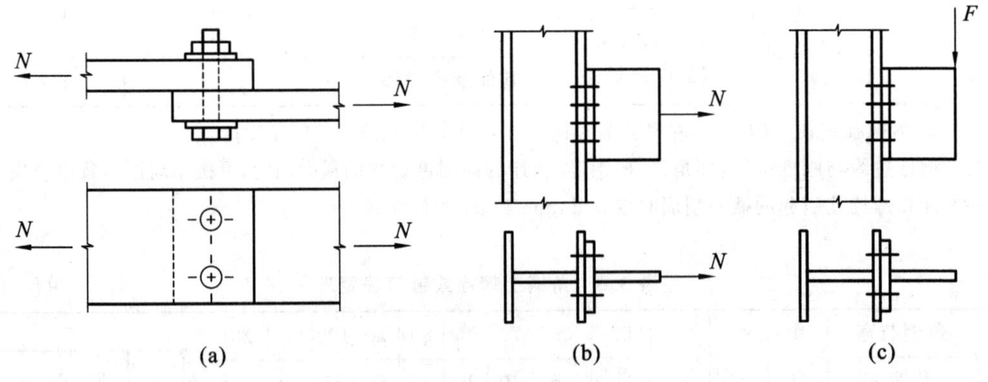

图 3.41 普通螺栓按传力方式分类

(a)受剪螺栓的连接;(b)受拉螺栓连接;(c)同时受剪和受拉螺栓连接

3.6.2.1 受剪螺栓连接

(1) 受力性能和破坏形式

图 3.42 所示为一个螺栓受剪过程中所测得的荷载-位移图。图中 δ 为千分表所测得构

件沿荷载方向的位移值。

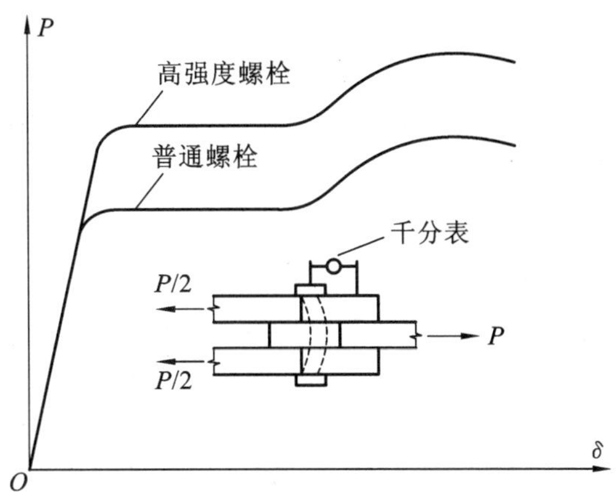

图 3.42 单个受剪螺栓的受力性能示意图

从图中可以看到，当荷载较小时，外荷载靠板件之间摩阻力传递，连接处于弹性工作阶段，荷载-位移关系呈上升直线关系。当外荷载加大，板件间摩阻力被克服，产生相对滑移，δ 值增长加快，荷载-位移呈水平直线关系，直至栓杆与螺栓孔壁靠紧。这时靠栓杆受剪和孔壁承压传递外荷载，荷载-位移呈上升曲线关系，连接进入弹塑性工作阶段。随着外荷载继续增加，δ 值迅速增大，直至连接破坏。

针对上述荷载-位移曲线，《标准》规定高强度螺栓摩擦型连接以摩擦力被克服、板件之间产生相对滑移（即曲线的水平段）为极限承载力。但是，普通螺栓及高强度螺栓承压型连接则以螺栓最后被剪断或孔壁被挤压破坏为极限承载力。

如图 3.43 所示，受剪螺栓连接的破坏形式有：(a)栓杆被剪断；(b)孔壁挤压破坏或螺栓杆承压破坏；(c)端部板件被栓杆冲剪破坏；(d)构件净截面由于螺栓孔削弱太多被拉断；(e)螺栓杆发生弯曲破坏。

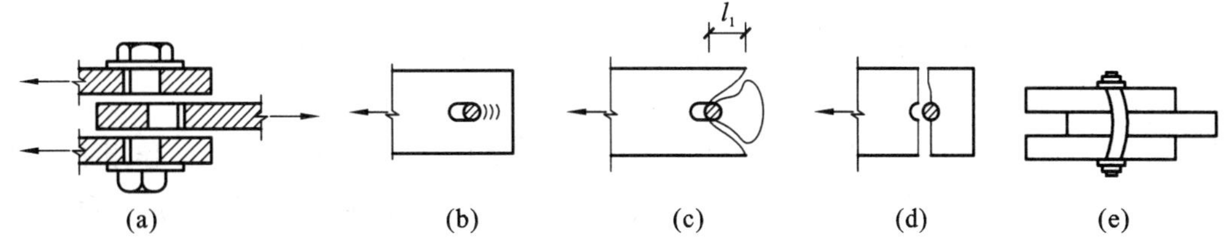

图 3.43 受剪螺栓连接的各种破坏形式

为保证螺栓连接能安全承载，对于(a)、(b)类型的破坏，通过计算单个螺栓承载力来控制；对于(c)类型破坏，通过保证螺栓间距及边距不小于规定值（表 3.5）来控制；对于(d)类型的破坏，由验算构件净截面强度来控制；对于(e)类型的破坏，通过限制连接板件总厚度小于 5 倍的螺栓直径来控制。

(2) 受剪螺栓的承载力计算

受剪螺栓中，假定栓杆剪应力沿受剪面均匀分布，孔壁承压应力换算为沿栓杆直径投影宽度内板件面上均匀分布的应力。这样，一个受剪螺栓的承载力设计值为：

受剪承载力设计值

$$N_v^b = n_v \frac{\pi d^2}{4} f_v^b \tag{3.37}$$

承压承载力设计值

$$N_c^b = d \sum t f_c^b \tag{3.38}$$

式中 n_v—— 螺栓受剪面数，单剪 $n_v = 1$，双剪 $n_v = 2$，四剪 $n_v = 4$ 等(图 3.44)；

$\sum t$—— 在同一受力方向的承压构件的较小总厚度；

d—— 螺栓杆直径；

f_v^b, f_c^b—— 螺栓的抗剪和承压强度设计值，按附表 1.3 采用(表中设计强度的规定与上述螺栓应力均匀分布假定相应)。

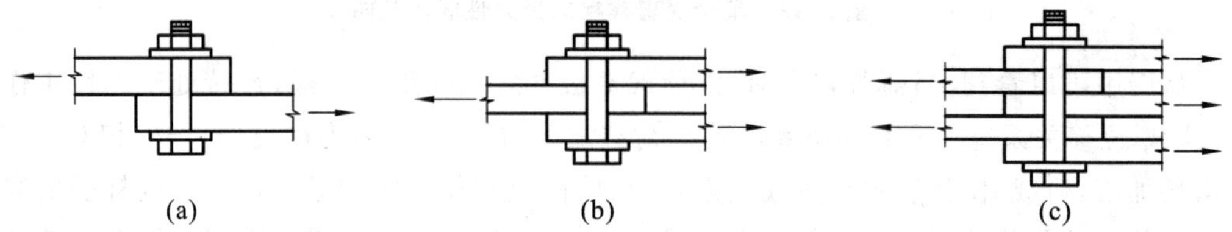

图 3.44 受剪螺栓连接

(a)单剪；(b)双剪；(c)四剪

单个受剪螺栓的承载力设计值应取 N_v^b 和 N_c^b 中的较小值，即 $N_{min}^b = \min(N_v^b, N_c^b)$。

钢板搭接或用拼接板的单面拼接，以及一个构件借助填板或其他中间板件与另一构件连接的螺栓，应乘以 0.9 折减(高强度螺栓摩擦型连接除外)。

为保证连接能正常工作，每个螺栓在外力作用下所受实际剪力不得超过其承载力设计值，即 $N_v \leqslant N_{min}^b$。

(3) 受剪螺栓连接的计算

① 受剪螺栓连接受轴心力作用的计算

A. 连接所需螺栓数目

图 3.45(a)所示为两块钢板通过上下两块盖板用螺栓连接，在轴心拉力 N 作用下，螺栓受剪，由于轴心拉力通过螺栓群中心，可假定每个螺栓受力相等，则连接一侧所需螺栓数 n 为

$$n \geqslant \frac{N}{N_{min}^b} \tag{3.39}$$

当拼接一侧所排一列螺栓的数目过多，致使首尾两螺栓之间距离 l_1 过大时(图 3.46)，各螺栓实际受力会严重不均匀，两端的螺栓受力将大于中间的螺栓，可能首先达到极限承载力破坏，然后依次向内逐个破坏。故《标准》规定，当 $l_1 \geqslant 15d_0$ 时，各螺栓受力仍可按均匀分布计算，但螺栓承载力设计值 N_v^b 和 N_c^b 应乘以下列折减系数 β 给予降低(高强度螺栓连接亦同样如此)，当 $l_1 \geqslant 60d_0$ 时，折减系数取定值 0.7。

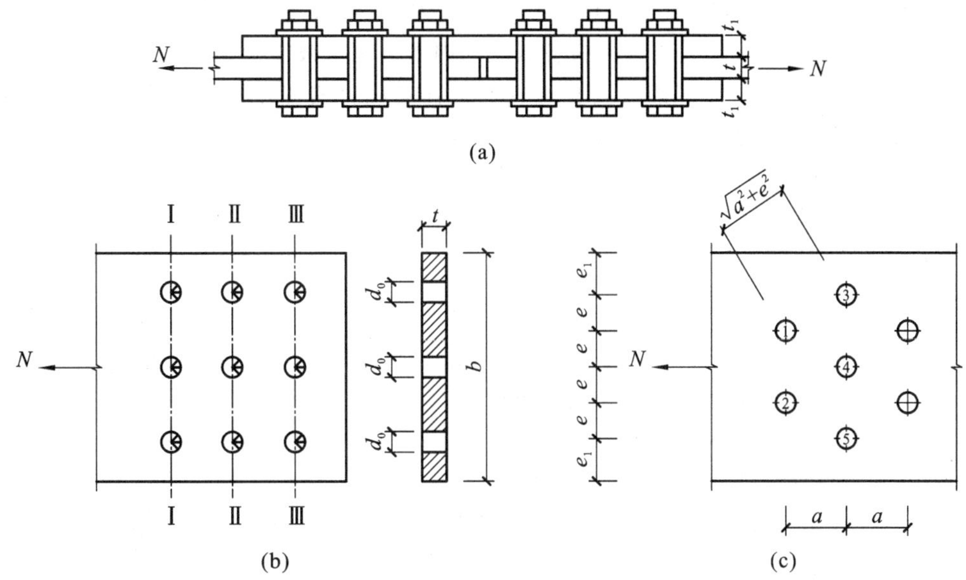

图 3.45 受剪螺栓连接受轴心力作用

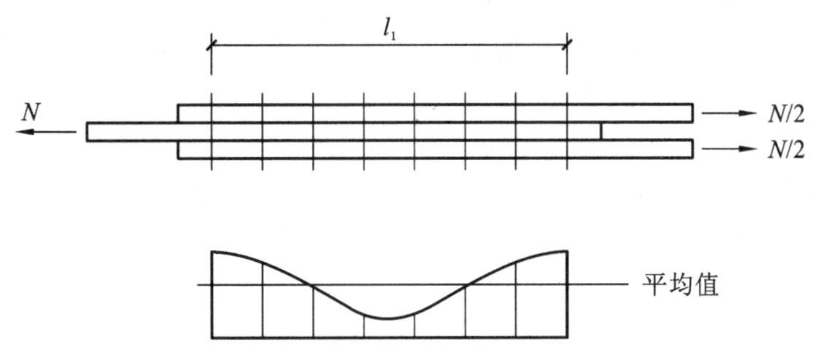

图 3.46 长接头螺栓的内力分布

$$\beta=1.1-\frac{l_1}{150d_0}\geqslant 0.7 \tag{3.40}$$

B. 构件净截面强度验算

螺栓连接中，由于螺栓孔削弱了构件截面，因此需要验算构件开孔处的净截面强度

$$\sigma=\frac{N}{A_n}\leqslant f \tag{3.41}$$

式中 A_n——连接件或构件在所验算截面上的净截面面积；

N——连接件或构件验算截面处的轴心力设计值；

f——钢材的抗拉(或抗压)强度设计值，按附表 1.1 选用。

净截面强度验算截面应选择最不利截面，即内力最大或净截面面积较小的截面。现以图 3.45(a)所示的钢板轴心受拉为例加以说明。如果该连接采用如图 3.45(b)所示螺栓并列布置时，拉力 N 通过 9 个螺栓的栓杆剪切和孔壁承压传递给盖板。假定均匀传递，则每个螺栓承受的拉力为 $N/9$，构件在截面Ⅰ—Ⅰ、Ⅱ—Ⅱ、Ⅲ—Ⅲ处的拉力分别为 N、$6N/9$、

$3N/9$，因此最不利截面为截面Ⅰ—Ⅰ，其内力最大为 N，之后各截面因前面螺栓已传递部分内力，故其内力逐渐递减。但连接盖板各截面的内力恰好与被连接构件相反，截面Ⅲ—Ⅲ受力最大亦为 N，因此还须按下面公式比较它和被连接构件截面Ⅰ—Ⅰ的净截面面积，以确定最不利截面，然后按式(3.41)进行验算。

被连接构件截面Ⅰ—Ⅰ

$$A_n=(b-n_1 d_0)t \tag{3.42}$$

连接盖板截面Ⅲ—Ⅲ

$$A_n=2(b-n_3 d_0)t_1 \tag{3.43}$$

式中 n_1, n_3——截面Ⅰ—Ⅰ和截面Ⅲ—Ⅲ上的螺栓孔数目；

t, t_1——被连接构件和连接盖板的厚度；

d_0——螺栓孔直径；

b——被连接构件和连接盖板的宽度。

如果该连接采用如图 3.45(c)所示的螺栓错列布置时，净截面破坏有如下六种可能的破坏面：a. 沿孔 1→2 的直线净截面；b. 沿孔 3→4→5 的直线净截面；c. 沿孔 3→1→2 的 3 孔 1 折净截面；d. 沿孔 3→1→4→5 的 4 孔 2 折净截面；e. 沿孔 3→1→4→2 的 4 孔 3 折净截面；f. 沿孔 3→1→4→2→5 的 5 孔 4 折净截面。应同时计算出各种可能破坏面的净截面面积 A_n，并分析各种可能破坏面上所受力的大小，确定最不利截面，然后将净截面面积和相应验算截面处的轴心力设计值代入式(3.41)验算。

【例题 3.8】 两个截面为-14×400 的钢板，采用双盖板和 C 级普通螺栓拼接，螺栓为 M20，钢材为 Q235，承受轴心拉力设计值 $N=930\text{kN}$，试设计此连接。

解：(1) 确定连接盖板截面

采用双盖板拼接，截面尺寸选-7×400，与被连接钢板截面面积相等，钢材亦采用 Q235。

(2) 确定所需螺栓数目和螺栓排列布置

由附表 1.3 查得 $f_v^b=140\text{N/mm}^2$，$f_c^b=305\text{N/mm}^2$。

单个螺栓受剪承载力设计值：

$$N_v^b=n_v\frac{\pi d^2}{4}f_v^b=2\times\frac{\pi\times20^2}{4}\times140=87965\text{N}$$

单个螺栓承压承载力设计值：

$$N_c^b=d\sum t f_c^b=20\times14\times305=85400\text{N}$$

则连接一侧所需螺栓数目为：

$$n=\frac{N}{N_{\min}^b}=\frac{930\times10^3}{85400}=10.9，取\ n=12。$$

采用图 3.47 所示的并列布置。连接盖板采用 2 块-7×400×490，其螺栓的中距、边距和端距均满足表 3.5 的构造要求。

(3) 验算连接板件的净截面强度

由附表 1.1 查得 $f=215\text{N/mm}^2$。

连接钢板在截面Ⅰ—Ⅰ受力最大为 N，连接盖板则是截面Ⅲ—Ⅲ受力最大为 N，但因

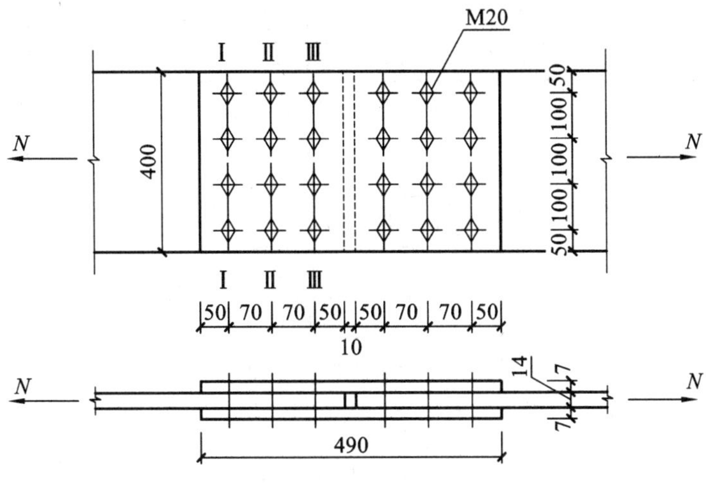

图 3.47 例题 3.8 图(单位:mm)

两者钢材、截面均相同,故只验算连接钢板。取螺栓孔径 $d_0=22\text{mm}$。

$$A_n=(b-n_1d_0)t=(400-4\times22)\times14=4368\text{mm}^2$$

$$\sigma=\frac{N}{A_n}=\frac{930\times10^3}{4368}=212.9\text{N/mm}^2<f=215\text{N/mm}^2\text{(满足)}$$

【例题 3.9】 试设计两角钢拼接的普通 C 级螺接连接,角钢截面为 ∟80×5,承受轴心拉力设计值 $N=130\text{kN}$,拼接角钢采用与构件相同截面。钢材为 Q235,螺栓为 M20。

解:(1)确定所需螺栓数目和螺栓布置

由附表 1.3 查得 $f_v^b=140\text{N/mm}^2$,$f_c^b=305\text{N/mm}^2$。

单个螺栓受剪承载力设计值:

$$N_v^b=n_v\frac{\pi d^2}{4}f_v^b=1\times\frac{\pi\times20^2}{4}\times140=43982\text{N}$$

单个螺栓承压承载力设计值:

$$N_c^b=d\sum tf_c^b=20\times5\times305=30500\text{N}$$

则构件连接一侧所需螺栓数目为:

$n=\dfrac{N}{N_{min}^b}=\dfrac{130\times10^3}{30500}=4.26$,取 $n=5$。

为安排紧凑,螺栓在角钢两肢上交错排列,如图 3.48 所示。螺栓排列的中距、边距和线距均符合表 3.5、表 3.6 要求。

(2) 构件净截面强度验算

由附表 1.1 查得 $f=215\text{N/mm}^2$。

将角钢展开,由型钢表(附表 5)查得角钢的毛截面面积 $A=7.91\text{cm}^2$。

取螺栓孔径 $d_0=22\text{mm}$。

直线截面Ⅰ—Ⅰ净截面面积:

$$A_{n\,\text{I}}=A-n_1d_0t=7.91\times10^2-1\times22\times5=681\text{mm}^2$$

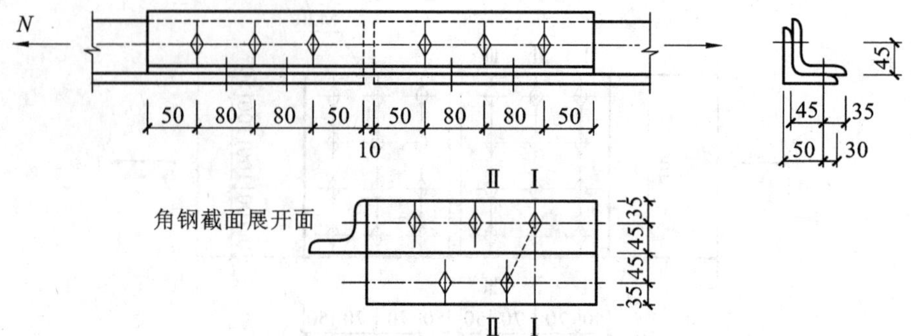

图 3.48　例题 3.9 图(单位:mm)

齿状截面Ⅱ—Ⅱ净截面面积:

$$A_{n\,Ⅱ}=[2e_1+(n_2-1)\sqrt{e^2+a^2}-n_2d_0]t=[2\times35+(2-1)\times\sqrt{40^2+90^2}-2\times22]\times5$$
$$=622.4\text{mm}^2$$

$$\sigma=\frac{N}{A_{n,\min}}=\frac{130\times10^3}{622.4}=208.9\text{N/mm}^2<f=215\text{N/mm}^2(\text{满足})$$

(3) 为使拼接角钢与构件角钢紧密贴合,拼接角钢直角处应削圆。

② 受剪螺栓连接受扭矩及轴心力共同作用的计算

图 3.49 所示螺栓连接,受外荷载 F 及 N 作用,将 F 移至螺栓群中心 O,产生扭矩 $T=Fe$ 及竖向轴心力 $V=F$。扭矩 T、竖向轴心力 F 及水平轴心力 N 均使各螺栓受剪。

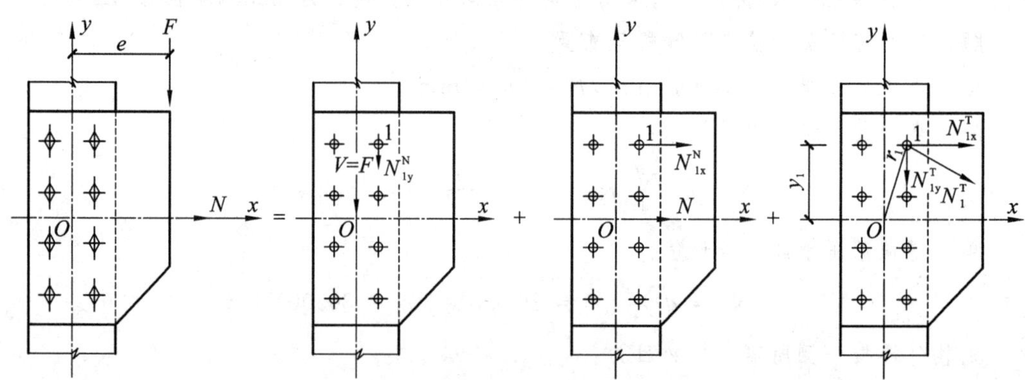

图 3.49　受剪螺栓连接受扭矩及轴心力共同作用

受扭矩 T 作用时,假定连接件为刚体,螺栓为弹性体,在 T 作用下各螺栓均绕螺栓群中心 O 旋转。各螺栓所受剪力方向与该螺栓和中心 O 的连线垂直,大小则与该连线的距离 r 成正比。

设各螺栓到螺栓群中心 O 的距离分别为 r_1、r_2、r_3、…、r_n,所受剪力分别为 N_1^T、N_2^T、N_3^T、…、N_n^T,则由基本假定和平衡条件

$$T=N_1^T\cdot r_1+N_2^T\cdot r_2+N_3^T\cdot r_3+\cdots+N_n^T\cdot r_n \tag{3.44}$$

$$\frac{N_1^T}{r_1}=\frac{N_2^T}{r_2}=\frac{N_3^T}{r_3}=\cdots=\frac{N_n^T}{r_n} \tag{3.45}$$

由式(3.45)可得:$N_2^T=\frac{r_2}{r_1}N_1^T$,$N_3^T=\frac{r_3}{r_1}N_1^T$,…,$N_n^T=\frac{r_n}{r_1}N_1^T$,将它们代入式(3.44)得

$$T=\frac{N_1^{\mathrm{T}}}{r_1}(r_1^2+r_2^2+r_3^2+\cdots+r_n^2)=\frac{N_1^{\mathrm{T}}}{r_1}\cdot\sum r_i^2 \tag{3.46}$$

图中1号螺栓所受的剪力最大，其值为

$$N_1^{\mathrm{T}}=\frac{T\cdot r_1}{\sum r_i^2}=\frac{T\cdot r_1}{\sum x_i^2+\sum y_i^2} \tag{3.47}$$

将 N_1^{T} 分解成 x 轴方向和 y 轴方向的两个分量 N_{1x}^{T} 和 N_{1y}^{T}，即

$$N_{1x}^{\mathrm{T}}=N_1^{\mathrm{T}}\cdot\frac{y_1}{r_1}=\frac{Ty_1}{\sum x_i^2+\sum y_i^2} \tag{3.48}$$

$$N_{1y}^{\mathrm{T}}=N_1^{\mathrm{T}}\cdot\frac{x_1}{r_1}=\frac{Tx_1}{\sum x_i^2+\sum y_i^2} \tag{3.49}$$

轴心力 N 和 V 通过螺栓群中心 O，故每个螺栓受力相等，即

$$N_{1x}^{\mathrm{N}}=\frac{N}{n} \tag{3.50}$$

$$N_{1y}^{\mathrm{V}}=\frac{V}{n} \tag{3.51}$$

因此，螺栓群中受力最大的1号螺栓所承受的合力和应满足的强度条件为

$$N_1^{\mathrm{T\cdot N\cdot V}}=\sqrt{(N_{1x}^{\mathrm{T}}+N_{1x}^{\mathrm{N}})^2+(N_{1y}^{\mathrm{T}}+N_{1y}^{\mathrm{V}})^2}\leqslant N_{\min}^{\mathrm{b}} \tag{3.52}$$

螺栓内力合成叠加时，应注意各力分量的正、负号。根据基本假定可知，受力最大的螺栓在 x、y 两方向螺栓内力同号叠加的某个角点（对图3.49为角隅点1号螺栓）。

当螺栓群布置成一狭长带状时，即当 $y_1>3x_1$ 时，由于 $\sum x_i^2\ll\sum y_i^2$，可近似地取 $\sum x_i^2=0$；同理，当 $x_1>3y_1$ 时，近似地取 $\sum y_i^2=0$，则上述式(3.48)、式(3.49)可近似按下式计算：

当 $y_1>3x_1$ 时

$$N_1^{\mathrm{T}}\approx N_{1x}^{\mathrm{T}}=\frac{T\cdot y_1}{\sum y_i^2} \tag{3.53}$$

当 $x_1>3y_1$ 时

$$N_1^{\mathrm{T}}\approx N_{1y}^{\mathrm{T}}=\frac{T\cdot x_1}{\sum x_i^2} \tag{3.54}$$

【例题3.10】 试验算一受斜向拉力设计值 $F=120\mathrm{kN}$ 作用的C级普通螺栓连接的强度（图3.50）。螺栓为M20，钢材为Q235。

解：(1) 单个螺栓的承载力

由附表1.3查得 $f_v^b=140\mathrm{N/mm^2}$，$f_c^b=305\mathrm{N/mm^2}$。

$$N_v^b=n_v\cdot\frac{\pi d^2}{4}f_v^b=1\times\frac{\pi\times 20^2}{4}\times 140=43982\mathrm{N}=43.98\mathrm{kN}$$

$$N_c^b=d\sum t\cdot f_c^b=20\times 10\times 305=61\mathrm{kN}$$

所以应按 $N_{\min}^b=N_v^b=43.98\mathrm{kN}$ 进行验算。

(2) 内力计算

将 F 简化到螺栓群形心 O，则作用于螺栓群形心 O 的轴力 N、剪力 V 和扭矩 T 分别为：

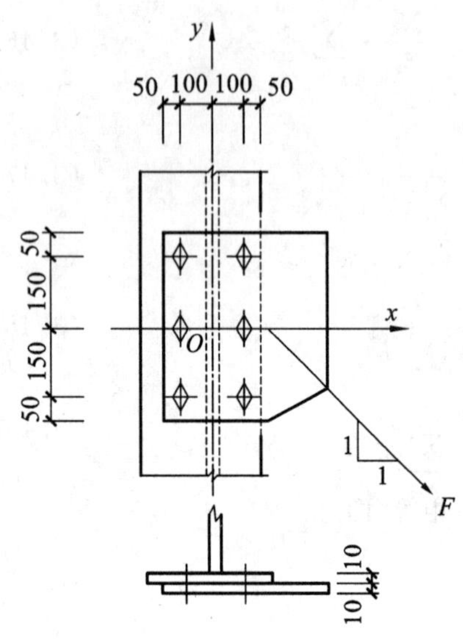

图 3.50 例题 3.10 图(单位:mm)

$$N=\frac{F}{\sqrt{2}}=\frac{120}{\sqrt{2}}=84.85\text{kN}$$

$$V=\frac{F}{\sqrt{2}}=\frac{120}{\sqrt{2}}=84.85\text{kN}$$

$$T=Ve=84.85\times 150=12728\text{kN}\cdot\text{mm}$$

(3) 螺栓强度验算

在上述的 N、V 和 T 作用下,1 号螺栓最为不利,现在对该螺栓进行验算。

$$\sum x_i^2+\sum y_i^2=6\times 100^2+4\times 150^2=150000\text{mm}^2$$

$$N_{1x}^{N}=\frac{N}{n}=\frac{84.85}{6}=14.142\text{kN}$$

$$N_{1y}^{V}=\frac{V}{n}=\frac{84.85}{6}=14.142\text{kN}$$

$$N_{1x}^{T}=\frac{Ty_1}{\sum x_i^2+\sum y_i^2}=\frac{12728\times 150}{150000}=12.728\text{kN}$$

$$N_{1y}^{T}=\frac{Tx_1}{\sum x_i^2+\sum y_i^2}=\frac{12728\times 100}{150000}=8.485\text{kN}$$

螺栓“1”承受的合力为:

$$N_1^{T\cdot N\cdot V}=\sqrt{(N_{1x}^{T}+N_{1x}^{N})^2+(N_{1y}^{T}+N_{1y}^{V})^2}=\sqrt{(14.142+12.728)^2+(14.142+8.485)^2}$$
$$=35.13\text{kN}<N_{\min}^{b}=43.98\text{kN}(\text{满足})$$

3.6.2.2 受拉螺栓连接

(1) 受力性能和承载力

图 3.51(a)所示为螺栓 T 形连接。图中板件所受外力 N 通过受剪螺栓 1 传给角钢,角钢再通过受拉螺栓 2 传给翼缘。受拉螺栓的破坏形式是栓杆被拉断,拉断的部位通常在螺纹削弱的截面处。

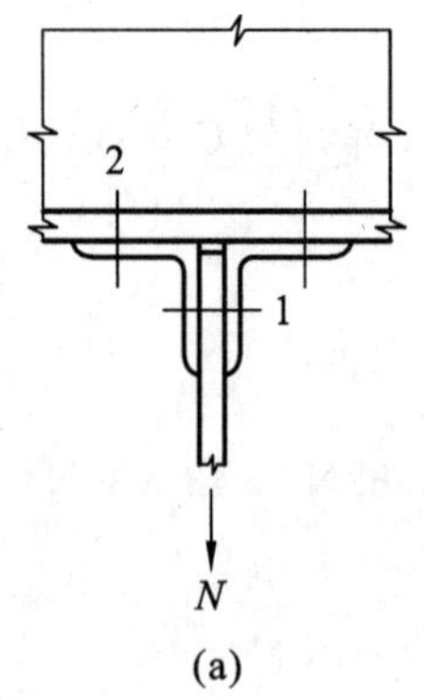

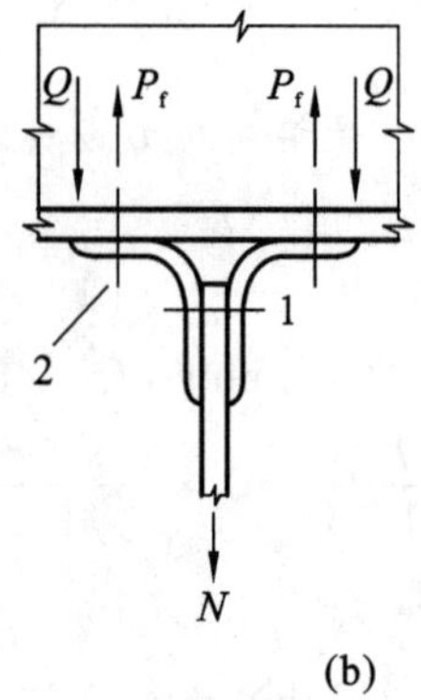

图 3.51 受拉螺栓连接

与受拉螺栓相连的角钢如果刚度不大，总会有一定的弯曲变形，因此外力 N 使螺栓受拉的同时，也使角钢肢尖处由杠杆作用产生撬力 Q(压力)，如图 3.51(b)所示。这样，图中螺栓实际所受拉力不是 $N/2$，而是 $N/2+Q$。由于精确计算 Q 十分困难，设计时一般不计算 Q，而是将螺栓抗拉强度设计值 f_t^b 的取值降低，f_t^b 取螺栓钢材抗拉强度设计值的 0.8 倍(即 $f_t^b=0.8f$)，以此来考虑 Q 的不利影响(见附表 1.3)。

前已述及，受拉螺栓的最不利截面在螺纹削弱处。所以，计算时应根据螺纹削弱处的有效直径 d_e，或有效面积 A_e 来确定其承载力。故一个受拉螺栓的承载力设计值为

$$N_t^b=\frac{1}{4}\pi d_e^2 f_t^b=A_e f_t^b \tag{3.55}$$

式中 d_e，A_e——螺栓螺纹处的有效直径和有效面积，按附表 10 采用；

f_t^b——螺栓抗拉强度设计值，按附表 1.3 采用。

(2) 受拉螺栓连接的计算

① 受拉螺栓连接受轴心力作用的计算

当外力 N 通过螺栓群中心使螺栓受拉时，可以假定各个螺栓所受拉力相等，则所需螺栓数目为

$$n=\frac{N}{N_t^b} \tag{3.56}$$

② 受拉螺栓连接受弯矩作用的计算

图 3.52 所示为一工字形截面柱翼缘与牛腿用螺栓的连接。图中螺栓群在弯矩作用下，连接上部牛腿与翼缘有分离的趋势。计算时，通常近似假定牛腿绕最底排螺栓旋转，从而使螺栓受拉。弯矩产生的压力则由弯矩指向一侧的部分牛腿端板通过挤压传递给柱身。各排螺栓所受拉力的大小与该排螺栓到转动轴线的距离 y 成正比。因此顶排螺栓(1 号)所受拉力最大。设各排螺栓所受拉力为 N_1^M、N_2^M、N_3^M、…、N_n^M，转动轴 O' 到各排螺栓的距离分别为 y_1、y_2、y_3、…、y_n，并偏安全地忽略端板压力形成的力矩，认为外弯矩只与螺栓拉力产生的弯矩平衡。这样，由平衡条件和基本假定得

$$\frac{M}{m}=N_1^M y_1+N_2^M y_2+N_3^M y_3+\cdots+N_n^M y_n \tag{3.57}$$

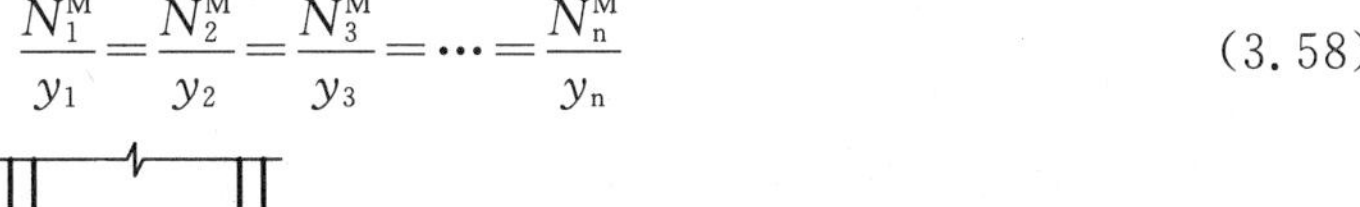

$$\frac{N_1^M}{y_1}=\frac{N_2^M}{y_2}=\frac{N_3^M}{y_3}=\cdots=\frac{N_n^M}{y_n} \tag{3.58}$$

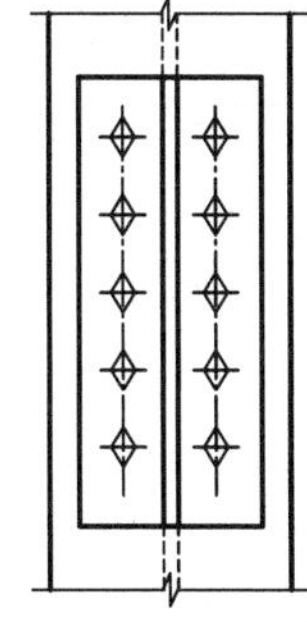

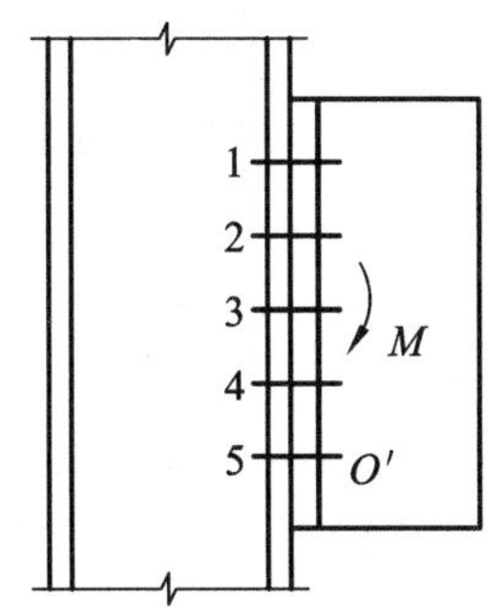

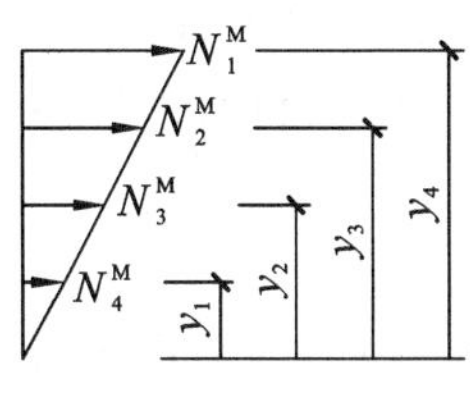

图 3.52 受拉螺栓连接受弯矩作用

由式(3.58)求得 $N_i^{\mathrm{M}}=N_1^{\mathrm{M}}y_i/y_1$，代入式(3.57)再经整理后可得

$$N_1^{\mathrm{M}}=\frac{My_1}{m\sum y_i^2} \tag{3.59}$$

设计时要求受力最大的最外排螺栓的所受拉力 N_1^{M} 不超过一个拉力螺栓的承载力设计值，即

$$N_1^{\mathrm{M}}=\frac{My_1}{m\sum y_i^2}\leqslant N_t^b \tag{3.60}$$

式中 M——弯矩设计值；

y_1，y_i——最外排螺栓(1号)和第 i 排螺栓到转动轴 O' 的距离，转动轴通常取在弯矩指向一侧最外排螺栓处；

m——螺栓的纵向列数，图3.52中，$m=2$。

③ 受拉螺栓连接受偏心拉力作用的计算

图3.53所示为牛腿或梁端与柱的连接，端板刨平顶紧于支托。螺栓群受偏心拉力 F(与图中所示的 $M=Fe$、$N=F$ 联合作用等效)以及剪力 V 作用。剪力 V 全部由焊接于柱上的支托承担，螺栓群只承受偏心拉力 F 的作用。这种情况应根据偏心距的大小分为下列两种情况计算：

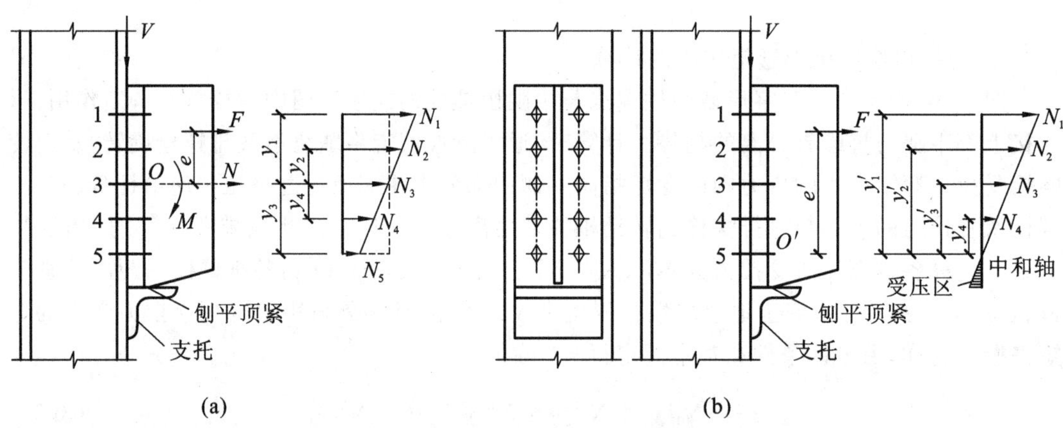

图3.53 受拉螺栓连接受偏心力作用

A. 小偏心受拉情况[图3.53(a)]——$N_{\min}\geqslant 0$

当偏心距 e 较小时，弯矩 $M=Fe$ 不大，连接以承受轴心拉力 N 为主。这时螺栓群中所有螺栓均受拉，计算 M 作用下螺栓的内力时，取螺栓群的转动轴在螺栓群中心位置 O 处。根据式(3.59)可得最顶排螺栓所受拉力为

$$N_1^{\mathrm{M}}=\frac{My_1}{m\sum y_i^2}=\frac{Fey_1}{m\sum y_i^2} \tag{3.61}$$

在轴心拉力 $N=F$ 作用下，各螺栓均匀受拉，其拉力值为

$$N_1^{\mathrm{N}}=\frac{N}{n} \tag{3.62}$$

因此，螺栓群中螺栓所受最大拉力 $N_{\max}$(弯矩背向一侧最外排螺栓)及最小拉力 $N_{\min}$(弯矩指向一侧最外排螺栓)应符合下列条件

$$N_{\max}=\frac{F}{n}+\frac{Fey_1}{m\sum y_i^2}\leqslant N_t^b \tag{3.63}$$

$$N_{\min}=\frac{F}{n}-\frac{Fey_1}{m\sum y_i^2}\geqslant 0 \tag{3.64}$$

式中 F——偏心拉力设计值；

e——偏心拉力至螺栓群中心 O 的距离；

n——螺栓数，图 3.53(a)中 $n=10$；

y_1——最外排螺栓到螺栓群中心 O 的距离；

y_i——第 i 个螺栓到螺栓群中心 O 的距离；

m——螺栓的纵向列数，图 3.53(a)中 $m=2$。

式(3.63)表示最大受力螺栓的拉力不得超过一个受拉螺栓的承载力设计值；式(3.64)则保证全部螺栓受拉，不存在受压区，这是式(3.63)成立的前提条件。

B. 大偏心受拉情况[图 3.53(b)]——$N_{\min}<0$

当偏心距 e 较大，式(3.64)不能满足时，端板底部将出现受压区，螺栓群转动轴位置下移。为便于计算，偏安全地近似取转动轴在弯矩指向一侧最外排螺栓 O' 处。则

$$N_{1\max}=\frac{Fe'y_1'}{m\sum y_i'^2}\leqslant N_t^b \tag{3.65}$$

式中 F——偏心拉力设计值；

e'——偏心拉力 F 到转动轴 O' 的距离，转动轴通常取在弯矩指向一侧最外排螺栓处；

y_1'——最外排螺栓到转动轴 O' 的距离；

y_i'——第 i 个螺栓到转动轴 O' 的距离；

m——螺栓的纵向列数，图 3.53(b)中 $m=2$。

【例题 3.11】 图 3.54(a)所示屋架下弦端节点 A 的连接如图 3.54(b)所示。图中下弦、腹杆与节点板等在工厂焊成整体，在工地吊装就位于柱的支托处，然后用螺栓与柱连成整体。钢材为 Q235，C 级普通螺栓为 M22。试验算该连接的螺栓是否安全。

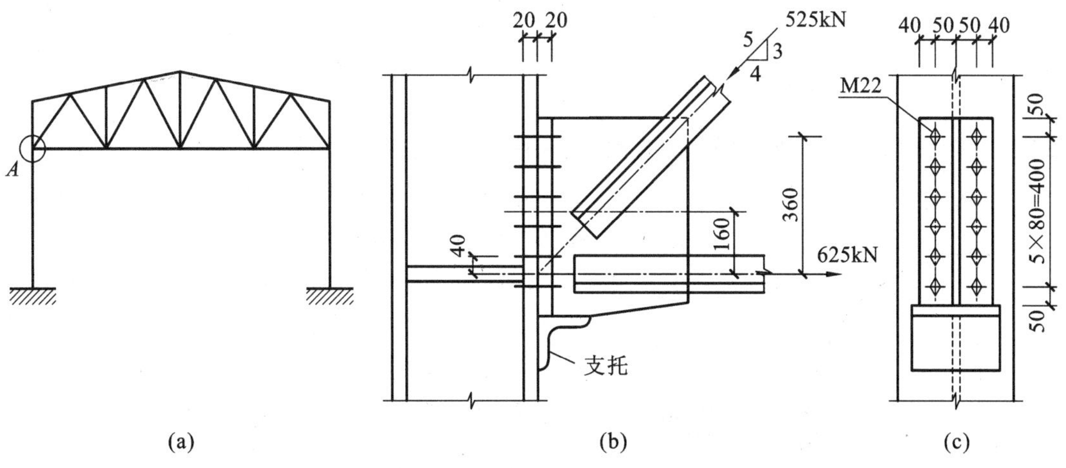

图 3.54 例题 3.11 图(单位：mm)

解：竖向剪力 $V=525\times\frac{3}{5}=315\text{kN}$，全部由支托承担；水平偏心力 $N=625-525\times\frac{4}{5}=205\text{kN}$，由螺栓群连接承受(最底排螺栓受力最大)

(1) 单个螺栓的抗拉承载力设计值

由附表1.3查得 $f_t^b=170\text{N/mm}^2$，由附表10查得螺栓 $A_e=303.4\text{mm}^2$。

$$N_t^b=A_e f_t^b=303.4\times 170=51578\text{N}$$

(2) 螺栓强度验算

下弦杆轴线距螺栓群中心 $e=160\text{mm}$。

$$N_{\min}=\frac{N}{n}-\frac{My_1}{m\sum y_i^2}=\frac{205\times 10^3}{12}-\frac{205\times 10^3\times 160\times 200}{2\times(40^2+120^2+200^2)\times 2}$$

$$=17083-29286=-12203\text{N}<0$$

由于 $N_{\min}<0$，表示端板上部有受压区，属于大偏心情况。此时，螺栓群转动轴在最顶排螺栓，最底排螺栓受力最大，其值为 $N_{\max}$。下弦杆轴线距顶排螺栓 $e'=360\text{mm}$。

$$N_{\max}=\frac{Ne'y'_1}{m\sum y_i'^2}=\frac{205\times 10^3\times 360\times 400}{2\times(80^2+160^2+240^2+320^2+400^2)}$$

$$=41932N<N_t^b=51578\text{N}(满足)$$

3.6.2.3　同时受剪和受拉的螺栓连接

如例题3.11所示，对C级螺栓，由于其抗剪性能差，连接中一般不用它承受剪力，而是设置支承板(支托)承受全部剪力。但是，对承受静力荷载的次要连接，或临时安装连接中的C级螺栓，也可不设支托，此时，螺栓将同时承受剪力 N_v(每个螺栓均匀承担，所以 $N_v=\frac{V}{n}$)和偏心拉力或弯矩引起沿螺栓杆轴方向的拉力 N_t(其计算方法与前述受拉螺栓示例相同)的共同作用。根据试验，这种螺栓的强度条件应满足圆曲线相关方程(图3.55)，即

$$\sqrt{\left(\frac{N_v}{N_v^b}\right)^2+\left(\frac{N_t}{N_t^b}\right)^2}\leqslant 1 \tag{3.66}$$

且

$$N_v\leqslant N_c^b \tag{3.67}$$

式中　N_v^b, N_c^b, N_t^b——单个螺栓的抗剪、承压和抗拉承载力设计值。

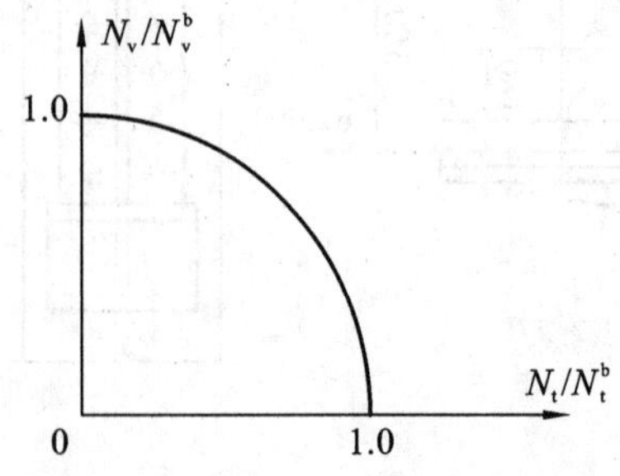

图3.55　螺栓受拉及受剪的相关方程曲线

式(3.67)是为防止连接板件较薄时，可能因承压强度不足而引起破坏。

【例题3.12】　将例题3.11(图3.54)的螺栓连接改用C级M24普通螺栓，并取消支托，其余条件不变。试验算该螺栓连接是否满足要求。

解：由例题3.11求得：竖向剪力 $V=315\text{kN}$，由12个螺栓均匀分组，即 $N_v=\frac{315}{12}=26.25\text{kN}$。

(1) 单个M24的承载力设计值

由附表 1.3 查得 $f_v^b=140\text{N/mm}^2$，$f_t^b=170\text{N/mm}^2$，$f_c^b=305\text{N/mm}^2$，由附表 10 查得 $A_e=352.5\text{mm}^2$。

$$N_v^b=n_v\frac{\pi d^2}{4}f_v^b=1\times\frac{\pi\times24^2}{4}\times140=63334\text{N}$$

$$N_t^b=A_e f_t^b=352.5\times170=59925\text{N}$$

$$N_c^b=d\sum tf_c^b=24\times20\times305=146400\text{N}$$

(2) 螺栓强度验算

$$\sqrt{\left(\frac{N_v}{N_v^b}\right)^2+\left(\frac{N_t}{N_t^b}\right)^2}=\sqrt{\left(\frac{26.25\times10^3}{63334}\right)^2+\left(\frac{41.93\times10^3}{59925}\right)^2}=0.81<1$$

$$N_v=26250\text{N}<N_c^b=146400\text{N}$$

故取消支托后改用 C 级 M24 普通螺栓，螺栓连接的强度能满足要求。

3.7 高强度螺栓连接

3.7.1 概述

前已述及，高强度螺栓的连接形式有摩擦型和承压型两种。高强度螺栓摩擦型连接在抗剪连接中，设计时以剪力达到板件接触面间可能发生的最大摩擦力为极限状态。而承压型连接在受剪时则允许摩擦力被克服并发生相对滑移，之后外力还可继续增加，并以栓杆抗剪或孔壁承压的最终破坏为极限状态。在受拉时，两者没有区别。

高强度螺栓的构造和排列要求，除栓杆与孔径的差值较小外，与普通螺栓相同。

3.7.1.1 高强度螺栓的材料和性能等级

目前我国常采用的高强度螺栓性能等级，按热处理后的强度分为 10.9 级和 8.8 级两种。其中整数部分(10 和 8)表示螺栓成品的抗拉强度 f_u 不低于 1000N/mm^2 和 800N/mm^2；小数部分(0.9 和 0.8)则表示其屈强比 f_y/f_u 为 0.9 和 0.8。

10.9 级的高强度螺栓材料可用 20MnTiB(20 锰钛硼)钢、40B(40 硼)钢和 35VB(35 钒硼)钢；8.8 级的高强度螺栓材料则常用 45 号钢和 35 号钢。螺母常用 45 号钢、35 号钢和 15MnVB(15 锰钒硼)钢。垫圈常用 45 号钢和 35 号钢。螺栓、螺母、垫圈制成品均应经过热处理，以达到规定的指标要求。

3.7.1.2 高强度螺栓的螺栓孔

高强度螺栓孔应采用钻成孔，孔型尺寸可按表 3.9 采用。承压型连接可以采用标准孔，摩擦型连接可以采用标准孔、大圆孔和槽孔。采用扩大孔连接时，同一连接面只能在盖板和芯板其中之一的板上采用大圆孔或槽孔，其余仍采用标准孔。高强度螺栓摩擦型连接盖板按大圆孔、槽孔制孔时，应增大垫圈厚度或采用连续型垫板，其孔径与标准垫圈相同，厚度对 M24 及以下的螺栓，不宜小于 8mm；对 M24 以上的螺栓，不宜小于 10mm。

表 3.9 高强度螺栓连接的孔型尺寸匹配 （单位:mm）

螺栓公称直径			M12	M16	M20	M22	M24	M27	M30
孔型	标准孔	直径	13.5	17.5	22	24	26	30	33
	大圆孔	直径	16	20	24	28	30	35	38
	槽孔	短向	13.5	17.5	22	24	26	30	33
		长向	22	30	37	40	45	50	55

3.7.1.3 高强度螺栓的预拉力

高强度螺栓的预拉力值应保证螺栓在拧紧过程中不会屈服或断裂，所以控制预拉力是保证连接质量的一个关键性因素。顶拉力值与螺栓的材料强度和有效截面面积等因素有关，《标准》规定按下式确定

$$P=\frac{0.9\times0.9\times0.9f_{u}A_{e}}{1.2}=0.6075f_{u}A_{e} \tag{3.68}$$

式中 A_e——螺栓的有效截面面积；

f_u——螺栓材料经热处理后的最低抗拉强度，对于 8.8 级螺栓，$f_u=830\text{N/mm}^2$，对于 10.9 级螺栓，$f_u=1040\text{N/mm}^2$。

式(3.68)中系数 1.2 是考虑拧紧时螺栓杆内将产生扭矩剪应力的不利影响。另外，式中 3 个 0.9 系数则分别考虑：①螺栓材质的不定性；②补偿螺栓紧固后有一定松弛引起预拉力损失；③式中未按 f_y 计算预拉力，而是按 f_u 计算，取值应适当降低。

按式(3.68)计算并经适当调整，即得《标准》规定的预拉力设计值 P(表 3.10)。

表 3.10 高强度螺栓的预拉力设计值 P （单位:kN）

螺栓的性能等级	螺栓公称直径(mm)					
	M16	M20	M22	M24	M27	M30
8.8 级	80	125	150	175	230	280
10.9 级	100	155	190	225	290	355

3.7.1.4 高强度螺栓的紧固方法

高强度螺栓的连接副(即一套螺栓)由一个螺栓、一个螺母和两个垫圈组成。我国现有大六角头型和扭剪型两种高强度螺栓。大六角头型和普通六角头粗制螺栓相同[图 3.56(a)]。扭剪型的螺栓头与铆钉头相仿，但在它的螺纹端头设置了一个梅花卡头和一个能够控制紧固扭矩的环形槽沟，如图 3.56(b)所示。高强度螺栓的紧固方法有三种：大六角头型采用转角法和扭矩法，扭剪型采用扭掉螺栓尾部的梅花卡头法。下面分别叙述这些方法。

(1) 转角法。先用扳手将螺母拧到贴紧板面位置(初拧)并作标记线，再用长扳手将螺母转动 1/2～3/4 圈(终拧)。终拧角度与螺栓直径和连接件厚度等有关。此法实际上是通过螺栓的应变来控制预拉力，不需专用扳手，工具简单但不够精确。

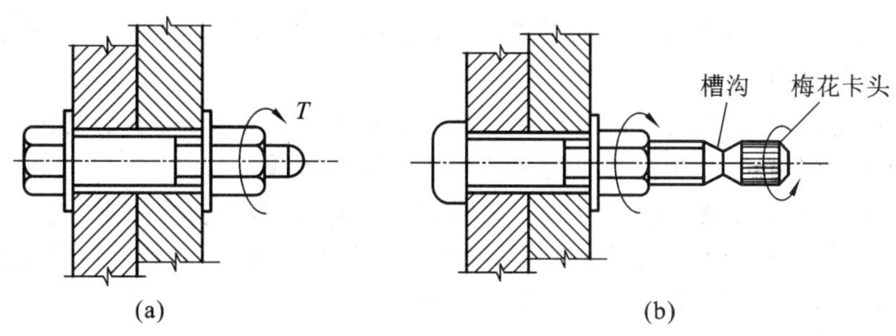

图 3.56 高强度螺栓

(a)大六角头型;(b)扭剪型

(2) 扭矩法。先用普通扳手初拧(不小于终拧扭矩值的50%),使连接件紧贴,然后用定扭矩测力扳手终拧。终拧扭矩值根据预先测定的扭矩和预拉力之间的关系确定,施拧时偏差不得超过±10%。

(3) 扭掉螺栓尾部的梅花卡头法。紧固螺栓时采用特制的电动扳手,这种扳手有内外两个套筒,外套筒卡住螺母,内套筒卡住梅花卡头(图 3.57)。接通电源后,两个套筒按反方向转动,螺母逐步拧紧,梅花卡头的环形槽沟受到越来越大的剪力,当达到所需要的紧固力时,环形槽沟处被剪断,梅花卡头掉下,这时螺栓预拉力达到设计值,紧固完毕。

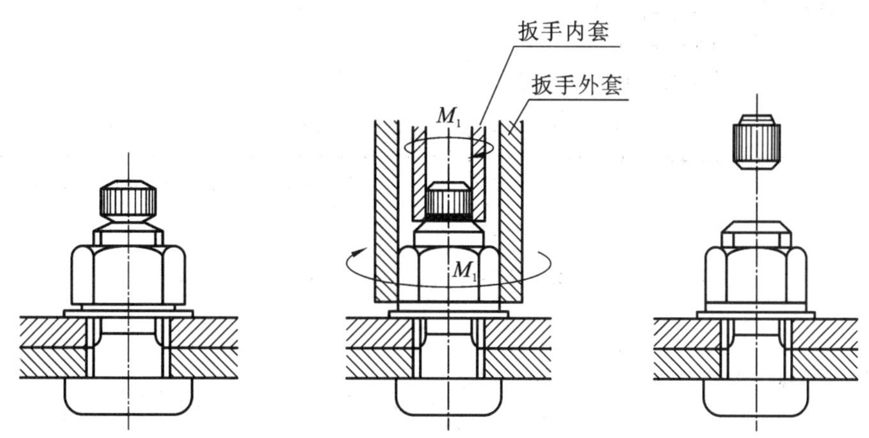

图 3.57 扭剪型高强度螺栓连接副的安装过程

3.7.1.5 高强度螺栓连接摩擦面抗滑移系数

提高连接摩擦面抗滑移系数 μ 是提高高强度螺栓连接承载力的有效措施。μ 值与钢材品种及钢材表面处理方法有关。一般干净的钢材轧制表面,若不经处理或只用钢丝刷除去浮锈,其 μ 值很低。若对轧制表面进行处理,提高其表面的平整度、清洁度及粗糙度,则 μ 值可以提高。为保证摩擦面的平整度,我国《钢结构工程施工质量验收规范》(GB 50205—2012)规定,连接接触面间隙大于 1mm 时,要求进行处理以保证接触紧密。前面提到高强度螺栓连接必须用钻成孔,就是为了防止冲孔造成钢板下部表面不平整。为了增加摩擦面的清洁度及粗糙度,一般采用下列方法:

① 喷砂或喷丸。用直径 1.2~1.4mm 的砂粒(铁丸)在一定压力下喷射钢材表面,可除

去表面浮锈及氧化铁皮，提高表面的粗糙度，因此 μ 值得以增大。由于喷丸处理的质量优于喷砂，目前大多采用喷丸。

② 喷砂(丸)后涂防锈漆。表面喷砂或喷丸后若不立即组装，可能会受污染或生锈，为此常在表面涂一层防锈漆，但这样处理将使摩擦面 μ 值降低。

③ 喷砂(丸)后生赤锈。实践及研究表明，喷砂(丸)后若在露天放置一段时间，让其表面生出一层浮锈，再用钢丝刷除去浮锈，可增加表面的粗糙度，μ 值会比原来提高。《标准》采用这种方法，但规定其 μ 值与喷砂或喷丸处理相同。

《标准》对摩擦面抗滑移系数 μ 值的规定见表 3.11、表 3.12。

表 3.11 摩擦面抗滑移系数 μ

在连接处构件接触面的处理方法	构件的钢号		
	Q235 钢	Q345、Q390 钢	Q420、Q460 钢
喷硬质石英砂或铸钢棱角砂	0.45	0.45	0.45
喷砂(丸)	0.35	0.40	0.40
喷砂(丸)后生赤锈	0.45	0.45	0.45
钢丝刷清除浮锈或未经处理的干净轧制表面	0.30	0.35	0.40

注：(1) 钢丝刷除锈方向应与受力方向垂直。

(2) 当连接构件采用不同钢材牌号时，μ 按相应较低强度者取值。

(3) 采用其他方法处理时，其处理工艺及抗滑移系数值均需经试验确定。

表 3.12 涂层连接面的抗滑移系数 μ

<table>
<tr><th>表面处理要求</th><th>涂层类别</th><th>涂装方法及涂层厚度(μm)</th><th>抗滑移系数 μ</th></tr>
<tr><td rowspan="7">抛丸除锈，等级达到 S_a2 1/2 级</td><td>醇酸铁红</td><td rowspan="3">喷涂或手工涂刷，50～75</td><td rowspan="3">0.15</td></tr>
<tr><td>聚氨酯富锌</td></tr>
<tr><td>环氧富锌</td></tr>
<tr><td>无机富锌</td><td rowspan="2">喷涂或手工涂刷，50～75</td><td rowspan="2">0.35</td></tr>
<tr><td>水性无机富锌</td></tr>
<tr><td>锌加</td><td>喷涂，30～60</td><td rowspan="2">0.45</td></tr>
<tr><td>防滑防锈硅酸锌漆</td><td>喷涂，80～120</td></tr>
</table>

注：当设计要求使用其他涂层(热喷铝、镀锌等)时，其钢材表面处理要求、涂层厚度及抗滑移系数均需由试验确定。

3.7.2 高强度螺栓摩擦型连接的计算

高强度螺栓连接与普通螺栓连接一样，可分为受剪螺栓连接、受拉螺栓连接及同时受剪和受拉的螺栓连接。

3.7.2.1 受剪高强度螺栓摩擦型连接

(1) 受剪高强度螺栓摩擦型连接承载力计算

受剪高强度螺栓摩擦型连接中每个螺栓的承载力，与其预拉力 P、连接中的摩擦面抗滑

移系数 μ 以及摩擦面数 n_f 有关。计入抗力分项数后，螺栓承载力设计值为

$$N_v^b = k_1 k_2 n_f \mu P \tag{3.69}$$

式中 k_1——系数，对冷弯薄壁型钢结构（板厚 $t \leqslant 6$mm）取 0.8，其他情况取 0.9；

k_2——孔型系数，标准孔取 1.0，大圆孔取 0.85，荷载与槽孔长方向垂直时取 0.7，荷载与槽孔长方向平行时取 0.6；

n_f——传力摩擦面数；

P——每个高强度螺栓的预拉力，按表 3.10 采用；

μ——摩擦面的抗滑移系数，按表 3.11 采用。

(2) 受剪高强度螺栓摩擦型连接的计算

受剪高强度螺栓摩擦型连接的受力分析方法与受剪普通螺栓连接一样，所以，受剪高强度螺栓摩擦型连接在受轴心力作用或受偏心力作用时的计算均可利用前述普通剪力螺栓连接的计算公式，只需将单个普通螺栓的承载力设计值 N_{min}^b 改为单个受剪高强度螺栓摩擦型连接的承载力设计值 N_v^b（式 3.69）即可。

高强度螺栓摩擦型连接中，构件的净截面强度验算与普通螺栓连接有所区别，应特别注意。现加以论述如下：

由于高强度螺栓摩擦型连接是依靠被连接件接触面间的摩擦力传递剪力，假定每个螺栓所传递的内力相等，且接触面向的摩擦力均匀地分布于螺栓孔的四周（图 3.58），则每个螺栓所传递的内力在螺栓孔中心线的前面和后面各传递一半。这种通过螺栓孔中心线以前板件接触面间的摩擦力传递的现象称为“孔前传力”。图 3.58 所示的最外列螺栓截面Ⅰ—Ⅰ已传递 $0.5n_1(N/n)$（n 和 n_1 分别为构件一端和截面Ⅰ—Ⅰ处的高强度螺栓数目），故该截面的内力为 $N' = N - 0.5n_1(N/n)$，故连接开孔截面Ⅰ—Ⅰ的净截面强度应按式(3.70)验算。

$$\sigma = \frac{N'}{A_n} = \left(1 - 0.5\frac{n_1}{n}\right)\frac{N}{A_n} \leqslant f \tag{3.70}$$

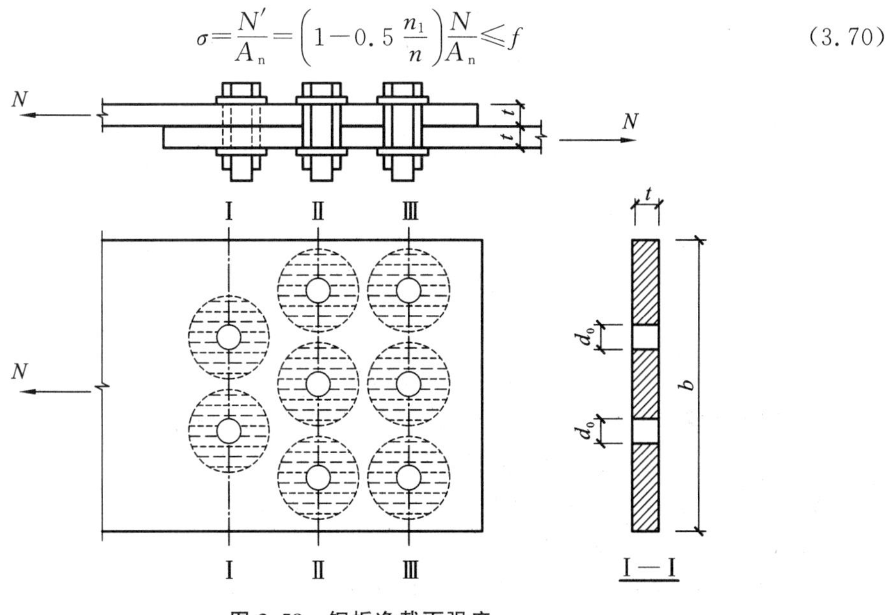

图 3.58 钢板净截面强度

由以上分析可知，最外列以后各列螺栓处构件的内力显著减小，只有在螺栓数目显著增多(净截面面积显著减少)的情况下，才有必要作补充验算。因此，通常只需验算最外列螺栓处有孔构件的净截面强度。

此外，由于 $N'<N$，所以除对有孔截面进行验算外，还应对毛截面进行验算，即应验算 $\sigma=N/A\leqslant f$。

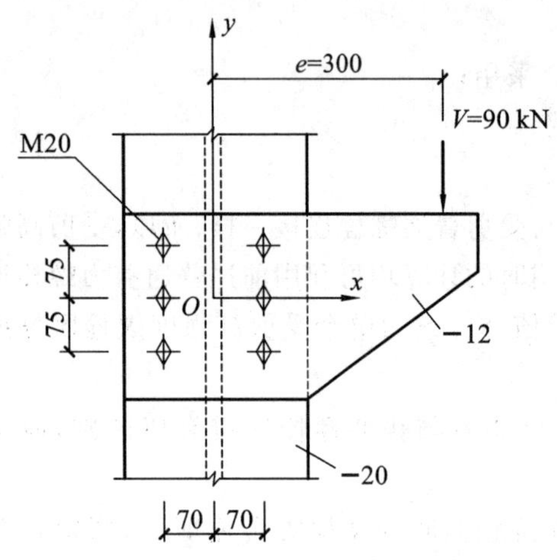

图 3.59　例题 3.13 图(单位：mm)

【例题 3.13】 图 3.59 所示为一钢牛腿，承受荷载设计值 $V=90\text{kN}$，其偏心距 $e=300\text{mm}$，用高强度螺栓摩擦型连接于工字形柱的翼缘上。钢材为 Q345，螺栓为 10.9 级 M20，螺栓孔为标准孔，喷砂后生赤锈处理接触面。试验算螺栓的强度是否满足要求。

解：单个螺栓的承载力设计值

由表 3.10 查得 $P=155\text{kN}$，由表 3.11 查得 $\mu=0.50$。

$N_v^b=k_1k_2n_f\mu P=0.9\times1.0\times1\times0.50\times155=69.75\text{kN}$

作用于螺栓群中心 O 的竖向剪力 V 和扭矩 T 分别为：

$$V=90\text{kN}$$

$$T=Ve=90\times0.3=27\text{kN}\cdot\text{m}$$

最不利螺栓在最外排，其受力为：

$$\sum x_i^2+\sum y_i^2=6\times7^2+4\times7.5^2=519\text{cm}^2$$

$$N_{1x}^{T}=\frac{Ty_1}{\sum x_i^2+\sum y_i^2}=\frac{27\times10^3\times75}{519\times10^2}=39.02\text{kN}$$

$$N_{1y}^{T}=\frac{Tx_1}{\sum x_i^2+\sum y_i^2}=\frac{27\times10^3\times70}{519\times10^2}=36.42\text{kN}$$

$$N_{1y}^{V}=\frac{V}{n}=\frac{90}{6}=15\text{kN}$$

$$\begin{aligned}N_1^{T\cdot V}&=\sqrt{(N_{1x}^{T})^2+(N_{1y}^{T}+N_{1y}^{V})^2}\\&=\sqrt{39.02^2+(36.42+15)^2}=64.55\text{kN}\\&<N_v^b=69.75\text{kN}(\text{满足})\end{aligned}$$

【例题 3.14】 图 3.60 所示为-300×16 轴心受拉钢板用双盖板和高强度螺栓摩擦型连接的拼接接头。已知钢材为 Q345，螺栓为 10.9 级 M20，螺栓孔为标准孔，接触面抛丸后涂无机富锌漆。试确定该拼接的最大承载力设计值 N。

解：(1)按螺栓连接强度确定 N

由表 3.10 查得 $P=155\text{kN}$，由表 3.11 查得 $\mu=0.40$。

$$N_v^b=k_1k_2n_f\mu P=0.9\times1.0\times2\times0.40\times155=111.6\text{kN}$$

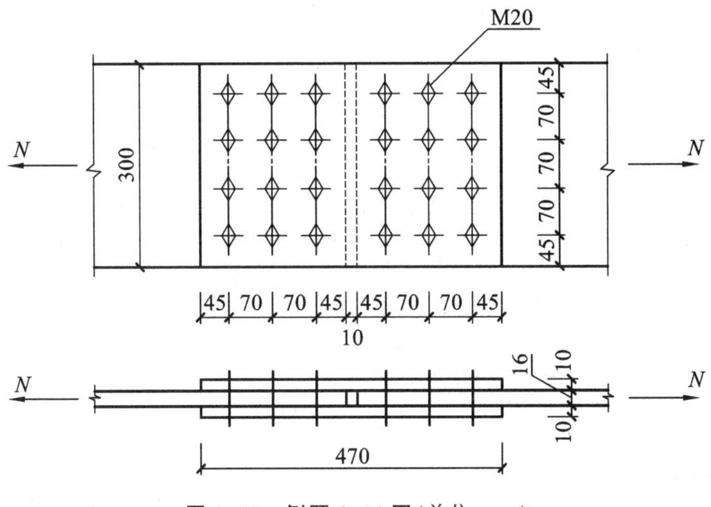

图 3.60 例题 3.14 图(单位:mm)

12 个螺栓连接的总承载力设计值为:

$$N=nN_v^b=12\times111.6=1339\text{kN}$$

(2) 按钢板截面强度确定 N

构件厚度 $t=16$mm 小于两盖板厚度之和 $2t_1=20$mm,所以按构件钢板计算。

① 按毛截面强度

由附表 1.1 查得 $f=310\text{N/mm}^2$。

$$A=bt=300\times16=4800\text{mm}^2$$

$$N=Af=4800\times310=1488\text{kN}$$

② 按第一列螺栓处净截面强度

$$A_n=(b-n_1d_0)t=(300-4\times22)\times16=3392\text{mm}^2$$

$$N=\frac{A_nf}{1-0.5n_1/n}=\frac{3392\times310}{1-0.5\times4/12}=1262\text{kN}$$

因此,该拼接的承载力设计值为 $N=1262$kN,由钢板的净截面强度控制。

3.7.2.2 受拉高强度螺栓摩擦型连接

承受外力之前,高强度螺栓已有很高的预拉力 P,它与板层之间的压力平衡。当施加外力 N_t 使螺栓受拉时,螺栓略有伸长,使螺栓拉力增加 ΔP,而压紧的板件则有所放松,使板件压力减小。螺杆伸长与板的放松膨胀值相当。由于板在厚度方向刚度很大,膨胀很小,因而螺杆伸长也很小,其增加的拉力 ΔP 也很小。由试验分析得知,只要板层之间压力未完全消失,螺栓杆中的拉力只增加 5%～10%,所以高强度螺栓所承受的外拉力基本上只使板层间压力减小,而对螺栓杆的预拉力没有大的影响。直到外拉力大于螺栓杆的预拉力,板叠完全松开后,螺栓受力才与外力相等。

为使板件间保留一定的压紧力,《标准》规定,一个受拉摩擦型高强度螺栓的承载力设计值 N_t^b 为

$$N_t^b=0.8P \tag{3.71}$$

受拉高强度螺栓摩擦型连接受轴心力 N 作用时，与普通螺栓连接一样，假定每个螺栓均匀受力，则连接所需的螺栓数 n 为

$$n=\frac{N}{N_t^b} \tag{3.72}$$

受拉高强度螺栓摩擦型连接受弯矩 M 作用时，只要确保螺栓所受最大外拉力不超过 $N_t^b=0.8P$，被连接件接触面将始终保持密切贴合。因此，可以认为螺栓群在弯矩 M 作用下将绕螺栓群中心轴转动。最外排螺栓所受拉力最大，其值 N_t^M 可按下式计算

$$N_t^M=\frac{My_1}{m\sum y_i^2}\leqslant N_t^b=0.8P \tag{3.73}$$

式中 y_1——最外排螺栓至螺栓群中心的距离；

y_i——第 i 排螺栓至螺栓群中心的距离；

m——螺栓纵向列数。

受拉高强度螺栓摩擦型连接受偏心拉力作用时，如前所述，只要螺栓最大拉力不超过 $0.8P$，连接件接触面就能保证紧密结合。因此不论偏心力矩的大小，均可按受拉普通螺栓连接小偏心受拉情况计算，即按式(3.63)计算，但式中取 $N_t^b=0.8P$。

3.7.2.3 同时受剪和受拉高强度螺栓摩擦型连接

图3.61所示为一柱与牛腿用高强度螺栓相连的T形连接。将所受偏心外力 F 移至螺栓群中心，则螺栓连接同时承受弯矩 $M=Fe$ 和剪力 $V=F$ 作用。由 M 引起各螺栓所受外拉力为 $N_{ti}=\frac{My_1}{m\sum y_i^2}$[参见式(3.73)]。$N_{ti}$ 将使构件摩擦面间的压紧力由 P 减小到 $P-N_{ti}$。实验表明，摩擦面的抗滑移系数 μ 值也将随摩擦面间的压紧力减小而相应降低，故同时受剪和受拉的摩擦型高强度螺栓，其抗剪承载力将会降低。根据研究，同时受剪和受拉的摩擦型高强度螺栓，其抗剪承载力设计值可用下式表达

$$N_{V(ti)}^b=k_1k_2n_f\mu(P-1.25N_{ti}) \tag{3.74}$$

式中 N_{ti}——各个螺栓所受外拉力设计值，其值不得超过 $0.8P$。

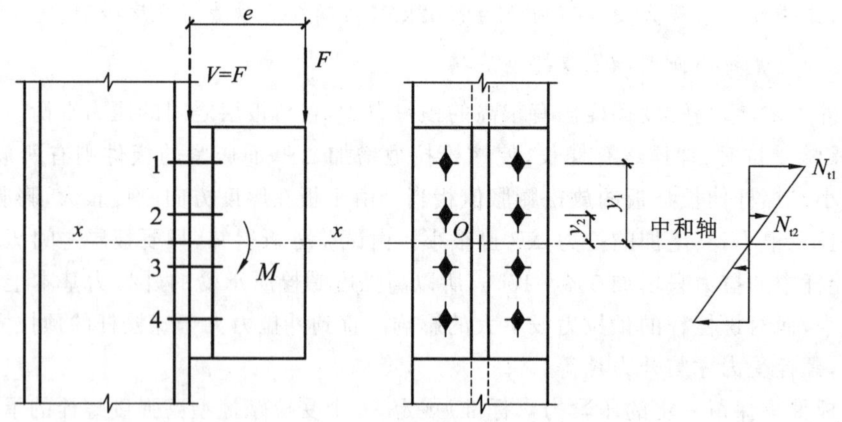

图3.61 同时受拉和受剪的高强度螺栓连接

整个连接的抗剪承载力为各个螺栓抗剪承载力的总和。这样,为保证连接安全承受剪力 V,要求

$$V \leqslant \sum_{i=1}^{n} N_{V(ti)}^{b} = \sum_{i=1}^{n} k_1 k_2 n_f \mu (P - 1.25 N_{ti}) = k_1 k_2 n_f \mu \left(nP - 1.25 \sum_{i=1}^{n} N_{ti} \right) \quad (3.75)$$

式中 n——连接中的螺栓数;

N_{ti}——受拉区第 i 个螺栓所受外拉力,对螺栓群中心处及受压区的螺栓均按 $N_{ti}=0$ 计算,设计时还应保证 $N_{ti} \leqslant 0.8P$。

【例题 3.15】 如图 3.62 所示工字形截面柱翼缘与牛腿用高强度螺栓摩擦型连接。连接件钢材为 Q235,螺栓为 8.8 级 M20,螺栓孔为标准孔,接触面采用喷砂处理。试验算该螺栓连接是否满足要求(图中内力均为设计值)。

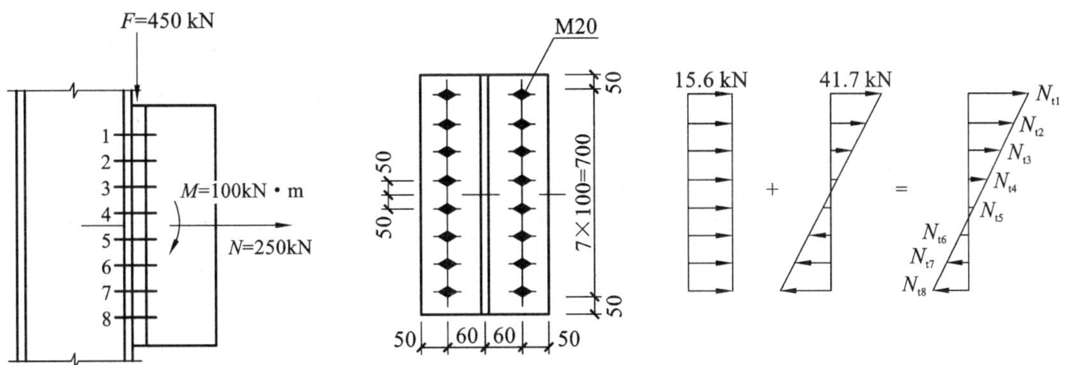

图 3.62 例题 3.15 图(单位:mm)

解:(1)受拉区各螺栓所受的外拉力

由表 3.10 查得 $P=125\text{kN}$,由表 3.11 查得 $\mu=0.45$。

$$N_{t1} = \frac{N}{n} + \frac{My_1}{m\sum y_i^2} = \frac{250}{16} + \frac{100 \times 10^2 \times 35}{2 \times (35^2 + 25^2 + 15^2 + 5^2) \times 2}$$

$$= 15.6 + 41.7 = 57.3\text{kN} < 0.8P = 0.8 \times 125 = 100\text{kN}$$

$$N_{t2} = 15.6 + 41.7 \times \frac{25}{35} = 45.4\text{kN}$$

$$N_{t3} = 15.6 + 41.7 \times \frac{15}{35} = 33.5\text{kN}$$

$$N_{t4} = 15.6 + 41.7 \times \frac{5}{35} = 21.6\text{kN}$$

$$N_{t5} = 15.6 - 41.7 \times \frac{5}{35} = 9.6\text{kN}$$

$$N_{t6} = 15.6 - 41.7 \times \frac{15}{35} = -2.3\text{kN}$$

同理可得 N_{t7}、N_{t8} 均小于 0(受压区),故 N_{t6}、N_{t7}、N_{t8} 均按 $N_{ti}=0$ 计算。

(2) 验算连接承载力

端板沿受力方向的连接长度 $l_1=70\text{cm}>15d_0=15\times 2.2=33\text{cm}$,故螺栓的承载力设计

值应按下列折减系数进行折减：

$$\beta = 1.1 - \frac{l_1}{150d_0} = 1.1 - \frac{70}{150 \times 2.2} = 0.89$$

$$\sum_{i=1}^{n} N_{ti} = 2 \times (57.3 + 45.4 + 33.5 + 21.6 + 9.6) = 334.8\text{kN}$$

$$\begin{aligned}\sum_{i=1}^{n} N_{V(ti)}^{b} &= k_1 k_2 n_f \mu \left(nP - 1.25 \sum_{i=1}^{n} N_{ti}\right) \cdot \beta \\ &= 0.9 \times 1.0 \times 1 \times 0.45 \times (16 \times 125 - 1.25 \times 334.8) \times 0.89 \\ &= 570.1\text{kN} > V = 450\text{kN}(\text{满足})\end{aligned}$$

3.7.3 高强度螺栓承压型连接的计算要点

前已述及，受剪高强度螺栓承压型连接以栓杆受剪破坏或孔壁承压破坏为极限状态，故其计算方法基本上与受剪普通螺栓连接相同。受拉高强度螺栓承压型连接则与受拉摩擦型连接完全相同。各种高强度螺栓承压型连接承载力设计值列于表 3.13。

表 3.13 高强度螺栓承压型连接的计算公式

连接种类	单个螺栓的承载力设计值	承受轴心力时所需螺栓数目	附注
受剪螺栓	抗剪 $N_v^b = n_v \frac{\pi d^2}{4} \cdot f_v^b$ 承压 $N_c^b = d\sum t \cdot f_c^b$	$n \geqslant \frac{N}{N_{min}^b}$	f_v^b、f_c^b 按附表 1.3 中承压型高强度螺栓取用；N_{min}^b 为 N_v^b、N_c^b 中的较小值
受拉螺栓	$N_t^b = 0.8P$	$n \geqslant \frac{N}{N_t^b}$	
同时受剪和受拉的螺栓	$\sqrt{\left(\frac{N_v}{N_v^b}\right)^2 + \left(\frac{N_t}{N_t^b}\right)^2} \leqslant 1$ $N_v \leqslant N_c^b / 1.2$		N_v、N_t 分别为每个承压型高强度螺栓所受的剪力和拉力

注：在抗剪连接中，当剪切面在螺纹处时，采用螺杆的有效直径 d_e，即按螺纹处的有效面积计算 N_v^b 值。

对于同时受剪和受拉的高强度螺栓承压型连接，要求螺栓所受剪力 N_v 不得超过孔壁承压承载力设计值除以 1.2。这是由于螺栓同时承受外拉力，使连接件之间压紧力减小，导致孔壁承压强度降低。

本章小结

(1) 钢结构连接方法以焊接和螺栓连接应用最广。焊接在制造和安装中均可应用，其中角焊缝受力性能虽然较差，但加工方便，故应用很广；对接焊缝受力性能好，但加工精度要求高，只用于制造中材料拼接及重要部位的连接。螺栓连接多用于安装连接，其中普通螺栓宜用作受拉螺栓或在次要连接中用作受剪螺栓；高强度螺栓连接中以摩擦型应用较多，可用于结构主要部位安装连接和直接受动力荷载部位的安装连接。

(2) 焊接和螺栓连接主要通过恰当的构造措施、满足强度计算要求、合理的施工顺序及严格的质量检验程序来保证其安全可靠。

(3) 有关焊接和螺栓连接的构造要求,《标准》有明确规定。必须理解这些规定的含义,并在设计和施工中结合具体情况遵循这些规定。

(4) 除三级受拉对接焊缝和不采用引弧板的对接焊缝需进行计算外,其余各种对接焊缝因与母材等强度而无须进行计算。设计角焊缝连接时,首先将外力分解到垂直(x)和平行(y)于焊缝长度的方向,得 N_x 和 N_y,再分别算出 N_x 和 N_y 在焊缝计算截面上产生的平均应力 σ_f 和 τ_f,然后按式(3.12)～式(3.14)验算强度,此外也可根据外力与焊缝长度方向的夹角 θ 按式(3.18)验算强度。

(5) 焊接残余应力与残余变形是焊接过程中局部加热和冷却导致焊件不均匀膨胀和收缩而产生的。焊缝附近的残余应力常常很高,可达钢材屈服点 f_y。残余应力是自相平衡的内应力,由于钢材塑性好,有较长的屈服台阶,因此残余应力对结构的静力强度无影响,但它使构件截面部分区域提前进入塑性区,截面弹性区减小,使构件的刚度和稳定承载力降低。此外,残余应力与荷载作用下的应力叠加可能产生二向或三向同向应力,使钢材性能变脆。残余变形会影响结构设计尺寸的准确性。因此,在设计、制造、安装中应注意采取措施防止或减少焊接残余应力与残余变形产生。

(6)对螺栓连接进行验算时,首先将外力分解到垂直(x)或平行(y)于各螺栓的栓杆方向,得 N_v 或 N_t,然后与相应的单个螺栓的承载力(N_v^b、N_c^b 和 N_t^b)进行比较判断,对同时受剪和受拉的螺栓(即 N_v 和 N_t 同时存在),按式(3.66)、式(3.67)、式(3.74)等公式进行计算。必要时还需对构件净截面或毛截面进行强度验算。

(7)钢结构中连接形式虽然多种多样,学习中只要能注意下列几点便能正确进行计算:①识图——认清连接构造形式及各构件的空间几何位置;②传力——能正确地将外力按静力平衡条件分解到焊缝或栓杆处,即得到前述的 N_x、N_y 或 N_v、N_t;③公式——熟悉并理解焊缝基本计算公式和单个螺栓的承载力计算公式;④构造要求——熟悉并理解《标准》中有关连接构造要求的各项规定。

思 考 题

3.1 分别对图 3.13(a)、图 3.26(c)、图 3.47、图 3.60 所示钢板拼接构造图进行比较,说明在这些连接中,对接焊缝、角焊缝、普通螺栓、高强度螺栓摩擦型连接的受力特点,以及如何根据这些特点来确定其计算方法。

3.2 对图 3.17、图 3.32、图 3.35、图 3.50、图 3.53 进行分析比较,说明同是柱与牛腿(或梁)的连接,但连接方式(对接焊缝、角焊缝、普通螺栓)受力有哪些不同,计算方法有哪些不同。

3.3 焊接残余应力和残余变形是怎样产生的?有何危害?在设计和施工中如何防止或减少焊接残余应力和残余变形产生?

习 题

3.1 设计 500×14 钢板的对接焊缝拼接。钢板承受轴心拉力,其中恒荷载和活荷载标准值引起的轴心拉力值分别为 700kN 和 400kN,相应的荷载分项系数为 1.2 和 1.4。已知钢材为 Q235，采用 E43 型焊条，手工电弧焊，三级质量标准，施焊时未用引弧板。

3.2　验算图 3.63 所示由三块钢板焊成的工字形截面梁的对接焊缝强度。已知工字形截面尺寸为：翼缘宽度 $b=100\text{mm}$，厚度 $t=12\text{mm}$；腹板高度 $h_0=200\text{mm}$，厚度 $t_w=8\text{mm}$。截面上作用的轴心拉力设计值 $N=240\text{kN}$，弯矩设计值 $M=50\text{kN}\cdot\text{m}$，剪力设计值 $V=240\text{kN}$。钢材为 Q345，采用手工焊，焊条为 E50 型，施焊时采用引弧板，三级质量标准。

3.3　验算图 3.64 所示柱与牛腿连接的对接焊缝。已知 T 形牛腿的截面尺寸为：翼缘宽度 $b=120\text{mm}$，厚度 $t=12\text{mm}$；腹板高度 $h_0=200\text{mm}$，厚度 $t_w=10\text{mm}$。距焊缝 $e=150\text{mm}$ 处作用有一竖向力 $F=180\text{kN}$（设计值），钢材为 Q390，采用 E55 型焊条，手工焊，三级质量标准，施焊时不用引弧板。

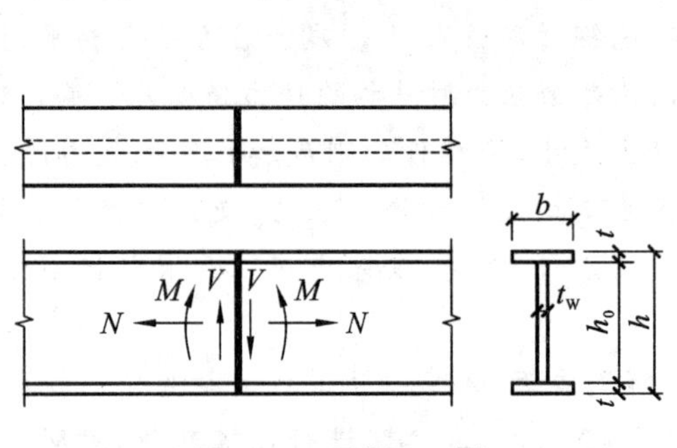

图 3.63　习题 3.2 图

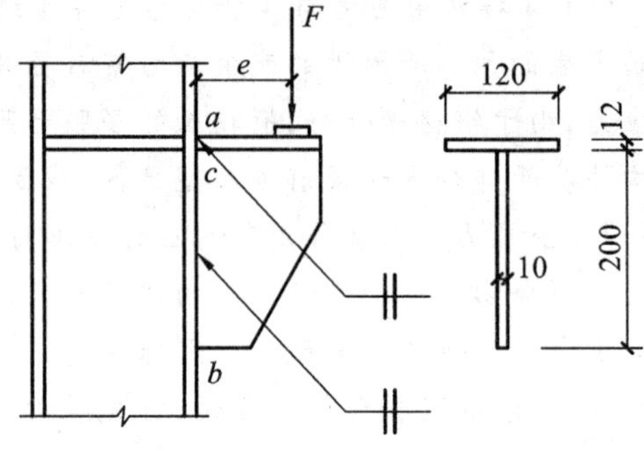

图 3.64　习题 3.3、习题 3.7 图（单位：mm）

3.4　设计一双盖板的钢板对接接头（图 3.65）。已知钢板截面为 300×14，承受轴心拉力设计值 $N=800\text{kN}$（静力荷载）。钢材为 Q235，焊条用 E43 型，手工焊。

3.5　试设计图 3.66 所示连接中的双角钢（长肢相连）与节点板间的角焊缝"A"。轴心拉力设计值 $N=420\text{kN}$（静力荷载）。钢材为 Q235，焊条为 E43 型，手工焊。

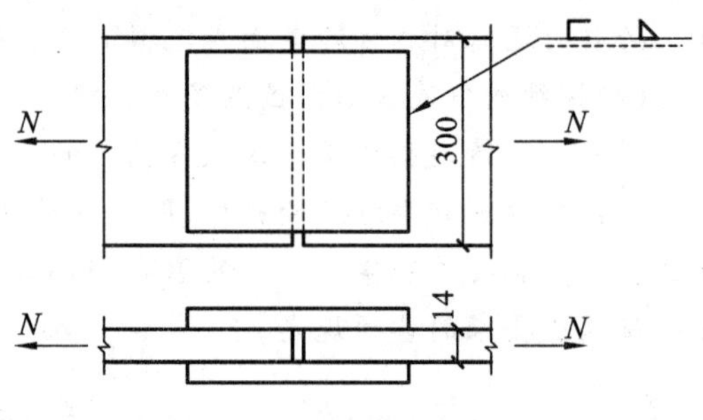

图 3.65　习题 3.4 图（单位：mm）

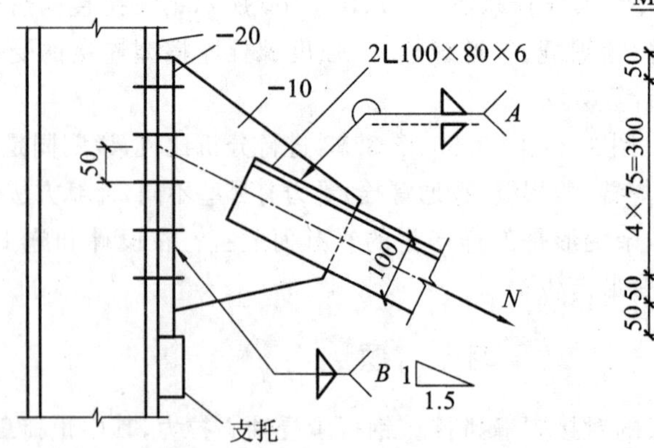

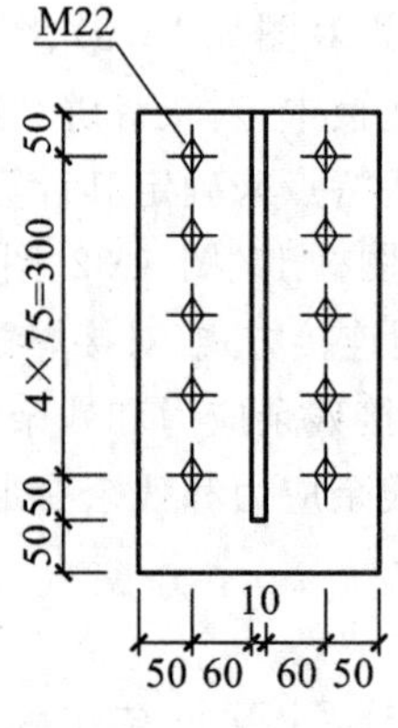

图 3.66　习题 3.5、习题 3.6、习题 3.9 图（单位：mm）

3.6 试计算习题 3.5 连接中节点板与端板间的角焊缝“B”所需的焊脚尺寸 h_f。

3.7 将习题 3.3 连接改用焊脚尺寸 $h_f=10$mm 的角焊缝连接，试验算角焊缝的强度。采用 E55 型焊条，手工焊，静力荷载。

3.8 截面为 340×12 的钢板构件的拼接采用双盖板普通螺栓连接，盖板厚度为 8mm，钢材为 Q235。螺栓为 C 级 M20，构件承受轴心拉力设计值 $N=600$kN。试设计该拼接接头的普通螺栓连接。

3.9 试计算习题 3.5 连接中端板与柱连接的 C 级普通螺栓的强度。螺栓为 M22，钢材为 Q235。

3.10 试验算图 3.67 所示钢板拼接接头的 C 级普通螺栓强度。钢材为 Q235，承受弯矩设计值 $M=30$kN·m，剪力设计值 $V=250$kN，螺栓为 M20。

3.11 图 3.68 所示牛腿，用 C 级普通螺栓连接于钢柱上，牛腿下设有支托以承受剪力。螺栓为 M22，钢材为 Q235，承受荷载设计值 $N=150$kN，$V=100$kN。试验算螺栓的强度。

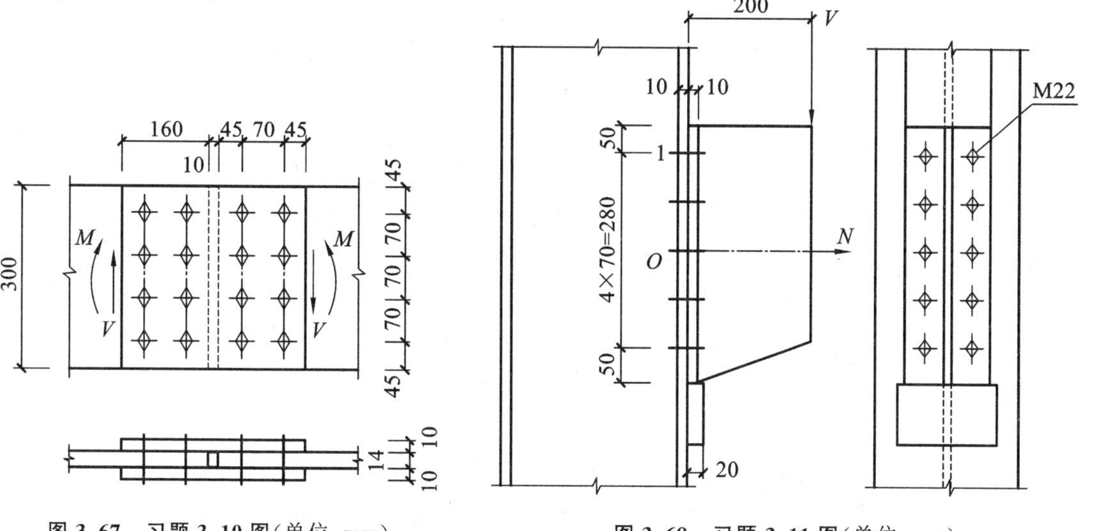

图 3.67 习题 3.10 图(单位:mm)

图 3.68 习题 3.11 图(单位:mm)

3.12 试设计用高强度螺栓摩擦型连接的钢板拼接连接。采用双盖板，钢板截面为 340×20，盖板采用两块 300×10 的钢板。钢材为 Q345，螺栓为 8.8 级 M22，螺栓孔采用标准孔，接触面采用喷砂处理，承受轴心拉力设计值 $N=1600$kN。

3.13 参照表 3.12 的形式，分别写出对接焊缝、角焊缝、普通螺栓、摩擦型高强度螺栓连接的计算公式。

4　轴心受力构件

提要:本章讲述实腹式及格构式轴心受压构件的设计,其中包括强度、刚度、整体稳定、局部稳定等问题的计算及构造,讲述梁与柱的连接和柱脚。此外本章还简单介绍钢结构稳定理论的一般概念,目的是为学习本章及以后各章中的稳定问题打下基础。

4.1　概　　述

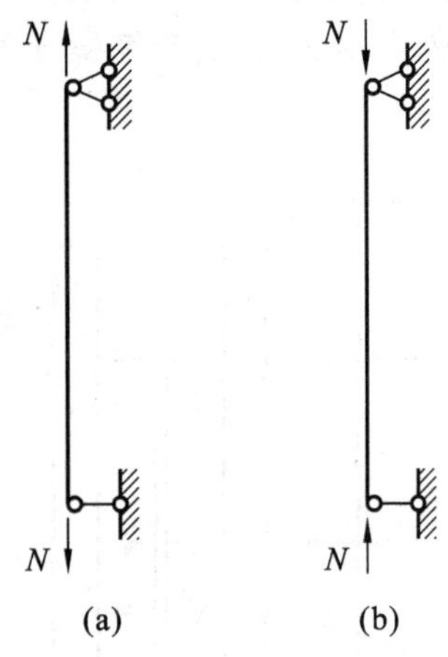

图 4.1　轴心受力构件

(a)轴心受拉构件;(b)轴心受压构件

轴心受力构件是指仅受通过构件截面形心的轴向力作用的构件,分为轴心受拉构件[图 4.1(a)]和轴心受压构件[图 4.1(b)]。它们广泛应用在桁架、网架、塔架和支撑等结构中。

轴心受力构件的截面形式很多,一般可分为型钢截面和组合截面两类。型钢截面又分为两种,第一种是热轧型钢截面,如图 4.2(a)中圆钢、圆管、方管、角钢、工字钢、T 型钢和槽钢等;第二种是冷弯薄壁型钢截面,如图 4.2(b)中的带卷边或不带卷边的角形、槽形截面和方管等。组合截面由型钢或钢板连接而成,按其构造形式可分为实腹式组合截面[图 4.2(c)]和格构式组合截面[图 4.2(d)]两类。组合截面适合受力较大的构件。由于型钢只需要少量加工就可以用作构件,制作工作量小,省时省工,故成本较低。组合截面的形状和尺寸几乎不受限制,可以根据构件受力性质和力的大小选用合适的截面,可以节约用钢,但制作比较费工费时。

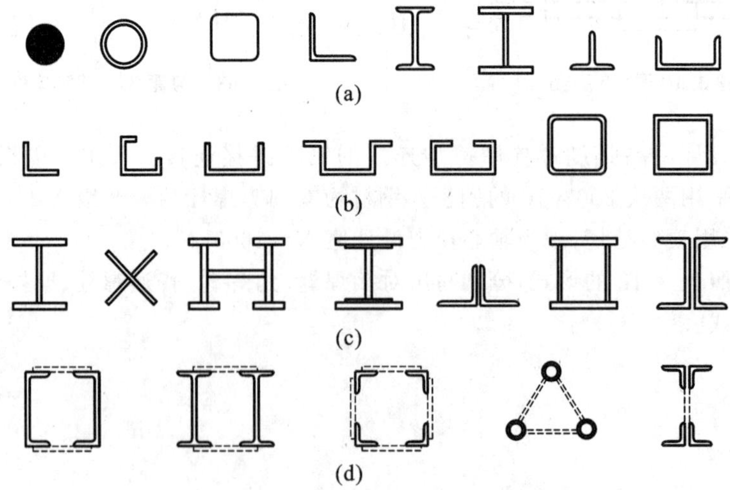

图 4.2　轴力构件的截面形式

(a)热轧型钢截面;(b)冷弯薄壁型钢截面;(c)实腹式组合截面;(d)格构式组合截面

本章的主要内容是轴心受拉构件的计算、轴心受压构件的工作性能（包括整体稳定、局部稳定）和计算，以及轴心受压构件柱头、柱脚的设计与构造。

4.2 轴心受力构件的强度及刚度

4.2.1 轴心受力构件的强度

4.2.1.1 轴心受拉构件

轴心受拉构件在没有局部削弱时的性能和钢材拉伸试件所表现的一致。构件在应力达到屈服强度时因拉伸变形过大而不能继续承载。相应的强度计算公式是：

$$\sigma=\frac{N}{A}\leqslant f \tag{4.1}$$

式中 N——拉力设计值；

A——杆的毛截面面积；

f——钢材的抗拉强度设计值。

端部用螺栓或铆钉连接的拉杆，因孔洞而削弱的截面是薄弱部位，其强度应按净截面计算。然而，少数截面屈服，并未达到杆件的承载能力极限状态，还可以继续承受更大的拉力，直至净截面拉断为止。此时，强度计算的限值是钢材的极限强度 f_u 除以对应的抗力分项系数 γ_{Ru}。考虑到拉断的后果比屈服严重得多，抗力分项系数需要取大一些，可取 $\gamma_{Ru}=1.1\times1.3=1.43$，其倒数约为 0.7。因此，拉杆的净截面强度计算公式为：

$$\sigma=\frac{N}{A_n}\leqslant 0.7f_u \tag{4.2}$$

式中 A_n——拉杆的净截面面积。

在采用上式计算的同时，仍须按式(4.1)计算毛截面强度。

当杆端连接采用摩擦型高强度螺栓时，考虑到孔轴线前摩擦面能传递一部分力，将式(4.2)修正为：

$$\sigma=\left(1-0.5\frac{n_1}{n}\right)\frac{N}{A_n}\leqslant 0.7f_u \tag{4.3}$$

式中 n_1——所计算截面的螺栓个数；

n——杆件一端的连接螺栓总个数。

当拉杆为沿全长都用铆钉或螺栓连接而成的组合构件时[如图 4.2(c)中双槽钢“背靠背”贴合在一起，用螺栓相连]，则净截面屈服成为承载能力极限状态，此时强度计算公式为：

$$\sigma=\frac{N}{A_n}\leqslant f \tag{4.4}$$

桁架（或塔架）的单角钢腹杆，当以一个肢连接于节点板时，对拉力 N 应乘以放大系数 1.15。

4.2.1.2 轴心受压构件

在计算轴心受压构件的截面强度时，对于有螺栓或铆钉的孔洞，可认为压实，按全截面公式(4.1)计算；对于没有紧固件的虚孔，则应按式(4.4)计算。通常，压杆的承载能力是由稳定条件决定的，强度计算一般不起控制作用。

4.2.2 轴心受力构件的刚度

按正常使用极限状态的要求，轴心受力构件应该具有必要的刚度。当构件刚度不足时，在制造、运输和安装过程中容易弯曲，在自重作用下，构件本身会产生过大的挠度，在受动力荷载的结构中，还会引起较大晃动。轴心受力构件的刚度以它的长细比来控制。即：

$$\lambda=\frac{l_0}{i}\leqslant[\lambda] \tag{4.5}$$

式中 λ——构件最不利方向的长细比，一般为两主轴方向长细比的较大值；

l_0——相应方向的构件计算长度；

i——相应方向的截面回转半径；

$[\lambda]$——构件的容许长细比，按表 4.1 或表 4.2 选用。

表 4.1 受拉构件的容许长细比

项次	构件名称	承受静力荷载或间接动力荷载的结构			直接承受动力荷载的结构
		一般建筑结构	对腹杆提供面外支点的弦杆	有重级工作制起重机的厂房	
1	桁架构件	350	250	250	250
2	吊车梁或吊车桁架以下柱间支撑	300	—	200	—
3	其他拉杆、支撑、系杆等(张紧的圆钢除外)	400	—	350	—

注：(1) 除对腹杆提供面外支点的弦杆外，承受静力荷载的结构受拉构件，可仅计算竖向平面内的长细比。

(2) 在直接或间接承受动力荷载的结构中，计算单角钢受拉构件的长细比时，应采用角钢的最小回转半径，但计算在交叉点相互连接的交叉杆件平面外的长细比时，可采用与角钢肢边平行轴的回转半径。

(3) 中、重级工作制吊车桁架下弦杆的长细比不宜超过 200。

(4) 在设有夹钳或刚性料耙等硬钩起重机的厂房中，支撑的长细比不宜超过 300。

(5) 受拉构件在永久荷载与风荷载组合作用下受压时，其长细比不宜超过 250。

(6) 跨度等于或大于 60m 的桁架，其受拉弦杆和腹杆的长细比不宜超过 300(承受静力荷载或间接承受动力荷载)或 250(直接承受动力荷载)。

(7) 柱间支撑按拉杆设计时，竖向荷载作用下柱子的轴力应按无支撑时考虑。

表 4.2 受压构件的容许长细比

项次	构件名称	容许长细比
1	轴压柱、桁架和天窗架中的压杆	150
	柱的缀条、吊车梁或吊车桁架以下的柱间支撑	
2	支撑(吊车梁或吊车桁架以下的柱间支撑除外)	200
	用以减小受压构件计算长度的杆件	

注：(1) 当杆件内力设计值不大于承载能力的 50%时，容许长细比值可取 200。

(2) 单角钢受压构件长细比的计算方法与表 4.1 注(2)相同。

(3) 跨度等于或大于 60m 的桁架，其受压弦杆、端压杆和直接承受动力荷载的受压腹杆的长细比不宜大于 120。

(4) 验算容许长细比时，可不考虑扭转效应。

4.3 实腹式轴心受压构件的整体稳定

轴心受压构件除了较为短粗或者截面有很大削弱的时候，可能因为其净截面的平均应力达到屈服强度而丧失承载能力外，一般情况下，轴心受压构件的承载能力是由稳定条件决定的。为此，本节先讲稳定问题的基本概念，然后再讲述轴心受压构件的整体稳定。

4.3.1 关于稳定问题的概述

钢结构及其构件除应满足强度和刚度条件外，还应满足稳定条件。所谓稳定，是指结构或构件受荷载变形后，所处平衡状态的属性。众所周知，凹面上的小球是处于稳定的平衡状态；平面上的小球是处于随遇平衡即临界平衡状态；凸面上的小球则处于不稳定平衡状态(图 4.3)。同样，一个构件(或结构)由外荷载引起受压或受剪时，随着外荷载增加，构件(或结构)可能在丧失强度之前，就从稳定的平衡状态经过临界平衡状态，进入不稳定平衡状态，从而丧失稳定性。为保证结构安全，要求所设计的结构要处于稳定的平衡状态。因此，临界平衡状态的荷载就成为结构稳定的极限荷载，也称临界荷载。研究稳定问题就是要研究如何计算结构(或构件)的临界荷载，以及采取何种有效措施来提高临界荷载。

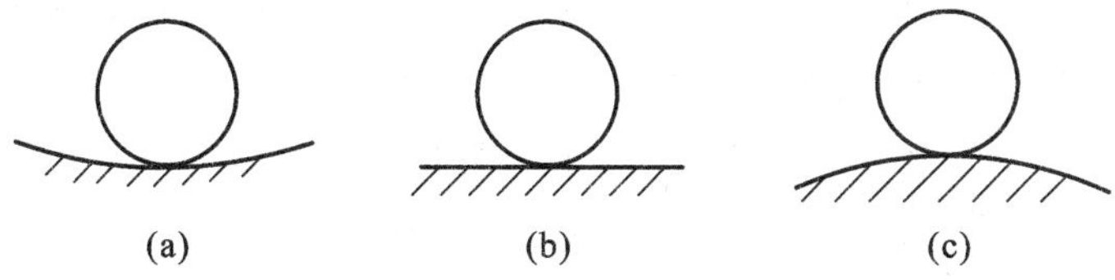

图 4.3 小球的平衡状态

(a)稳定平衡；(b)随遇平衡；(c)不稳定平衡

稳定对于钢结构是一个极为重要的问题。这是因为钢材强度高，组成结构的构件相对较细长，所以板件也较薄，设计常常不是由强度控制而是由稳定控制。在工程史上，国内外曾多次发生由于构件或结构失稳而导致结构倒塌的重大事故，其中许多就是因为对稳定问题认识不足，导致结构布置不合理、设计构造处理不当或施工措施不当。同时结构失稳又常常是突然发生，事先无明显征兆，因此带来的灾害很大。这些情况促使工程界对稳定问题的理论研究及防止失稳的措施给予极大的关注。

钢结构中按构件和结构的形式不同，有各种不同的稳定问题。例如本章讲述的实腹式和格构式轴心受压构件，以及后两章要讲述的受弯构件、实腹式及格构式偏心压杆，由于这些构件内都有压应力及剪应力存在，因此都有各自的稳定问题；组成实腹式构件的薄板，如果受压或受剪，还有薄板的局部稳定问题；此外，作为一个结构整体来研究，还有框架稳定、拱的稳定、薄壳稳定等问题。对于受拉的构件，由于在拉力的作用下，构件总有拉直绷紧的倾向，它的平衡状态总是稳定的，因此不存在稳定问题。

现在，结构稳定理论已发展成为结构力学的一个重要分支。近年来随着结构工程的发展，尤其是钢结构工程的发展，稳定理论有了重大进展。其特点是：①逐步由理想弹性杆件的研究转向考虑杆件实际情况的弹塑性杆件研究。例如对轴心压杆的稳定研究由欧拉公式发展到多柱曲线。②由单个杆件的稳定研究转向对结构的整体稳定性的研究。例如对框架结构稳定性的研究。

目前，由于各类稳定问题研究深度不一致，《标准》对各类构件及薄板稳定设计公式及其相关规定的理论依据也各不相同。例如，对于实腹式轴心压杆的弯曲失稳情况，是取具有初弯曲及残余应力的实际构件，按弹塑性分析求得的多条柱子曲线来确定稳定设计公式，这是到目前为止最精确的稳定设计公式；对偏心压杆是依据弹塑性分析的数据采用半经验半理论的相关公式；对格构式轴心压杆则是依据理想弹性杆件的欧拉公式，通过换算长细比将它等效地转换成实腹构件来进行设计的；至于薄板的稳定临界应力，是取理想的平板按弹性分析求得后，再考虑弹塑性影响粗略地加以修正确定的；又如受弯构件的整体稳定，也是取理想的直梁按弹性分析求得其临界荷载，然后考虑塑性发展加以修正；至于框架设计，是按近似的弹性分析，求得各杆的计算长度，然后单独对各杆进行设计。这实际上是把结构的整体稳定问题化为单个构件的稳定问题来处理，这种做法无疑是近似的。

目前，《标准》已经引入直接分析法对框架结构进行分析，将框架作为一个整体，考虑其弹塑性，能更精确的分析它的稳定承载力和可靠度水平。此外，进行受弯和压弯构件计算时，可将截面按受力和变形要求划分为五个等级，并规定各个等级的板件宽（高）厚比限值。其中 S1 级为用于塑性设计的构件，其截面不仅能够达到全塑性，而且塑性铰截面有一定转动能力；S2 级截面为能达到全塑性但转动能力有限的截面；S3 级截面满足后文式（5.3）的要求，只是出现部分塑性；S4 级满足边缘屈服的要求，即在式（5.3）中取 $\gamma_x=1.0$；S5 级则在边缘屈服前即已出现局部屈曲。发展塑性的截面对板件宽厚比要求极为严格，S1 级的翼缘宽厚比限制为 $9\varepsilon_k$，而不发展塑性的 S4 级的翼缘宽厚比限制为 $15\varepsilon_k$，其中 $\varepsilon_k=(235/f_y)^{1/2}$ 称为钢号修正系数。

本书从本章开始到以后各章都会涉及各类构件或结构的稳定问题，学习时应注意稳定问题和强度问题有下列几点区别，并在各章学习中逐步加深对它们的理解。

（1）强度问题研究构件的一个点的应力或一个截面的内力的极限值，它与材料的强度极限（或屈服点）、截面形式及大小有关。稳定问题研究构件（或结构）受荷变形后平衡状态的属性及相应的临界荷载，它与构件（或结构）的变形有关，即与构件（或结构）的整体刚度有关。提高构件（或结构）稳定性的关键是提高其抵抗变形的能力，即提高其整体刚度。为此，一般采取的措施是：增加截面的惯性矩、减小构件支撑间距、增加支座对构件的约束程度（如铰支座改为固定端支座）等。

（2）轴心受压构件，除组成截面的板件在端部连接及中部拼接处有连接件直接传力的情况外，其强度应以净截面上最大应力达到钢材屈服点作为极限状态，强度问题按净截面计算。

考虑到构件局部削弱对其整体刚度影响不大，因此稳定问题均按毛截面计算。

（3）从材料性能考虑，在弹性阶段，构件（或结构）的整体刚度仅与材料的弹性模量 E 有关，而各个品种的钢材虽然强度极限各不相同，但其弹性模量 E 却是相同的。因此，采用高强度钢材只能提高强度承载力，不能提高弹性阶段稳定承载力。因此材料强度愈高，稳定承载力愈突出。

4.3.2 失稳的类别

传统上，将失稳粗略地分为两类：分支点失稳和极值点失稳。分支点失稳的特征是：在临界状态时，结构从初始的平衡位形突变到与其临近的另一平衡位形，表现出平衡位形的分岔现象。在轴线压力作用下的完善直杆以及在中面受压的完善平板的失稳都属于这一类型，它可以是弹性屈曲，也可以是非弹性屈曲。没有平衡位形分岔，临界状态表现为结构不能再承受荷载增量是极值点失稳的特征，由建筑钢材做成的压弯构件，在经历足够的塑性发展过程后常呈极值点式的非弹性失稳。

并非所有的结构在屈曲时都立即丧失承载能力，因此，如果着眼于研究结构的极限承载能力，可依屈曲后性能分为如下三类：

(1) 稳定分岔屈曲。分岔屈曲后，结构还可承受荷载增量。即变形的进一步增大，要求荷载增加。轴线压力作用下的杆以及中面受压的平板都具有这种特征[图 4.4(a)]，尤其是平板，具有相当可观的屈曲后强度，可资工程设计利用。

(2) 不稳定分岔屈曲。分岔屈曲后，结构只能在比临界荷载低的荷载下才能维持平衡位形。承受轴向荷载的圆柱壳[图 4.4(b)]，承受均匀外压的球壳都呈不稳定分岔屈曲形式。

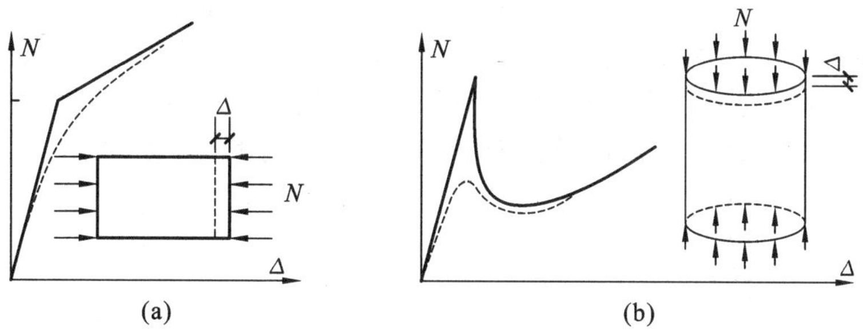

图 4.4 两种分岔屈曲

(a)稳定分岔屈曲；(b)不稳定分岔屈曲

(3) 跃越屈曲。结构以大幅度的变形从一个平衡位形跳到另一个平衡位形。铰接坦拱(图 4.5)和油罐的扁球壳顶盖都属于这种失稳情形。在发生跃越后，荷载一般还可以显著增加，但是其位形由上凸变成下凹，不再符合正常使用要求。

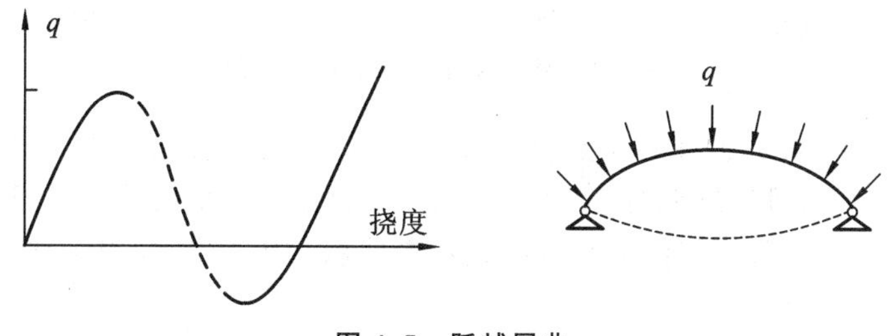

图 4.5 跃越屈曲

4.3.3 理想轴心受压构件的受力性能

理想轴心受压构件是指杆件本身是绝对直杆，材质均匀，各向同性，无荷载偏心，在荷载作用之前，内部不存在初始应力的情况。在轴心压力的作用下理想的受压构件可能发生三种形式的屈曲(即构件丧失稳定)。一是弯曲屈曲，构件的轴心线由直线变成曲线，如图 4.6(a)所示，这时构件绕一个主轴弯曲；二是扭转屈曲，构件绕纵轴线扭转，如图 4.6(b)所示；三是构件在产生弯曲变形的同时伴有扭转变形的弯扭屈曲，如图 4.6(c)所示。轴心受压构件以什么样的形式屈曲，主要取决于截面的形式和尺寸、杆的长度和杆端的支承条件。对于一般双轴对称截面的轴心受压的细长构件，其屈曲形式大多为弯曲屈曲，但也有特殊情况，如薄壁十字形等截面可能产生扭转屈曲，单轴对称截面则可能沿非对称轴方向产生弯扭屈曲。

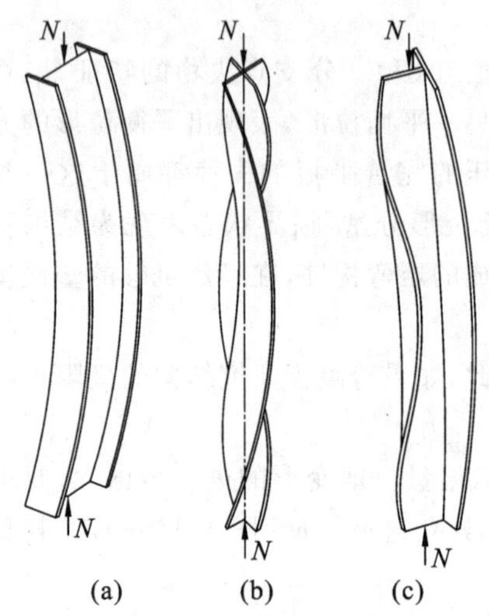

图 4.6　轴心受压构件的屈曲形式

(a)弯曲屈曲；(b)扭转屈曲；(c)弯扭屈曲

下面讨论理想轴心受压构件屈曲时(即失稳时)临界荷载的计算。

对图 4.7(a)所示两端铰接等截面理想轴心受压构件，当压力 N 小于临界荷载 N_{cr}，即 $N<N_{cr}$ 时，压杆只缩短 δ，杆件没有侧向位移，处于直线平衡状态。这时杆件中点侧向位移 v 与 N 的关系可用图 4.7(d)中平衡路径Ⅰ(即 $O1$)表示。此时，如果构件受到轻微的横向干扰而偏离原来的平衡位置发生弯曲，然后再撤除干扰，杆件将会回到原来的直线状态，这时杆件的直线平衡状态是唯一的平衡状态，即杆件处于稳定平衡状态。

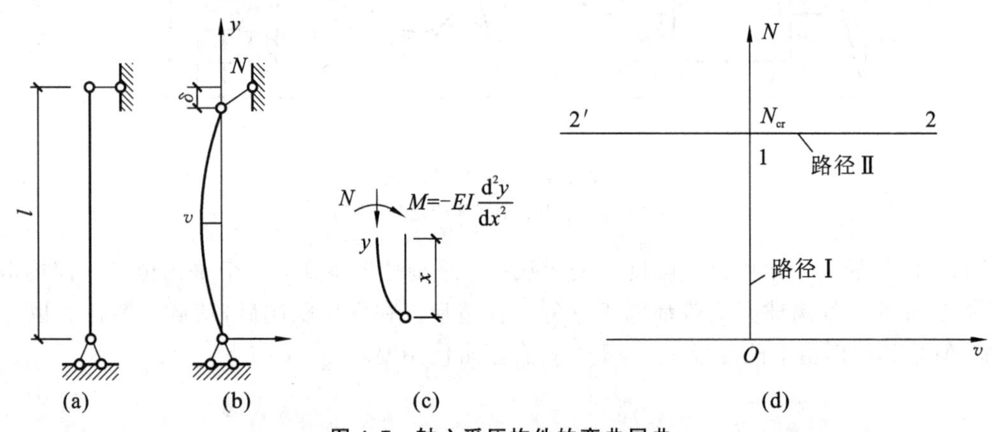

图 4.7　轴心受压构件的弯曲屈曲

当 $N=N_{cr}$[即图 4.7(d)中的 1 点]时，如果杆件受到轻微的干扰发生弯曲[4.7(b)]，再撤除干扰，杆件将不能回到原来的直线状态，而是在微小的弯曲变形情况下保持平衡。即这时的压杆既可以在直线状态保持平衡也可以在弯曲状态保持平衡，因此杆件在 1 点是处于随遇平衡状态。

当 $N>N_{cr}$ 时，轻微的横向干扰将使杆件产生很大的弯曲变形，随之发生破坏。这种情况与图 4.7(d)中平衡路径Ⅱ相应，它使原来的直线平衡状态不稳定，因此属于不稳定平衡状态。

为了求得临界荷载 N_{cr}，对图 4.7(b)所示发生微小弯曲的杆取隔离体如图 4.7(c)所示，再对这段有微小弯曲的隔离体写出其平衡微分方程如下：

$$EI\frac{\mathrm{d}^2 y}{\mathrm{d}x^2}+Ny=0 \tag{4.6}$$

解此方程可以得到两端铰接轴心压杆的欧拉临界力 N_{cr} 及欧拉临界应力 σ_{cr} 为：

$$N_{\mathrm{cr}}=\frac{\pi^2 EI}{l_0^2}=\frac{\pi^2 EI}{(\mu l)^2}=\frac{\pi^2 E}{\lambda^2}A \tag{4.7a}$$

$$\sigma_{\mathrm{cr}}=\frac{N_{\mathrm{cr}}}{A}=\frac{\pi^2 E}{\lambda^2} \tag{4.7b}$$

式中 E——材料的弹性模量；

I——构件截面绕屈曲方向主轴的惯性矩；

l_0——构件的计算长度，$l_0=\mu l$；

l——构件的长度；

μ——构件的计算长度系数，它反映杆端约束对稳定承载力的影响，其值见表 4.3，表中的理论值是按理想的支撑条件推导求得，考虑到实际的支撑条件与理想支撑条件总会有所差别，如固定端不可能做到绝对刚性，使支座绝对无转动、无侧移，因此对理论值加以修改，给出建议值列于表 4.3 中，供实际设计使用，对于两端铰接的杆件，$l_0=l$，$\mu=1.0$；

A——构件毛截面面积；

λ——与回转半径 i 相应的原构件长细比，$\lambda=\frac{l_0}{i}$；

i——截面绕屈曲方向主轴的回转半径，$i=\sqrt{I/A}$；

EI——截面的抗弯刚度。

表 4.3 轴心受压构件计算长度系数 μ

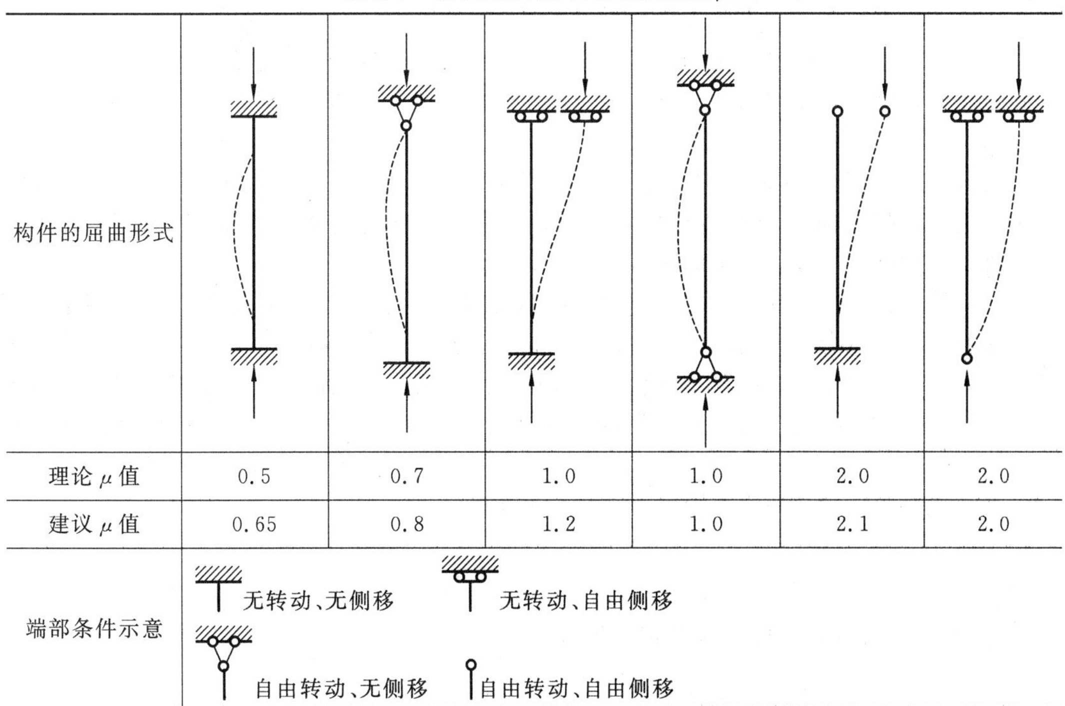

构件的屈曲形式	(a)	(b)	(c)	(d)	(e)	(f)
理论 μ 值	0.5	0.7	1.0	1.0	2.0	2.0
建议 μ 值	0.65	0.8	1.2	1.0	2.1	2.0
端部条件示意	无转动、无侧移；无转动、自由侧移；自由转动、无侧移；自由转动、自由侧移					

由于构件的截面对两个主轴的回转半径常常不相同，构件沿两个主轴方向的支承条件也不同，因此由式(4.7a)可分别得到弯曲屈曲时，沿两个主轴方向的欧拉临界力 N_{Ex} 和 N_{Ey}，其值为：

$$N_{Ex}=N_{cr}=\frac{\pi^2 E}{\lambda_x^2}A \tag{4.8a}$$

$$N_{Ey}=N_{cr}=\frac{\pi^2 E}{\lambda_y^2}A \tag{4.8b}$$

式中 λ_x,λ_y——构件沿两个主轴方向的长细比，$\lambda_x=\frac{l_{0x}}{i_x}$，$\lambda_y=\frac{l_{0y}}{i_y}$；

l_{0x},l_{0y}——构件沿两个主轴方向的计算长度；

i_x,i_y——构件沿两个主轴方向的回转半径，$i_x=\sqrt{I_x/A}$，$i_y=\sqrt{I_y/A}$；

I_x,I_y——截面沿两个主轴方向的惯性矩。

对于扭转屈曲和弯扭屈曲的情况，由理论分析导出其临界力 N_{Ex} 和 N_{Eyz} 为：

$$N_{Ez}=N_{cr}=\frac{\pi^2 E}{\lambda_z^2}A \tag{4.8c}$$

$$N_{Eyz}=N_{cr}=\frac{\pi^2 E}{\lambda_{yz}^2}A \tag{4.8d}$$

式中 λ_z——计算扭转屈曲临界荷载的换算长细比(计算公式略)；

λ_{yz}——计算弯扭屈曲临界荷载的换算长细比(计算公式见下节)。

从式(4.8)中可以看出，轴心受压构件将在较大长细比方向发生屈曲，因为这时构件的临界力最小。一般情况下，截面的回转半径愈大，愈能提高构件的稳定承载能力，可以获得更好的经济效益。所以在构件设计时，应尽可能增大构件的截面面积，即设计成宽肢薄壁的截面。

4.3.4 实际轴心受压构件的计算方法

式(4.7)和式(4.8)只适用于理想的轴心受压构件的弹性阶段失稳的情况。当临界应力超过钢材的比例极限 f_p 时，E 不再是常量，这时构件在弹塑性阶段失稳，式(4.7)和式(4.8)就不再适用。

另外，实际工程中的钢结构构件都不是理想的情况，都有一定的初始缺陷，如构件可能有初弯曲、有因轧制或焊接过程产生的残余应力、荷载也可能有初偏心等。这些因素都可以使构件稳定承载力比理想情况的要低。

针对这种情况，《标准》没有采用式(4.7)和式(4.8)作为稳定承载力计算公式，而是取具有一定初弯曲和残余应力的杆件，用弹塑性分析的方法来计算稳定承载力。其中杆件的初弯曲规定为正弦曲线分布，最大值 $v_0=l/1000$[《钢结构工程施工质量验收规范》(GB 50205)规定 v_0 不得大于 $l/1000$]，同时根据实测统计资料，选出10多种柱截面残余应力模式，由此定出不同截面及残余应力的杆件200多种，分别用计算机计算出其稳定承载力 N_u。设计要求轴心受压构件的实际应力要满足下列条件：

$$\sigma=\frac{N}{A}\leqslant\frac{N_u}{A\gamma_R}=\frac{N_u}{Af_y}\frac{f_y}{\gamma_R}=\varphi f \tag{4.9}$$

式中 φ——轴心受压构件整体稳定系数，$\varphi=\frac{N_u}{Af_y}$；

γ_R——材料抗力分项系数；

f_y——材料屈服强度；

f——材料抗压强度设计值，见附表 1.1。

将上式改用轴心压力设计值与构件承载力之比的表达式(4.10)，有别于截面强度的应力表达式，便于概念明确。

$$\frac{N}{\varphi A f} \leqslant 1.0 \tag{4.10}$$

现在的问题是如何确定式(4.10)中的 φ 值。如前所述，《标准》对 200 多种杆件按不同长细比算出 N_u 值，由此求得 $\varphi = \frac{N_u}{A f_y}$ 与长细比 λ 的关系曲线，称为柱子曲线。针对不同类型杆件，可得 200 多条柱子曲线。然后从中选出最常用的曲线，根据数理统计及可靠度分析，将其中数值相近的分别归并成为 a、b、c、d 四条曲线，如图 4.8 所示。这四条曲线各代表一组截面，如表 4.4 所示。

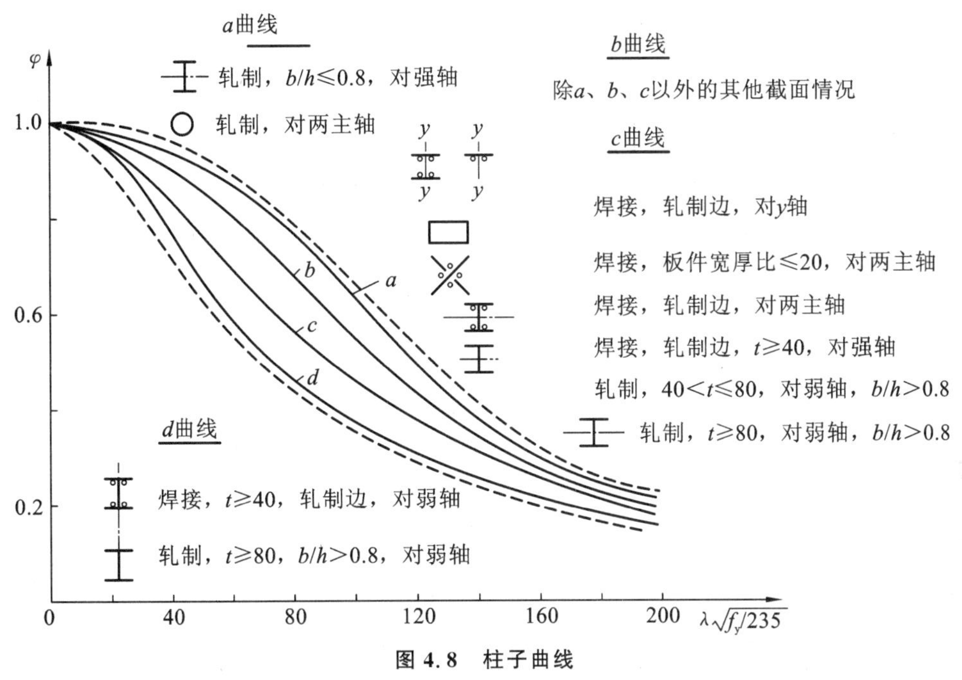

图 4.8 柱子曲线

表 4.4a 轴心受压构件的截面分类(板厚 $t<40$mm)

截面形式			对 x 轴	对 y 轴
(圆管截面，x、y轴)	轧制		a 类	a 类
(工字形截面，b、h，x、y轴)	轧制	$b/h \leqslant 0.8$	a 类	b 类
		$b/h > 0.8$	a* 类	b* 类

续表 4.4a

截面形式		对 x 轴	对 y 轴
轧制，等边角钢		a* 类	a* 类
焊接，翼缘为焰切边	焊接		
轧制			
轧制，焊接(板件宽厚比＞20)	轧制或焊接	b 类	b 类
焊接	轧制截面和翼缘为焰切边的焊接截面		
格构式	焊接，板件边缘焰切		

续表 4.4a

截面形式		对 x 轴	对 y 轴
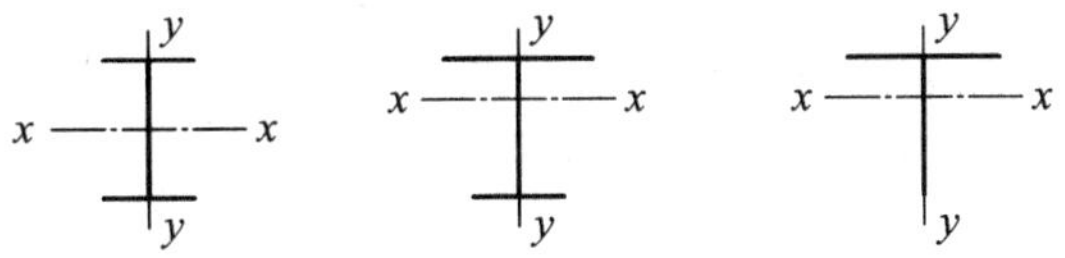 焊接、翼缘为轧制或剪切边		b 类	c 类
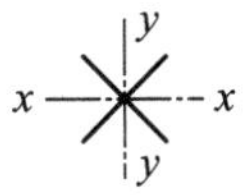 焊接，板件边缘轧制或剪切边	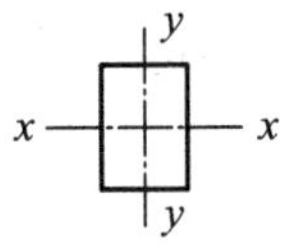 焊接，板件宽厚比≤20	c 类	c 类

注：(1) a* 类含义为 Q235 钢取 b 类，Q345、Q390、Q420 和 Q460 取 a 类；b* 类含义为 Q235 钢取 c 类，Q345、Q390、Q420 和 Q460 取 b 类。

(2) 无对称轴且剪心和形心不重合的截面，其截面分类参照有对称轴的类似截面确定，如：不等边角钢采用等边角钢的类别；当无可参考截面时，取 c 类。

表 4.4b 轴心受压构件的截面分类（板厚 $t \geqslant 40$mm）

截面形式		对 x 轴	对 y 轴
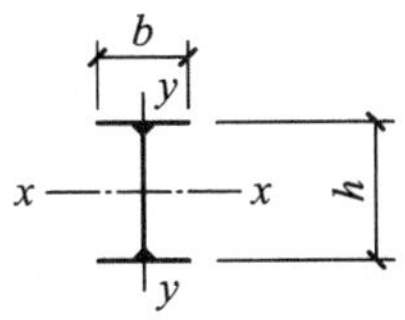 轧制工字形或H形截面	$t<80$mm	b 类	c 类
	$t \geqslant 80$mm	c 类	d 类
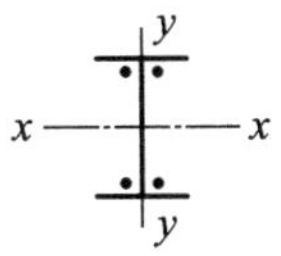 焊接工字形截面	翼缘为焰切边	b 类	b 类
	翼缘为轧制或剪切边	c 类	d 类
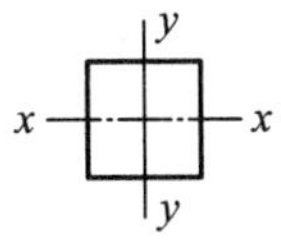 焊接箱形截面	板件宽厚比>20	b 类	b 类
	板件宽厚比≤20	c 类	c 类

表 4.4 主要根据截面形式、对截面哪一个主轴屈曲、钢材边缘加工方法、组成截面板材厚度的这四个因素将截面分为四类：a 类有两种截面，它们的残余应力影响最小，故 φ 值最

高；b类包括截面最多，其 φ 值低于a类；c类截面由于残余应力影响较大，或者因板件厚度相对较大，残余应力在厚度方向变化影响不可忽略，致使 φ 值更低；d类为厚板工字形截面绕弱轴（y 轴）屈曲的情况，其残余应力在厚度方向变化影响更加显著，故 φ 值最低。

由图4.8及表4.4可知，轴心受压构件整体稳定系数 φ 与三个因素有关：构件截面种类、钢材品种和构件长细比 λ。为便于设计应用，《标准》将不同钢材的 a、b、c、d 四条曲线分别规并编成四个表格，即附表2.1～2.4。φ 值可按截面种类及 $\lambda\sqrt{\dfrac{f_y}{235}}$ 查表求得。

对于杆件长细比的计算，《标准》有如下规定：

（1）截面为双轴对称或极对称的杆件

$$\left.\begin{aligned}\lambda_x&=l_{0x}/i_x\\\lambda_y&=l_{0y}/i_y\end{aligned}\right\}\tag{4.11}$$

式中 l_{0x}，l_{0y}——构件对截面主轴 x 和 y 的计算长度；

i_x，i_y——构件截面对主轴 x 和 y 的回转半径。

双轴对称的十字形截面构件，由理论推导可得 $\lambda_z=5.07b/t$。当 λ_x 和 λ_y 均小于 $5.07b/t$（其中 b/t 为板伸出肢宽厚比）时，构件的扭转屈曲承载力最小，这时应按扭转屈曲换算长细比 λ_z 计算承载力[式(4.8c)]。因此，《标准》规定，对于双轴对称的十字形截面构件，计算稳定承载力时，λ_x 和 λ_y 均不得小于 $5.07b/t$。

（2）截面为单轴对称的杆件，绕非对称轴的长细比 λ_x 仍按式(4.11)计算。但是，绕对称轴方向弯扭失稳比弯曲失稳临界荷载要低。因此，要用涉及扭转效应的换算长细比 λ_{yz} 代替 λ_y，见式(4.8)。

（3）单角钢截面和双角钢组合T形截面绕对称轴的 λ_{yz} 可采用下列简化方法确定。

① 等边单角钢截面[图4.9(a)]

等边单角钢轴压构件，当绕两主轴弯曲的计算长度相等时，绕强轴弯扭屈曲的承载力总是高于绕弱轴弯曲屈曲的承载力，因此可不计算弯扭屈曲。

② 等边双角钢截面[图4.9(b)]

当 $\lambda_y \geqslant \lambda_z$ 时

$$\lambda_{yz}=\lambda_y\left[1+0.16\left(\frac{\lambda_z}{\lambda_y}\right)^2\right]\tag{4.12a}$$

当 $\lambda_y<\lambda_z$ 时

$$\lambda_{yz}=\lambda_z\left[1+0.16\left(\frac{\lambda_y}{\lambda_z}\right)^2\right]\tag{4.12b}$$

$$\lambda_z=3.9\frac{b}{t}\tag{4.12c}$$

③ 长肢相并的不等边双角钢截面[图4.9(c)]

当 $\lambda_y \geqslant \lambda_z$ 时

$$\lambda_{yz}=\lambda_y\left[1+0.25\left(\frac{\lambda_z}{\lambda_y}\right)^2\right]\tag{4.12d}$$

当 $\lambda_y<\lambda_z$ 时

$$\lambda_{yz}=\lambda_z\left[1+0.25\left(\frac{\lambda_y}{\lambda_z}\right)^2\right] \tag{4.12e}$$

$$\lambda_z=5.1\frac{b_2}{t} \tag{4.12f}$$

④ 短肢相并的不等边双角钢截面[图 4.9(d)]

当 $\lambda_y \geqslant \lambda_z$ 时

$$\lambda_{yz}=\lambda_y\left[1+0.06\left(\frac{\lambda_z}{\lambda_y}\right)^2\right] \tag{4.12g}$$

当 $\lambda_y<\lambda_z$ 时

$$\lambda_{yz}=\lambda_z\left[1+0.06\left(\frac{\lambda_y}{\lambda_z}\right)^2\right] \tag{4.12h}$$

$$\lambda_z=3.7\frac{b_1}{t} \tag{4.12i}$$

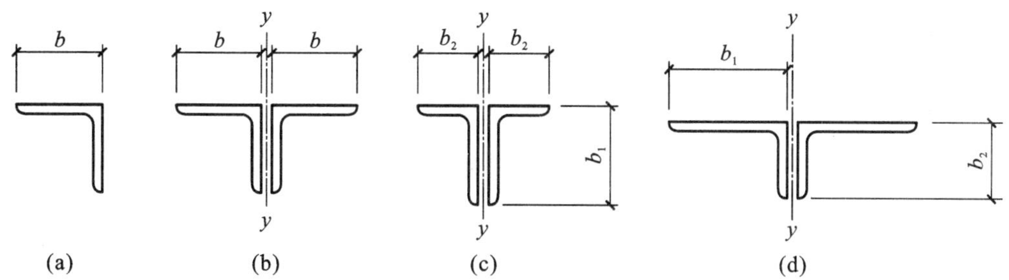

图 4.9 单角钢截面和双角钢组合 T 形截面

b—等边角钢肢宽度；b_1—不等边角钢长肢宽度；b_2—不等边角钢短肢宽度

(4) 当计算等边单角钢杆件绕平行轴(图 4.10 的 u 轴)稳定时，可用下式计算其换算长细比并确定 φ 值。

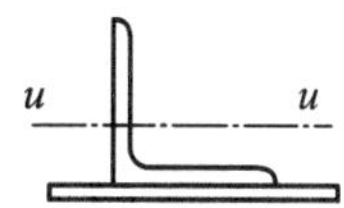

图 4.10 角钢的平行轴

当 $20\leqslant\lambda_u\leqslant80$ 时

$$\lambda_e=80+0.65\lambda_u \tag{4.13a}$$

当 $80<\lambda_u\leqslant160$ 时

$$\lambda_e=52+\lambda_u \tag{4.13b}$$

当 $\lambda_u>160$ 时

$$\lambda_e=20+1.2\lambda_u \tag{4.13c}$$

$$\lambda_u=\frac{l}{i_u}\cdot\frac{1}{\varepsilon_k} \tag{4.13d}$$

式中 i_u——角钢绕平行轴的回转半径。

ε_k——钢号修正系数，$\varepsilon_k=(235/f_y)^{1/2}$。

在确定 φ 系数时，直接由 λ_e 查表，无须乘钢号修正系数 ε_k。

此外，无任何对称轴且又非极对称的截面(单面连接的不等边单角钢除外)不宜用作轴心受压杆件。

【例题 4.1】 验算如图 4.11 所示轴心受压柱的整体稳定。柱两端为铰接，柱长为 5m，焊接工字形组合截面，火焰切割边翼缘，承受轴心压力设计值 $N=1200\text{kN}$，采用 Q235 钢材，在柱中央有一个侧向（x 轴方向）支撑。

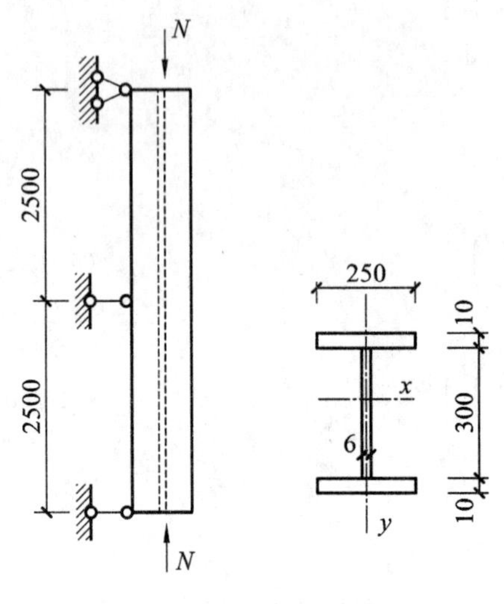

图 4.11　例题 4.1 图（单位：mm）

解：(1)计算截面几何特性

$$A=2\times25\times1.0+0.6\times30=68\text{cm}^2$$

$$I_x=\frac{1}{12}\times0.6\times30^3+2\times1\times25\times15.5^2=13362.5\text{cm}^4$$

$$I_y=2\times\frac{1}{12}\times1\times25^3=2604.2\text{cm}^4$$

$$i_x=\sqrt{\frac{I_x}{A}}=\sqrt{\frac{13362.5}{68}}=14.0\text{cm}$$

$$i_y=\sqrt{\frac{I_y}{A}}=\sqrt{\frac{2604.2}{68}}=6.2\text{cm}$$

$$\lambda_x=\frac{l_{0x}}{i_x}=\frac{500}{14}=35.7$$

$$\lambda_y=\frac{l_{0y}}{i_y}=\frac{250}{6.2}=40.3$$

由附表 1.1 查得 $f=215\text{N/mm}^2$。

根据表 4.4 可知该截面对 x、y 轴都属于 b 类截面，用 $\lambda_y\sqrt{\frac{f_y}{235}}=\varphi$ 查附表 2.2 得 $\varphi=0.898$（采用线性插值法所得，余同）。

(2) 验算

$$\frac{N}{\varphi Af}=\frac{1200\times10^3}{0.898\times68\times10^2\times215}=0.914<1.0$$

该柱满足整体稳定性要求。

4.4　实腹式轴心受压构件的局部稳定

为提高轴心受压构件的整体稳定承载力，一般设计时常选用肢宽壁薄的截面，对于焊接 I 形或箱形截面，尽可能选宽厚比较大的翼缘和腹板。但是，宽厚比过大会引起构件丧失局部稳定。

图 4.12 所示 I 形截面构件在轴心压力作用下，翼缘和腹板的板件如果太宽或太薄，就可能在构件丧失强度和整体稳定之前，不能维持平面的平衡状态而产生凹凸鼓曲变形，这种现象称为板件失去稳定，或板件屈曲。由于板件只是构件的一部分，所以又把这种屈曲现象称为构件失去局部稳定或构件发生局部屈曲。板件失稳时的应力称为板件的临界应力或屈曲应力。

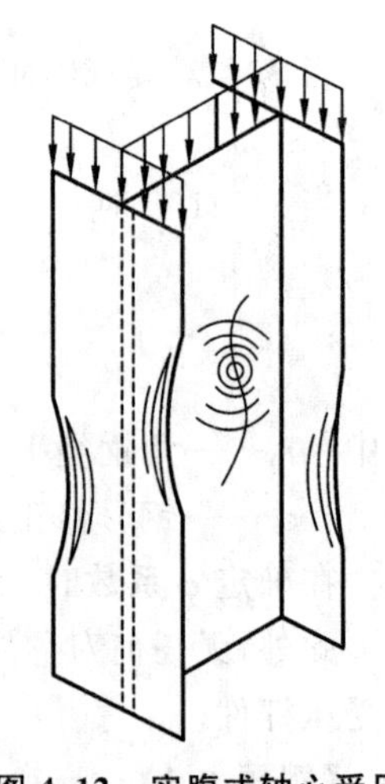

图 4.12　实腹式轴心受压构件局部屈曲

板件失稳后，虽然构件还能继续承受荷载，但由于鼓曲部分退出工作，使构件应力分布恶化，可能导致构件提前破坏。因此，《标准》要求设计轴心受压构件必须保证构件的局部稳定。

对于轴心受压构件，《标准》采取的措施是：针对常用的构件截面(如I形、H形、箱形、T形)进行理论分析,分别求得组成截面的各种板件(翼缘、腹板)的局部稳定临界应力,设计时要求这个局部稳定临界应力不得低于轴心受压构件的整体稳定临界应力(即构件在丧失整体稳定之前不会发生局部失稳),也不低于材料的屈服强度。具体计算时,除板间相互约束外还考虑了缺陷的影响。

根据上述原则,对板件的宽厚比限值进行了如下规定:

(1) H形截面

① 翼缘板:

$$b/t_f \leqslant (10+0.1\lambda)\varepsilon_k \tag{4.14}$$

式中 λ——构件的较大长细比,当$\lambda<30$时,取为30,当$\lambda>100$时,取为100;

b、t_f——分别为翼缘板自由外伸宽度和厚度。

② 腹板:

$$h_0/t_w \leqslant (25+0.5\lambda)\varepsilon_k \tag{4.15}$$

式中 h_0、t_w——分别为腹板计算高度和厚度。

(2) 箱形截面

$$b/t \leqslant 40\varepsilon_k \tag{4.16}$$

式中 b——壁板的净宽度。当箱型截面设有纵向加劲肋时,为壁板与加劲肋之间的净宽度。

(3) T形截面

T形截面翼缘宽厚比限值应按式(4.14)控制,其腹板高厚比限值为:

热轧剖分T型钢

$$h_0/t_w \leqslant (15+0.2\lambda)\varepsilon_k \tag{4.17a}$$

焊接T型钢

$$h_0/t_w \leqslant (13+0.17\lambda)\varepsilon_k \tag{4.17b}$$

式中 h_0对焊接构件取为腹板高度h_w,对热轧构件需减去过渡圆弧的半径。

对于十分宽大的H形或箱形柱,当腹板的高厚比不满足上式要求时,可以用纵向加劲肋加强(以缩小板幅宽度)或考虑利用其屈曲后强度进行设计计算。

对于轧制型钢,由于翼缘、腹板较厚,一般都能满足局部稳定要求,无须计算。

4.5 实腹式轴心受压构件的截面设计

实腹式轴心受压构件截面设计的步骤是:先选择截面形式,然后根据整体稳定和局部稳定等要求确定截面尺寸,最后进行强度、刚度和稳定验算。

4.5.1 选择轴心受压构件的截面形式

实腹式轴心受压构件的截面形式有如图4.2所示的型钢和组合截面两种类型。

在选择截面形式的时候主要考虑以下原则:

(1) 肢宽壁薄。在满足构件宽厚比限值的条件下使截面面积分布尽量远离形心轴,以增大截面的惯性矩和回转半径,提高构件的整体稳定承载能力和刚度,达到用料合理。

(2) 等稳定性。使构件在两个主轴方向的稳定系数接近,两个主轴方向的稳定承载力基本相同,以充分发挥截面的承载能力。一般情况下,取两个主轴方向的长细比接近相等,即 $\lambda_x \approx \lambda_y$ 来保证等稳定性。

(3) 制造省工,构造简便。宜尽量选用热轧型钢和自动焊接截面,同时还要考虑与其他构件连接方便。

4.5.2 选择截面尺寸

4.5.2.1 型钢截面

(1) 假定长细比 λ。一般 λ 在 60～100 范围内选取,当轴力大而计算长度小时,λ 取小值,反之取大值。如果轴力很小,λ 可按容许长细比取值。然后根据 $\lambda\sqrt{\frac{f_y}{235}}$ 及截面分类(见表 4.4a、表 4.4b),查附表 2 求得 φ 值,再按下式算出对应于假定长细比的初选截面面积 A_T 及回转半径 i_{xT} 和 i_{yT}。

$$A_T = \frac{N}{\varphi \cdot f} \tag{4.18}$$

$$i_{xT} = \frac{l_{0x}}{\lambda} \tag{4.19}$$

$$i_{yT} = \frac{l_{0y}}{\lambda} \tag{4.20}$$

(2) 根据 A_T、i_{xT} 和 i_{yT} 在附录的型钢表中选出一个合适的型钢截面。

4.5.2.2 组合截面

(1) 与型钢截面相同,首先假定长细比 λ,计算出 A_T、i_{xT} 和 i_{yT}。

(2) 确定截面尺寸。可根据附表 4 给出截面的回转半径近似值确定截面的高(h)和宽(b):

$$h \approx \frac{i_{xT}}{\alpha_1} \tag{4.21}$$

$$b \approx \frac{i_{yT}}{\alpha_2} \tag{4.22}$$

(3) 确定截面其余所有尺寸。根据 A_T 和 h、b 及构造要求、局部稳定要求和钢材规格等条件,确定截面其余所有尺寸,对于焊接工字形截面,可取 $b \approx h$;腹板厚度 $t_W = (0.4 \sim 0.7)t$,t 为翼缘板厚度;腹板高度 h_0 和翼缘宽度 b 宜取 10mm 的倍数,t 和 t_W 宜取 2mm 的倍数。

4.5.3 截面验算

对初选的截面需要作以下几方面的验算:

(1) 强度——按式(4.4)计算;

(2) 刚度——按式(4.5)计算;

(3) 整体稳定——按式(4.10)计算;

(4) 局部稳定——H 形截面按式(4.14)和式(4.15)计算。

以上几方面验算若不能满足要求,须调整截面重新验算。

4.5.4 构造规定

为了提高构件的抗扭刚度，防止构件在施工和运输过程中发生变形，当 $h_0/t_W > 80$ 时，应在一定位置设置成对的横向加劲肋（图 4.13）。横向加劲肋的间距不得大于 $2h_0$，其外伸宽度 b_s 应不小于 $\left(\frac{h_0}{30}+40\right)$mm，厚度 t_s 应不小于 $b_s/15$。

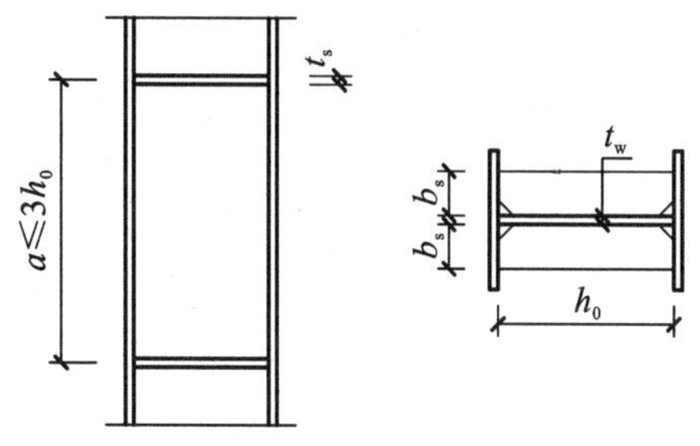

图 4.13 实腹式柱的横向加劲肋

对于大型实腹式柱，为了增加其抗扭刚度和传布集中力作用，在受有较大水平力处，以及运输单元的端部，应设置横隔（即加宽的横向加劲肋）。横隔的间距一般不大于 8m 或柱截面宽度的 9 倍。

轴心受压实腹柱板件间的纵向焊缝只承受柱初弯曲或因偶然横向力作用等产生的很小剪力，因此不必计算，焊脚尺寸可按焊缝构造要求采用。

【例题 4.2】 试设计一个两端铰接的轴心受压柱，柱长 9m，如图 4.14 所示，在两个三分点处均有侧向（x 方向）支撑，该柱所承受的轴心压力设计值 $N=400$kN，容许长细比 $[\lambda]=150$，采用热轧工字钢，钢材为 Q235。

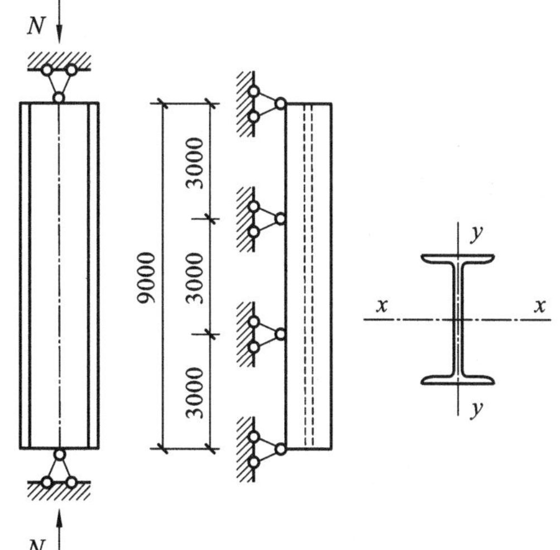

图 4.14 例题 4.2 图（单位：mm）

解：（1）初选截面

假定长细比 $\lambda=130$，由表 4.4 初步确定对 x 轴按 a 类截面，对 y 轴按 b 类截面，由 $\lambda\sqrt{\frac{f_y}{235}}$ 查附表 2.1、附表 2.2 得：$\varphi_x=0.434$，$\varphi_y=0.387$；由附表 1 查得 $f=215\text{N/mm}^2$。

$$A_T=\frac{N}{\varphi \cdot f}=\frac{400\times10^3}{0.387\times215}=4807\text{mm}^2\approx48.1\text{cm}^2$$

$$i_{xT}=\frac{l_{0x}}{\lambda}=\frac{900}{130}=6.92\text{cm}$$

$$i_{yT}=\frac{l_{0y}}{\lambda}=\frac{300}{130}=2.3\text{cm}$$

根据 A_T、i_{xT} 和 i_{yT} 查附表 7 选 I25a。

（2）验算

$$\lambda_x=\frac{l_{0x}}{i_x}=\frac{900}{10.18}=88.4 \qquad \lambda_y=\frac{l_{0y}}{i_y}=\frac{300}{2.4}=125<[\lambda]$$

因 $b/h=116/250=0.464<0.8$，查表 4.4 可知，该截面对 x 轴为 a 类截面，对 y 轴为 b 类截面。查附表 2，得 $\varphi_x=0.725$，$\varphi_y=0.411$。

因此 $\frac{N}{\varphi_y Af}=\frac{400\times10^3}{0.411\times48.54\times10^2\times215}=0.933<1.0$

由于截面没有削弱，强度不用验算，型钢截面局部稳定也不用验算。

由此，该截面满足要求。

【例题 4.3】 试设计一个两端铰接的焊接工字形组合柱截面，该柱承受轴心压力设计值

$N=800\text{kN}$，柱的长度为 4.8m，钢材为 Q235，焊条为 E43 型，翼缘为轧制边，板厚小于 40mm。

解：(1) 初选截面

由附表 1 查得：$f=215\text{N/mm}^2$。

根据表 4.4 可知，该截面对 x 轴属 b 类截面，对 y 轴属 c 类截面。

假定长细比 $\lambda=80$，由 $\lambda\sqrt{\dfrac{f_y}{235}}$ 查附表 2.2 和附表 2.3 得：$\varphi_x=0.688$，$\varphi_y=0.578$。

$$A_T=\frac{N}{\varphi_y \cdot f}=\frac{800\times10^3}{0.578\times215}=6438\text{mm}^2\approx64.4\text{cm}^2$$

$$i_{xT}=\frac{l_{0x}}{\lambda}=\frac{480}{80}=6\text{cm},\ i_{yT}=\frac{l_{0y}}{\lambda}=\frac{480}{80}=6\text{cm}$$

根据附表 4 的近似关系得：$\alpha_1=0.43$，$\alpha_2=0.24$。

$$h=\frac{i_{xT}}{\alpha_1}=\frac{6}{0.43}=14\text{cm},\ b=\frac{i_{yT}}{\alpha_2}=\frac{6}{0.24}=25\text{cm}$$

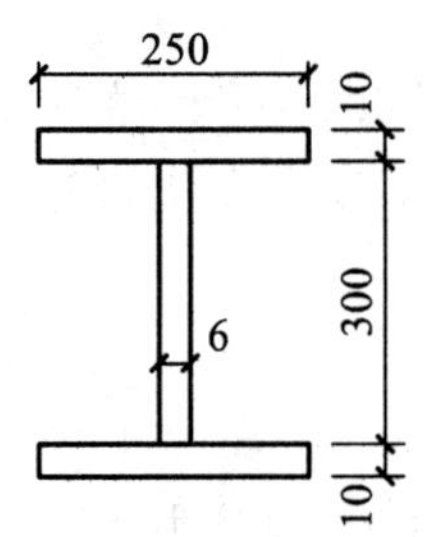

图 4.15　例题 4.3 图(单位：mm)

先确定截面的宽度，取 $b=250\text{mm}$，根据截面高度和宽度大致相等的原则取 $h=260\text{mm}$。

翼缘采用 10×250，其面积为：

$$25\times1.0\times2=50\text{cm}^2$$

腹板所需面积为：

$$A_T-50=64.3-50=14.3\text{cm}^2$$

腹板厚度：$t_W=\dfrac{14.3}{26-2}\approx0.6\text{cm}$，取 $t_W=6\text{mm}$。

截面尺寸如图 4.15 所示。

(2) 截面验算

截面几何特性：

$$A=2\times25\times1.0+24\times0.6=64.4\text{cm}^2$$

$$I_x=0.6\times\frac{24^3}{12}+2\times25\times1.0\times12.5^2=8503.7\text{cm}^4$$

$$I_y=2\times1.0\times\frac{25^3}{12}=2604.2\text{cm}^4$$

$$i_x=\sqrt{\frac{I_x}{A}}=11.5\text{cm},\ i_y=\sqrt{\frac{I_y}{A}}=6.4\text{cm}$$

$$\lambda_x=\frac{l_{0x}}{i_x}=\frac{480}{11.5}=41.7,\quad \lambda_y=\frac{l_{0y}}{i_y}=\frac{480}{6.4}=75$$

验算：

① 强度

$$\frac{N}{A_n}=\frac{800\times10^3}{64.4\times10^2}=124.2\text{N/mm}^2<f=215\text{N/mm}^2\text{(满足)}$$

② 刚度

$$\lambda_{max}=\lambda_y=75\leqslant[\lambda]=150\text{(满足)}$$

③ 整体稳定

查附表 2 得：$\varphi_x=0.893$(b 类)，$\varphi_y=0.610$(c 类)。

$$\frac{N}{\varphi_y Af}=\frac{800\times10^3}{0.610\times64.4\times10^2\times215}=0.947<1.0\text{（满足）}$$

④ 局部稳定

$$\frac{b}{t_f}=\frac{122}{10}=12.2<(10+0.1\times75)\times1=17.5\quad\text{（满足）}$$

$$\frac{h_0}{t_w}=\frac{240}{6}=40<(25+0.5\times75)=62.5\quad\text{（满足）}$$

据上面验算可知，该截面能够满足要求。

4.6　格构式轴心受压构件

如图4.2(d)所示是一些常用的轴心受压格构柱的截面形式。格构柱截面由于材料集中于分肢，与实腹柱相比，在用料相同的情况下可增大截面惯性矩，提高刚度及稳定性，从而节约钢材。常用的格构式轴心受压柱截面形式有槽钢和工字钢组成的双肢截面柱。对于轴心压力较小但长度较大的构件，还可以采用以钢管和角钢组成的三肢、四肢格构柱。本节仅介绍双肢格构式轴心受压构件。

4.6.1　格构式轴心受压构件的组成

格构式构件是将肢件用缀材连成一体的一种构件。缀材分缀条和缀板两种，故格构式构件又分为缀条式和缀板式两种。

缀条常采用单角钢，用斜杆组成，一般斜杆与构件轴线成α(40°～70°)夹角，如图4.16(a)所示。缀条也可由斜杆和横杆共同组成，如图4.16(b)所示。缀板常采用钢板，如图4.16(c)所示。

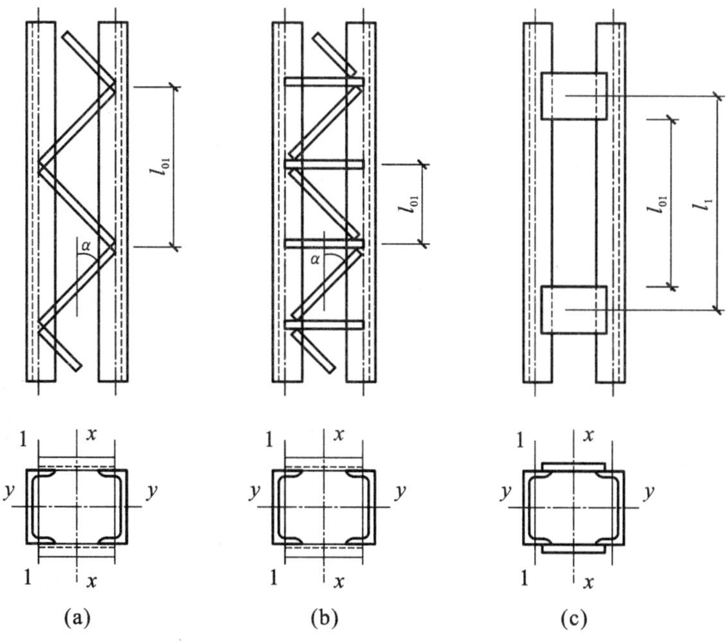

图4.16　格构式构件的组成

在格构式构件截面上，与肢件腹板垂直的轴线称为实轴，如图 4.16 中的 y-y 轴；与缀材平面垂直的轴称为虚轴，如图 4.16 中的 x-x 轴。

4.6.2 格构式轴心受压构件的整体稳定

格构式轴心受压构件须分别考虑对实轴和虚轴的整体稳定性。

轴心受压构件整体弯曲后，杆内将出现弯矩和剪力，对于实腹式受压杆，由于其抗剪刚度大，剪力产生的附加变形很小，可以忽略其对整体稳定承载力的影响。当格构式轴心受压杆绕实轴发生弯曲失稳时情况和实腹式压杆一样。但是当格构式轴心受压杆绕虚轴发生弯曲失稳时，所产生的剪力由比较柔弱的缀材承担，由此产生的附加剪切变形较大，导致构件刚度减小，整体稳定承载力降低，其影响不能忽略。为此，对格构式柱同样采用弹性稳定理论分析方法，但计入缀材变形的影响，算出理想轴心受压格构柱弯曲屈曲临界荷载。然后将它等效成理想轴心受压实腹柱弯曲屈曲临界荷载(即欧拉荷载)，由此算出换算长细比 λ_{0x}，这样，将 λ_{0x}替代 λ 代入式(4.7)就可以得到理想轴心受压格构柱对虚轴的弯曲屈曲临界荷载。当然，由于缀材变形影响，λ_{0x}将大于整体构件的 λ_x。实际设计时，《标准》没有采用式(4.7)计算格构柱，而是规定将 λ_{0x}替代 λ_x 按 b 类截面查表求得 φ 值，然后代入式(4.10)计算对虚轴的弯曲屈曲稳定承载力。这样也就间接地近似考虑了弹塑性、初弯曲和残余应力的影响，等效于按实际的轴心受压格构柱计算，使计算值比理想值更接近实际。根据《标准》，双肢格构式轴心受压构件对虚轴的换算长细比 λ_{0x}的计算公式如下。

缀条式格构柱：

$$\lambda_{0x}=\sqrt{\lambda_x^2+27\frac{A}{A_{1x}}} \tag{4.23}$$

缀板式格构柱：

$$\lambda_{0x}=\sqrt{\lambda_x^2+\lambda_1^2} \tag{4.24}$$

式中 λ_x——整个构件对虚轴的长细比；

A——整个构件横截面的毛面积；

A_{1x}——构件截面中垂直于 x 轴各斜缀条的毛截面面积之和。

$$\lambda_1=l_{01}/i_1$$

式中 λ_1——单个分肢对最小刚度轴 1—1 的长细比；

l_{01}——单肢的计算长度，对于缀板柱，焊接时，取缀板间的净距离(图 4.16)，螺栓连接时，取相邻两缀板边缘螺栓中心线间的距离；

i_1——单肢最小回转半径，即图 4.16(b)中单肢绕 1—1 轴的回转半径。

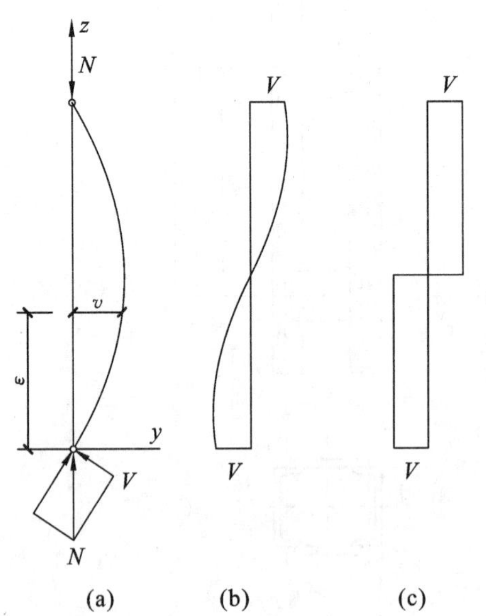

图 4.17 轴心受压构件截面上的剪力

4.6.3 单肢的稳定性

格构柱在两个缀条或缀板相邻节点之间的单肢是一个单独的轴心受压实腹构件，因此要求单肢不先于构件整体失稳，为此，《标准》规定单肢的稳定性不应低于构件的整体稳定性，对于缀条式格构柱应使 λ_1 不大于整个构件最大长细比 λ_{max}（即 λ_y 和 λ_{0x} 的较大值）的 0.7 倍；对于缀板式格构柱应使 λ_1 不大于 40，也不大于整个构件最大长细比的 0.5 倍（当 $\lambda_{max}<50$ 时，按 $\lambda_{max}=50$ 计算）。

4.6.4 格构式轴心受压构件的缀材设计

4.6.4.1 缀材的剪力

当格构式压杆绕虚轴弯曲时，因变形而产生横向剪力（图 4.17），并由缀材承担。通常先估算出受压构件挠曲时产生的剪力，然后计算由此剪力引起的缀材内力。

《标准》规定，轴心受压构件的剪力 V 为：

$$V=\frac{Af}{85\varepsilon_k} \tag{4.25}$$

设计缀材时，偏安全地假定该剪力 V 沿构件全长不变，如图 4.17(c)所示。

对于双肢格构式构件，该剪力 V 由双侧缀材平均分担，每侧缀材承担剪力 $V_1=V/2$。

4.6.4.2 缀条设计

对于缀条式构件，可将缀条看作平行弦桁架的腹杆进行计算。如图 4.18 所示，斜缀条的内力 N_t 为：

$$N_t=\frac{V_1}{n\cos\alpha} \tag{4.26}$$

式中 V_1——分配到一个缀材面的剪力；

n——承受剪力 V_1 的斜缀条数，图 4.18(a)为单缀条体系，$n=1$，图 4.18(b)为双缀条体系，$n=2$；

α——缀条与构件轴线法线的夹角。

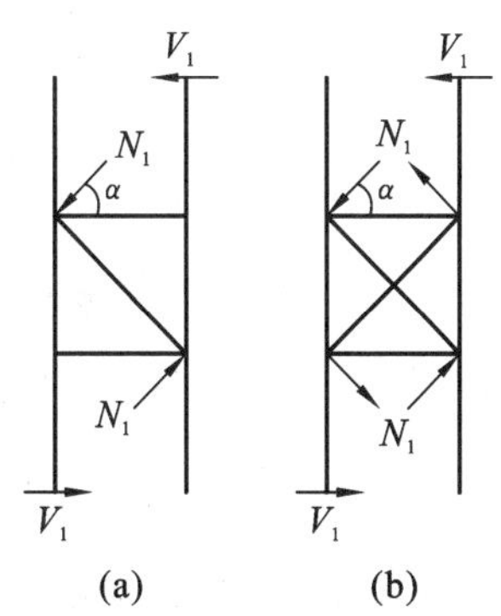

图 4.18 缀条计算简图

斜缀条常采用单角钢。由于构件屈曲时，其弯曲变形方向可能向左或者向右，因此剪力方向也将向左或者向右。由此，斜缀条可能受拉或者受压，一般应按不利情况作为轴心受压构件设计。由于角钢只有一个边与柱肢连接，即角钢单面连接，实质上是偏心受力。然而计算时可以简化为轴压构件，按式(4.13)计算其换算长细比，并确定 φ 值。

式(4.13)适用于单系缀条，横缀条主要用于减小分肢的计算长度，一般可取和斜缀条相同的截面，也可按容许长细比确定，取较小的截面。

4.6.4.3 缀板设计

缀板式格构柱受力可视为一单跨多层钢架，当它整体弯曲时，可假定缀板中点以及相邻缀板之间各肢件的中点为反弯点，只承受剪力，从柱中取出如图 4.19 所示的隔离体，可算得缀板的内力为：

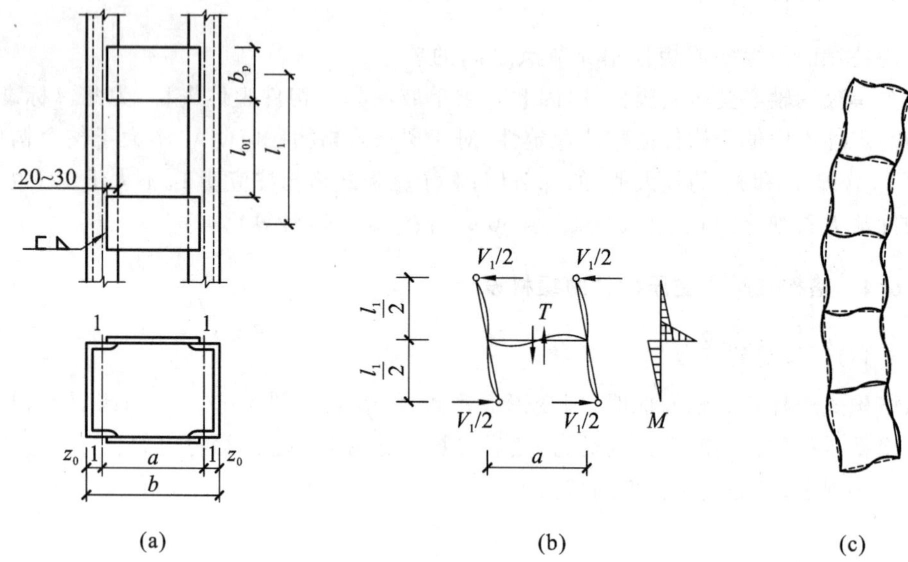

图 4.19 缀板计算简图(单位:mm)

剪力

$$T=\frac{V_1 \cdot l_1}{a} \tag{4.27}$$

弯矩(与分肢连接处)

$$M=T \cdot \frac{a}{2}=\frac{V_1 \cdot l_1}{2} \tag{4.28}$$

式中 l_1——相邻两缀板轴线间的距离；

a——分肢轴心间的距离。

当缀板用角焊缝与肢件相连接时，搭接的长度一般为 20～30mm。角焊缝承受剪力 T 和弯矩 M 的共同作用。

缀板应有一定的刚度，其尺寸应足够大。《标准》规定，在构件同一截面处两侧缀板的线刚度之和(I_b/a)不得小于柱分肢线刚度(I_1/l_1)的 6 倍，此处 $I_b=2\times\frac{1}{12}t_p b_p^3$。通常取缀板宽度 $b_p \geqslant 2a/3$，厚度 $t_p \geqslant a/40$ 且 $t_p \geqslant 6$mm。端缀板宽度适当加宽，取 $b_p=a$。

4.6.5 格构式轴心受压柱的横隔

为了增强杆件的整体刚度，保证杆件截面的形状不变，杆件除在受有较大的水平力处设置横隔外，尚应在运输单元的端部设置横隔，横隔的中距不得大于柱截面较大宽度的 9 倍且不得大于 8m。横隔可用钢板或交叉角钢做成，如图 4.20 所示。

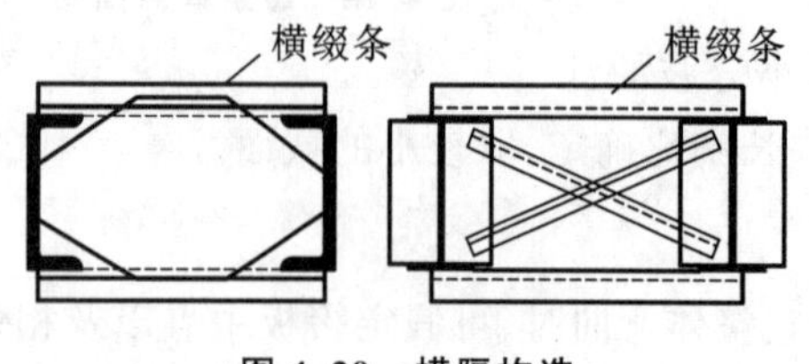

图 4.20 横隔构造

4.6.6 格构式轴心受压构件的设计

格构式轴心受压构件的设计包括以下内容：

(1) 选择构件形式和钢材标号；

(2) 确定肢件截面；

(3) 确定肢件间的间距；

(4) 单肢稳定性计算；

(5) 缀件、连接节点设计。

首先根据使用要求、材料供应、轴心压力 N 的大小和两方向计算长度 l_{0x}、l_{0y} 等条件确定构件形式(中小型构件常采用缀板式构件,大型构件宜采用缀条式构件)和钢材标号。常采用的截面形式是用两根槽钢或工字钢作为肢件的双轴对称截面。

格构柱的肢件截面由实轴稳定计算确定。先假定长细比 λ,查附表 2.2 得 φ_y,进而求得：

$$A_T=\frac{N}{\varphi \cdot f}, i_{yT}=\frac{l_{0y}}{\lambda}$$

由 A_T 和 i_{yT} 查型钢表选择合适的型钢截面,然后对所选的截面按式(4.10)验算其对实轴(y-y 轴)的整体稳定性;按式(4.5)验算刚度,若不满足重新调整截面,直至满足条件为止。

格构柱肢件间距由虚轴(x-x 轴)方向整体稳定计算确定。根据实轴计算选定的截面,算出 λ_y,再由等稳定性条件 $\lambda_{0x}=\lambda_y$ 代入式(4.23)或式(4.24),可得对虚轴的长细比为：

缀条式构件

$$\lambda_{xT}=\sqrt{\lambda_y^2-27\frac{A}{A_{1x}}} \tag{4.29}$$

缀板式构件

$$\lambda_{xT}=\sqrt{\lambda_y^2-\lambda_1^2} \tag{4.30}$$

计算 λ_{xT} 需要已知 A_{1x} 或 λ_1。对于缀条式格构柱。可按一个斜缀条面积 $A_{1x}/2\approx 0.05A$,并保证 $A_{1x}/2$ 不小于按构造要求的最小角钢型号(即 L45×4 或 L56×36×4)来确定的缀条面积。对于缀板式格构柱,可近似取 $\lambda_1\leqslant 0.5\lambda_y$ 且 $\lambda_1\leqslant 40$ 进行计算。

由 λ_{xT} 求得：

$$i_{xT}=\frac{l_{0x}}{\lambda_{xT}}$$

由截面的回转半径近似值(附表 4)的计算公式可得柱在缀材方向所要求的宽度 b,即：

$$b=\frac{i_{xT}}{\alpha_2}$$

一般 b 宜取 10mm 的倍数,且两肢净距宜大于 100mm,以便内部油漆。按照确定的肢件间距 b,用式(4.23)或式(4.24)计算换算长细比 λ_{0x},然后用式(4.10)验算绕虚轴的整体稳定性。

最后验算单肢稳定性,并作缀材及连接节点设计。

【例题 4.4】 试设计一个两端铰接的轴心受压格构柱,该柱承担的轴心压力设计值 $N=1350$kN,在 x 轴方向的计算长度为 $l_{0x}=6$m,在 y 轴方向的计算长度为 $l_{0y}=3$m,采用的钢材为 Q345,焊条为 E50 系列。(1)设计成缀条式格构柱。(2)设计成缀板式格构柱。

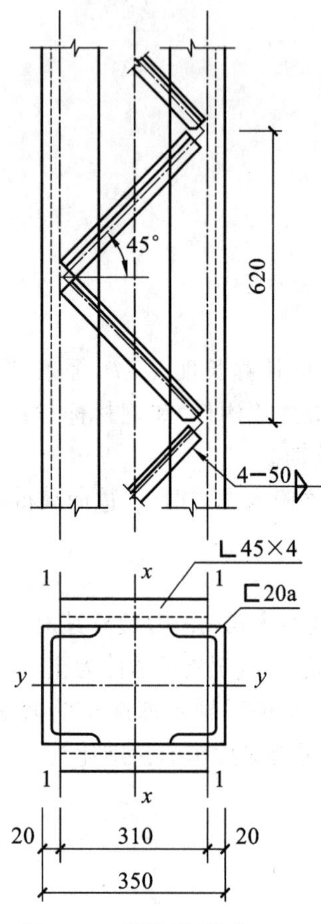

图 4.21　缀条柱(单位:mm)

解:(1)缀条柱

① 确定肢件截面

查附表 1.1 得 $f=305\text{N/mm}^2$。

设 $\lambda=60$,按 b 类截面由 $\lambda\sqrt{\dfrac{f_y}{235}}=60\times\sqrt{\dfrac{345}{235}}=72.7$,查附表 2.2 得 $\varphi_y=0.734$。

$$A_T=\frac{N}{\varphi\cdot f}=\frac{1350\times10^3}{0.734\times305}=6030\text{mm}^2=60.30\text{cm}^2$$

$$i_{yT}=\frac{l_{0y}}{\lambda}=\frac{300}{60}=5\text{cm}$$

由附表 8 选 2[20a,截面如图 4.21 所示。

$$A=2\times28.84=57.68\text{cm}^2$$

$$i_y=7.86\text{cm},\quad I_1=128\text{cm}^4$$

$$i_1=2.11\text{cm},\quad z_0=2.01\text{cm}$$

$$\lambda_y=\frac{l_{0y}}{i_y}=\frac{300}{7.86}=38.2<[\lambda]=150(\text{满足要求})$$

由 $\lambda_y\sqrt{\dfrac{f_y}{235}}=38.2\sqrt{\dfrac{345}{235}}=46.3$,按 b 类截面查附表 2.2,得 $\varphi_y=0.873$。

$$\frac{N}{\varphi_y Af}=\frac{1350\times10^3}{0.873\times57.68\times10^2\times305}=0.879<1.0(\text{满足})$$

所选 2[20a 满足要求。

② 确定肢件间距

$\dfrac{A_{1x}}{2}\approx0.05A=0.05\times57.68=2.9\text{cm}^2$,并按构造要求取最小角钢 ∟45×4

$$\frac{A_{1x}}{2}=3.49\text{cm}^2$$

$$\lambda_{xT}=\sqrt{\lambda_y^2-27\times\frac{A}{A_{1x}}}=\sqrt{38.2^2-27\times\frac{57.68}{2\times3.49}}=35.2$$

$$i_{xT}=\frac{l_{0x}}{\lambda_{xT}}=\frac{600}{35.2}=17.1\text{cm}$$

由附表 4 可知 $\alpha_2=0.44$

$$b=\frac{i_{xT}}{\alpha_2}=\frac{17.1}{0.44}=38.9\text{cm}$$

取 $b=35\text{cm}$

$$\frac{a}{2}=\frac{b}{2}-z_0=\frac{35}{2}-2.01=15.49\text{cm}$$

$$I_x=2\times(128+28.84\times15.49^2)=14095.7\text{cm}^4$$

$$i_x=\sqrt{\frac{I_x}{A}}=\sqrt{\frac{14095.7}{57.68}}=15.6\text{cm}$$

$$\lambda_x=\frac{l_{0x}}{i_x}=\frac{600}{15.6}=38.4$$

$$\lambda_{0x}=\sqrt{\lambda_x^2+27\frac{A}{A_{1x}}}=\sqrt{38.4^2+27\times\frac{57.68}{2\times3.49}}=41.2$$

由 $\lambda_{0x}=41.2<[\lambda]=150$(满足要求)

由 $\lambda_{0x}\sqrt{\frac{f_y}{235}}=41.2\times\sqrt{\frac{345}{235}}=49.9$,按 b 类截面查附表 2.2,得 $\varphi_x=0.857$。

$$\frac{N}{\varphi_x Af}=\frac{1350\times10^3}{0.857\times57.68\times10^2\times305}=0.895<1.0\text{(满足要求)}$$

③ 缀条计算

斜缀条按45°布置,如图 4.21 所示。

缀条面剪力

$$V_1=\frac{1}{2}\frac{Af}{85\varepsilon_k}=\frac{1}{2}\times\frac{57.68\times315\times10^2}{85}\sqrt{\frac{345}{235}}=12950N$$

斜缀条内力

$$N_t=\frac{V_1}{\cos\alpha}=\frac{12950}{\cos45^\circ}=18314.1\text{N}$$

斜缀条角钢为 L45×4,由附表查得:$A=3.49\text{cm}^2$,$i_{min}=0.89\text{cm}$,$i_x=1.38\text{cm}$。

$$\lambda=\frac{l_t}{i_{min}}=\frac{35-2\times2.01}{\cos45^\circ\times0.89}=49.3<[\lambda]=150\quad\text{(满足要求)}$$

$$\lambda_u=\frac{l_t}{i_x\varepsilon_k}=\frac{35-2\times2.01}{\cos45^\circ\times1.38}\sqrt{\frac{345}{235}}=38.5,\text{则 }\lambda_e=80+0.65\lambda_u=80+0.65\times38.5=105.0$$

由表 4.4 查得单角钢属 b 类截面,查附表 2.2 得 $\varphi=0.523$。

$$\frac{N_t}{\varphi Af}=\frac{18314.1}{0.523\times3.49\times10^2\times305}=0.329<1.0\quad\text{(满足要求)}$$

④ 单肢稳定性验算

$$l_{01}=2(b-2z_0)=2\times(350-2\times20.1)=620$$

$$\lambda_1=\frac{l_{01}}{i_1}=\frac{620}{21.1}=29$$

$$\lambda_{max}=\lambda_{0x}=41.2<50,\text{取 }\lambda_{max}=50$$

$$\lambda_1=29<0.7\lambda_{max}=0.7\times50=35$$

单肢稳定满足要求。

⑤ 连接焊缝

由附表 1.2 查得 $f_f^W=200\text{N/mm}^2$。

采用两面侧焊,取 $h_f=4\text{mm}$。

肢背焊缝需要长度:

$$l_{W1}=\frac{K_1\cdot N_t}{0.7h_f\cdot\gamma_r\cdot f_f^W}=\frac{0.7\times18314.1}{0.7\times4\times0.85\times200}=26.9\text{mm}$$

$l_1=l_{W1}+10=36.9\text{mm}$

肢尖焊缝需要长度:

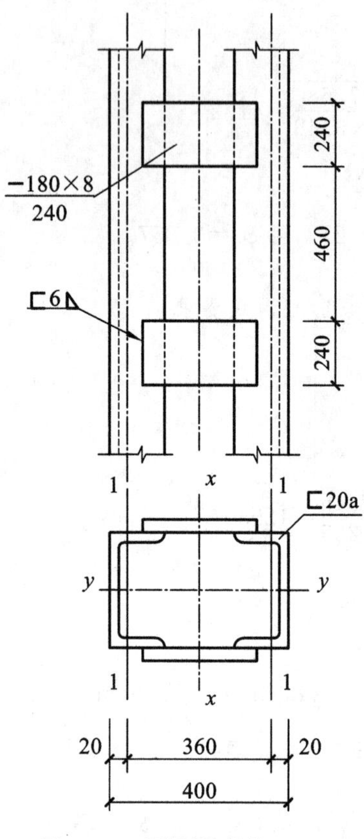

图 4.22　缀板柱(单位:mm)

$$l_{W2}=\frac{K_2\cdot N_t}{0.7h_f\cdot\gamma_r\cdot f_f^W}=\frac{0.3\times18314.1}{0.7\times4\times0.85\times200}=11.5\text{mm}$$

$$l_2=l_{W2}+10=21.5\text{mm}$$

肢背、肢尖焊缝长度都取 50mm。

(2) 缀板柱

① 对实轴计算与缀条柱相同,选用 2[20a,截面形式如图 4.22 所示。

② 确定肢件间间距

根据 $\lambda_1\leqslant40$ 及 $\lambda_1\leqslant0.5\lambda_y=25$(此处因 $\lambda_y=38.2<50$,故取 $\lambda_y=50$),设 $\lambda_1=22$

$$\lambda_{xT}=\sqrt{\lambda_y^2-\lambda_1^2}=\sqrt{38.2^2-22^2}=31.2$$

$$i_{xT}=\frac{l_{0x}}{\lambda_{xT}}=\frac{600}{31.2}=19.2\text{cm}$$

查附表 4 得:$\alpha_2=0.44$。

$$b=\frac{i_{xT}}{\alpha_2}=\frac{19.2}{0.44}=43.7\text{cm}$$

取 $b=40$cm

$$l_{01}=\lambda_1\cdot i_1=22\times2.11=46.4\text{cm}$$

取 $l_{01}=46$cm

$$\frac{a}{2}=\frac{b}{2}-z_0=\frac{40}{2}-2.01=18\text{cm}$$

$$I_x=2\times(128+28.84\times18^2)=18944.3\text{cm}^4$$

$$i_x=\sqrt{\frac{I_x}{A}}=\sqrt{\frac{18944.3}{57.68}}=18.1\text{cm}$$

$$\lambda_x=\frac{l_{0x}}{i_x}=\frac{600}{18.1}=33.1,\quad \lambda_1=\frac{l_{01}}{i_1}=\frac{46}{2.11}=21.8$$

$$\lambda_{0x}=\sqrt{\lambda_x^2+\lambda_1^2}=39.6<[\lambda]=150\quad(\text{满足要求})$$

由 $\lambda_{0x}\sqrt{\frac{f_y}{235}}=39.6\times\sqrt{\frac{345}{235}}=48$,按 b 类截面查附表 2 得 $\varphi_x=0.865$。

$$\frac{N}{\varphi_x Af}=\frac{1350\times10^3}{0.865\times57.68\times10^2\times305}=0.887<1.0\quad(\text{满足要求})$$

③ 单肢稳定性验算

$$\lambda_{max}=36.9<50,\text{取 }\lambda_{max}=50$$

$$\lambda_1=21.8<0.5\lambda_{max}=0.5\times50=25$$

且 $\lambda_1<40\varepsilon_k=40\sqrt{\frac{235}{345}}=33.0$,单肢稳定性满足要求。

④ 缀板设计

由图 4.22 可知,$b=400\text{mm}=40\text{cm}$,$a=360\text{mm}=36\text{cm}$。

$b_p\geqslant\frac{2a}{3}=\frac{2\times36}{3}=24\text{cm}$,取 $b_p=240$mm。

$t_p \geqslant \frac{a}{40} = \frac{36}{40} = 0.9\text{cm}$，取 $t_p = 10\text{mm}$。

$$l_1 = l_{01} + b_p = 46 + 24 = 70\text{cm}$$

缀板为-10×240×360。

$$\frac{2(I_p/a)}{I_1/l_1} = \frac{2 \times \frac{1.0 \times 24^3}{12 \times 36}}{\frac{128}{70}} = 35 > 6 \quad \text{（满足要求）}$$

⑤ 连接焊缝

缀板与分肢连接处的内力为：

剪力 $T = \frac{V_1 \cdot l_1}{a} = \frac{12950 \times 70}{36} = 25180.6\text{N}$

弯矩 $M = \frac{V_1 \cdot l_1}{2} = \frac{12950 \times 70}{2} = 453250\text{N} \cdot \text{cm}$

采用角焊缝，三面围焊，计算时偏安全地仅考虑竖直焊缝，但不扣除考虑缺陷的 $2h_f$ 段，取 $h_f = 6\text{mm}$（图 4.23）。

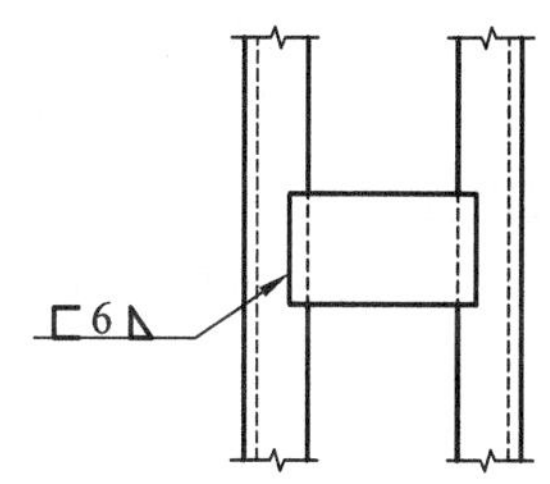

图 4.23 缀板焊缝详图（单位：mm）

$$A_f = 0.7 \times 0.6 \times 24 = 10.08\text{cm}^2$$

$$W_f = \frac{1}{6} \times 0.7 \times 0.6 \times 24^2 = 40.32\text{cm}^3$$

$$\sqrt{\left(\frac{\sigma_f}{\beta_f}\right)^2 + (\tau_f)^2} = \sqrt{\left(\frac{453250 \times 10}{1.22 \times 40.32 \times 10^3}\right)^2 + \left(\frac{25180.6}{10.08 \times 10^2}\right)^2}$$

$$= 95.5\text{N/mm}^2 < f_f^W = 200\text{N/mm}^2 \quad \text{（满足要求）}$$

4.7 梁与柱的铰接连接形式和构造

梁与柱的连接可以采用刚性连接、半刚性连接、柔性连接（也称铰接）。轴心受压柱一般采用铰接。其作用是将梁的支撑反力通过连接传递到柱身。构造要求保证柱轴心受压，其连接方式和梁端部构造有关。一般有两种方式：一种是将梁设置于柱顶（图 4.24）；另一种是将梁连接于柱的侧面（图 4.25）。

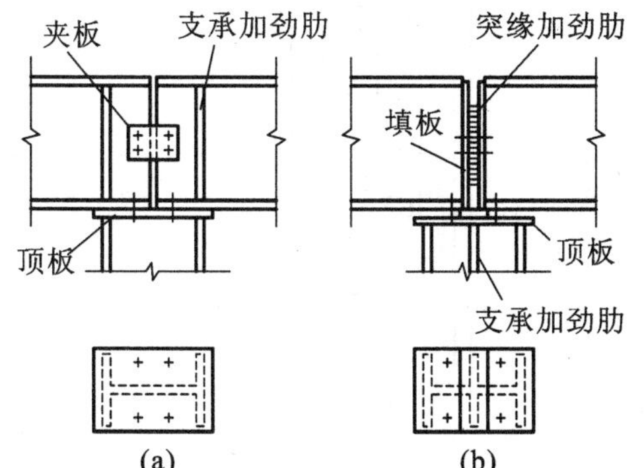

图 4.24 梁支承于柱顶的铰接连接

4.7.1 柱顶支承梁的构造

图 4.24 是梁支承于柱顶的铰接构造图。梁的反力通过柱的顶板传给柱；顶板一般取 16～20mm 厚，与柱用焊缝相连；梁与顶板用普通螺栓相连，以便安装就位。

图 4.24(a) 中，梁支承加劲肋应对准柱的翼缘，使梁的支承反力通过支承加劲肋传递给柱的翼缘。为了便于安装，相邻梁之间留一空隙，最后用夹板和构造螺栓相连，以防止单个梁

的倾斜。这种连接形式传力明确，构造简单，施工方便，但当两相邻梁反力不等时即引起柱的偏心受压，一侧梁传递的反力很大时，还可能引起柱翼缘的局部屈曲。

图 4.24(b)中，梁通过带突缘的支承加劲肋连接于柱的轴线附近，这样即使相邻梁反力不等，柱仍接近轴心受压。突缘加劲肋底部刨平顶紧于柱顶板；柱的腹板是主要受力部分，其厚度不能太薄，同时在柱顶板之下，腹板两侧应设置加劲肋，两相邻梁之间留一定空隙便于安装时调节，最后嵌入合适的填板并用构造螺栓连接。

4.7.2 柱侧支承梁的构造

梁连接在柱的侧面，当梁的反力较小时，可采用如图 4.25(a)所示的连接，直接将梁搁置在柱的承托上，用普通螺栓连接，梁与柱侧间留一空隙，用角钢和构造螺栓相连，这种连接形式比较简单，施工方便。当梁的反力较大时，可采用如图 4.25(b)所示的方案，用厚钢板做承托，承托与柱侧面用焊缝相连，采用这种连接形式，制造与安装的精度要求较高，承托板的端面必须刨平顶紧以便直接传递压力。梁与柱侧仍留一定空隙，梁吊装就位后，用

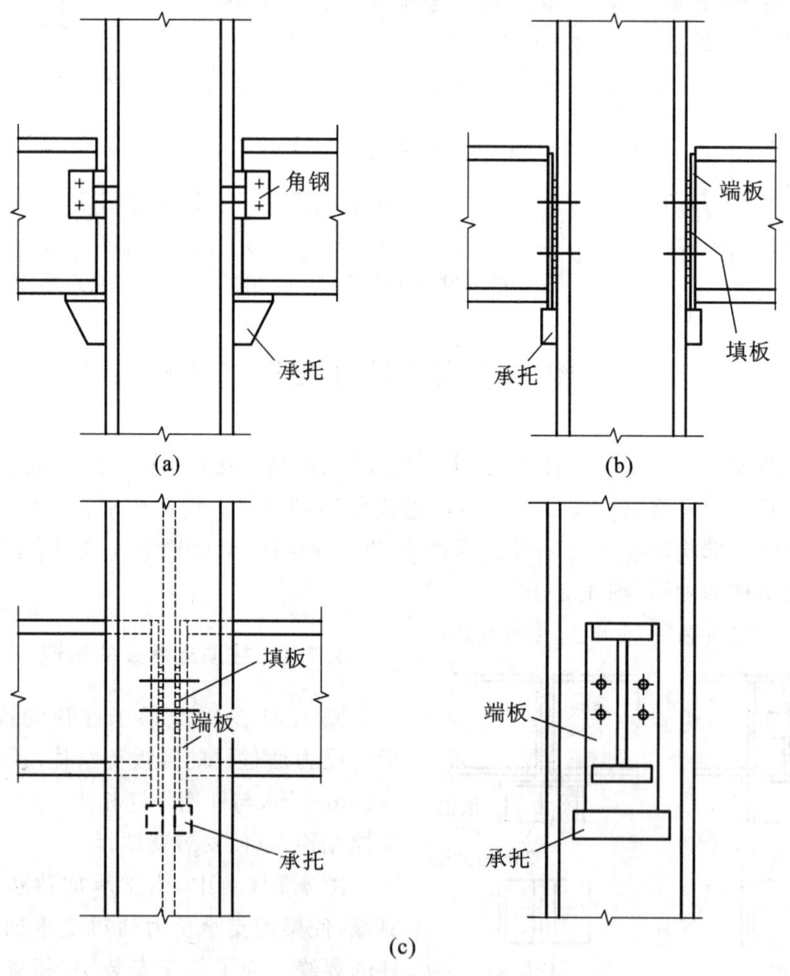

图 4.25 梁支承于柱侧的铰接连接

填板和构造螺栓将柱翼缘和梁端板连接起来。当梁是沿柱翼缘平面方向与柱连接时,可采用图 4.25(c)所示的连接方法。图中腹板上设置承托,梁端板支承于承托上。梁吊装就位后,用填板和构造螺栓将柱腹板与梁端板连接起来。由于梁端反力传递给柱腹板,因此这种连接在两相邻梁反力相差较大时,柱仍然接近于轴心受力状态。

有关梁与柱刚性连接及半刚性连接情况将在第 6 章介绍。

4.8 柱脚设计

柱脚的作用是将柱身的压力均匀地传给基础,并和基础牢固地连接起来。在整个柱中,柱脚是比较费钢费工的部分。设计时应力求简明,并尽可能符合结构的计算简图,以便安装固定。

4.8.1 柱脚的形式和构造

柱脚按其与基础的连接方式不同,可分为铰接和刚接两类。铰接主要承受轴心压力,刚接主要承受压力和弯矩。本节只讲铰接柱脚,刚接柱脚将在第 6 章讲述。

图 4.26 是常用的铰接类柱脚的几种形式,主要用于轴心受压柱。当柱轴力很小时,可采用图 4.26(a)的形式,在柱的端部只焊一块不太厚的底板,柱身的压力经过焊缝传到底板,底板再将柱身的压力传到基础上。当柱轴力较大时,可采用图 4.26(b)、图 4.26(c)、图 4.26(d)的形式,柱端通过竖焊缝将力传给靴梁,靴梁通过底部焊缝将压力传给底板。靴梁不仅增加了传力焊缝的长度,同时也将底板分为较小的区格,减小了底板在反力作用下的最大弯矩值。当采用靴梁后,底板的弯矩值仍较大时,可采用隔板和肋板。图 4.26(b)是仅采用靴梁的形式,图 4.26(c)和图 4.26(d)是分别采用隔板和肋板的形式。

柱脚通过锚栓固定于基础上。铰接柱脚只沿着一条轴线设置两个连接于底板的锚栓,锚栓的直径一般为 20～25mm。为了便于安装,底板上的锚栓孔径取为锚栓直径的 1.5～2 倍,待柱就位并调整到设计位置后,再用垫板套住锚栓并与底板焊牢。

4.8.2 轴心受压柱脚的计算

柱脚的计算包括按所受轴心压力确定底板的尺寸、靴梁尺寸以及它们之间的连接焊缝尺寸。柱脚的剪力一般数值不大,可由底板与基础表面间的摩擦力传递,必要时可设置抗剪键[图 4.26(b)]。

4.8.2.1 底板的计算

假定柱脚压力在底板和基础之间均匀分布,所需底板面积是:

$$A=\frac{N}{f_{cc}} \tag{4.31}$$

式中 N——作用于柱脚的压力设计值;

f_{cc}——基础材料的抗压强度设计值。

如果底板上设置锚栓,那么所需要的底板面积中还应该加进锚栓孔的面积 A_0。

对如图 4.27 所示有靴梁的柱脚,底板的宽度是:

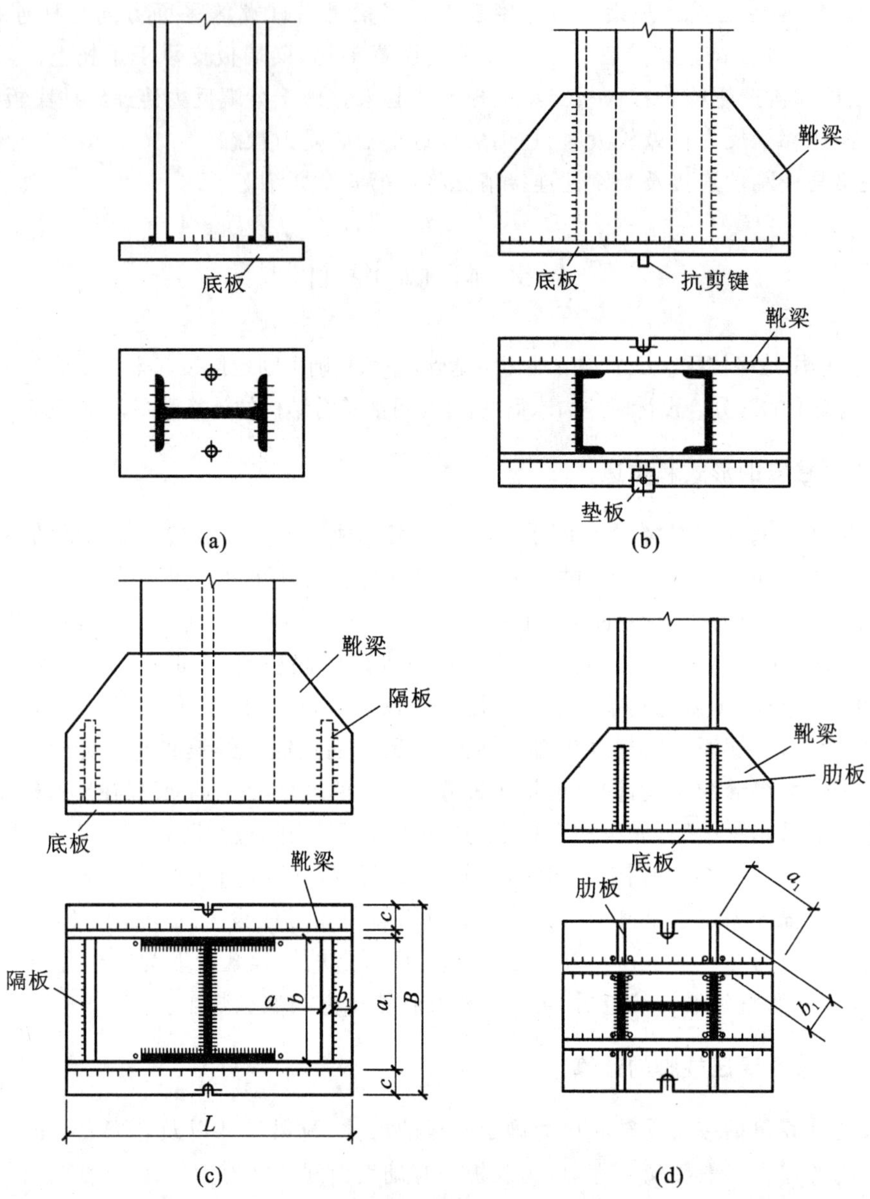

图 4.26 铰接柱脚

$$B=b+2t+2c \tag{4.32}$$

式中 b——柱子截面的宽度或高度；

t——靴梁板的厚度；

c——底板悬伸部分，一般取 2～10mm。

B 应取整数。底板的长度应该是：

$$L=\frac{A}{B} \tag{4.33}$$

一般取 $1 \leqslant \frac{L}{B} \leqslant 2$。

底板的厚度由板的抗弯强度决定，可以把底板看作是一块支承在靴梁、隔板和柱身截面上的平板，它承受从下面基础传来的均匀分布反力 q，其值假定为：

$$q=\frac{N}{BL-A_0} \tag{4.34}$$

底板被靴梁、隔板和柱身划分成不同支承部分。有四边支承部分，如图 4.13(c)中柱身截面范围内的板 4，或者在柱身与隔板之间的部分板 2；有三边支承部分，如图 4.13(c)中在隔板至底板自由边之间的部分板 3；还有悬臂部分，如图 4.13(c)中板 1。一般将上述各个部分当成独立的板，按各自的支承情况分别算出均布荷载 q 作用下的弯矩，并取其中最大弯矩来确定底板厚度。

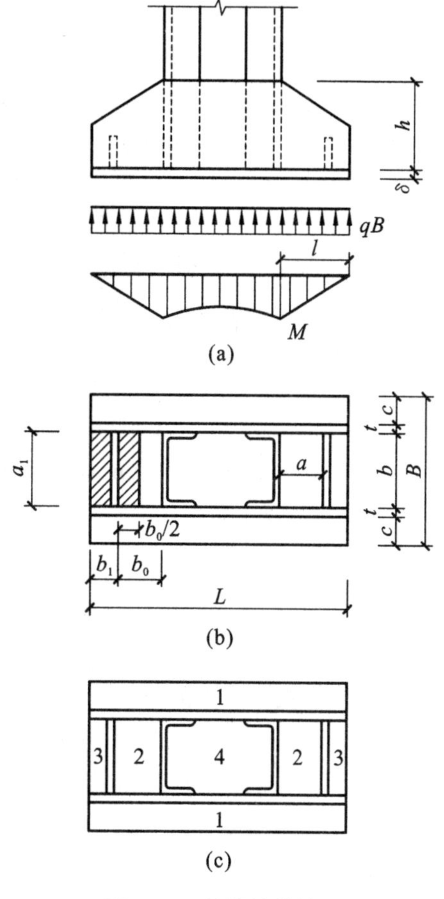

图 4.27 柱脚计算简图

(1) 四边支承板

四边支承板，在板中央短边方向的弯矩比长边方向的大，取单位板宽作为计算单元，其弯矩为：

$$M_4=\alpha q a^2 \tag{4.35}$$

式中 a——四边支承板短边的长度；

α——系数，由板的长边与短边的比值 b/a 确定，见表 4.5。

(2) 三边支承板

三边支承板的最大弯矩位于自由边的中央，该处的弯矩为：

$$M_3=\beta q a_1^2 \tag{4.36}$$

式中 a_1——自由边的长度；

β——系数，由垂直于自由边的宽度 b_1 和长度 a_1 的比值 b_1/a_1 确定，见表 4.6。

表 4.5 四边简支板的弯矩系数 α

b/a	1.0	1.1	1.2	1.3	1.4	1.5	1.6	1.7	1.8	1.9	2.0	3.0	≥4.0
α	0.048	0.055	0.063	0.069	0.075	0.081	0.086	0.091	0.095	0.099	0.101	0.119	0.125

表 4.6 三边简支板的弯矩系数 β

b_1/a_1	0.3	0.4	0.5	0.6	0.7	0.8	0.9	1.0	1.2	≥1.4
β	0.026	0.042	0.058	0.072	0.085	0.092	0.104	0.111	0.120	0.125

(3) 两相邻边支承板

对于相邻边支承、另两边自由的底板,也可按式(4.36)计算其弯矩。此时 a_1 取对角线长度,b_1 则为支承边交点至对角线的距离[图 4.26(d)]。

(4) 一边支承板(悬臂板)

$$M_1=\frac{1}{2}qc^2 \tag{4.37}$$

式中 c——悬臂板的外伸宽度。

$$M_{\max}=\max(M_4,M_3,M_1)$$

则底板厚度为

$$\delta=\sqrt{\frac{6M_{\max}}{f}} \tag{4.38}$$

底板厚度一般为 20~40mm,为了保证底板有足够刚度,最薄也不宜小于 14mm。

4.8.2.2 靴梁的计算

靴梁板的厚度与被连接的柱子翼缘厚度大致相同。靴梁的高度由连接柱所需要的焊缝长度决定,但是每条焊缝的长度不应超过角焊缝尺寸 h_f 的 60 倍,同时 h_f 也不应大于被连接的较薄板件厚度的 1.2 倍。

两块靴梁板所承受的弯矩:

如图 4.27(a)所示,靴梁可简化成两端外伸的简支梁,在柱肢范围内,底板与靴梁共同工作,一般可不计算跨中截面的强度,故靴梁板所承受的最大弯矩为外伸梁支座处的弯矩,即

$$M=qBl^2/2 \tag{4.39}$$

两块靴梁板承受的剪力可取支座处的剪力,即

$$V=qBl \tag{4.40}$$

上述两式中的 l 为靴梁的悬臂长度。

根据 M、V 验算靴梁的抗弯和抗剪强度。

4.8.2.3 隔板计算

为了保证隔板有一定刚度,其厚度不应小于隔板长度的 1/50。隔板的高度取决于连接焊缝要求,其所传递的力近似取为图 4.27(b)中阴影部分的基础反力。

【例题 4.5】 试设计一个轴心受压格构柱柱脚。柱脚布置如图 4.28 所示,采用两个 M20 锚栓。轴心压力设计值 $N=1300$kN(包括柱自重)。基础混凝土强度等级为 C15。钢材为 Q235,焊条为 E43 系列。

解:(1)底板尺寸的确定

C15 混凝土 $f_{cc}=7.5\text{N/mm}^2$,考虑因局部受压,强度可以提高,取强度提高系数 $\gamma=1.1$,则:

$$\gamma f_{cc}=1.1\times7.5=8.25\text{N/mm}^2$$

锚栓孔直径取 40mm,为方便计算,锚栓孔的面积取$(40\times40)\text{mm}^2$。

$$A_0=2\times40\times40=3200\text{mm}^2=32\text{cm}^2$$

底板需要面积：

$$A=\frac{N}{f_{cc}}+A_0=\frac{1300\times10^3}{8.25\times10^2}+32=1607.8\text{cm}^2$$

取底板宽度

$$B=20+2\times1+2\times7=36\text{cm}$$

底板需要长度

$$L=\frac{A}{B}=\frac{1607.8}{36}=44.7\text{cm}$$

取 $L=48\text{cm}$

底板所承受的均布压力：

$$q=\frac{N}{BL-A_0}=\frac{1300\times10^3}{(48\times36-32)\times10^2}$$

$$=7.67\text{N/mm}^2<\gamma f_{cc}=8.25\text{N/mm}^2$$

四边支承板：

$\frac{b}{a}=\frac{30}{20}=1.5$，查表 4.5 得 $\alpha=0.081$。

$$M_4=\alpha qa^2=0.081\times7.67\times200^2=24850.8\text{N}\cdot\text{mm}$$

三边支承板：

$\frac{b_1}{a_1}=\frac{90}{200}=0.45$，查表 4.6 得：$\beta=0.05$。

$$M_3=\beta qa_1^2=0.05\times7.67\times200^2=15340\text{N}\cdot\text{mm}$$

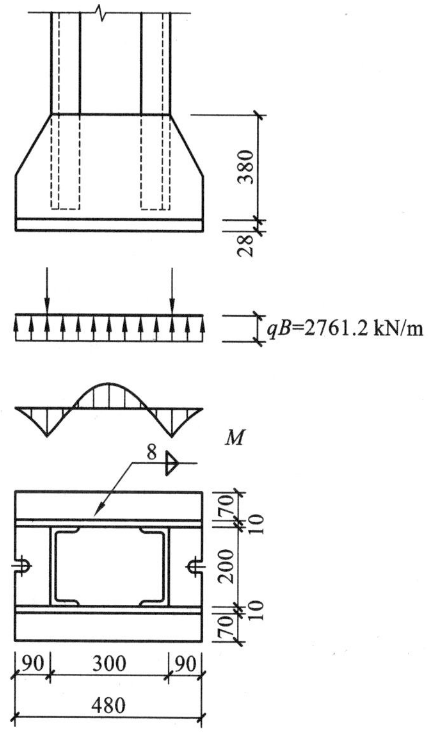

图 4.28 例题 4.5 图(单位：mm)

悬臂板：

$$M_1=\frac{1}{2}qc^2=\frac{1}{2}\times7.67\times70^2=18791.5\text{N}\cdot\text{mm}$$

$M_{max}=M_4=24850.8\text{N}\cdot\text{mm}$，由附表 1.1 取第 2 组钢材抗弯强度设计值，$f=205\text{N/mm}^2$，$f_v=120\text{N/mm}^2$。$\delta=\sqrt{\frac{6M_{max}}{f}}=\sqrt{\frac{6\times24850.8}{205}}=26.9\text{mm}$，取 $\delta=28\text{mm}$。

(2) 靴梁计算

由附表 1.2 查得 $f_f^w=160\text{N/mm}^2$。

靴梁与柱身连接的焊脚尺寸用 $h_f=8\text{mm}$。两块靴梁与柱身用 4 条焊缝相连，靴梁高度根据焊缝的长度 l_W 确定。

$$l_W=\frac{N}{4\times0.7\times h_f\times f_f^w}=\frac{1300\times10^3}{4\times0.7\times8\times160}=362.7\text{mm}<60h_f=480\text{mm}$$

靴梁高度取 38cm，厚度取 1.0cm。

两块靴梁板承受的线荷载为：

$$qB=7.67\times360=2761.2\text{N/mm}=2761.2\text{kN/m}$$

承受的最大弯矩 $M=\frac{1}{2}qBl^2=\frac{1}{2}\times2761.2\times0.09^2=11.2\text{kN}\cdot\text{m}$

$$\sigma=\frac{M}{W}=\frac{6\times11.2\times10^6}{2\times1\times38^2\times10^3}=23.2\text{N/mm}^2<215\text{N/mm}^2$$

剪力
$$V=qBl=2761.2\times0.09=248.5\text{kN}$$

$$\tau=1.5\times\frac{V}{2h\cdot\delta}=1.5\times\frac{248.5\times10^3}{2\times38\times1\times10^2}=49\text{N/mm}^2<f_v=120\text{N/mm}^2$$

靴梁板与底板的连接焊缝以及柱身与底板的连接焊缝将传递全部柱的压力，按图布置焊缝总长度(初步假定焊脚尺寸 $h_f=6\text{mm}$，$2h_f=12\text{mm}$)为：

$$\sum l_W=2\times(48-1.2)+4\times(9-1.2)+2\times(20-1.2)=162.4\text{cm}$$

所需焊脚尺寸应为(端焊缝)：

$$h_f=\frac{N}{1.22\times0.7\sum l_W\cdot f_f^W}=\frac{1300\times10^3}{1.22\times0.7\times1624\times160}=5.9\text{mm}$$

取 $h_f=6\text{mm}$。

本章小结

(1) 轴心受拉构件应计算强度和刚度；轴心受压构件除计算强度和刚度外，还应计算整体稳定，其中组合截面还应计算翼缘和腹板的局部稳定。

(2) 当孔洞为没有紧固件的虚孔时，轴心受压构件强度计算要求净截面平均应力不超过设计强度，即 $\sigma=N/A_n\leqslant f$。

(3) 轴心受压构件刚度计算要求构件长细比不超过容许长细比，即 $\lambda\leqslant[\lambda]$。

(4) 本书涉及的稳定问题有轴心受压构件、梁(受弯构件)、偏心受压构件、框架的整体稳定，以及组合截面梁、柱翼缘和腹板的局部稳定。本章对稳定理论做一简要概述，学习时应着重了解稳定问题基本概念及保证稳定的措施，以便能在实际工作中妥善处理稳定问题。

(5) 实腹式轴心受压构件弯曲屈曲的计算是取实际(计入弹塑性、初偏心、残余应力)的轴心压杆，按二阶弹塑性理论得出极限承载力，再定出轴心受压构件稳定系数 φ，然后按式(4.10)计算。φ 值与截面类型、钢材等级及杆件长细比有关。

(6) 实腹式轴心受压构件扭转屈曲和弯扭屈曲的计算是取理想轴心受压构件，按弹性稳定理论分析导出弹性扭转屈曲和弯扭屈曲临界荷载，将其与弯曲屈曲承载力即欧拉荷载比较，得到相应的换算长细比 λ_z 和 λ_{yz}，然后将 λ_z 和 λ_{yz} 代入式(4.10)计算，由此间接地计入弹塑性、初偏心、残余应力的影响。

(7) 格构式轴心受压构件对虚轴的弯曲屈曲计算是取理想轴心受压构件，计入缀材变形的影响，按弹性稳定理论分析导出其弹性弯曲屈曲临界荷载，将它与实腹式轴心受压构件的弯曲屈曲荷载即欧拉荷载比较，得到相应的换算长细比 λ_{0x}，然后将 λ_{0x} 代入式(4.10)计算，由此间接地计入弹塑性、初偏心、残余应力的影响。除整体稳定计算外，格构式轴心受压构件还要控制单肢长细比，保证单肢不先于整体构件失稳，并对缀材及其分肢的连接进行计算。

(8) 轴心受压实腹组合柱的翼缘和腹板是通过控制板件的宽厚比来保证其局部稳定的。

(9) 轴心受压柱和梁的连接(柱脚)均为铰接，只承受剪力和轴力，其构造布置应保证传力要求，并进行必要的计算，设计应使构造简单，以便于制造安装。

思考题

4.1 以轴心受压构件为例，说明构件强度计算与稳定计算的区别。

4.2 理想弹性轴心受压构件与实际轴心受压构件的稳定承载力有何区别？

4.3 轴心受压构件稳定系数 φ 根据哪些因素确定？

4.4 轴心受压构件的整体稳定不能满足要求时，若不增大截面面积，是否还可以采取其他措施提高其承载力？

4.5 为保证轴心受压构件翼缘和腹板的局部稳定，《标准》规定的板件宽厚比限制值是根据什么原则制定的？

4.6 为什么图 4.24 和图 4.25 所示的梁柱连接构造以及图 4.26 所示的柱脚构造在力学分析中可以简化为理想铰计算？

习题

4.1 将例题 4.2 中的轴心受压柱改为宽翼缘 H 型钢 HN250×250×6×9，验算是否满足要求，并与例题 4.2 比较，说明哪种设计更好。

4.2 将例题 4.3 中轴心受压柱改为宽翼缘 H 型钢 HW200×200×8×12，验算是否满足要求，并与例题 4.3 比较，说明哪种设计更好。

4.3 计算一屋架下弦杆所能承受的最大拉力 N，下弦截面为 2L100×10(图 4.29)，有 2 个安装螺栓，螺栓孔径为 21.5mm，钢材 Q235。

4.4 如图 4.30 所示的两个轴心受压柱，截面面积相等，两端铰接，柱高 4.5m，材料用 Q235 钢，翼缘火焰切割以后又经过刨边。判断这两个柱的承载能力的大小，并验算截面的局部稳定。

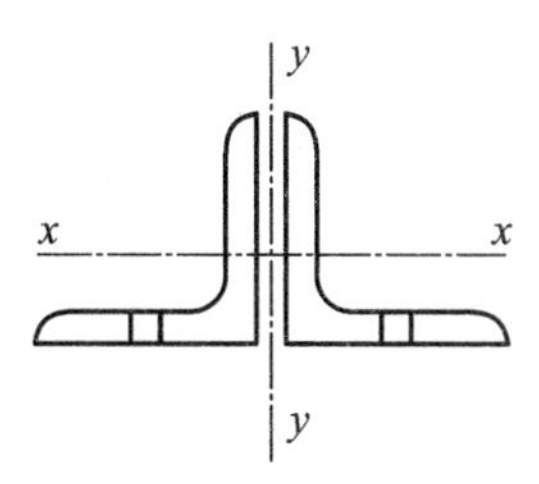

图 4.29 习题 4.3 图

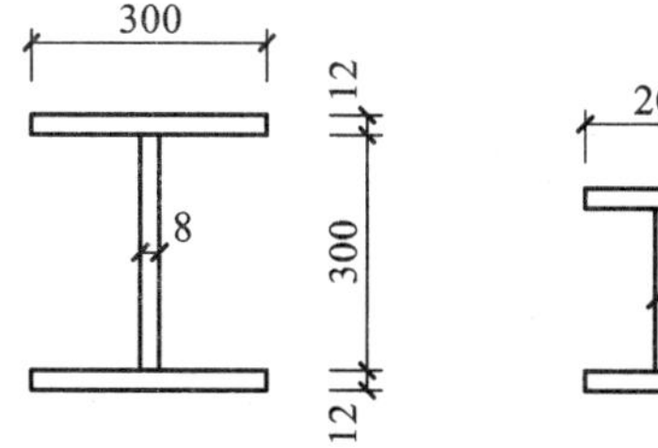

图 4.30 习题 4.4 图(单位:mm)

4.5 设计某工作平台轴心受压柱的截面尺寸，柱高 6m，两端铰接，截面为焊接工字钢，翼缘为火焰切割边，柱所承受的轴心压力设计值 N=4500kN，钢材为 Q235 钢。

4.6 试设计一个两端铰接的缀条格构轴心受压柱，柱高 6m，承受的轴心力设计值为 1500kN，钢材为 Q345，焊条为 E50 系列。

5 受弯构件

提要:本章讲述受弯构件的设计,其中包括强度、刚度、整体稳定和局部稳定等问题的计算及构造,此外简要讲述梁的拼接和连接设计。

5.1 概　　述

受弯构件(钢梁)是指承受横向荷载受弯的实腹式构件。它是组成钢结构的基本构件之一,例如楼盖梁、屋盖梁、工作平台梁、檩条、墙梁、吊车梁及梁式桥、大跨斜拉桥等。

钢梁按支撑情况可分为简支梁、连续梁、悬臂梁等。与连续梁相比,简支梁虽然其弯矩较大,但它不受支座沉陷及温度变化的影响,并且制造、安装、维修、拆换方便,因此得到广泛应用。

钢梁按截面形式分为型钢梁和组合梁两大类。型钢梁又可分为热轧型钢梁和冷弯薄壁型钢梁两种。热轧型钢梁常用普通工字钢、槽钢或 H 型钢做成[图 5.1(a)、图 5.1(b)、图 5.1(c)],应用最为广泛,成本也较为低廉。对受荷较小、跨度不大的梁可用带有卷边的冷弯薄壁槽钢[图 5.1(d)、图 5.1(e)]或 Z 型钢[图 5.1(f)]制作,可以有效地节省钢材。由于型钢梁具有加工方便和成本较低的优点,在结构设计中应该优先采用。

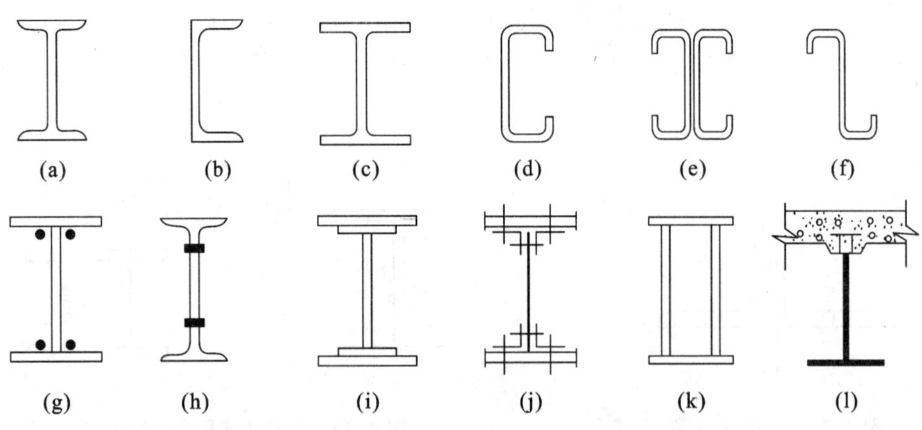

图 5.1　钢梁的截面形式

当构件的跨度或荷载较大,型钢梁受到尺寸和规格的限制,常不能满足承载能力或刚度的要求,这时常采用由几块板组成的组合梁。组合梁按其连接方法和使用材料的不同,可分为焊接组合梁(简称"焊接梁")、铆接组合梁、钢与混凝土组合梁等。组合梁截面的组成比较灵活,可使材料在截面上的分布更为合理。最常用的组合梁是由两块翼缘板加一块腹板制作而成的焊接工字形截面[图 5.1(g)],它的构造比较简单、制作方便,必要时也可考虑采用双层翼缘板组成的截面[图 5.1(i)],或采用两个 T 型钢和钢板组成的焊接梁形式[图 5.1(h)]。

铆接梁[图 5.1(j)]除翼缘板和腹板外还需要有翼缘角钢,和焊接梁相比,它既费料又费工,属于已经淘汰的构件截面形式。对于受荷较大而高度又受到限制的梁,可考虑采用双腹板的箱形截面[图 5.1(k)],该截面形式具有较好的抗扭刚度。为了充分地利用钢材强度,可考虑受力较大的翼缘板采用强度较高的钢材,腹板采用强度稍低的钢材,制作成异种钢组合梁。混凝土宜于受压,钢材宜于受拉,为了充分发挥这两种材料的优势,钢与混凝土组合梁得到了广泛的应用[图 5.1(l)],并取得了较好的经济效果。

5.2 梁的强度和刚度

5.2.1 梁的强度

钢梁要保证强度安全,就要求在设计荷载作用下梁的正应力、剪应力不超过《标准》规定的强度设计值。此外,对于工字形、箱形截面梁,在集中荷载处还要求腹板边缘局部压应力也不超过强度设计值。最后,对于梁内正应力、剪应力及局部应力共同作用处,还应验算其折算应力。现在对这些问题分述如下。

5.2.1.1 正应力

梁截面的弯曲正应力随弯矩增加而变化,可分为弹性、弹塑性及塑性三个工作阶段。下面以工字形截面梁弯曲为例来说明(图 5.2)。

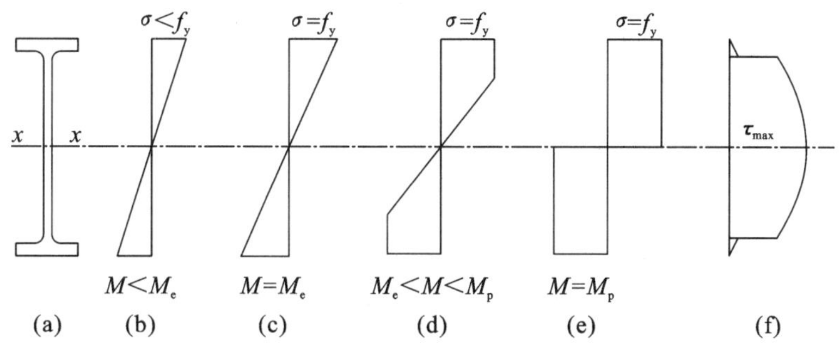

图 5.2 梁截面的应力分布

(1) 弹性工作阶段

当弯矩 M 较小时,截面上的弯曲应力呈三角形分布(图 5.2b)。其外缘纤维最大应力为 $\sigma=M/W_n$,这个阶段可以持续到 σ 达到屈服点 f_y。这时,梁截面的弯矩达到弹性极限弯矩 M_e[图 5.2(c)]。

$$M_e=W_n f_y \tag{5.1}$$

式中 M_e——梁的弹性极限弯矩;

W_n——梁的净截面弹性模量。

(2) 弹塑性工作阶段

超过弹性极限弯矩后,如果弯矩继续增加,截面外缘部分进入塑性状态,中央部分仍保持弹性。由于钢材为理想弹塑性体，这时截面弯曲应力不再保持三角形直线分布，而是呈折线分布[图 5.2(d)]。随着弯矩增大，塑性区逐渐向截面中央扩展，中央弹性区相应逐渐减小。

(3) 塑性工作阶段

在弹塑性工作阶段，如果弯矩不断增加，直到弹性区消失，截面全部进入塑性状态，就达到塑性工作阶段。这时梁截面应力呈上下两个矩形分布[图 5.2(e)]。弯矩达到最大极限，称为塑性弯矩 M_p，其值为：

$$M_p = W_{pn} f_y \tag{5.2}$$

式中 W_{pn}——梁的净截面塑性模量。

当截面上弯矩达到 M_p 时，荷载不能再增加，但变形仍可以继续增加，截面犹如一个铰可以转动，故称为塑性铰。

截面形成塑性铰时，截面中和轴为净截面积平分线，其截面塑性模量 W_{pn} 为截面中和轴以上和以下的净面积分别对中和轴的面积矩 S_{1n} 和 S_{2n} 之和。W_{pn} 和 W_n 之比 $F=W_{pn}/W_n$ 称为截面形状系数。实际上它是截面塑性极限弯矩与截面弹性极限弯矩之比。它仅与截面形状有关，与材料性质无关。对于矩形截面 $F=1.5$；对于通常尺寸的工字形截面 $F_x=1.1\sim1.2$(绕强轴弯曲)，$F_y=1.5$(绕弱轴弯曲)；对于箱形截面 $F=1.1\sim1.2$；对于格构式截面或腹板很小(≈0)的截面 $F\approx1.0$。

考虑梁达到塑性弯矩形成塑性铰时，梁的变形过大，受压翼缘可能过早失去局部稳定，因此《标准》不是以塑性弯矩，而是以梁内塑性发展到一定深度(即截面只是部分区域进入塑性区)作为设计极限状态，则梁的正应力计算公式为：

单向弯曲时

$$\sigma = \frac{M_x}{\gamma_x W_{nx}} \leqslant f \tag{5.3}$$

双向弯曲时

$$\sigma = \frac{M_x}{\gamma_x W_{nx}} + \frac{M_y}{\gamma_y W_{ny}} \leqslant f \tag{5.4}$$

式中 M_x，M_y——梁在最大刚度平面内(绕 x 轴)和最小刚度平面内(绕 y 轴)的弯矩设计值；

W_{nx}、W_{ny}——对 x 轴和 y 轴的净截面模量，当截面板件宽厚比等级为 S1、S2、S3 或 S4 级时，应取全截面模量，当截面板件宽厚比等级为 S5 时，应取有效截面模量，均匀受压翼缘有效外伸宽度可取 $15\varepsilon_k$；

γ_x，γ_y——截面塑性发展系数，其值小于截面形状系数 F，按表 5.1 采用；

f——钢材抗弯强度设计值，见附表 1.1。

但是对于下面两种情况，《标准》规定取 $\gamma=1.0$，即不允许截面有塑性发展，而以弹性极限弯矩作为设计极限弯矩。

① 对工字型和箱型截面，当截面板件宽厚比等级为 S4 或 S5 级时。

② 对需要计算疲劳的梁，强度计算时不考虑截面塑性发展，取 $\gamma_x=\gamma_y=1.0$。

表 5.1 截面塑性发展系数 γ_x、γ_y

项次	截面形式	γ_x	γ_y
1	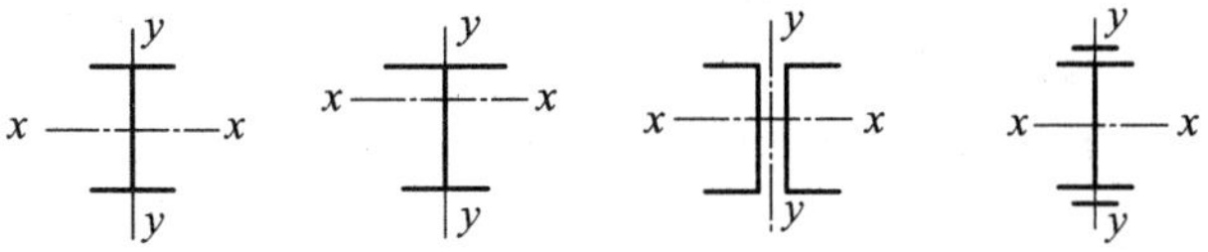	1.05	1.2
2	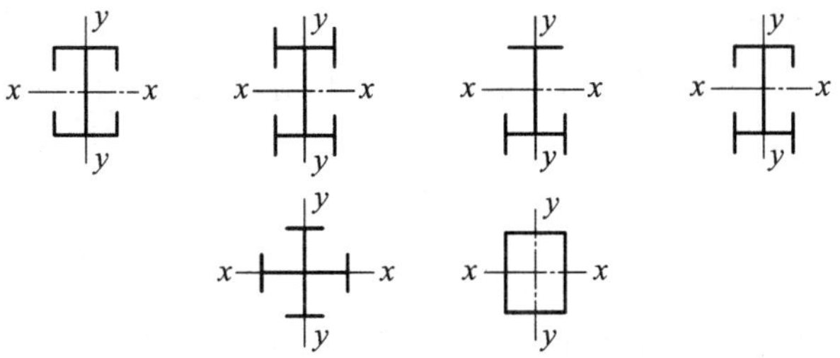		1.05
3	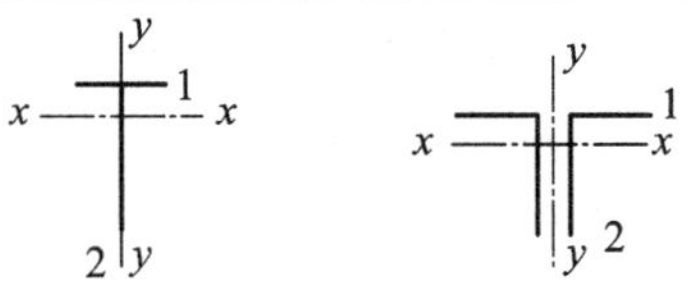	$\gamma_{1x}=1.05$ $\gamma_{2x}=1.2$	1.2
4	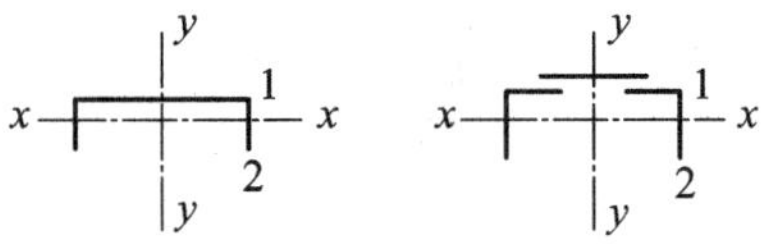		1.05
5	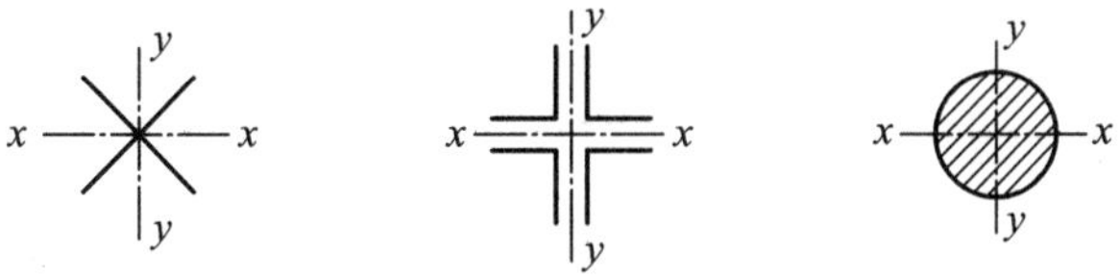	1.2	1.2
6	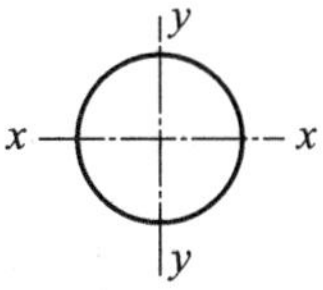	1.15	1.15
7	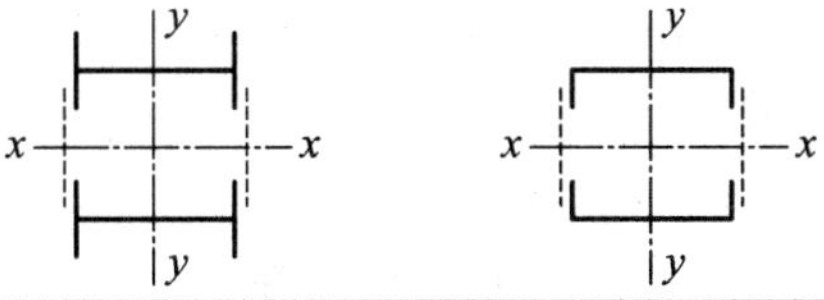	1.0	1.05
8	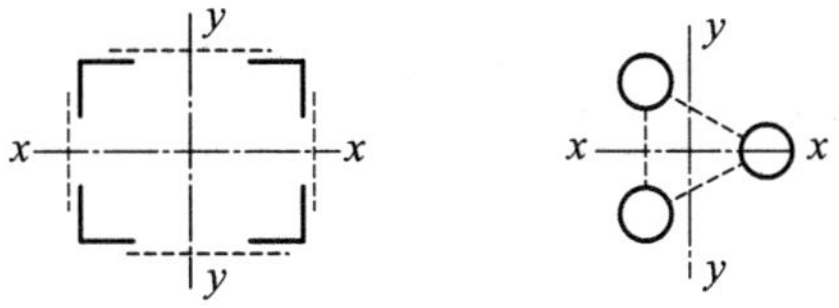		1.0

5.2.1.2 剪应力

《标准》以截面最大剪应力达到所用钢材剪应力屈服点作为抗剪承载力极限状态。由此对于绕强轴(x 轴)受弯的梁,抗剪强度计算公式如下[图 5.2(f)]:

$$\tau=\frac{VS}{I_x t_W}\leqslant f_v \tag{5.5}$$

式中 V——计算截面沿腹板平面作用的剪力；

I_x——毛截面绕强轴(x 轴)的惯性矩；

S——中和轴以上或以下截面对中和轴的面积矩，按毛截面计算；

t_W——腹板厚度；

f_v——钢材的抗剪强度设计值，见附表 1.1。

轧制工字钢和槽钢因受轧制条件限制，腹板厚度 t_W 相对较大，当无较大的截面削弱(如切割或开孔等)时，一般可不计算剪应力。

5.2.1.3 局部压应力

当工字形、箱形等截面梁的翼缘上有固定集中荷载(包括支座反力)作用，且该处又未设置加劲肋[图 5.3(a)]时，或者承受移动集中荷载时[如吊车轮压，图 5.3(b)]，集中荷载通过翼缘传给腹板，腹板边缘集中荷载作用会有很高的局部横向压力。为保证这部分腹板不致受压破坏，必须对集中荷载引起的腹板横向压应力进行计算。

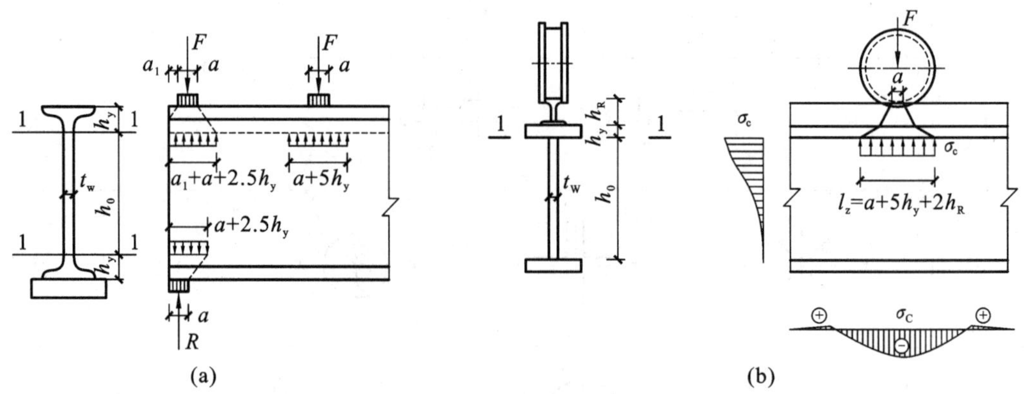

图 5.3 梁腹板局部压应力

如图 5.3 所示，梁翼缘局部范围 a 段内有集中荷载 F 作用。这时翼缘像一个支承在腹板上的弹性地基梁，腹板计算高度 h_0 的边缘(图中 1—1 截面)处，局部横向压应力 σ_c 最大，沿梁高向下 σ_c 逐渐减小至 0。沿跨度方向荷载作用点处 σ_c 最大，然后向两边逐渐减小，至远端甚至出现拉应力，如图 5.3(a)中所示的 σ_c 分布曲线。

实际计算时，偏安全地近似假定集中荷载 F 从作用点开始，在 h_y 高度范围内以 1∶2.5 的斜率，在 h_R 高度范围内以 1∶1 的斜率，均匀地向腹板内扩散，以 1—1 截面扩散长度为 l_z，假定在 l_z 长度范围内 σ_c 均匀分布，按这种假定计算的均匀压应力与理论分析的最大压应力十分接近。这样，《标准》规定腹板计算高度 h_0 的边缘局部横向压应力 σ_c 应满足下式要求：

$$\sigma_c=\frac{\psi F}{t_W l_z}\leqslant f \tag{5.6}$$

式中 F——集中荷载，对动力荷载应考虑动力系数；

ψ——集中荷载增大系数(考虑吊车轮压分配不均匀)，对重级工作制吊车梁取 $\psi=1.35$，其他情况取 $\psi=1.0$；

l_z——集中荷载在腹板计算高度边缘的假定分布长度，按式(5.7a)计算。

$$l_z = a + 5h_y + 2h_R \tag{5.7a}$$

如果集中荷载位于梁的端部，荷载外侧端距 a_1 小于 $2.5h_y$，即 $0 \leqslant a_1 < 2.5h_y$ 时，则取：

$$l_z = a + a_1 + 2.5h_y + 2h_R \tag{5.7b}$$

式中 a——集中荷载沿梁跨度方向的分布长度，对钢轨上的轮压可取 50mm；

h_y——自梁顶面(或底面)至腹板计算高度边缘的距离，对焊接梁，h_y 为翼缘厚度，对轧制型钢梁，h_y 包括翼缘厚度和圆弧部分；

h_R——轨道的高度，计算处无轨道时 $h_R = 0$，如图 5.3(b)所示。

对于固定集中荷载(包括支座反力)，若 σ_c 不满足式(5.6)要求，则应在集中荷载处设置加劲肋。这时集中荷载考虑全部由加劲肋传递，腹板局部压应力可以不再计算。

对于移动荷载(如吊车轮压)，若 σ_c 不满足式(5.6)要求，则应加厚腹板，或采取各种措施使 l_z 增加，从而加大荷载扩散长度减小 σ_c 值。

5.2.1.4 折算应力

在组合梁的腹板计算高度边缘处，若同时受到较大的正应力、剪应力和局部压应力，或同时受到较大的正应力和剪应力(如连续梁支座处或梁的翼缘截面改变处等)，应验算其折算应力。例如图 5.4 中受集中荷载作用的梁，在图中 1—1 截面处，弯矩和剪力均为最大值，同时还有集中荷载引起的局部横向压应力，这时该梁 1—1 截面腹板(计算高度)边缘 A 点处，同时有正应力 σ、剪应力 τ 及横向压应力 σ_c 共同作用(图 5.5)，为保证安全承载，应按下式验算其折算应力：

$$\sigma_{eq} = \sqrt{\sigma^2 + \sigma_c^2 - \sigma\sigma_c + 3\tau^2} \leqslant \beta_1 f \tag{5.8}$$

式中 σ——验算点处正应力，$\sigma = \dfrac{M}{I_{nx}} y$；

τ——验算点处的剪应力，按式(5.5)计算，但式中 S 为 A 点以上翼缘面积对中和轴的面积矩；

M——验算截面的弯矩；

y——验算点至中和轴的距离，对于图 5.5 中的 A 点，$y = h_0/2$；

σ_c——验算点处局部压应力，按式(5.6)计算，当验算截面处设有加劲肋或无集中荷载时，取 $\sigma_c = 0$；

β_1——计算折算应力的强度设计值增大系数，当 σ 与 σ_c 异号时，取 $\beta_1 = 1.2$，当 σ 与 σ_c 同号或 $\sigma_c = 0$ 时，取 $\beta_1 = 1.1$。

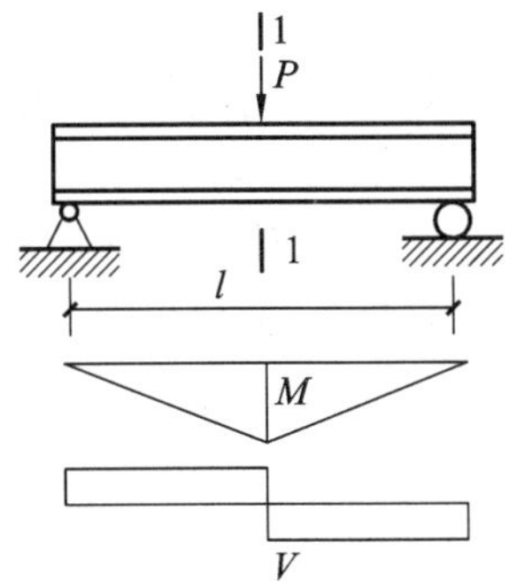

图 5.4 受集中荷载作用的简支梁

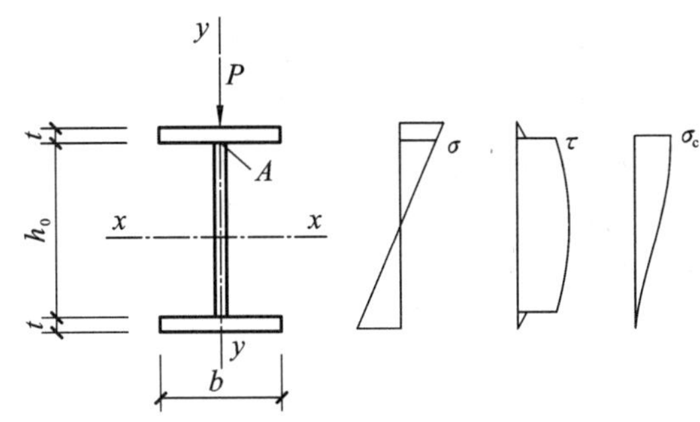

图 5.5 折算应力的验算截面

式(5.8)中将强度设计值乘以增大系数 β_1，是考虑到折算应力最大值只在局部区域，同时几种应力在同一处都达到最大值且材料强度又同时为最低值的概率较小，故将设计强度适当提高。当 σ 与 σ_c 异号时，比 σ 与 σ_c 同号时要提早进入屈服，但这时塑性变形能力高，危险性相对较小，故取 $\beta_1=1.2$；当 σ 与 σ_c 同号时，屈服延迟，但脆性倾向增加，故取 $\beta_1=1.1$；当 $\sigma_c=0$ 时，则偏安全地取 $\beta_1=1.1$。

5.2.2 梁的刚度

梁的刚度按正常使用状态下，荷载标准值引起的挠度来衡量。简支梁在各种荷载作用下的跨中最大挠度计算公式如下。

均布荷载：

$$\omega=\frac{5}{384}\times\frac{q_K l^4}{EI}$$

跨中一个集中荷载：

$$\omega=\frac{8}{384}\times\frac{P_K l^3}{EI}=\frac{1}{48}\times\frac{P_K l^3}{EI}$$

跨间等距离布置两个相等的集中荷载：

$$\omega=\frac{6.81}{384}\times\frac{P_K l^3}{EI}$$

跨间等距离布置三个相等的集中荷载：

$$\omega=\frac{6.33}{384}\times\frac{P_K l^3}{EI}$$

悬臂梁受均布荷载或自由端受集中荷载作用时，自由端最大挠度分别为：

$$\omega=\frac{1}{8}\times\frac{q_K l^4}{EI};\quad \omega=\frac{1}{3}\times\frac{P_K l^3}{EI}$$

式中 ω——挠度；

q_K——均布荷载标准值；

P_K——各个集中荷载标准值之和；

l——梁的跨度；

E——钢材弹性模量($E=206000\text{N/mm}^2$)；

I——梁的毛截面惯性矩。

《标准》要求结构构件或结构体系变形不得损害结构的正常使用功能及观感。例如，如果楼盖梁或屋盖梁挠度太大，会引起居住者不适，或面板开裂；支承吊顶的梁挠度太大，会引起吊顶抹灰开裂脱落；吊车梁挠度太大，会影响吊车正常运行。因此，设计钢梁除应保证各项强度要求之外，还应满足刚度要求，即限制梁的挠度 ω 或相对挠度 ω/l 不超过规定容许值：

$$\omega\leqslant[\omega] \tag{5.9}$$

或

$$\frac{\omega}{l}\leqslant\frac{[\omega]}{l} \tag{5.10}$$

式中 $[\omega]$——梁的容许挠度，见表 5.2。

表 5.2 是从《标准》中摘录的一部分受弯构件挠度容许值。这里注意计算梁的容许挠度 $[\omega]$ 时，取用的荷载标准值应与表 5.2 规定相应。例如有的要求按全部荷载标准值计算，有的仅要求按可变荷载标准值计算，有的要求二者同时分别计算。

表 5.2 受弯构件的挠度容许值

项次	构件类别	挠度容许值	
		$[\omega_T]$	$[\omega_Q]$
1	吊车梁和吊车桁架(按自重和起重量最大的一台吊车计算挠度) (1) 手动起重机和单梁起重机(含悬挂起重机) (2) 轻级工作制桥式起重机 (3) 中级工作制桥式起重机 (4) 重级工作制桥式起重机	 $l/500$ $l/750$ $l/900$ $l/1000$	—
2	手动或电动葫芦的轨道梁	$l/400$	—
3	有重轨(重量等于或大于 38kg/m)轨道的工作平台梁 有轻轨(重量等于或小于 24kg/m)轨道的工作平台梁	$l/600$ $l/400$	—
4	楼(屋)盖梁或桁架、工作平台梁(第 3 项除外)和平台板 (1) 主梁或桁架(包括设有悬挂起重设备的梁和桁架) (2) 仅支承压型金属板屋面和冷弯型钢檩条 (3) 除支承压型金属板屋面和冷弯型钢檩条外，尚有吊顶 (4) 抹灰顶棚的次梁 (5) 除(1)～(4)款外的其他梁(包括楼梯梁) (6) 屋盖檩条 支承压型金属板屋面者 支承其他屋面材料者 有吊顶 (7) 平台板	 $l/400$ $l/180$ $l/240$ $l/250$ $l/250$ $l/150$ $l/200$ $l/240$ $l/150$	 $l/500$ — — $l/350$ $l/300$ — — — —
5	墙架构件(风荷载不考虑阵风系数) (1) 支柱(水平方向) (2) 抗风桁架(作为连续支柱的支承时，水平位移) (3) 砌体墙的横梁(水平方向) (4) 支承压型金属板的横梁(水平方向) (5) 支承其他墙面材料的横梁(水平方向) (6) 带有玻璃窗的横梁(竖直和水平方向)	 — — — — — $l/200$	 $l/400$ $l/1000$ $l/300$ $l/100$ $l/200$ $l/200$

注：(1) l 为受弯构件的跨度(对悬臂梁和伸臂梁为悬臂长度的 2 倍)。

(2) $[\omega_T]$ 为永久和可变荷载标准值产生的挠度(如有起拱应减去拱度)的容许值；$[\omega_Q]$ 为可变荷载标准值产生的挠度的容许值。

(3) 当吊车梁或吊车桁架跨度大于 12m 时，其挠度容许值 $[\omega_T]$ 应乘以 0.9 的系数。

(4) 当墙面采用延性材料或与结构采用柔性连接时，墙架构件的支柱水平位移容许值可采用 $l/300$，抗风桁架(作为连续支柱的支承时)水平位移容许值可采用 $l/800$。

《标准》还规定，当有实践经验或有特殊要求时，可根据不影响正常使用和观感的原则对表 5.2 规定的容许值进行适当的调整。此外，还规定计算变形时可不考虑螺栓(或铆钉)孔引起的截面削弱。

5.3 梁的整体稳定

5.3.1 梁整体稳定的临界弯矩 M_{cr}

如前节所述，对于绕强轴(x 轴)弯曲的梁，它的抗弯强度设计值是 $M_x = \gamma_x W_{nx} f$，梁的刚度则用挠度衡量，其挠度与梁截面惯性矩 I_x 成反比。为提高强度和刚度，梁截面的 W_{nx} 及 I_x 愈大愈好；另一方面，为节约钢材，减轻自重，又要求截面面积愈小愈好。这样，从强度和刚度考虑，梁的截面似乎愈高愈窄愈有利。但是太高太窄的梁，又会产生新的问题：梁可能在达到强度极限承载力之前，丧失整体稳定。

图 5.6 所示为一工字形截面梁，在竖向荷载作用下保持平衡时，起初梁绕强轴(x 轴)产生平面弯曲，即产生向下的挠度。当荷载较小时，若有偶然的侧向干扰(如侧向水平力作用)，梁会在下挠的同时，又发生侧向弯曲和扭转[图 5.6(b)]。这时若撤去干扰，侧弯和扭转会立即消失，梁自行恢复到原有的平面弯曲状态。这种情况就如同凹面内的小球，受侧向力作用可离开凹面最低点，一旦侧向力撤去，小球会立即自动回到原处。因此，这时的梁所处的平衡状态是稳定的，或称梁是整体稳定的。

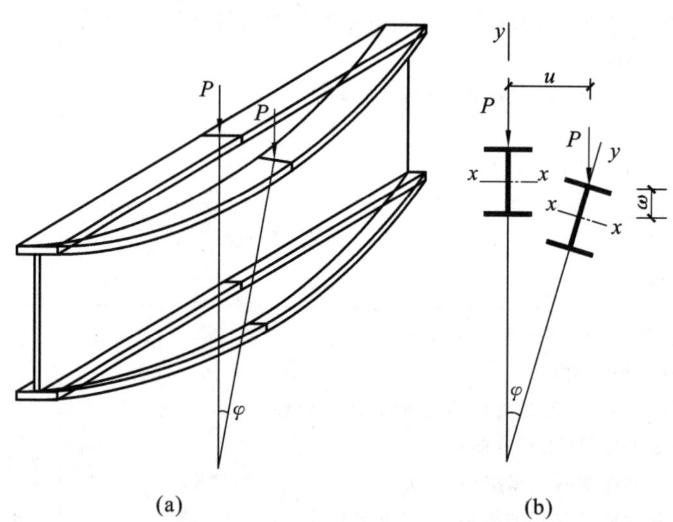

图 5.6 梁丧失整体稳定的情况

当梁的荷载增大，超过某一数值(临界值)时，若有侧向干扰引起梁侧向弯曲及扭转后，即使侧向干扰撤去，梁也不能再恢复到起初的平面弯曲状态，而是侧弯和扭转急剧增大，直至梁倾翻破坏。这种情况和凸面顶点处的小球相似，处于凸面顶点的小球，一旦受侧向力作用，就会下滑不能再回复到原有位置。因此这时梁处于不稳定的平衡状态。梁在不稳定平衡状态下倾翻破坏，称为梁丧失整体稳定，或称梁发生侧向弯曲和扭转屈曲，简称梁的弯扭屈曲。

梁从平面弯曲状态转到同时发生不能恢复的侧向弯曲和扭曲的变形状态，即从平衡状态转到不平衡状态的分界点，称为梁稳定平衡状态的临界点。这时梁所能承受的弯矩称为临界弯矩 M_{cr}。在临界平衡状态这一瞬间，梁既可以在平面弯曲状态下保持平衡，也可以在同时还有侧弯及扭转（其值极小）的变形状态下保持平衡。这和平面上的小球处于随遇平衡的情况相似。

由此看来，设计钢梁除了要保证强度、刚度安全外，还应保证梁的整体稳定，即梁的荷载弯矩不得超过临界弯矩 M_{cr}。《标准》对于梁的整体稳定计算方法，是取理想的直梁按弹性分析方法算出其临界弯矩 M_{cr}，即假定理想直梁受荷下挠(ω)的同时，还因侧向干扰有微小的侧弯(u)和扭转(φ)，在这个变形的位置上写出梁的平衡微分方程，解得满足这个平衡微分方程的弯矩就是整体稳定临界弯矩 M_{cr}，《标准》即以这个临界弯矩 M_{cr} 为依据制订梁的整体稳定设计准则。

取一双轴对称工字形截面的理想直梁，两端简支，且同时能阻止侧移和扭转，即保证梁端夹支。在两端作用有相等反向弯矩（纯弯曲）时，按弹性稳定理论分析，可以解得该梁在弹性范围的整体稳定临界弯矩为：

$$M_{cr}=\frac{\pi}{l}\sqrt{EI_yGI_t}\sqrt{1+\frac{\pi^2EI_\omega}{l^2GI_t}} \tag{5.11}$$

放宽梁的受压上翼缘，有利于梁的整体稳定性。这种单轴对称截面简支梁（图 5.7）在不同荷载作用下的一般情况，依弹性稳定理论可导得其临界弯矩的通用公式：

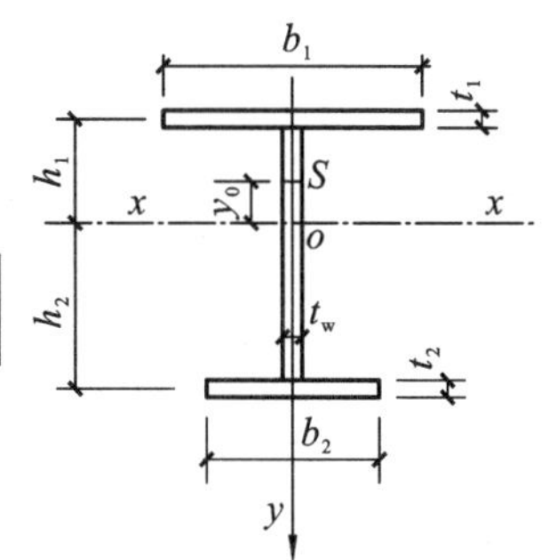

图 5.7 单轴对称截面

$$M_{cr}=C_1\frac{\pi^2EI_y}{l^2}\left[C_2a+C_3B_y+\sqrt{(C_2a+C_3B_y)^2+\frac{I_\omega}{I_y}\left(1+\frac{l^2GI_t}{\pi^2EI_\omega}\right)}\right] \tag{5.12}$$

$$B_y=\frac{1}{2I_x}\int_A y(x^2+y^2)\mathrm{d}A-y_0 \tag{5.13}$$

$$y_0=-\frac{I_1h_1-I_2h_2}{I_y} \tag{5.14}$$

式中 B_y——单轴对称截面的几何特性，当为双轴对称时，$B_y=0$；

y_0——剪力中心的纵坐标，得正值时，剪力中心在形心之下，得负值时，在形心之上；

EI_y, GI_t, EI_ω——截面的侧向抗弯刚度、自由扭转刚度和翘曲刚度；

C_1, C_2, C_3——系数，随荷载类型而异，其值见表 5.3（其中 C_1 是针对弯矩分布做出调整的主要系数：纯弯曲梁的弯矩在全跨保持常量，是基准情况，$C_1=1$；满跨均布荷载的弯矩图中央向两端缓慢减少，C_1 略大于 1；跨度中央集中荷载的弯矩图呈三角形，弯矩变化较快，C_1 更大些。系数 C_2 和 C_3 则分别针对荷载作用高低位置的影响和截面非对称的影响作出调整）；

a——集中荷载 Q 或均布荷载 q 在截面上的作用点 B 的纵坐标和剪力中心 S 纵坐标的差值，当荷载作用点在剪力中心以下时取正值，反之取负值；

I_1, I_2——受压翼缘和受拉翼缘对腹板轴线（y 轴）的惯性矩，$I_1=t_1b_1^3/12$，$I_2=t_2b_2^3/12$；

l——侧向支承点之间的距离。

表 5.3　不同荷载类型的 C_1、C_2、C_3

<table>
<tr><th colspan="2">荷载类型</th><th>C_1</th><th>C_2</th><th>C_3</th></tr>
<tr><td rowspan="3">跨中无侧向支承点</td><td>跨中集中荷载</td><td>1.35</td><td>0.55</td><td>0.40</td></tr>
<tr><td>满跨均布荷载</td><td>1.13</td><td>0.47</td><td>0.53</td></tr>
<tr><td>纯弯曲</td><td>1.00</td><td>0</td><td>1.00</td></tr>
<tr><td rowspan="2">跨中有 1 个侧向支承点</td><td>跨中集中荷载</td><td>1.75</td><td>0</td><td>1.00</td></tr>
<tr><td>满跨均布荷载</td><td>1.39</td><td>0.14</td><td>0.86</td></tr>
<tr><td rowspan="2">跨中有 2 个侧向支承点</td><td>跨中集中荷载</td><td>1.84</td><td>0.89</td><td>0</td></tr>
<tr><td>满跨均布荷载</td><td>1.45</td><td>0</td><td>1.00</td></tr>
<tr><td rowspan="2">跨中有 3 个侧向支承点</td><td>跨中集中荷载</td><td>1.90</td><td>0</td><td>1.00</td></tr>
<tr><td>满跨均布荷载</td><td>1.47</td><td>1.00</td><td>0</td></tr>
<tr><td>侧向支承点间弯矩线性变化</td><td>不考虑段与段之间相互约束</td><td>$1.75-1.05\left(\frac{M_2}{M_1}\right)+0.3\left(\frac{M_2}{M_1}\right)^2\leqslant 2.3$</td><td>0</td><td>1.00</td></tr>
<tr><td>侧向支承点间弯矩非线性变化</td><td>M_1 M_2 M_3 M_4 M_5</td><td>$\frac{5M_{max}}{M_{max}+1.2(M_2+M_4)+1.6M_3}$</td><td></td><td></td></tr>
</table>

注：M_1 和 M_2 为区段的端弯矩，使构件产生同向曲率（无反弯点）时取同号；使构件产生反向曲率（有反弯点）时取异号，且 $|M_1|\geqslant|M_2|$。

5.3.2　受弯构件整体稳定计算

设梁的板件具有足够刚度，不会在梁整体失稳之前发生屈曲。和压杆稳定计算类似，引入受弯构件整体稳定系数 φ_b，可将受弯构件整体屈曲应力表达为：

$$\sigma_{cr}=\varphi_b f_y \tag{5.15}$$

设毛截面抗弯模量为 W_x，则梁的稳定承载能力：

$$M_u=\varphi_b f_y W_x \tag{5.16}$$

对最大刚度主平面内弯曲的构件，把钢材强度设计值 f 取代屈服强度 f_y，则梁整体稳定的设计表达式可写为：

$$M_x\leqslant\varphi_b W_x f \tag{5.17}$$

亦即：

$$\frac{M_x}{\varphi_b W_x f}\leqslant 1 \tag{5.18}$$

式中　M_x——绕强轴作用的最大弯矩设计值；

W_x——按受压最大纤维确定的梁毛截面模量，当截面板件宽厚比等级为 S1、S2、S3 或 S4 级时，应取全截面模量，当截面板件宽厚比等级为 S5 级时，应取有效截面模量，均匀受压翼缘有效外伸宽度可取 $15\varepsilon_k$；

φ_b——梁的整体稳定系数，对于均匀弯曲的受弯构件，当 $\lambda_y\leqslant 120\varepsilon_k$ 时，可按下部分内容近似计算。

(1) 工字形截面

双轴对称时

$$\varphi_b = 1.07 - \frac{\lambda_y^2}{44000\varepsilon_k^2} \tag{5.19a}$$

单轴对称时

$$\varphi_b = 1.07 - \frac{W_x}{(2\alpha_b + 0.1)Ah} \cdot \frac{\lambda_y^2}{44000\varepsilon_k^2} \tag{5.19b}$$

(2) T 形截面(弯矩作用在对称轴平面,绕 x 轴)

弯矩使翼缘受压时

双角钢组成的 T 形截面

$$\varphi_b = 1 - 0.0017\lambda_y/\varepsilon_k \tag{5.20a}$$

剖分 T 型钢和两板组合 T 形截面

$$\varphi_b = 1 - 0.0022\lambda_y/\varepsilon_k \tag{5.20b}$$

弯矩使翼缘受拉且腹板宽厚比不大于 $18\varepsilon_k$ 时:

$$\varphi_b = 1 - 0.0005\lambda_y/\varepsilon_k \tag{5.20c}$$

式(5.19a)~(5.20c)中的 φ_b 值已经考虑了非弹性屈曲问题。因此当算得的 φ_b 值大于 0.6 时,不需要再换算成 φ'_b 值。当算得的 φ_b 值大于 1.0 时,取 $\varphi_b = 1.0$。

(3)轧制普通工字钢简支梁

由于轧制普通工字钢简支梁的截面尺寸有一定的规格,《标准》按其规格尺寸算出 φ_b 值,并加以适当归并,编制成表格(表 5.4),因此它的 φ_b 值可按荷载情况、工字钢型号及受压翼缘自由外伸长度直接由表 5.4 查得。当查得 $\varphi_b > 0.6$ 时,亦应按公式 $\varphi'_b = 1.07 - 0.282/\varphi_b \leqslant 1.0$ 换算成 φ'_b 值。

表 5.4 轧制普通工字钢简支梁的 φ_b

项次	荷载情况			工字钢型号	自由长度 l_1(m)								
					2	3	4	5	6	7	8	9	10
1	跨中无侧向支撑点的梁	集中荷载作用于	上翼缘	10~20	2.00	1.30	0.99	0.80	0.68	0.58	0.53	0.48	0.43
				22~32	2.40	1.48	1.09	0.86	0.72	0.62	0.54	0.49	0.45
				36~63	2.80	1.60	1.07	0.83	0.68	0.56	0.50	0.45	0.40
2			下翼缘	10~20	3.10	1.95	1.34	1.01	0.82	0.69	0.63	0.57	0.52
				22~40	5.50	2.80	1.84	1.37	1.07	0.86	0.73	0.64	0.56
				45~63	7.30	3.60	2.30	1.62	1.20	0.96	0.80	0.69	0.60
3		均布荷载作用于	上翼缘	10~20	1.70	1.12	0.84	0.68	0.57	0.50	0.45	0.41	0.37
				22~40	2.10	1.30	0.93	0.73	0.60	0.51	0.45	0.40	0.36
				45~63	2.60	1.45	0.97	0.73	0.59	0.50	0.44	0.38	0.35
4			下翼缘	10~20	2.50	1.55	1.08	0.83	0.68	0.56	0.52	0.47	0.42
				22~40	4.00	2.20	1.45	1.10	0.85	0.70	0.60	0.52	0.46
				45~63	5.60	2.80	1.80	1.25	0.95	0.78	0.65	0.55	0.49

续表 5.4

项次	荷载情况	工字钢型号	自由长度 l_1(m)								
			2	3	4	5	6	7	8	9	10
5	跨中有侧向支撑点的梁(不论荷载作用点在截面高度上的位置)	10～20	2.20	1.39	1.01	0.79	0.66	0.57	0.52	0.47	0.42
		22～40	3.00	1.80	1.24	0.96	0.76	0.65	0.56	0.49	0.43
		45～63	4.00	2.20	1.38	1.01	0.80	0.66	0.56	0.49	0.43

注:① 表中的集中荷载是指一个或少数几个集中荷载位于跨中央附近的情况,对其他情况的集中荷载,应按均布荷载考虑。

② 荷载作用在上翼缘系指荷载作用点在翼缘表面,方向指向截面形心;荷载作用在下翼缘系指荷载作用点在翼缘表面,方向背向截面形心。

③ 表中 φ_b 适用于 Q235 钢。对其他钢号,表中数值应乘以 ε_k。

在工程设计中,梁的整体稳定常有铺板和支撑来保证,需要验算的情况并不是很多。式(5.19a)～(5.20c)主要用于压弯构件在弯矩作用平面外的稳定性计算,可使压弯构件的计算简单一些。

在两个主平面内均受弯的 H 型钢或工字型截面构件,其绕强轴和弱轴的弯矩为 M_x 和 M_y 时,整体稳定性应按下式(5.21)计算。

$$\frac{M_x}{\varphi_b W_x f}+\frac{M_y}{\gamma_y W_y f}\leqslant 1 \tag{5.21}$$

式中 W_x、W_y——按受压最大纤维确定的对 x 轴的毛截面模量和对 y 轴毛截面模量;

φ_b——绕强轴弯曲所确定的梁整体稳定系数。

5.3.3 保证梁整体稳定性的措施

提高梁整体稳定性的关键是增强梁抵抗侧向弯曲和扭转变形的能力。在实际工程中,梁上翼缘常设有支撑体系,以减小截面尺寸。图 5.8(a)就是常见的设置侧向支撑的梁,在计算式(5.12)的 M_{cr} 时,跨长 l 应取侧向支撑点之间的距离 l_1,设置侧向支撑后梁端截面扭转自然得到防止。不设支撑的梁,为了防止梁端截面扭转,可以把上翼缘和支座结构相连接[图 5.8(b)]。高度不大的梁也可以靠在支点截面处设置的支承加劲肋来防止梁端扭转。

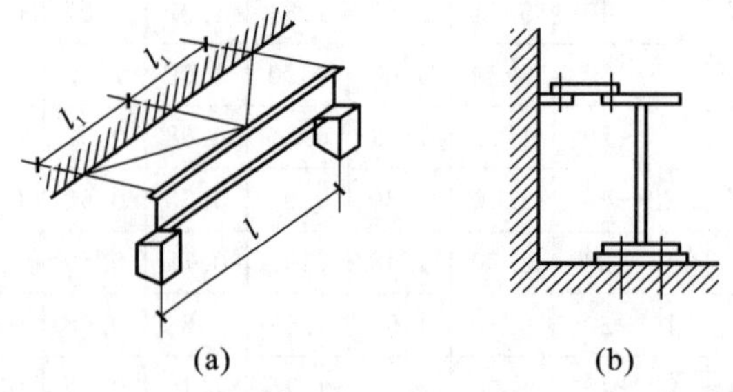

图 5.8 设有侧向支撑点的梁和上翼缘有侧向支撑点的梁

符合下列任一情况的梁，不会丧失整体稳定，无须进行计算。

(1) 有铺板(各种钢筋混凝土板和钢板)密铺在梁的受压翼缘上并与其牢固连接，能阻止梁受压翼缘的侧向位移时。

(2) 箱形截面简支梁(图 5.9)，其截面尺寸满足 $h/b_0 \leqslant 6$ 且 $l_1/b_0 \leqslant 95\varepsilon_k^2$ 时。一般箱形截面梁都符合这些要求。

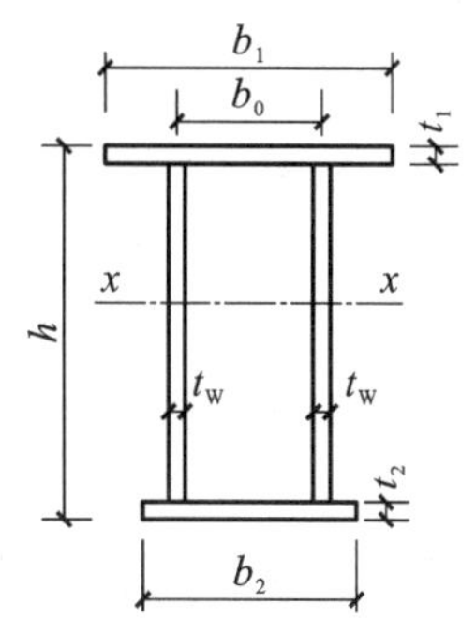

图 5.9 箱形截面梁

5.3.4 侧向支撑

减小梁侧向计算长度的支撑，应设置在受压翼缘，此时对支撑的设计可以参照用于减小压杆计算长度的侧向支撑，同时布置也要合理。例如图 5.10(a)中梁的侧向支撑布置不合理，图中两根平行布置的支撑可以随梁侧弯而移动。图 5.10(b)中侧向支撑锚固在墙上，图 5.10(c)中侧向支撑与斜向支撑组成一个几何不变的桁架。这两种支撑能有效阻止梁侧弯和扭转，因而布置合理。按图中布置，侧向支撑间距 l_1 可取为梁跨度的 1/3。

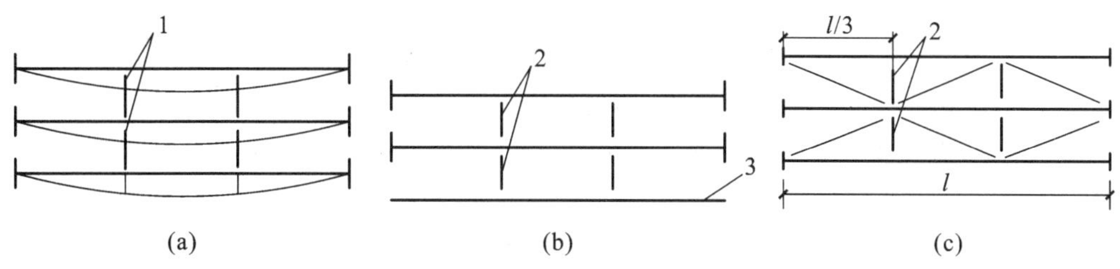

图 5.10 梁的侧向支撑布置

1—无效支撑；2—有效支撑；3—墙

5.4 型钢梁设计

型钢梁设计应满足强度、刚度及整体稳定要求。

单向受弯型钢梁用得最多的是热轧普通型钢和 H 型钢。设计步骤如下：

(1) 根据梁的荷载、跨度及支承条件，计算梁的最大弯矩设计值 M_{max}，并按选定钢材确定其抗弯强度设计值 f。

(2) 若梁的整体稳定可以得到保证时，根据梁的抗弯强度要求，计算型钢所需的净截面模量 W_T，即：

$$W_T = \frac{M_{max}}{\gamma_x f} \tag{5.22}$$

式中，γ_x 可取 1.05，当梁最大弯矩处截面上有孔洞(如螺栓孔等)时，可将算得的 W_T 增大 10%～15%，然后由 W_T 查附录型钢表，选定型钢号。之后计算钢梁的自重荷载及其弯矩，然后按计入自重的总荷载和弯矩，分别按式(5.3)、式(5.10)验算梁的抗弯强度及刚度。注意强度按荷载设计值计算，刚度按荷载标准值计算。由于型钢梁腹板较厚，一般截面无削弱情况，可不验算剪应力及折算应力。对于翼缘上只承受均布荷载的梁，局部承压强度亦可不验算。

(3) 若梁的整体稳定无法得到保证时，W_x 应改按下式计算：

$$W_x=\frac{M_x}{\varphi_b f} \tag{5.23}$$

在初选截面时系数 φ_b 可取为：①不设支撑的梁，$\varphi_b=0.5\sim0.7$；②设置支撑的梁，φ_b 取 0.9 左右。但是由于所取 φ_b 系数未必和选出的截面相协调，所选截面时常需要调整。然后由 W_x 查附录型钢表，选定型钢号。之后计算钢梁的自重荷载及其弯矩，然后按计入自重的总荷载和弯矩，分别按式(5.3)、式(5.10)及式(5.18)验算梁的抗弯强度、刚度及整体稳定。注意稳定按荷载设计值计算。

【例题 5.1】 图 5.11 所示为一车间工作平台。平台上主梁与次梁组成梁格，承受由面板传来的荷载。平台标准永久荷载为 3000N/mm^2，标准可变荷载为 4500N/mm^2，无动力荷载，恒荷载分项系数 $\gamma_G=1.2$，可变荷载分项系数 $\gamma_Q=1.4$，钢材为 Q235。试按下列 2 种情况分别设计次梁。

情况 1：平台面板视为刚性，并与次梁牢固连接，次梁采用热轧普通工字钢；

情况 2：平台面板临时搁置于梁格上，次梁跨中设侧向支撑，次梁采用热轧普通工字钢。

解：次梁按简支梁设计。由附表 1.1 查得 $f=215\text{N/mm}^2$。由图中平面布置图可知，次梁 A 承担 3m 宽板内荷载，则梁的

标准荷载： $q_K=(3000+4500)\times3=22500\text{N/m}$

设计荷载： $q_d=(3000\times1.2+4500\times1.4)\times3=29700\text{N/m}$

最大设计弯矩： $M=\frac{1}{8}\times29700\times6^2=133650\text{N}\cdot\text{m}$

所需截面模量：$W_T=\frac{M}{\gamma_x f}=\frac{133650\times10^3}{1.05\times215}\approx592027\text{mm}^3=592\text{cm}^3$

按 2 种情况分别选择截面，然后验算。

情况 1：由附表 7 选用 I32a，质量为 52.7kg/m，$I_x=11100\text{cm}^4$，$W_x=692.0\text{cm}^3$

最大设计弯矩： $M=133650+\frac{1}{8}\times1.2\times52.7\times9.8\times6^2=136439\text{N}\cdot\text{m}$

① 抗弯强度验算： $\sigma=\frac{136439\times10^3}{1.05\times692.0\times10^3}=187.8\text{N/mm}^2<f=215\text{N/mm}^2$

② 刚度验算：$q_K=22500+52.7\times9.8=23017\text{N/m}$

$$\omega=\frac{5}{384}\times\frac{q_K l^4}{EI}=\frac{5}{384}\times\frac{23017\times6\times6000^3}{206000\times11100\times10^4}=17\text{mm}\approx\frac{l}{353}$$

由表 5.2 查得 $[\omega]=l/250>\omega$

③ 整体稳定：因次梁与刚性面板连牢，可不验算。

情况 2：由附表 7 选用 I36a，质量为 60.0kg/m，$W_x=875.0\text{cm}^3$。抗弯强度及刚度比情况 1 更安全，只需验算整体稳定。

由表 5.4 按 $l_1=3\text{m}$ 查得 $\varphi_b=1.8$，因 $\varphi_b>0.6$，取

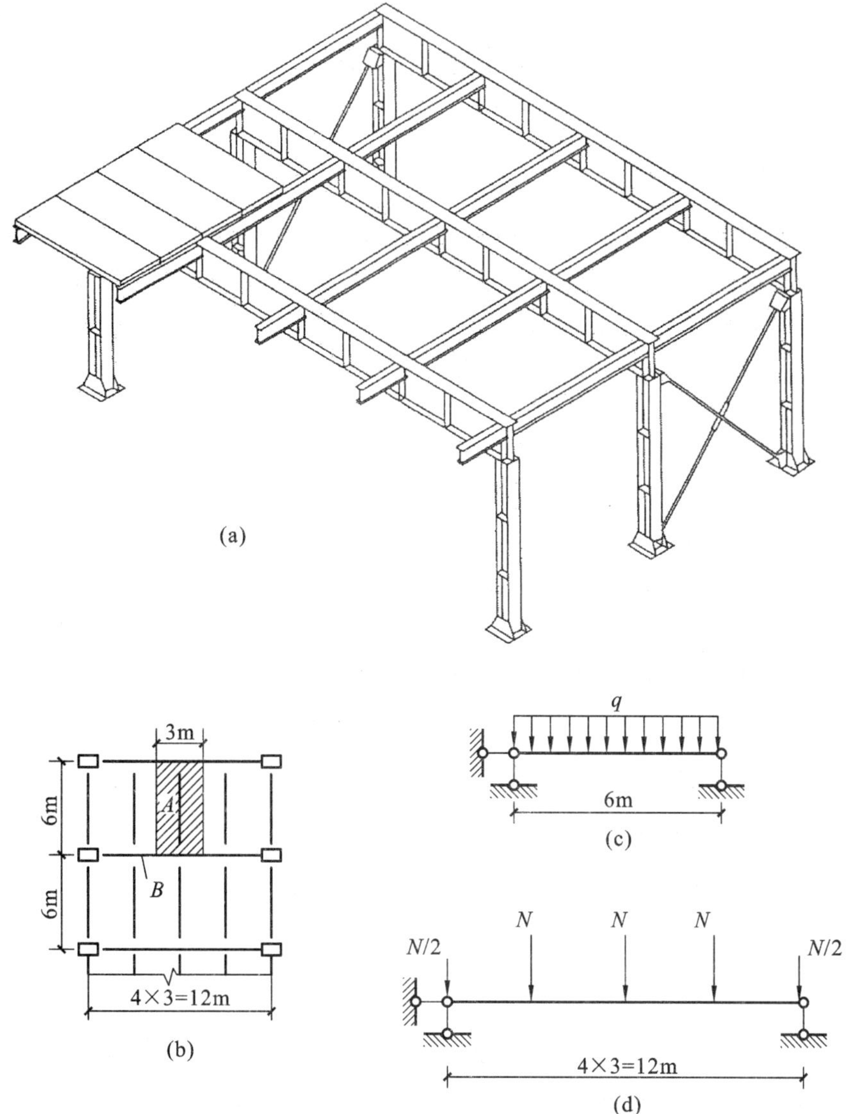

图 5.11 例题 5.1 及例题 5.2 图

(a)工作平台;(b)工作平台平面布置图;(c)次梁 A 计算简图;(d)主梁 B 计算简图

$$\varphi_b' = 1.07 - \frac{0.282}{\varphi_b} = 1.07 - \frac{0.282}{1.80} = 0.913$$

最大设计弯矩:

$$M = 133650 + \frac{1}{8} \times 1.2 \times 60.0 \times 9.8 \times 6^2 = 136825\text{N} \cdot \text{m}$$

$$\frac{M_x}{\varphi_b W_x f} = \frac{136825 \times 10^3}{0.913 \times 875 \times 10^3 \times 215} = 0.797 < 1(\text{满足要求})$$

5.5 钢板组合梁设计

5.5.1 截面设计

本节以焊接双轴对称工字形梁钢板梁为例来说明组合梁截面设计步骤。所需确定的截面尺寸有：截面高度 h(腹板高度 h_0)、腹板厚度 t_W、翼缘宽度 b 及厚度 t。钢板组合梁截面设计的任务是合理地确定 h_0、t_W、b、t，以满足梁的强度、刚度、整体稳定及局部稳定等要求，并能节省钢材，经济合理。设计的顺序是首先定出 h_0，然后选定 t_W，最后定出 b 和 t。

(1) 截面高度 h(腹板高度 h_0)

梁的截面高度应根据建筑高度、刚度要求及经济要求确定。

建筑高度是指按使用要求所允许的梁的最大高度 h_{max}。例如，当建筑楼层层高确定后，为保证室内净空不低于规定值，要求楼层梁高不得超过某一数值。又如，跨越河流的桥梁，当桥面标高确定以后，为保证桥下有一定通航净空，也要限制梁的高度不得过大。设计梁截面时要求 $h \leqslant h_{max}$。

刚度要求是指为保证正常使用条件下，梁的挠度不超过容许挠度[式(5.10)]，就要限制梁高 h 不能小于最小梁高 h_{min}。对于均布荷载的简支梁，其 h_{min} 推导如下：

$$\omega=\frac{5}{384}\times\frac{q_K l^4}{EI}\leqslant[\omega] \tag{5.24}$$

式中 q_K——均布荷载标准值。

若近似取荷载分项系数平均值 1.3，则设计弯矩为 $M=\frac{1}{8}\times 1.3q_K l^2$，设计应力 $\sigma=\frac{M}{W}=\frac{Mh}{2I}$，代入式(5.24)得：

$$\omega=\frac{5}{1.3\times 48}\times\frac{Ml^2}{EI}=\frac{5}{1.3\times 24}\times\frac{\sigma l^2}{Eh}\leqslant[\omega]$$

若材料强度得到充分利用，上式中 σ 可达 f，若考虑塑性发展系数可达 $1.05f$，将 $\sigma=1.05f$ 代入后可得：

$$h\geqslant\frac{5}{1.3\times 24}\times\frac{1.05fl^2}{206000[\omega]}=\frac{fl^2}{1.25\times 10^6}\times\frac{1}{[\omega]}=h_{min} \tag{5.25}$$

令式(5.25)右边值为最小梁高 h_{min}，则 h_{min} 的意义为：当所选梁截面高度 $h>h_{min}$ 时，只要梁的抗弯强度满足，则梁的刚度条件也同时满足。

对于非简支梁、非均匀荷载，不考虑截面塑性发展(取 $\sigma=f$)，以及活荷载比重较大，致使出现荷载平均分项系数高于 1.3 等情况，按同样方式可以导出 h_{min} 算式，其值与式(5.25)相近。

为了取得既满足各项要求，用钢量又经济的截面形式，对梁的截面组成进行分析，发现梁的高度愈大，腹板用钢量 G_w 愈大，但可减小翼缘尺寸，使翼缘用钢量 G_t 愈小。反之亦然。最经济的梁高 h_e 应该使梁的总用钢量最小，如图 5.12 所示。实际梁的用钢量不仅与腹板、翼缘尺寸有关，还与加劲肋布置等因素有关。经分析，梁的经济高度 h_e 可按下式计算：

$$h_e=7\sqrt[3]{W_T}-300 \tag{5.26}$$

式中 W_T——梁所需要的截面模量，以 cm^3 计算。

根据上述三个条件，实际所取梁高 h 应满足：$h_{min}\leqslant h\leqslant h_{max}$，$h\approx h_e$。腹板高度 h_0 与梁高接近(因为与梁高相比，翼缘厚度很小)。因此 h_0 可按 h 取略小的数值，同时应考虑钢板规格尺寸，并宜取 50mm 的整倍数。

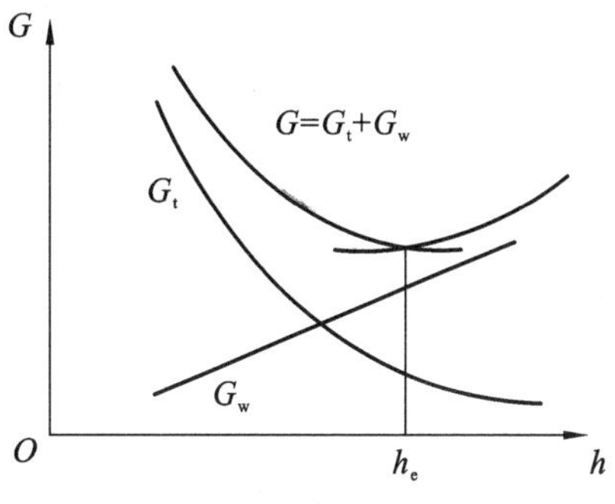

图 5.12 工字形截面梁的 G-h 关系

(2) 腹板厚度 t_W

腹板主要承担梁的剪力，其厚度 t_W 要满足抗剪强度要求。计算时近似假定最大剪应力为腹板平均剪应力的 1.2 倍，即

$$\tau_{max}=\frac{VS}{I_x t_W}\approx 1.2\frac{V}{h_0 t_W}\leqslant f_v \tag{5.27}$$

$$t_W\geqslant 1.2\frac{V}{h_0 f_v} \tag{5.28}$$

考虑腹板局部稳定及构造要求，腹板不宜太薄，可用下列经验公式估算：

$$t_W\geqslant\frac{\sqrt{h_0}}{11} \tag{5.29}$$

式(5.29)中 t_W、h_0 均以 cm 来计。选用腹板厚度时还应符合钢板现有规格，一般不宜小于 8mm，跨度较小时，不小于 6mm，轻钢结构可适当减小。

(3) 翼缘宽度 b 及厚度 t

腹板尺寸确定之后，可按抗弯强度条件(即所需截面模量 W_T)确定翼缘面积 $A_f=bt$。对于工字形截面：

$$W=\frac{2I}{h}=\frac{2}{h}\left[\frac{1}{12}t_W h_0^3+2A_f\left(\frac{h_0+t}{2}\right)^2\right]\geqslant W_T$$

初选截面时取 $h_0\approx h_0+t\approx h$，经整理后上式可写为：

$$A_f\geqslant\frac{W_T}{h_0}-\frac{h_0 t_W}{6} \tag{5.30}$$

由式(5.30)算出 A_f 之后，再选定 b、t 中一个数值，即可确定另一个数值。

选定 b、t 时应注意下列要求：

翼缘宽度 b 不宜过大，否则翼缘上应力分布不均匀；b 值过小，不利于整体稳定，与其他构件连接也不方便。翼缘的尺寸还要满足局部稳定的要求。当利用部分塑性，即 $\gamma_x=1.05$ 时，悬伸宽厚比应不超过 $13\varepsilon_k$；而当 $\gamma_x=1.0$ 时则不超过 $15\varepsilon_k$。通常可按 $b=25t$ 选择 b 和 t，一般翼缘宽度 b 常在 $\left(\frac{1}{2.5}\sim\frac{1}{6}\right)h$ 范围内。翼缘厚度 t 一般不应小于 8mm，同时应符合钢板规格。

5.5.2 截面规格

截面尺寸确定后，按实际选定尺寸计算各项截面几何特征，然后验算抗弯强度、抗剪强度、局部压应力、折算应力、整体稳定、刚度及翼缘局部稳定。腹板局部稳定一般由设置加劲肋来保证，这一问题将在下节讨论。

如果梁截面尺寸沿跨长有变化，应在截面改变设计之后进行抗剪强度、刚度、折算应力验算。

5.5.3 梁截面沿长度的变化

对于均布荷载作用下的简支梁，前节按跨中最大弯矩选定了截面尺寸。但是，考虑到弯矩沿跨度按抛物线分布，当梁跨度较大时，如在跨间随弯矩减小将截面改小，做成变截面梁，则可节约钢材，减轻自重，当跨度较小时，改变截面节省钢材不多，制造工作量却较大，因此跨度小的梁多做成等截面梁。

焊接工字形梁的截面改变一般是改变翼缘宽度，通常的做法是在半跨内改变一次截面（图 5.13）。改变截面的设计方法可以先确定截面改变地点，即截面改变处距支座距离 x，然后根据 x 计算变窄翼缘的宽度 b'。也可以先确定变窄翼缘宽度 b'，然后再由 b' 计算 x。

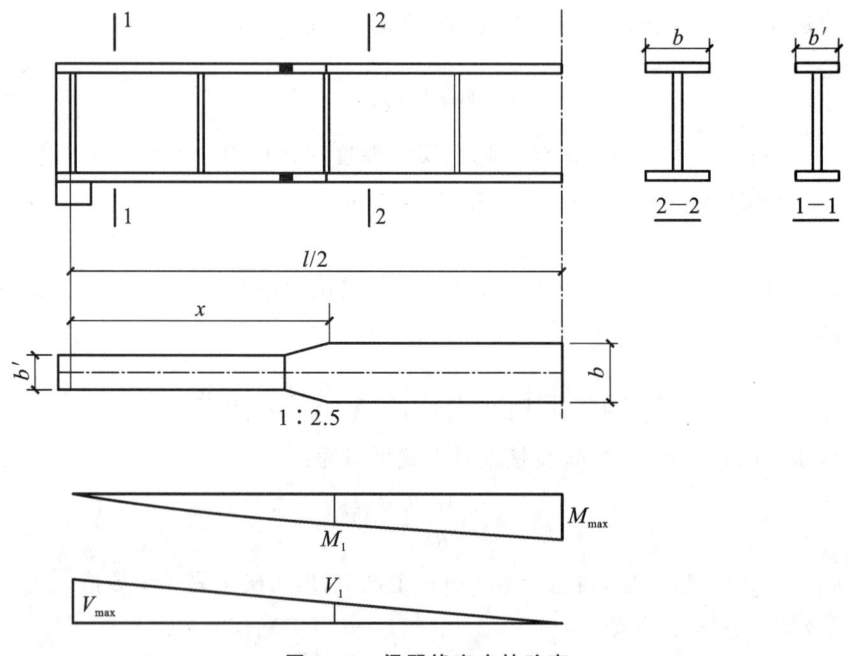

图 5.13 梁翼缘宽度的改变

先确定截面改变地点 x 时，取 $x=l/6$ 较为经济，可节省钢材 10%～12%。选定 x 后，算出 x 处梁的弯矩 M_1，再算出该处截面所需截面模量 $W_{1T}=\dfrac{M_1}{\gamma_x f}$，然后由 W_{1T} 算出所需翼缘面积 $A_{1f}=\dfrac{W_{1T}}{h_0}-h_0 t_w/6$[见式(5.30)]，翼缘厚度保持不变，则 $b'=A_{1f}/t$。同时，b' 的选定也

要考虑梁与其他构件连接方便等构造要求。

如果按上述方法选定的 b' 太小，或不满足构造要求时，也可事先选定 b' 值，然后按变窄的截面（即尺寸为 h_0、t_W、b'、t 的截面）算出惯性矩 I_1 及截面模量 W_1，以及变窄截面所能承受的弯矩 $M_1=\gamma_x f W_1$，然后根据梁的荷载弯矩图算出梁上弯矩等于 M_1 处距支座的距离 x，这就是截面改变点的位置。

确定 b' 及 x 后，为了减小应力集中，应将梁跨中央宽翼缘板从 x 处，以小于或等于 1∶2.5 的斜度向弯矩较小的一方延伸至与窄翼缘板等宽处切断，并用对接直焊缝与窄翼缘板相连。但是，当焊缝为三级焊缝时，受拉翼缘处宜采用斜对接焊缝。

梁截面改变处的强度验算还包括腹板高度边缘处折算应力验算，验算时取 x 处的弯矩及剪力按窄翼缘截面验算。

变截面梁的挠度计算比较复杂，对于翼缘改变的简支梁，受均布荷载或多个集中荷载作用时，刚度验算可按下列近似公式计算：

$$\omega=\frac{M_K}{10EI}\left(1+\frac{3}{25}\frac{I-I_1}{I}\right)\leqslant[\omega] \tag{5.31}$$

式中 M_K——最大弯矩标准值；

I——最大毛截面惯性矩；

I_1——端部毛截面惯性矩。

上述有关梁截面变化的分析是仅从梁的强度需要来考虑，适合于无须顾虑整体失稳的梁。由整体稳定控制的梁，如果它的截面向两端逐渐变小，特别是受压翼缘变窄，梁整体稳定承载力将受到较大削弱。因此，由整体稳定控制设计的梁，不宜于沿长度改变截面。

5.5.4 翼缘焊缝计算

图 5.14 所示为两个由两块翼缘及一块腹板组成的工字梁，其中图 5.14(a)翼缘腹板自由搁置不加焊接，图 5.14(b)则由角焊缝连牢，称为翼缘焊缝。如果不考虑整体稳定和局部稳定，图 5.14(a)中的梁受荷弯曲时，翼缘与腹板将以各自的形心轴为中和轴弯曲，翼缘与腹板之间将产生相对滑移。图 5.14(b)中的梁受荷弯曲时，由于翼缘焊缝作用，翼缘腹板将以工字形截面的形心轴为中和轴整体弯曲，翼缘和腹板之间不产生滑移，因而承受与焊缝方向平行的剪力。

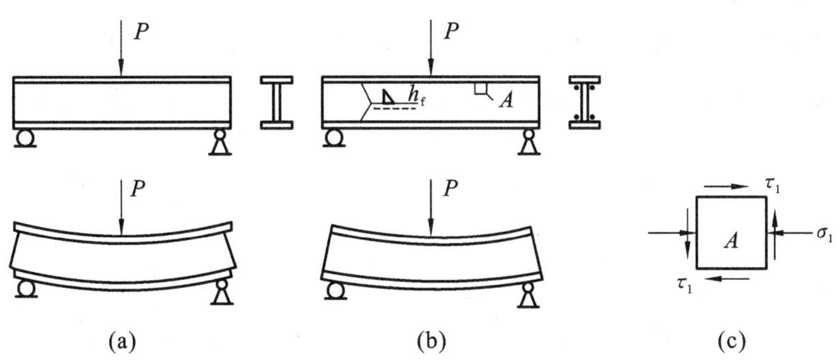

图 5.14 翼缘焊缝的受力情况

实际上，由材料力学可知，若在工字形梁腹板边缘处取出单元体 A，单元体的垂直及水平面上将有成对互等的剪应力 $\tau_1=\frac{VS_1}{It_W}$ 存在。其中顶部水平面上的 τ_1 将由腹板两侧的翼缘焊缝承担。其单位梁长的剪力为：

$$T_1=\tau_1 t_W=\frac{VS_1}{I}$$

则翼缘焊缝应满足强度条件：

$$\tau_f=\frac{T_1}{2\times0.7\times h_f\times1}\leqslant f_f^W$$

$$h_f\geqslant\frac{T_1}{1.4f_f^W}=\frac{VS_1}{1.4If_f^W} \tag{5.32}$$

式中 V——所计算截面处的剪力；

S_1——所计算翼缘毛截面对中和轴的面积矩；

I——所计算毛截面的惯性矩。

按式(5.32)所选 h_f 同时应满足构造要求。

当梁的翼缘上承受有集中荷载并且还未设置加劲肋时，或者当梁翼缘上有移动集中荷载时，翼缘焊缝不仅承受水平剪力 T_1 的作用，还要承受由集中力 F 产生的垂直剪力的作用，单位长度的垂直剪力 V_1 由式(5.6)可得：

$$V_1=\sigma_c t_W=\frac{\psi F}{l_z t_W}\cdot t_W=\frac{\psi F}{l_z}$$

在 T_1 和 V_1 的同时作用下，翼缘焊缝强度应满足下式要求：

$$\sqrt{\left(\frac{T_1}{2\times0.7h_f}\right)^2+\left(\frac{V_1}{\beta_f\times2\times0.7h_f}\right)^2}\leqslant f_f^W$$

$$h_f\geqslant\frac{1}{1.4f_f^W}\sqrt{T_1^2+\left(\frac{V_1}{\beta_f}\right)^2} \tag{5.33}$$

设计时一般先按构造要求假定 h_f 值，然后验算。同时，h_f 沿全跨取为一致。

【例题 5.2】 将例题 5.1 中工作平台主梁 B 按情况 1(即次梁为I32a)设计成等截面焊接工字形梁。

解：(1)初步选定截面尺寸

主梁按简支梁设计，承受由两侧次梁传来的集中反力 N，其标准值 N_K 和设计值 N_d 为：

$$N_K=2\times\left[\frac{1}{2}\times(3000+4500)\times3\times6+\frac{1}{2}\times52.7\times9.8\times6\right]=138\text{kN}$$

$$N_d=2\times\left[\frac{1}{2}\times(1.2\times3000+1.4\times4500)\times3\times6+\frac{1}{2}\times1.2\times52.7\times9.8\times6\right]=181.9\text{kN}$$

梁端集中力为 $N/2$。

支座设计剪力： $V=1.5N_d=1.5\times181.9=272.85\text{kN}$

跨中设计弯矩： $M=(363.8-181.9/2)\times6-181.9\times3=1091.4\text{kN}\cdot\text{m}$

由附表 1.1 查得：$f=215\text{N/mm}^2$，$f_v=125\text{N/mm}^2$(初选截面时，暂按第 1 组钢材查取，待验算时按实际钢板厚度查取)。

所取截面模量： $W_T=\dfrac{M}{\gamma_x f}=\dfrac{1091.4\times10^6}{1.05\times215}=4834600\text{mm}^3$

① 选定腹板高度 h_0

本例题对梁的建筑高度无限制。由表 5.2 查得工作平台主梁$[\omega]=l/400$，由式(5.25)得：

$$h_{min}=\frac{fl^2}{1.25\times10^6}\cdot\frac{1}{[\omega]}=\frac{215\times12000}{1.25\times10^6}\times400=826\text{mm}$$

由式(5.26)算得经济梁高：

$$h_e=7\sqrt[3]{W_T}-300\text{mm}=7\sqrt[3]{4834600}-300=884\text{mm}$$

参照以上数据，初步选定 $h_0=1000\text{mm}$。

② 选定腹板厚度 t_W

考虑剪切要求由式(5.28)得：$t_W\geqslant1.2\dfrac{V}{h_0 f_v}=1.2\times\dfrac{272.85\times10^3}{1000\times125}=2.6\text{mm}$

按经验由式(5.29)估算：$t_W\geqslant\dfrac{\sqrt{100}}{11}=0.909\text{mm}$

初步选定：$t_W=8\text{mm}$

③ 选定翼缘宽度 b 及厚度 t

考虑强度要求由式(5.30)得：

$$A_f=bt=\frac{W_T}{h_0}-\frac{h_0 t_W}{6}=\frac{4834600}{1000}-\frac{1000\times8}{6}=3501\text{mm}^2$$

试选翼缘板宽度为 270mm，则所需要的厚度为：

$$t=\frac{3501}{270}=13\text{mm}$$

考虑式(5.30)的近似性及钢梁自重等因素，选定 $t=14\text{mm}$。梁截面形式如图 5.15 所示。

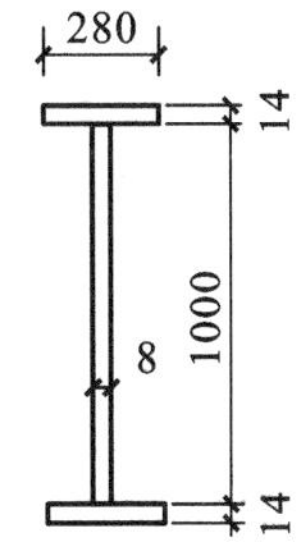

图 5.15 主梁截面图(单位：mm)

验算梁翼缘板的局部稳定：

$$\frac{b_1}{t}=\frac{(270-8)/2}{14}=9.36<13\varepsilon_k$$

梁翼缘的局部稳定可以保证，且截面可以考虑部分塑性发展。

(2) 截面验算

截面各项几何特性如下：

$$A=100\times0.8+2\times27\times1.4=155.6\text{cm}^2$$

$$I=\frac{0.8}{12}\times100^3+2\times27\times1.4\times50.7^2=260996\text{cm}^4$$

$$W=\frac{260996}{51.4}=5077.7\text{cm}^3$$

主梁自重标准荷载(考虑加劲肋等附加构造因素，增大 1.2 倍)：

$$g_K=1.2\times155.6\times0.785\times9.8=1436.4\text{N/m}=1.44\text{kN/m}$$

跨中设计弯矩：

$$M=1091.4+1.2\times1.44\times12^2/8=1122.5\text{kN/m}$$

① 因腹板、翼缘厚度均小于 16mm，由附表 1.1 可知属第一组，钢材设计强度与初选截

面时取值相同。抗弯强度验算：

$$\sigma=\frac{M_x}{\gamma_x W_{nx}}=\frac{1122.5\times10^6}{1.05\times5077.7\times10^3}=210.5\text{N/mm}^2<f=215\text{N/mm}^2$$

支座设计剪力：

$$V=272.85+\frac{1}{2}\times1.2\times1.44\times12=283.2\text{kN}$$

② 抗剪强度验算：

$$\tau=\frac{VS}{It_W}=\frac{283.2\times10^3\times(1000^2\times8/8+270\times14\times507)}{260996\times10^4\times8}=39.6\text{N/mm}^2<f_v=125\text{N/mm}^2$$

③ 次梁处设支承加劲肋，不需要验算腹板局部压应力。

④ 对于Q235工字型截面梁，当跨中有侧向支撑点，l_1/b小于16时，主梁可不验算整体稳定性。次梁与刚性面板连牢，可以作为主梁侧向支撑，因此主梁受压翼缘自由长度可取为次梁间距，即 $l_1=3\text{m}$。

由 $l_1/b=300/27=11.1<16$ 可知，该主梁不必验算整体稳定。

⑤ 主梁跨间有3个集中荷载，由5.2.2节公式计算主梁挠度如下：

$$\begin{aligned}\omega&=\frac{6.33}{384}\cdot\frac{3N_K l^3}{EI}+\frac{5}{384}\cdot\frac{g_K l^4}{EI}\\&=\left(\frac{6.33}{384}\times3\times138\times10^3+\frac{5}{384}\times1.44\times12000\right)\times\frac{12000^3}{206000\times260996\times10^4}\\&=22.6\text{mm}=\frac{l}{531}<[\omega]=\frac{l}{400}\end{aligned}$$

5.6 组合梁的局部稳定和腹板加劲肋设计

5.6.1 梁翼缘宽厚比的限值及腹板加劲肋的布置

为了提高梁的强度和刚度，总是把梁的截面高度 h 取得大一些。为了增强梁的整体稳定性，梁的宽度 b 也不宜过小。这样，要使梁的设计经济，就要用较宽较薄的板来组成梁截面。但是太宽太薄的板（翼缘和腹板）在压应力、剪应力作用下，也会产生屈曲，即梁丧失局部稳定。

图5.16(a)是一四边简支、两对边均匀受压的薄板屈曲时，发生凹凸变形的情况，这时凹凸变形的顶点在板宽度的中央。轴心受压构件的腹板屈曲时，就和这种情况类似。图5.16(b)是一四边简支、两对边受弯曲应力作用的薄板屈曲时，发生凹凸变形的情形，这时凹凸变形的顶点靠近压应力较大的一边。这种情况与偏心受压构件腹板发生的屈曲类似。如果其他条件相同，弯曲受压的局部稳定临界应力显然比均匀受压时要高。

梁的上翼缘的集中荷载可能导致腹板边缘局部范围有较大的横向压力 σ_c（图5.3）。如果腹板很薄，就可能在丧失强度（局部范围屈服）之前，由 σ_c 引起板件屈曲（梁局部失稳），图5.16(c)所示就是这种情形。图中 σ_c 由板两边剪应力平衡，沿腹板高度向下逐渐减小至

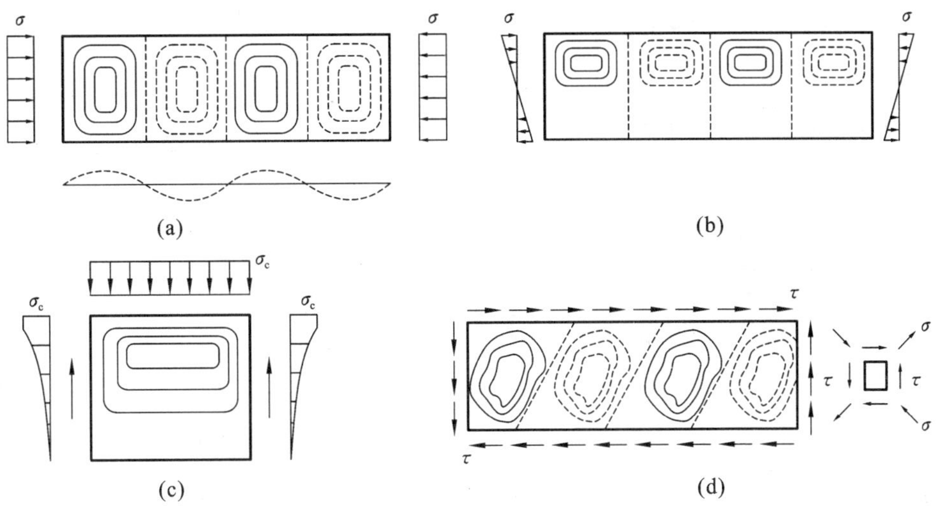

图 5.16 薄板丧失局部稳定的现象

零，这种情况板的稳定临界应力比上下两边翼缘同时受压的情况要好。图 5.16(d)是均匀受剪的薄板，板四周的剪应力导致板斜向受压，因此也有局部稳定问题。图中显示出失稳时板的凹凸变形情况，这时凹凸变形的波峰与波谷之间的连线是倾斜的。实际受纯剪的板是不存在的，工程实践中遇到的都是剪应力与正应力联合作用的情况，如梁的腹板。

提高板件抵抗凹凸变形的能力是提高板件局部稳定性的关键。当板件的支承条件已经确定时，其主要措施是增加板的厚度，或减小板的周边尺寸(a、b)，即限制板的宽厚比，或设置加劲肋。

(1) 翼缘板的局部稳定

《标准》对梁的翼缘采取限制宽厚比来保证其局部稳定。具体规定如下：

当梁按弹性计算，即取 $\gamma_x=1.0$ 时，引进钢号修正系数，翼缘外伸宽厚比限值是：

$$\frac{b_1}{t}\leqslant 15\varepsilon_k \tag{5.34}$$

当采用塑性设计方法，即允许截面上出现塑性铰并要求有一定转动能力时，翼缘的应变发展较大，甚至达到应变硬化的程度，对其翼缘的宽厚比要求就十分严格，相应的翼缘外伸宽厚比限值是：

$$\frac{b_1}{t}\leqslant 9\varepsilon_k \tag{5.35}$$

当截面允许出现部分塑性，即 $\gamma_x=1.05$ 时，翼缘外伸宽厚比也应比式(5.34)严格，即要求：

$$\frac{b_1}{t}\leqslant 13\varepsilon_k \tag{5.36}$$

(2) 腹板的局部稳定

对于梁腹板，其局部稳定计算可按是否利用腹板屈曲后强度而划分为两类。承受静力荷载和间接承受动力荷载的受弯构件宜在腹板的局部稳定计算中利用腹板屈曲后强

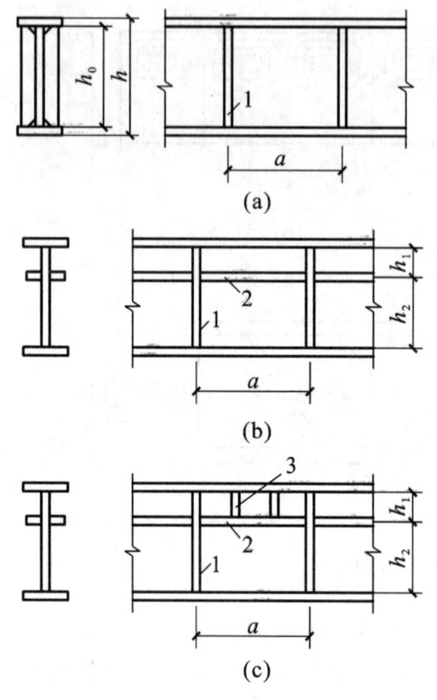

图 5.17　腹板上加劲肋的布置

1—横向加劲肋；2—纵向加劲肋；3—短加劲肋

度，以达到充分发挥抗力的目的，而直接承受动力荷载的吊车梁与其他需要计算疲劳的构件通常在腹板的局部稳定计算中不考虑腹板屈曲后强度。由于应力呈三角形分布，一半区域受拉，因此用限制高厚比(即增加板厚、减小高度)的办法来保证局部稳定显然是不经济的。《标准》在不考虑腹板屈曲后强度时采取设置加劲肋，以减小腹板周界尺寸的办法来保证腹板局部稳定。

一般情况下，沿垂直梁轴线方向每隔一定间距设置加劲肋，称为横向加劲肋[图 5.17(a)]。当 h_0/t_W 较大时，还应在腹板受压区顺梁跨度方向设置纵向加劲肋[图 5.17(b)]。必要时还要在腹板受压区设短加劲肋，不过这种情况较为少见[图 5.17(c)]。加劲肋一般用钢板成对焊于腹板两侧。由于它有一定刚度，能阻止它所在地点腹板凹凸变形，它的作用是将腹板分成许多小的区格，每个区格的腹板支承在翼缘及加劲肋上，减小了板的周界尺寸，使临界应力提高，从而满足局部稳定要求。此外，《标准》还规定在梁的支座处及上翼缘受有较大集中荷载处，宜设置支承加劲肋以便安全地传递支座反力和集中荷载。

《标准》对腹板加劲肋布置的规定如表 5.5 所示。

表 5.5　组合梁腹板加劲肋布置规定

项次	腹板情况		加劲肋布置规定
1	$\frac{h_0}{t_W}\leqslant 80\varepsilon_k$	$\sigma_c=0$	可以不设加劲肋
2		$\sigma_c\neq 0$	应按构造要求设置横向加劲肋
3	$\frac{h_0}{t_W}>80\varepsilon_k$		应设置横向加劲肋，并满足构造要求和计算要求
4	$\frac{h_0}{t_W}>170\varepsilon_k$，受压翼缘扭转受约束		应在弯曲应力较大区段的受压区增加配置纵向加劲肋，并满足构造要求和计算要求
5	$\frac{h_0}{t_W}>150\varepsilon_k$，受压翼缘扭转未约束		
6	仅配置横向加劲肋不足以满足腹板局部稳定要求		
7	局部压应力很大		必要时宜在受压区配置短加劲肋，并满足构造要求和计算要求

续表 5.5

项次	腹板情况	加劲肋布置规定
8	梁支座处	宜设置支承加劲肋，并满足构造要求和计算要求
9	上翼缘有较大固定集中荷载处	
10	任何情况下	$\frac{h_0}{t_W}$不应超过 $250\varepsilon_k$

注：(1) 横向加劲肋间距 a 应满足 $0.5h_0 \leqslant a \leqslant 2h_0$；

(2) 纵向加劲肋距腹板计算固定受压翼缘的距离应在$\frac{h_c}{2.5} \sim \frac{h_c}{2}$的范围内；

(3) h_c 为腹板受压区高度，h_0 为腹板计算高度，对于单轴对称的梁截面，第 4、5 项有关纵向加劲肋规定中的 h_0 应取为腹板受压区高度 h_c 的 2 倍，t_W 为腹板的厚度。

5.6.2 组合梁腹板局部稳定验算

对梁腹板布置好加劲肋后，腹板就被分成许多区格，需对各区格逐一进行局部稳定验算。如果验算不满足要求，或者富余过多，还应调整间距重新布置加劲肋，然后再作验算，直到满足要求为止。

(1) 对于仅布置横向加劲肋的梁腹板，各个区格可能有纵向弯曲应力、剪应力及局部横向压应力作用，它的临界条件与各种应力单独作用时的临界应力有关，其验算公式(称为相关公式)如下：

$$\left(\frac{\sigma}{\sigma_{cr}}\right)^2+\frac{\sigma_c}{\sigma_{c,cr}}+\left(\frac{\tau}{\tau_{cr}}\right)^2 \leqslant 1 \tag{5.37}$$

式中 σ——所计算腹板区格内，平均弯矩产生的腹板计算高度边缘的纵向弯曲压应力，$\sigma=Mh_c/I$，h_c 为腹板弯曲受压区高度，对于双轴对称截面，$h_c=h_0/2$；

τ——所计算腹板区格内，由平均剪力产生的腹板平均剪应力，$\tau=V/(h_0 t_W)$；

σ_c——腹板边缘的局部横向压应力，$\sigma_c=F/(t_W l_z)$；

σ_{cr}，τ_{cr}，$\sigma_{c,cr}$——验算区格在纵向弯应力、局部横向压应力及剪应力单独作用时的局部稳定临界应力，计算方法如下。

① σ_{cr}计算

当 $\lambda_b \leqslant 0.85$ 时

$$\sigma_{cr}=f \tag{5.38a}$$

当 $0.85<\lambda_b \leqslant 1.25$ 时

$$\sigma_{cr}=[1-0.75(\lambda_b-0.85)]f \tag{5.38b}$$

当 $\lambda_b>1.25$ 时

$$\sigma_{cr}=\frac{1.1f}{\lambda_b^2} \tag{5.38c}$$

式中，λ_b 为用于受弯计算的正则化高厚比，由式(5.38d)、式(5.38e)计算。

当梁受压翼缘扭转受到约束时

$$\lambda_b=\frac{\frac{2h_c}{t_W}}{177}\cdot\frac{1}{\varepsilon_k} \tag{5.38d}$$

当梁受压翼缘扭转未受到约束时

$$\lambda_b=\frac{\frac{2h_c}{t_W}}{138}\cdot\frac{1}{\varepsilon_k} \tag{5.38e}$$

式中，h_c 为腹板弯曲受压区高度，对于双轴对称截面 $h_c=h_0/2$。

② τ_{cr} 计算

当 $\lambda_s\leqslant 0.8$ 时

$$\tau_{cr}=f_v \tag{5.39a}$$

当 $0.8<\lambda_s\leqslant 1.2$ 时

$$\tau_{cr}=[1-0.59(\lambda_s-0.8)]f_v \tag{5.39b}$$

当 $\lambda_s>1.2$ 时

$$\tau_{cr}=\frac{1.1f_v}{\lambda_s^2} \tag{5.39c}$$

式中，λ_s 为用于抗剪计算的腹板正则化高厚比，由式(5.40d)、式(5.40e)计算。

当 $a/h_0\leqslant 1.0$ 时

$$\lambda_s=\frac{h_0/t_W}{37\eta\sqrt{4+5.34\ (h_0/a)^2}}\cdot\frac{1}{\varepsilon_k} \tag{5.39d}$$

当 $a/h_0>1.0$ 时

$$\lambda_s=\frac{h_0/t_W}{37\eta\sqrt{5.34+4\ (h_0/a)^2}}\cdot\frac{1}{\varepsilon_k} \tag{5.39e}$$

上式中，对于简支梁 η 取 1.11，对于框架梁梁端最大应力区 η 取为 1。

③ $\sigma_{c,cr}$ 计算

当 $\lambda_c\leqslant 0.9$ 时

$$\sigma_{c,cr}=f \tag{5.40a}$$

当 $0.9<\lambda_c\leqslant 1.2$ 时

$$\sigma_{c,cr}=[1-0.79(\lambda_c-0.9)]f \tag{5.40b}$$

当 $\lambda_c>1.2$ 时

$$\sigma_{c,cr}=\frac{1.1f}{\lambda_c^2} \tag{5.40c}$$

式中，λ_c 为用于受局部压力计算的腹板正则化高厚比。

当 $0.5\leqslant\frac{a}{h_0}\leqslant 1.5$ 时

$$\lambda_c=\frac{h_0/t_W}{28\sqrt{10.9+13.4\ (1.83-a/h_0)^3}}\cdot\frac{1}{\varepsilon_k} \tag{5.40d}$$

当 $1.5<\frac{a}{h_0}\leqslant 2.0$ 时

$$\lambda_c = \frac{h_0/t_W}{28\sqrt{18.9-5a/h_0}} \cdot \frac{1}{\varepsilon_k} \tag{5.40e}$$

(2) 如果腹板同时设有横向加劲肋和纵向加劲肋，腹板被纵向加劲肋分为上下两种区格，如图 5.18(b)所示。

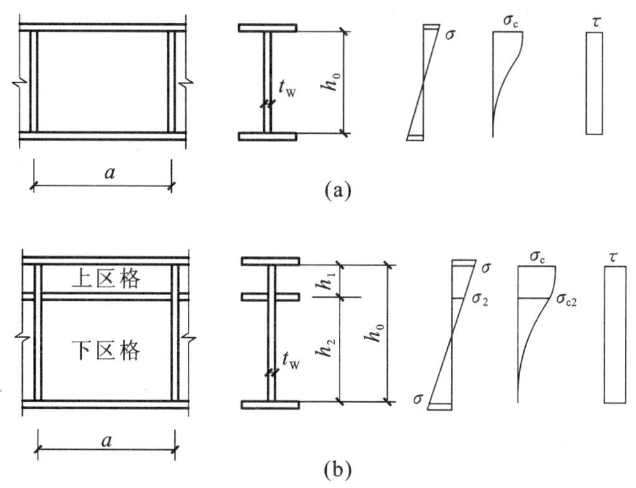

图 5.18 腹板区格的应力状态

对于受压翼缘与纵向加劲肋之间的区格即上区格，可能有纵向偏心压应力、剪应力及局部横向压应力共同作用。其中纵向偏心压应力在上边缘处为 σ，取下边缘处为 $\sigma_2=(1-2h_1/h_0)\sigma$。局部横向压应力在上边缘处为 σ_c，在下边缘处可取为 $\sigma_{c2}\approx 0.3\sigma_c$。针对这种应力分布，板的局部稳定验算公式如下：

$$\frac{\sigma}{\sigma_{cr1}} + \left(\frac{\sigma_c}{\sigma_{c,cr1}}\right)^2 + \left(\frac{\tau}{\tau_{cr1}}\right)^2 \leqslant 1 \tag{5.41}$$

式中 σ_{cr1}，$\sigma_{c,cr1}$，τ_{cr1}——上区格中各项应力单独作用时的局部稳定临界应力，其计算方法可由《标准》查得。

对于梁受拉翼缘与纵向加劲肋之间的区格即下区格，可能有纵向应力、剪应力及局部横向压应力作用。其中纵向应力在区格上边缘处为 σ_2，下边缘处是拉应力 σ。局部横向压应力在上边缘处为 $\sigma_{c2}\approx 0.3\sigma_c$，下边缘处为 0。针对这种应力分布，局部稳定验算公式如下：

$$\left(\frac{\sigma_2}{\sigma_{cr2}}\right)^2 + \frac{\sigma_{c2}}{\sigma_{c,cr2}} + \left(\frac{\tau}{\tau_{cr2}}\right)^2 \leqslant 1 \tag{5.42}$$

式中 σ_{cr2}，$\sigma_{c,cr2}$，τ_{cr2}——下区格中各项应力单独作用时的局部稳定临界应力，其计算方法详见《标准》。

实际腹板各个区格的弯矩、剪力是变化的，剪应力在腹板上呈抛物线分布。式(5.37)～式(5.39)中取区格的平均弯矩、平均剪力计算，剪应力亦按腹板平均剪应力取值，《标准》采取这种近似的算法，是因为式中各种局部稳定临界应力是由区格内弯矩、剪力为常数，剪应力沿截面均匀分布的情况确定的，同时这样计算较为简单。

5.6.3 加劲肋截面选择及构造要求

如前所述，组合梁的加劲肋一般用钢板做成，对于大型梁也可以用肢尖焊于腹板的角钢。加劲肋可以成对布置于腹板两侧，也可以单侧布置(图 5.19)。但是《标准》规定，支承加劲肋和重级工作制吊车梁的加劲肋必须两侧布置。

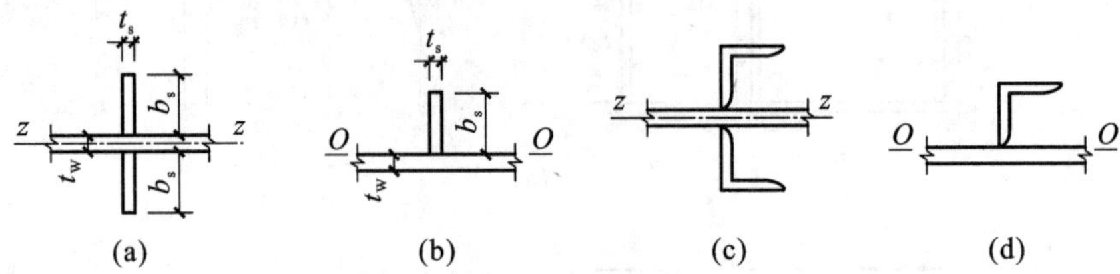

图 5.19 加劲肋的截面

加劲肋必须有足够的刚度才能支承腹板，阻止腹板凹凸变形，所以对其截面尺寸或截面惯性矩应有一定要求。

当仅设横向加劲肋时，双侧钢板的横向加劲肋[图 5.19(a)]的截面尺寸应满足下列要求：

外伸宽度

$$b_s \geqslant \frac{h_0}{30} + 40(\mathrm{mm}) \tag{5.43}$$

厚度

$$t_s \geqslant \frac{b_s}{15} \tag{5.44}$$

式(5.44)是为了保证加劲肋钢板外伸部分的局部稳定。该式来源于式(5.34)，其中忽略了钢种的影响。

如果钢板加劲肋单侧布置[图 5.19(b)]，其外伸宽度应不小于式(5.43)右边值的 1.2 倍，厚度应不小于外伸宽度的 1/15。

同型钢(H 型钢、工字钢、槽钢、肢尖焊于腹板的角钢)做成的加劲肋，其截面惯性矩不得小于相应钢板加劲肋的惯性矩。

同时设横向加劲肋和纵向加劲肋时，钢板横向加劲肋的尺寸除应满足上述规定外，其对腹板水平轴的截面惯性矩 I_z 还应满足：

$$I_z \geqslant 3h_0 t_W^3 \tag{5.45}$$

纵向加劲肋对腹板垂直轴的截面惯性矩 I_y 则应满足下式要求：

当 $a/h_0 \leqslant 0.85$ 时

$$I_y \geqslant 1.5h_0 t_W^3 \tag{5.46a}$$

当 $a/h_0 > 0.85$ 时

$$I_y \geqslant \left(2.5 - 0.45\frac{a}{h_0}\right)\left(\frac{a}{h_0}\right)^2 h_0 t_W^3 \tag{5.46b}$$

式(5.45)、式(5.46)中惯性矩 I_z、I_y，当加劲肋成对两侧设置时，应按梁腹板中心线为轴线进行计算，如图 5.19(a)、5.19(c)所示。当加劲肋单侧设置时，应按与加劲肋相连的腹板边缘为轴线进行计算，如图 5.19(b)、5.19(d)所示。

纵向加劲肋支承在横向加劲肋上，因此纵向加劲肋应在横向加劲肋处切断，并与横向加劲肋及梁腹板焊接相连。横向加劲肋则保持连续，与梁上下翼缘及腹板焊接相连。横向加劲肋与梁翼缘相连处应切去宽约 $b_s/3$(但不大于 40mm)、高约 $b_s/2$(但不大于 60mm)的斜角，以使翼缘焊缝通过(图 5.20)。

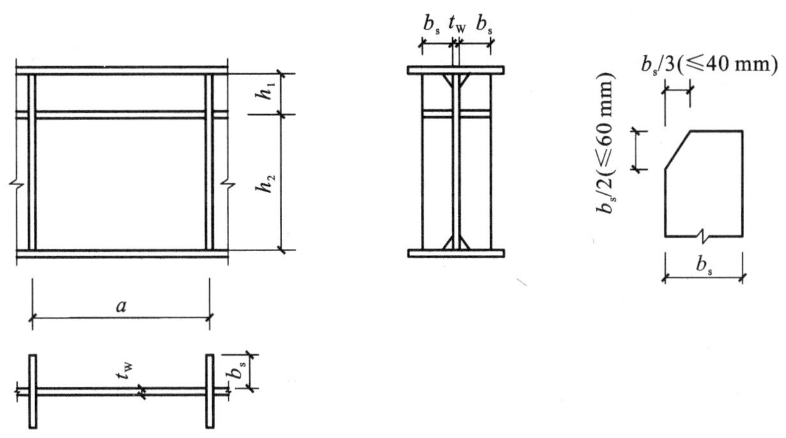

图 5.20　腹板加劲肋的构造

5.6.4　支承加劲肋的构造和计算

支承加劲肋一般用成对两侧布置的钢板做成[图 5.21(a)]，也可以用凸缘式加劲肋，其凸缘长度不得大于其厚度的 2 倍[图 5.21(b)]。

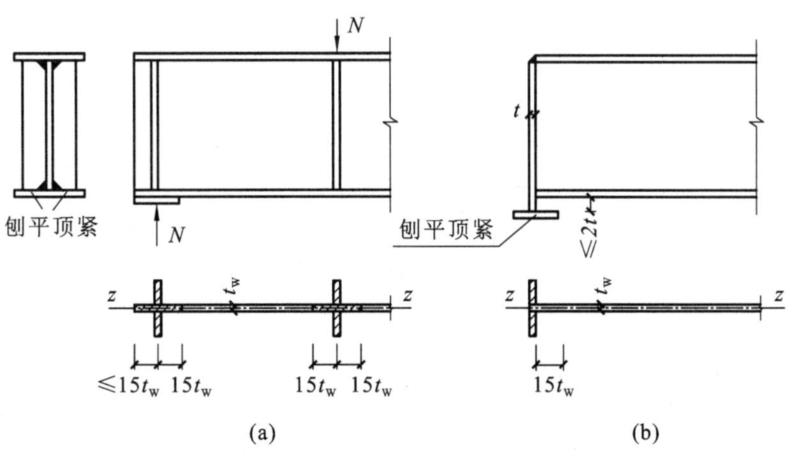

图 5.21　支承加劲肋

支承加劲肋除保证腹板局部稳定外，还要将支反力或固定集中力传递到支座或梁截面内，因此支承加劲肋的截面除满足 5.6.3 节各项要求外，还应按传递支反力或集中力的轴心压杆进行计算，其截面常常比一般加劲肋截面稍大一些。支承加劲肋的计算内容如下：

(1) 腹板平面外的稳定性

为了保证支承加劲肋安全传递支反力或集中荷载 N，近似将它视为一根两端铰接、计算长度为 h_0 的轴心压杆。其截面积包括加劲肋截面和每侧宽度在 $15t_W\varepsilon_k$ 范围内的腹板截面(梁端处若腹板长度不足时，按实际长度取值，如图中阴影部分)。由于梁腹板是一个整体，支承加劲肋作为一个轴心压杆不可能先在腹板平面内失稳，因此仅需验算它在腹板平面外的稳定性，由第 4 章式(4.10)$\frac{N}{\varphi Af}\leqslant 1.0$ 验算。

图 5.21(b)的支承加劲肋为 T 形截面杆，其荷载作用在截面剪心，面外屈曲时并不扭转，在验算稳定时无须考虑扭转效应。

(2) 端面承压强度

支承加劲肋的端部一般刨平顶紧于梁翼缘或支座，并按下式计算端面承压应力：

$$\sigma_{ce}=\frac{N}{A_{ce}}\leqslant f_{ce} \tag{5.47}$$

式中 A_{ce}——端面承压面积，即支承加劲肋与翼缘或与支座顶紧接触面积；

f_{ce}——钢材端面承压(刨平顶紧)强度设计值。

(3) 支承加劲肋与腹板的连接焊缝，可假定 N 力沿焊缝均匀分布计算。

【例题 5.3】 将例题 5.2 的工作平台主梁按例题 5.2 设计结果，配置加劲肋并验算其局部稳定。

解：①加劲肋布置

主梁腹板高厚比 $h_0/t_W=1000/8=125$，在 $80\varepsilon_k$ 至 $170\varepsilon_k$ 之间，按表 5.5 第 3、4 项规定只设置横向加劲肋，并考虑表 5.5 要求横向加劲肋间距 $a\leqslant 2h_0$，又考虑支座及次梁处应设加劲肋，现次梁间距为 3m，故取 $a=1500$mm。

② 中间加劲肋设计

加劲肋截面尺寸如下：

$$b_s=\frac{h_0}{30}+40=\frac{1000}{30}+40=73.3\text{mm}$$

取 $b_s=80$mm。

$$t_s=\frac{b_s}{15}=\frac{80}{15}=5.3\text{mm}$$

取 $t_s=6$mm。

由于次梁反力较小，取次梁处支承加劲肋与中间加劲肋相同。

③ 局部稳定验算

加劲肋将腹板划分成如图 5.22 所示小区格，区格 a、b、c、d 中心线距支座分别为 $x_a=0.75$m、$x_b=2.25$m、$x_c=3.75$m、$x_d=5.25$m。

取各区格中心线处的弯矩和剪力作为该区格的平均弯矩和剪力，其值如下：

自重设计荷载：$g_d=1.2g_K=1.2\times 1.44=1.728$kN/m

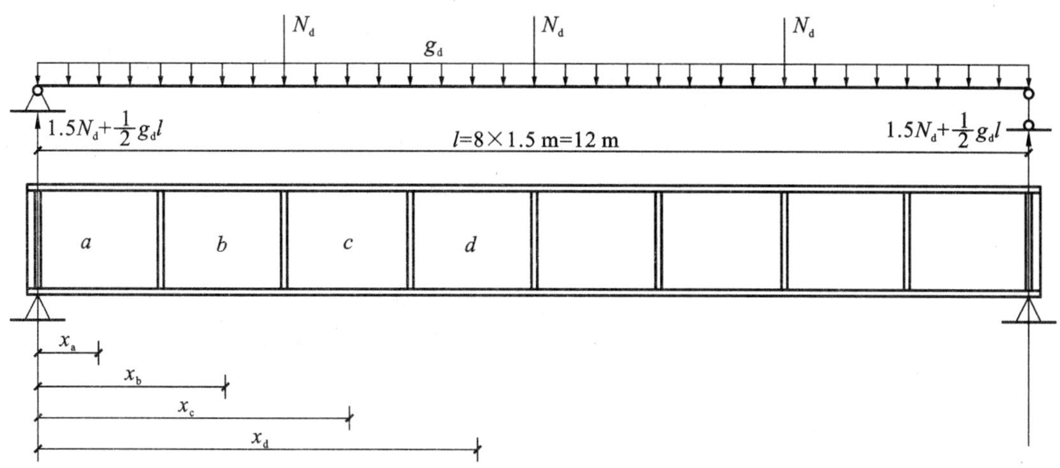

图 5.22 腹板区格划分图

弯矩：

$$M_a=1.5N_dx_a+0.5g_dx_a(l-x_a)$$
$$=1.5\times181.9\times0.75+0.5\times1.728\times0.75\times(12-0.75)$$
$$=211.93\text{kN}\cdot\text{m}$$

$$M_b=1.5N_dx_b+0.5g_dx_b(l-x_b)$$
$$=1.5\times181.9\times2.25+0.5\times1.728\times2.25\times(12-2.25)$$
$$=632.86\text{kN}\cdot\text{m}$$

$$M_c=1.5N_dx_c-N_d(x_c-3)+0.5g_dx_c(l-x_c)$$
$$=1.5\times181.9\times3.75-181.9\times0.75+0.5\times1.728\times3.75\times(12-3.75)$$
$$=913.49\text{kN}\cdot\text{m}$$

$$M_d=1.5N_dx_d-N_d(x_d-3)+0.5g_dx_d(l-x_d)$$
$$=1.5\times181.9\times5.25-181.9\times2.25+0.5\times1.728\times5.25\times(12-5.25)$$
$$=1053.81\text{kN}\cdot\text{m}$$

各区格平均弯矩产生的腹板计算高度边缘的弯曲压应力：

$$\sigma_a=\frac{M_a}{W_a}\frac{h_0}{h}=\frac{211.93\times10^6}{3817.5\times10^3}\times\frac{1000}{1028}=54\text{N/mm}^2$$

$$\sigma_b=\frac{M_b}{W_b}\frac{h_0}{h}=\frac{632.86\times10^6}{3817.5\times10^3}\times\frac{1000}{1028}=161.3\text{N/mm}^2$$

$$\sigma_c=\frac{M_c}{W_c}\frac{h_0}{h}=\frac{913.49\times10^6}{5077.5\times10^3}\times\frac{1000}{1028}=175\text{N/mm}^2$$

$$\sigma_d=\frac{M_d}{W_d}\frac{h_0}{h}=\frac{1053.81\times10^6}{5077.5\times10^3}\times\frac{1000}{1028}=201.9\text{N/mm}^2$$

各区格平均剪力产生的腹板平均剪应力：

$$\tau_a=\frac{V_a}{h_0t_w}=\frac{281.92\times10^3}{1000\times8}=35.2\text{N/mm}^2$$

$$\tau_b = \frac{V_b}{h_0 t_W} = \frac{279.33 \times 10^3}{1000 \times 8} = 34.9\text{N/mm}^2$$

$$\tau_c = \frac{V_c}{h_0 t_W} = \frac{94.84 \times 10^3}{1000 \times 8} = 11.9\text{N/mm}^2$$

$$\tau_d = \frac{V_d}{h_0 t_W} = \frac{92.25 \times 10^3}{1000 \times 8} = 11.5\text{N/mm}^2$$

用于抗剪计算的腹板正则化高厚比：

$$\lambda_s = \frac{h_0/t_W}{37\eta\sqrt{5.34+4\ (h_0/a)^2}} \cdot \frac{1}{\varepsilon_k} = \frac{1000}{8 \times 37 \times 1.11\sqrt{5.34+4 \times (1000/1500)^2}} = 1.141$$

临界剪力[按式(5.39b)计算]：

$$\tau_{cr} = [1-0.59(\lambda_s-0.8)]f_v = 125 \times [1-0.59 \times (1.141-0.8)] = 99.9\text{N/mm}^2$$

用于受弯计算的腹板正则化高厚比：$\lambda_b = \frac{2h_c/t_W}{177} \cdot \frac{1}{\varepsilon_k} = \frac{1000}{8 \times 177} = 0.706$

临界弯曲压应力[按式(5.38a)计算]：$\sigma_{cr} = f = 215\text{N/mm}^2$

各区格局部稳定验算：

$$\left(\frac{\sigma_a}{\sigma_{cr}}\right)^2 + \left(\frac{\tau_a}{\tau_{cr}}\right)^2 = \left(\frac{54}{215}\right)^2 + \left(\frac{35.2}{99.9}\right)^2 = 0.19 < 1$$

$$\left(\frac{\sigma_b}{\sigma_{cr}}\right)^2 + \left(\frac{\tau_b}{\tau_{cr}}\right)^2 = \left(\frac{161.3}{215}\right)^2 + \left(\frac{34.9}{99.9}\right)^2 = 0.68 < 1$$

$$\left(\frac{\sigma_c}{\sigma_{cr}}\right)^2 + \left(\frac{\tau_c}{\tau_{cr}}\right)^2 = \left(\frac{175}{215}\right)^2 + \left(\frac{11.9}{99.9}\right)^2 = 0.68 < 1$$

$$\left(\frac{\sigma_d}{\sigma_{cr}}\right)^2 + \left(\frac{\tau_d}{\tau_{cr}}\right)^2 = \left(\frac{201.9}{215}\right)^2 + \left(\frac{11.5}{99.9}\right)^2 = 0.90 < 1$$

④ 端部支承加劲肋

根据图 5.11 工作平台布置，梁端支承加劲肋采用钢板成对布置于腹板两侧。每侧宽 80mm(与中间肋同)，切角 20mm，端部净宽 60mm，厚度 12mm，下端支承处刨平后与下翼缘顶紧(图 5.23)。

稳定性计算：支承加劲肋承受半跨梁的荷载及自重 $R=374.1\text{kN}$

计算截面：$A=(2\times8+0.8)\times1.2+2\times15\times0.8\times0.8=39.36\text{cm}^2$

绕腹板中线惯性矩：$I_y = \frac{(2\times8+0.8)^3\times1.2}{12} = 474.16\text{cm}^4$

回转半径：$i_y = \sqrt{I_y/A} = \sqrt{474.16/39.36} = 3.47\text{cm}$

长细比：$\lambda_y = h_0/i_y = 100/3.47 = 29$

按 b 类截面查附表 2 得 $\varphi = 0.943$

$$\frac{R}{\varphi A} = \frac{374.1 \times 10^3}{0.943 \times 3936} = 100.8\text{N/mm}^2 < f = 215\text{N/mm}^2$$

承压强度计算：承压面积 $A_{ce} = 2 \times 1.2 \times 6 = 14.4\text{cm}^2$

由附表 1.1 查得 $f_{ce} = 320\text{N/mm}^2$

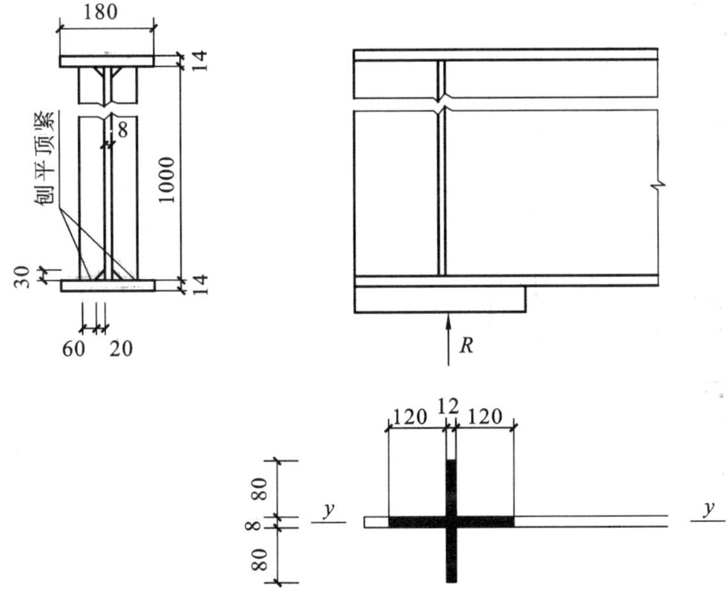

图 5.23 例题 5.3 图(单位:mm,焊缝 $h_f=6$mm)

$$\frac{R}{A_{ce}}=\frac{374.1\times10^3}{14.4\times10^2}=259.8\text{N/mm}^2<f_{ce}=320\text{N/mm}^2$$

⑤ 支承加劲肋与腹板的焊缝连接

$$h_f=\frac{R}{4\times0.7\times(h_0-70)\times f_f^W}=\frac{374.1\times10^3}{4\times0.7\times(1000-70)\times160}=0.9\text{mm}$$

取 6mm$>1.5\times\sqrt{t_{max}}=1.5\times\sqrt{12}=5.2$mm,满足构造要求。横向加劲肋与腹板连接焊缝也取 6mm$>1.5\times\sqrt{t_{max}}=1.5\times\sqrt{8}=4.2$mm。

5.7 组合梁的屈曲后强度

前面讲述过压杆屈曲和梁的弯扭屈曲,它们和四边支承的薄板屈曲在性能上有一个很大的不同点,即压杆一旦屈曲或梁一旦弯扭屈曲,则意味着构件垮塌或破坏,因此它们的屈曲荷载也就是破坏荷载;四边支承的薄板则不同,这种板发生凹凸变形屈曲后,板件并不立即破坏,其荷载还可以继续增加直至破坏,这个荷载就是薄板的屈曲后强度。

图 5.24 所示为四边简支薄板,受均匀分布纵向压力作用,当压应力 σ 超过屈曲临界应力 σ_{cr}时,薄板产生凹凸变形会受到两纵边支承的牵制,产生横向拉应力(即产生薄膜拉力场),这种牵制作用可提高板纵向承载力,随着荷载增加,板两侧部分纵向应力 σ 可以超过临界应力 σ_{cr}达到材料屈服强度 f_y,板的应力由图 5.24(a)的均匀分布变成如图 5.24(b)的马鞍形分布,同时板两纵边也出现自相平衡的应力。这种现象说明了为什么四边支承的板具有屈曲后强度。屈曲后能继续增加的荷载大部分由板边缘部分承受。

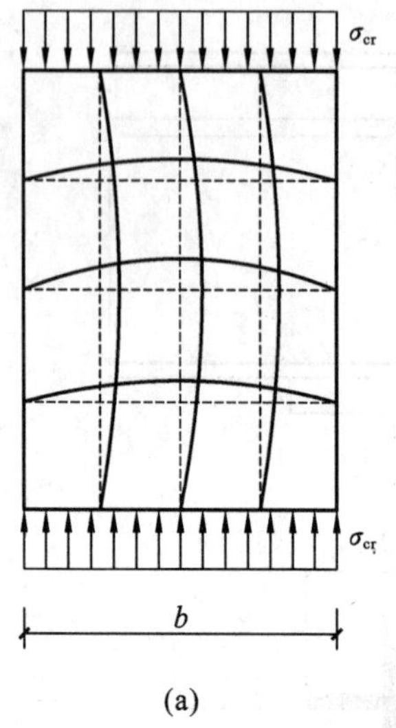

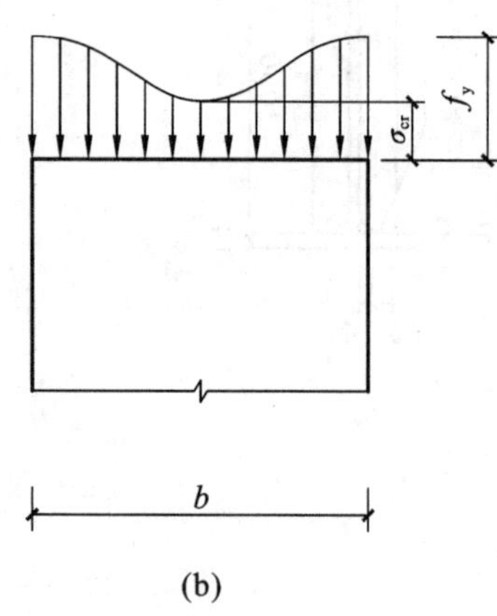

(a) (b)

图 5.24　受压板件的屈曲后强度

对于组合梁的腹板,可视为支承于上下翼缘和左右两侧横向加劲肋之间的四边支承板。如果支承较强,当腹板屈曲发生凹凸变形时,同样会受到四边支承的牵制产生拉应力(即薄膜拉力场)使梁能继续承受较大荷载,直至腹板屈服或四边支承破坏。这就是腹板的屈曲后强度。

利用腹板屈曲后强度可放宽梁腹板高厚比的限制,从而提高经济效益。

按腹板屈曲后强度进行设计时,一般可以不设纵向加劲肋,这时首先只在支座和上翼缘有较大固定集中荷载处布置支承加劲肋,然后按规定公式进行屈曲后强度验算,如果不满足要求,则在适当位置配置中间加劲肋,再进行验算,直到满足要求为止。此外,按屈曲后强度设计时,还要对加劲肋进行计算,以保证加劲肋不仅能阻止腹板凹凸变形和(或)承受集中荷载,同时还能承受薄膜张力场的作用。

有关腹板按屈曲后强度设计的具体方法,可参看《标准》的规定。

5.8　梁的拼接和连接

5.8.1　梁的拼接

梁的拼接分为工厂拼接和工地拼接两种。

5.8.1.1　工厂拼接

如果梁的长度、高度大于钢材的尺寸,常需要先将腹板和翼缘用几段钢板拼接起来,然后再焊接成梁。这些工作一般在工厂进行,因此称为工厂拼接(图 5.25)。

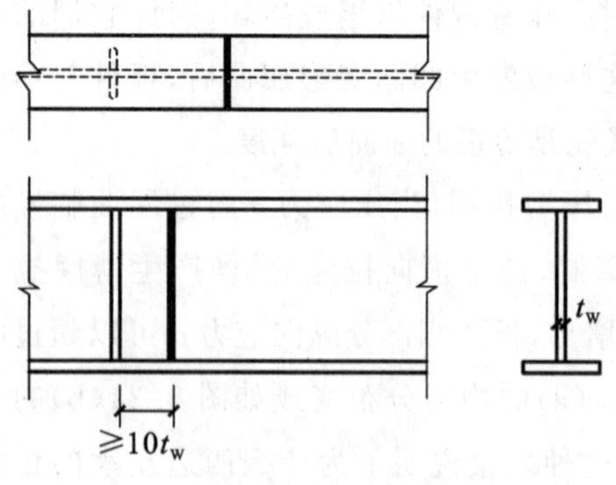

图 5.25　焊接梁的工厂拼接

工厂拼接的位置由钢材尺寸和梁的受力确定。

腹板和翼缘的拼接位置最好错开，同时也要与加劲肋和次梁连接位置错开，错开距离不小于 $10t_w$，以便各种焊缝布置分散，减小焊接应力及变形。

翼缘、腹板拼接一般用对接直焊缝，施焊时使用引弧板。这样，当用一、二级焊缝时，拼接处与钢材截面的强度可以达到相等，因此拼接可以设在梁的任何位置。但是，当用三级焊缝时，由于焊缝抗拉强度比钢材抗拉强度低(约低 15%)，这时应将拼接布置在梁弯矩较小的位置，或者采用斜焊缝。

5.8.1.2 工地拼接

跨度大的梁，可能由于运输或者吊装条件限制，需将梁分成几段运至工地或吊至高空就位后再拼接起来。由于这种拼接在工地进行，因此称为工地拼接。

工地拼接一般布置在梁弯矩较小的地方，并且常常将腹板和翼缘在同一截面断开[图 5.26(a)]，以便于运输和吊装。拼接处一般采用对接焊缝，上、下翼缘做成向上的 V 形坡口，以方便工地实施俯焊。同时，为了减小焊缝应力，应将工厂焊的翼缘焊缝端部留出 500mm 左右不焊，待到工地拼接时按图中施焊顺序最后拼接。这样可以使焊接时有较多的自由收缩余地，从而减小焊接应力。

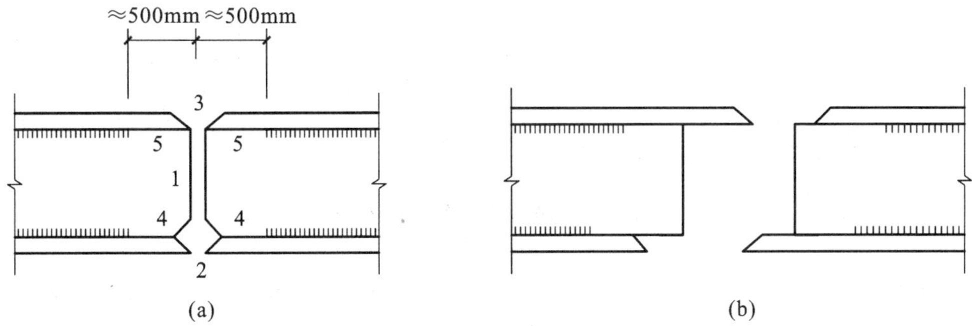

图 5.26 焊接梁的工厂拼接

为了改善拼接处受力情况，工地拼接的梁也可以将翼缘和腹板拼接位置略微错开，如图 5.26(b)所示，但是这种方式在运输、吊装时需要对端部凸出部分加以保护，以免碰损。

对于需要在高空拼接的梁，常常考虑到高空焊接操作困难，而采用摩擦型高强螺栓连接。对于较重要的或承受动荷载的大型组合梁，若工地焊接条件差，焊接质量不易保证，也可采用摩擦型高强螺栓连接(图 5.27)。设计时取拼接处剪力 V 全部由腹板承担，弯矩 M 则由腹板和翼缘共同承担，即 $M=M_W+M_f$，M_W 和 M_f 按各自刚度成比例分配。

这样，腹板的拼接及螺栓承受的内力为：

剪力：V

弯矩：$M_W=M\dfrac{I_W}{I}=M\dfrac{t_W h_0^3/12}{I}$

设计时，先确定拼接板的尺寸，布置好螺栓位置，然后进行验算。

翼缘的拼接板即螺栓承受由翼缘分担的弯矩 M_f 所产生的轴力 N。

轴力：$N=\dfrac{M_f}{h_0+t}=M\dfrac{I_f}{I(h_0+t)}=M\dfrac{2bt(h_0/2+t)^2}{I(h_0+\mathrm{t})}$

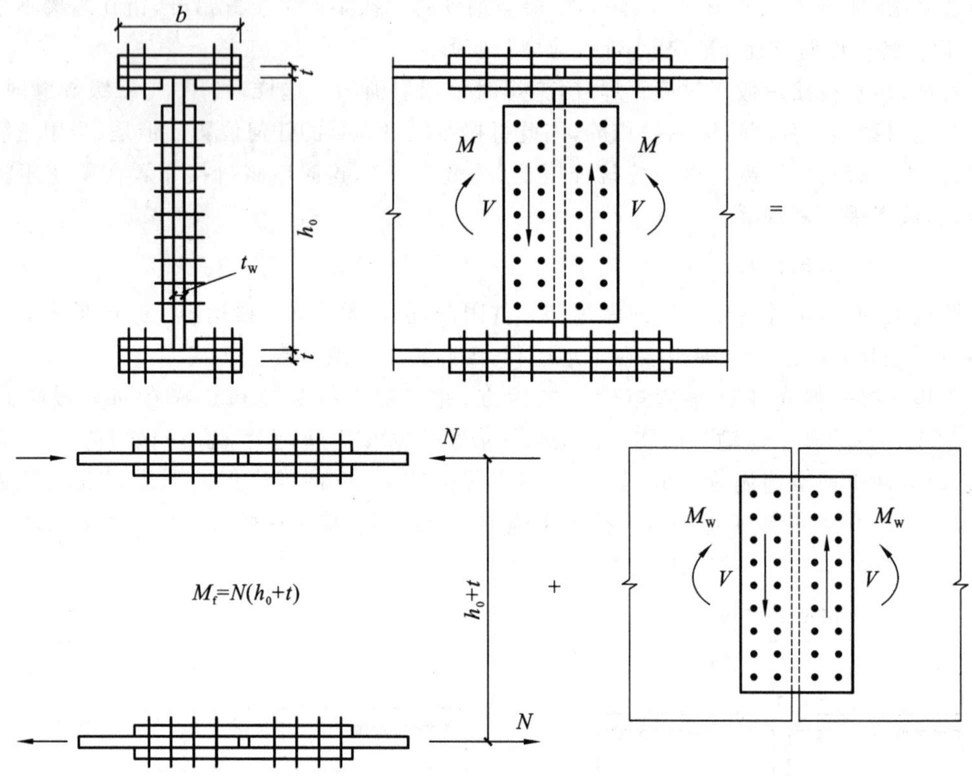

图 5.27　梁的高强螺栓工地拼接

以上所列各式中 $I=I_f+I_W$ 为梁毛截面惯性矩，I_f 和 I_W 分别为上下翼缘和腹板对中和轴的惯性矩。

实际设计时，翼缘拼接常常偏安全地按等强度条件设计，即按翼缘面积所能承受的轴力 $N=A_f f=btf$ 计算。

5.8.2　次梁与主梁连接

5.8.2.1　简支次梁与主梁连接

这种连接的特点是次梁只有支座反力传递给主梁。其形式有叠接和侧面连接两种。叠接(图 5.28)时，次梁直接搁置在主梁上，用螺栓和焊缝固定，这种形式构造简单，但占用建筑高度大，连接刚性差一些。

侧面连接(图 5.29)是将次梁端部上翼缘切去，端部下翼缘则切去一边，然后将次梁端部与主梁加劲肋用螺栓相连。如果次梁反力较大，螺栓承载力不够时，可用围焊缝(角焊缝)将次梁端部腹板与加劲肋连牢传递反力，这时螺栓只作安装定位用。实际设计时，考虑连接偏心，通常将反力增大 20%～30%来计算焊缝或螺栓。

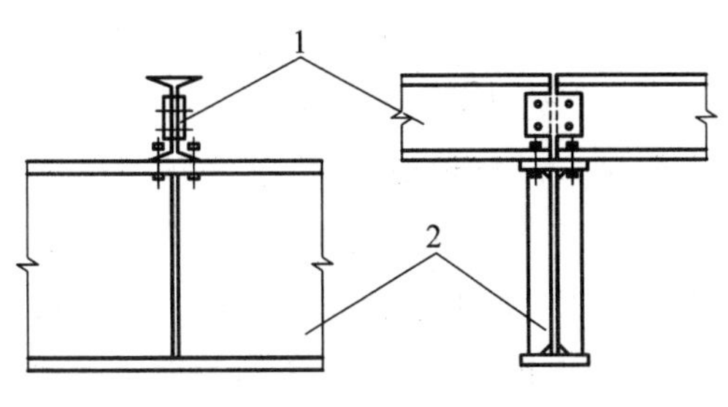

图 5.28 简支次梁与主梁叠接

1—次梁；2—主梁

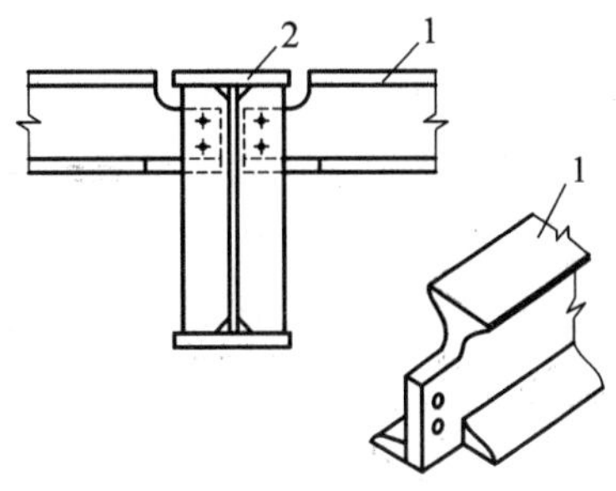

图 5.29 简支次梁与主梁侧面连接

1—次梁；2—主梁

5.8.2.2 连续次梁与主梁连接

这种连接也分叠接和侧面连接两种形式。叠接时，次梁在主梁处不断开，直接搁置于主梁上并用螺栓或焊缝固定，次梁只有支座反力传给主梁。侧面连接时，次梁在主梁处断开，分别连于主梁两侧，除支座反力传给主梁外，连续次梁在主梁支座处左右弯矩也要通过主梁传递，因此构造稍复杂一些。常用的形式如图 5.30 所示。按图中构造，先在主梁上次梁相应位置处焊上承托，承托由竖板及水平板组成[图 5.30(a)]。安装时先将次梁端部上翼缘

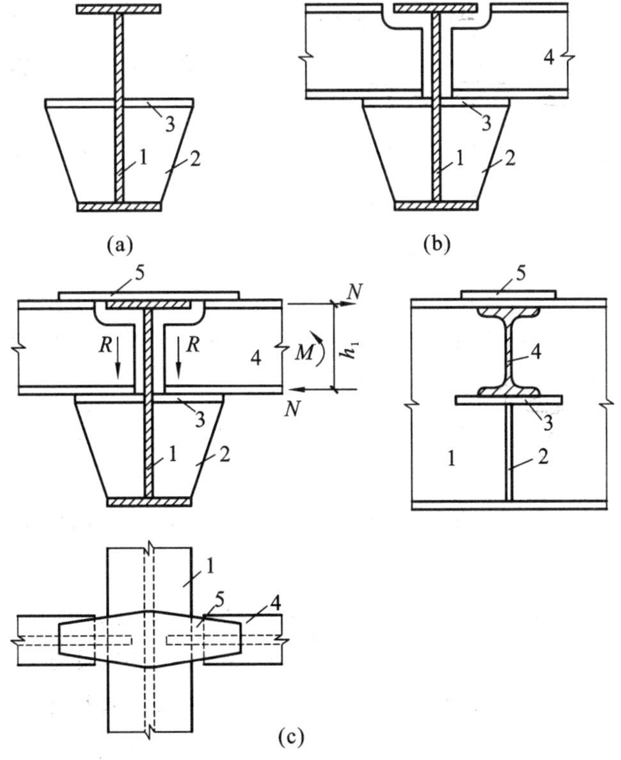

图 5.30 连续次梁与主梁连接的安装过程

1—主梁；2—承托竖板；3—承托顶板；4—次梁；5—连接盖板

切去后安放在主梁承托水平顶板上，用安装螺栓定位，再将次梁下翼缘与顶板焊牢[图 5.30(b)]，最后用连接盖板将主次梁上翼缘用焊缝连接起来[图 5.30(c)]。为避免仰焊，连接盖板的宽度应比次梁上翼缘稍窄，承托顶板的宽度则应比次梁下翼缘稍宽。

在图 5.30 的连接中，次梁支座反力 R 直接传递给承托顶板，通过承托竖板再传至主梁。左右次梁的支座负弯矩则分解为上翼缘的拉力和下翼缘的压力组成的力偶。上翼缘的拉力由连接盖板传递，下翼缘的压力则传给承托顶板后，再由承托顶板传给主梁腹板。这样，次梁上翼缘与连接盖板之间的焊缝、次梁下翼缘与承托顶板之间的焊缝以及承托顶板与主梁腹板之间的焊缝应按各自传递的拉力或压力设计。

设计次梁与主梁连接时，还应注意当次梁截面较大时，应另采取构造措施防止支承处截面扭转。钢结构各种构件连接形式种类很多，形式各异。设计时，首先要分析连接的传力途径，研究传力是否安全，同时也要注意构造布置合理，施工方便，以便统筹综合解决好这些问题，作出合理的设计。

本章小结

(1) 钢结构中最常用的梁有型钢梁和组合梁。其计算包括强度(抗弯强度 σ、抗剪强度 τ、局部承压强度 σ_c 和折算应力 σ_{eq})、刚度、整体稳定和局部稳定等。

(2) 型钢梁若截面无太大削弱可不计算 τ 和 σ_{eq}，同时若无较大集中荷载或支座反力时，可不计算 σ_c，局部稳定也不必计算。因此一般情况下，型钢梁只需计算抗弯强度 σ、刚度和整体稳定。

(3) 组合梁在固定集中荷载处如设有支撑加劲肋时可不计算 σ_c，折算应力 σ_{eq} 只在同时受有较大正应力 σ 和剪应力 τ 或者还有局部应力 σ_c 的部位(如截面改变处的腹板计算高度边缘处)才作计算。除此之外，其余各项均需计算。

(4) 梁的抗弯强度计算中，σ 按式(5.3)和式(5.4)计算。式中系数 γ_x 和 γ_y 用以考虑允许截面塑性发展到一定深度，使承载力提高的影响。对于需要计算疲劳的梁，或者翼缘宽厚比值较大的梁，不考虑这一影响，取 $\gamma_x=\gamma_y=1.0$。

(5) 梁的强度计算中，剪应力 τ、局部受压应力 σ_c 和折算应力 σ_{eq} 分别按式(5.5)、式(5.6)和式(5.8)计算。

(6) 梁的刚度按式(5.9)和式(5.10)计算，其标准荷载取值应与《标准》规定的容许挠度[ω]值相对应。

(7)《标准》对梁的整体稳定计算方法是按弹性稳定理论算出其临界弯矩 M_{cr}，然后以此为依据制订出设计公式(5.18)和式(5.21)，式中 φ_b($\varphi_b\leqslant 1.0$)为梁的整体稳定系数。

(8) 当有密铺的铺板与梁受压翼缘连牢并能阻止受压翼缘扭转和侧向位移时，可不验算梁的整体稳定。

(9) 组合梁的翼缘板局部稳定由控制翼缘板宽厚比来保证，要求其 $b_1/t\leqslant 15\varepsilon_k$，若允许梁部分截面塑性发展，则要求 $b_1/t\leqslant 13\varepsilon_k$。

(10) 对于直接承受动荷载的吊车梁及类似构件，或其他不考虑腹板屈曲后强度的组合梁，由设置加劲肋(表5.5)以及必要时还要进行计算来保证腹板局部稳定。腹板局部稳定应按加劲肋布置的情况分别按式(5.37)、式(5.41)及式(5.42)计算。

横向、纵向加劲肋均应有一定的刚度才能阻止腹板局部失稳。其尺寸和刚度要求见式(5.43)～式(5.46)。支承加劲肋除应满足横向加劲肋尺寸和刚度要求外，还应计算其稳定性和端面承压强度。此外，各类加劲肋还应满足各自的构造要求。

(11) 四边支承的薄板，当局部失稳发生凹凸变形时由于薄膜拉力场的作用，薄板还能继续承担荷载，其承载力称为屈曲后强度。《标准》规定，对于承受静力荷载和间接承受动力荷载的组合梁，可以按腹板屈曲后强度进行设计。

思考题

5.1 钢梁的强度计算包括哪些内容？什么情况下须计算梁的局部压应力和折算应力？如何计算？

5.2 截面形状系数 F 和塑性发展系数 γ 有何区别？

5.3 梁发生强度破坏与丧失整体稳定有何区别？影响钢梁整体稳定的主要因素有哪些？提高钢梁整体稳定性的有效措施有哪些？

5.4 试比较型钢梁和组合梁在截面选择方法上的异同。

5.5 梁的整体稳定系数 φ_b 是如何确定的？

5.6 组合梁的腹板和翼缘可能发生哪些形式的局部失稳？《标准》采取哪些措施防止发生这些形式的局部失稳？

5.7 为什么组合梁的翼缘设计不考虑屈曲后强度？

5.8 钢梁的拼接、主次梁连接各有哪些方式？其主要设计原则是什么？

习题

5.1 将例题5.1中工作平台次梁用Q345钢，按该例题所列2种情况设计。并将本例与例题5.1设计结果填入表5.6，进行比较分析，指出哪种条件控制设计时采用高强钢材较为有利(控制设计的条件是指强度、刚度、整体稳定)。

表5.6 设计结果比较表

情况	Q235			Q345		
	截面	质量(kg/m)	设计由哪种条件控制	截面	质量(kg/m)	设计由哪种条件控制
1						
2						

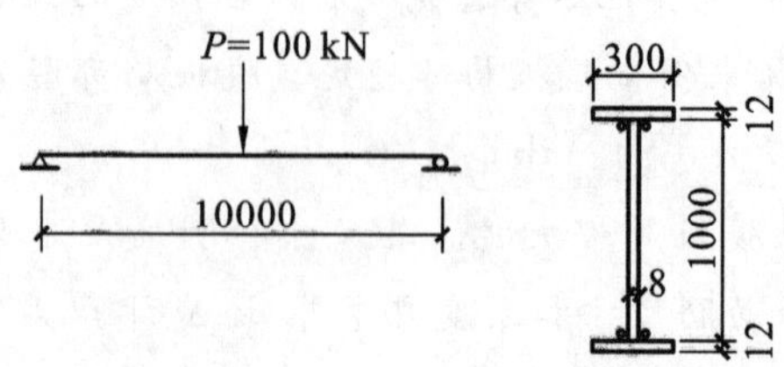

图 5.31　习题 5.2 图(单位:mm)

5.2　图 5.31 为一焊接组合工字梁,钢材 Q235,跨间无侧向支撑,跨中设计值为 100kN 的集中荷载作用于上翼缘,试验算其整体稳定。若不满足要求,请按下列各项措施修改设计后再验算整体稳定,并对验算结果进行分析比较(梁自重忽略不计)。

(1) 改用 Q345 钢;

(2) 改用加强受压翼缘面积,保持原截面面积不变,将上翼缘加宽为 $b_1=34\text{cm}$,下翼缘缩窄为 $b_2=26\text{cm}$;

(3) 采取构造措施将集中荷载作用点移至下翼缘。

5.3　将图 5.11 所示工作平台梁格布置改为如图 5.32 所示布置,即取消次梁,两侧用承重墙,主梁间距取 3m,两端简支于墙上,荷载不变(见例题 5.1),主梁与面板有牢固连接,因此翼缘扭转受约束。试按等截面焊接组合梁设计该主梁(包括加劲肋及端部支承加劲肋),不考虑屈曲后强度。钢板厚度最小为 8mm。

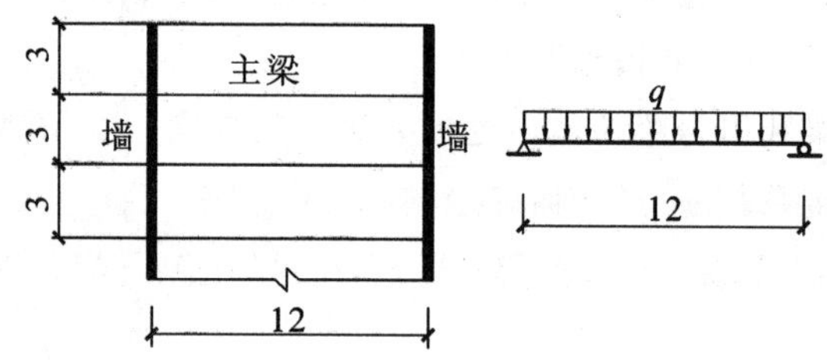

图 5.32　习题 5.3 图(单位:m)

5.4　复习本章讲述的梁各项计算公式,并完成表 5.7 补充说明栏各项要求。

表 5.7　梁主要计算公式小结

项目	计算公式	补充说明
强度	$\sigma=\dfrac{M_x}{\gamma_x W_{nx}}\leqslant f$　(5.3) $\sigma=\dfrac{M_x}{\gamma_x W_{nx}}+\dfrac{M_y}{\gamma_y W_{ny}}\leqslant f$　(5.4) $\tau=\dfrac{VS}{I_x t_W}\leqslant f_v$　(5.5) $\sigma_c=\dfrac{\psi F}{t_W l_z}\leqslant f$　(5.6) $\sigma_{eq}=\sqrt{\sigma^2+\sigma_c^2-\sigma\sigma_c+3\tau^2}\leqslant\beta_1 f$　(5.8)	分别说明 γ_x、γ_y、S、ψ、l_z 及 β_1 的定义及取值方法

续表 5.7

项目	计算公式	补充说明
刚度	$\omega \leqslant [\omega]$ (5.9)	说明简支梁常见荷载情况下 ω 的计算公式及式中荷载取值的规定
整体稳定	$\dfrac{M_x}{\varphi_b W_x f} \leqslant 1$ (5.18) $\dfrac{M_x}{\varphi_b W_x f} + \dfrac{M_y}{\gamma_y W_y f} \leqslant 1$ (5.21)	说明 φ_b 的定义及计算方法，说明哪些情况可以不验算整体稳定
局部稳定	受压翼缘： 当 $\gamma_x = 1.0$ 时，$b_1/t \leqslant 15\varepsilon_k$ (5.34) 当 $\gamma_x > 1.0$ 时，$b_1/t \leqslant 13\varepsilon_k$ (5.36)	说明 b_1 如何取值，说明为何 $\gamma_x > 1$ 时 b_1/t 控制更严格
	腹板：当 $h_0/t_W > 80\varepsilon_k$ 且仅有横向加劲肋时，应按下式验算各区格局部稳定 $\left(\dfrac{\sigma}{\sigma_{cr}}\right)^2 + \dfrac{\sigma_c}{\sigma_{c,cr}} + \left(\dfrac{\tau}{\tau_{cr}}\right)^2 \leqslant 1$ (5.37)	说明式中各项符号的意义与计算方法

6　拉弯构件和压弯构件

提要：本章讲述实腹式和格构式压弯构件和拉弯构件的设计，其中包括强度、刚度、整体稳定性、局部稳定等问题的计算与构造，同时讲述了压弯构件及框架柱计算长度的意义及确定方法，最后简述了框架中梁与柱的连接以及柱脚的设计。

6.1　概　　述

轴心拉力和弯矩共同作用下的构件称为拉弯构件。图 6.1(a)所示为有偏心拉力作用的构件，图 6.1(b)所示为有横向荷载作用的拉杆，它们都是拉弯构件。当钢屋架中下弦拉杆节点之间有横向荷载作用时，就视为拉弯构件，如图 6.3 所示。

当拉弯构件所承受的弯矩不大，主要受轴心拉力时，它的截面形式和一般轴心拉杆一样；当承受很大的弯矩时，应该采用弯矩作用平面内高度较大的截面。

对于拉弯构件，以截面出现塑性铰作为强度极限。但是对于格构式或者冷弯薄壁型钢的拉弯构件，以截面边缘的纤维开始屈服作为强度的极限。对于轴心拉力较小而弯矩很大的拉弯构件，由于有弯矩引起的压应力，也可能和受弯构件一样会出现弯扭屈曲；在拉弯构件受压部分的板件也存在局部屈曲的可能性，此时应按受弯构件要求核算其整体和局部稳定。

轴心压力和弯矩共同作用下的构件称为压弯构件。图 6.2(a)中承受偏心压力作用的构件和图 6.2(b)中有横向荷载作用的压杆，都属于压弯构件。

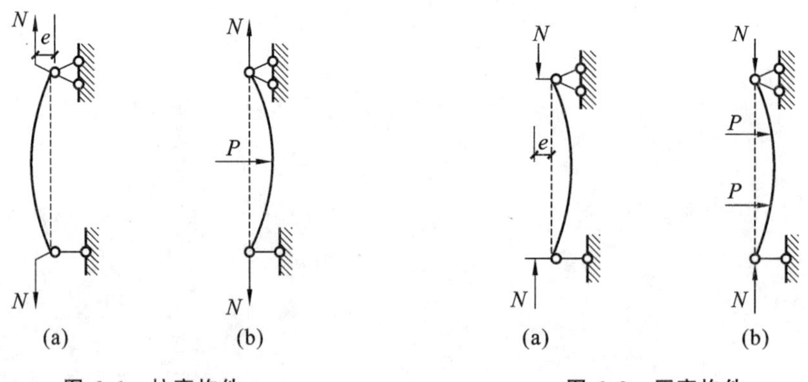

图 6.1　拉弯构件　　　　图 6.2　压弯构件

压弯构件在钢结构中的应用十分广泛，例如，有节间荷载作用的屋架的上弦杆(图 6.3)，厂房的框架柱(图 6.4)，以及高层建筑的框架柱和海洋平台的立柱等大多都是压弯构件。

压弯结构的截面形式：当承受的弯矩很小而轴心压力却很大时，可采用轴心受压构件的截面形式；当只有一个方向的弯矩较大时，可采用如图 6.5 所示的截面，并使弯矩绕强轴

(x 轴)作用,如采用如图 6.5(b)所示的单轴对称截面,还应使较大翼缘位于受压一侧。

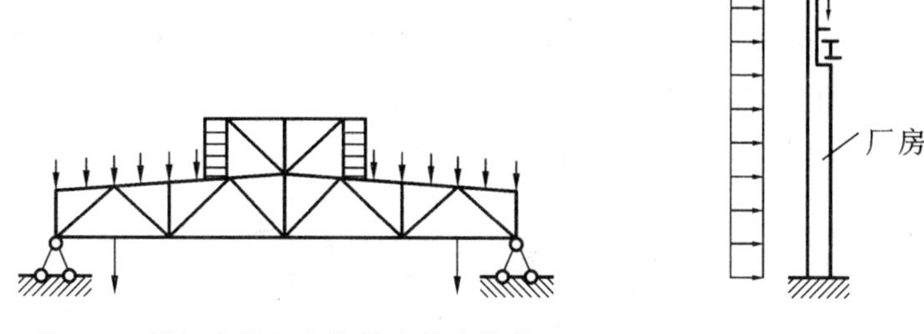

图 6.3　屋架中的压弯构件和拉弯构件

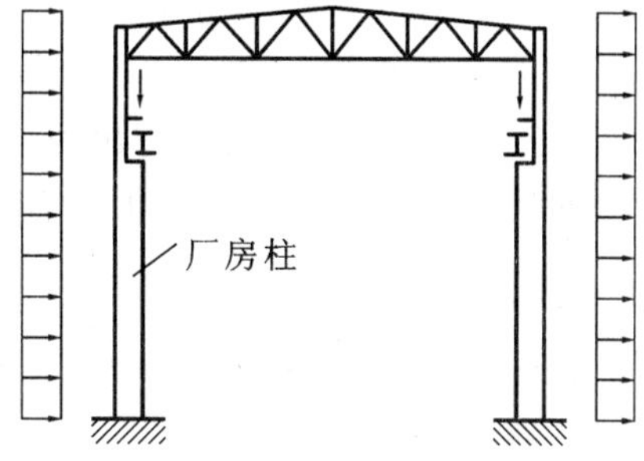

图 6.4　单层工业厂房框架柱

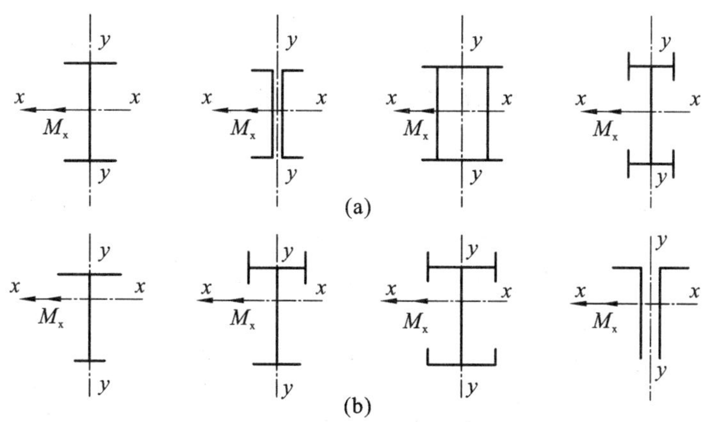

图 6.5　弯矩较大的实腹式压弯构件截面

压弯构件的破坏形式有:①强度破坏;②在弯矩作用的平面内发生弯曲失稳破坏,发生这种破坏的构件变形形式没有改变,仍为弯矩作用平面内的弯曲变形;③弯矩作用平面外失稳破坏,这种破坏除了在弯矩作用方向存在弯曲变形外,垂直于弯矩作用的方向也会发生突然的弯曲变形,同时截面还会绕杆轴发生扭转;④局部失稳破坏。

与轴心受力构件一样,拉弯构件和压弯构件除应满足承载力极限状态要求外,还应满足正常使用极限状态要求,即刚度要求。后者是通过限制其长细比来实现的。

6.2　拉弯构件和压弯构件的强度和刚度

6.2.1　拉弯构件和压弯构件的强度

对于承受静力荷载作用的实腹式拉弯或压弯构件,当截面出现塑性铰时达到其强度极限状态。

图 6.6 所示是一承受轴心压力 N 和弯矩 M 共同作用的矩形截面构件,当荷载较小,截面边缘纤维的压应力小于钢材的屈服强度时,整个截面都处于弹性状态,如图 6.6(a)所示。荷载继续增加,截面受压区进入塑性状态,如图 6.6(b)所示。若荷载再继续增加,使截面的

另一边缘的拉应力也达到屈服强度时，部分受拉区的材料也进入塑性状态，如图 6.6(c)所示。图 6.6(b)、图 6.6(c)中的截面处于弹塑性状态。当荷载再继续增加时，整个截面进入塑性状态，形成塑性铰，如图 6.6(d)所示。

图 6.7 是矩形截面压弯构件出现塑性铰时截面的应力分布，将图中应力分布分解为有斜线区和无斜线区两个部分，则根据力的平衡条件可以得到轴心压力和弯矩的相关关系。

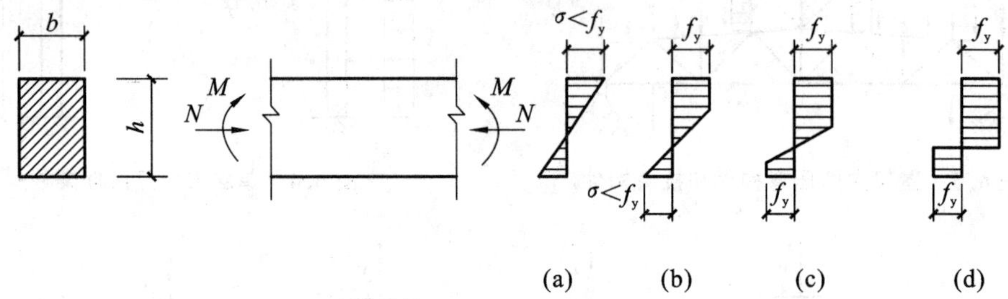

图 6.6　压弯构件截面的受力状态

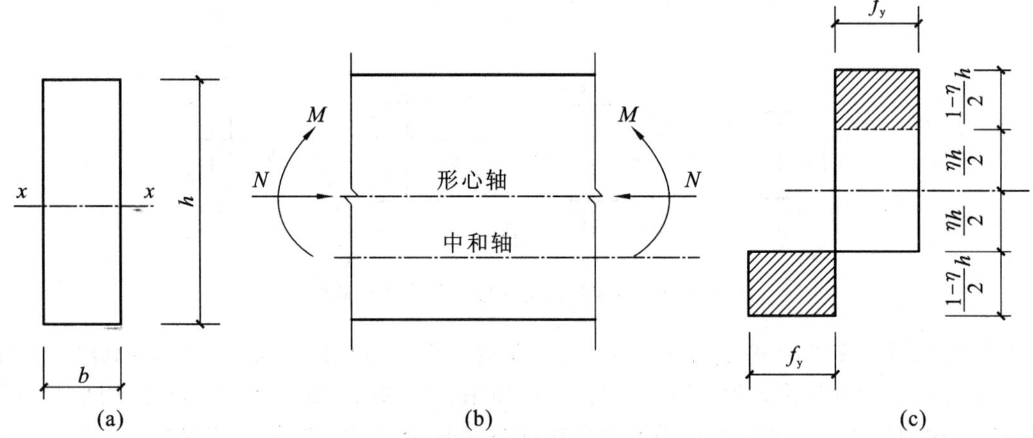

图 6.7　矩形截面单向压弯构件的塑性铰

$$N=f_y\eta hb=f_y bh\eta=N_P\eta \tag{6.1}$$

$$\begin{aligned}M&=f_y\,\frac{1-\eta}{2}hb\,\frac{1+\eta}{2}h\\&=f_y\,\frac{bh^2}{4}(1-\eta^2)=M_P(1-\eta^2)\end{aligned} \tag{6.2}$$

从以上两式中消去 η，就可以得到矩形截面形成塑性铰时的 N 与 M 的相关公式：

$$\left(\frac{N}{N_P}\right)^2+\frac{M}{M_P}=1 \tag{6.3}$$

式中　N——轴心力；

M——弯矩；

N_P——无弯矩作用时，全部净截面屈服的承载力，$N_P=f_y bh$；

M_P——无轴心力作用时，净截面塑性弯矩，$M_P=f_y\,\dfrac{bh^2}{4}$。

图 6.8 给出矩形及绕强轴弯曲的工字形截面出现塑性铰时，截面所受轴力与弯矩的相关曲线。这些曲线均为凸曲线，随截面形式及尺寸变化各不相同，为计算方便，且偏于安全，取图中直线为计算依据，其表达式为：

$$\frac{N}{N_P}+\frac{M}{M_P}=1 \tag{6.4}$$

构件中如果截面形成塑性铰，就会产生很大变形以致不能正常使用。因此，设计规范在采用式(6.4)作为计算依据的同时，又考虑限制截面塑性发展，并考虑截面削弱，将式(6.4)中的 N_P 以 $A_n f_y$ 代替，M_P 以 $\gamma W_n f_y$ 代替，得出下列压弯构件的强度计算公式：

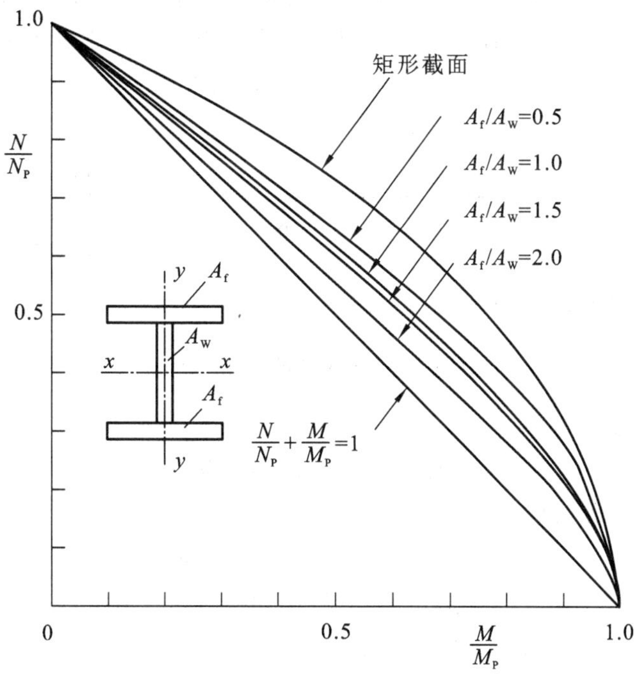

图 6.8　压弯构件截面出现塑性铰时的$\frac{N}{N_P}$和$\frac{M}{M_P}$相关曲线

$$\frac{N}{A_n}\pm\frac{M}{\gamma_x W_n}\leqslant f_y \tag{6.5}$$

上式也适用于单轴对称截面，因此在弯曲正应力一项带正负号，W_n 取值亦应与正负号相适应。

对于双向拉弯或压弯构件，可采用与式(6.5)类似的下式计算：

$$\frac{N}{A_n}\pm\frac{M_x}{\gamma_x W_{nx}}\pm\frac{M_y}{\gamma_y W_{ny}}\leqslant f_y \tag{6.6}$$

式中　A_n——净截面；

W_{nx}，W_{ny}——对 x 轴和 y 轴的净截面抵抗矩，取值应与正负弯曲应力相适应；

γ_x，γ_y——截面塑性发展系数，按表 5.1 选取。

对于直接承受动力荷载作用且需要计算疲劳的实腹式拉弯或压弯构件，也可以采用式(6.5)和式(6.6)计算，但不考虑塑性发展，取 $\gamma_x=\gamma_y=1.0$。

6.2.2 拉弯构件和压弯构件的刚度

拉弯、压弯构件的刚度通常以长细比来控制。《标准》要求：

$$\lambda_{max} \leqslant [\lambda] \tag{6.7}$$

式中 $[\lambda]$——容许长细比，见表 4.1、表 4.2。

当以弯矩为主、轴心力较小，或有其他需要时，也须计算拉弯或压弯构件的挠度或变形，使其不超过规定的容许值。

【例题 6.1】 验算如图 6.9 所示拉弯钩件的强度和刚度。轴心拉力设计值 $N=100\text{kN}$，横向集中荷载设计值 $F=8\text{kN}$，均为静力荷载。构件的截面为 2L100×10，钢材为 Q235，$[\lambda]=350$。

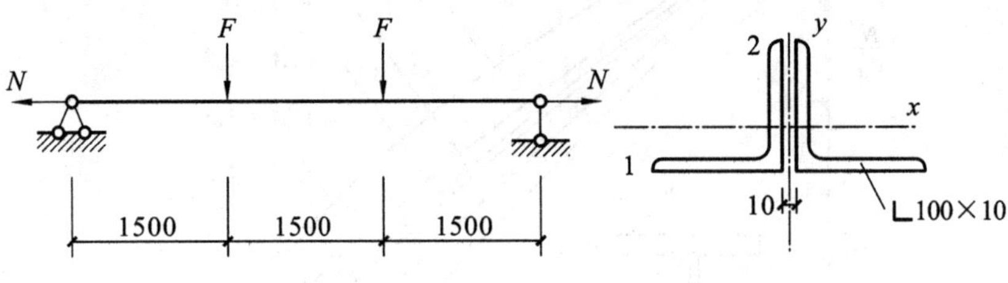

图 6.9 例题 6.1 图（单位：mm）

解：(1)构件的最大弯矩

$$M_x = F \cdot a = 8 \times 1.5 = 12\text{kN} \cdot \text{m}$$

(2) 截面几何特性，由附表 4 查得 2L100×10

$$A_n = 2 \times 19.26 = 38.52\text{cm}^2$$

$$z_0 = 2.84\text{cm}$$

$$W_{1x} = 2 \times \frac{I_x}{z_0} = 2 \times \frac{180}{2.84} = 2 \times 63.4 = 126.8\text{cm}^3$$

$$W_{2x} = 2 \times \frac{I_x}{10 - z_0} = = 2 \times \frac{180}{10 - 2.84} = 2 \times 25.14 = 50.28\text{cm}^3$$

$$i_x = 3.05\text{cm}, \quad i_y = 4.52\text{cm}$$

(3) 验算，查附表 1.1 得 $f=215\text{N/mm}^2$

查表 5.1 得： $\gamma_{1x}=1.05, \gamma_{2x}=1.2$

① 强度

对于 1 边缘

$$\frac{N}{A_n} + \frac{M_x}{\gamma_{1x} W_{1x}} = \frac{100 \times 10^3}{38.52 \times 10^2} + \frac{12 \times 10^6}{1.05 \times 126.8 \times 10^3}$$

$$= 26 + 90.1 = 116.1\text{N/mm}^2 < f = 215\text{N/mm}^2 \text{（满足要求）}$$

对于 2 边缘

$$\frac{N}{A_n} - \frac{M_x}{\gamma_{2x} W_{2x}} = \frac{100 \times 10^3}{38.52 \times 10^2} - \frac{12 \times 10^6}{1.2 \times 50.28 \times 10^3}$$

$$= 26 - 198.9 = -172.9\text{N/mm}^2 \text{（负号表示压应力）}$$

172.9N/mm² $<f=215$N/mm²(满足要求)

② 刚度

$$\lambda_{0x}=\frac{l_{0x}}{i_x}=\frac{450}{3.05}=147.5$$

$$\lambda_{0y}=\frac{l_{0y}}{i_y}=\frac{450}{4.52}=99.6$$

$$\lambda_{max}=147.5<[\lambda]=350(满足要求)$$

6.3 实腹式压弯构件的整体稳定

压弯构件在轴心压力和弯矩共同作用下可能在弯矩作用平面内发生弯曲屈曲(失稳),也可能在弯矩作用平面外失稳,即产生侧向弯曲和扭转屈曲。对这两个方向的稳定问题,设计时均应加以考虑。

6.3.1 实腹式压弯构件在弯矩作用平面内的稳定性

图6.10(a)所示为一承受等端弯矩 M 及轴心压力 N 作用的实腹式压弯杆件。它在荷载作用一开始就会(沿弯矩作用方向)产生挠度,同样挠度又引起附加弯矩(即二阶弯矩)。其总弯矩为 $M+Ny$。用二阶弹性分析方法对该杆可写出平衡微分方程如下:

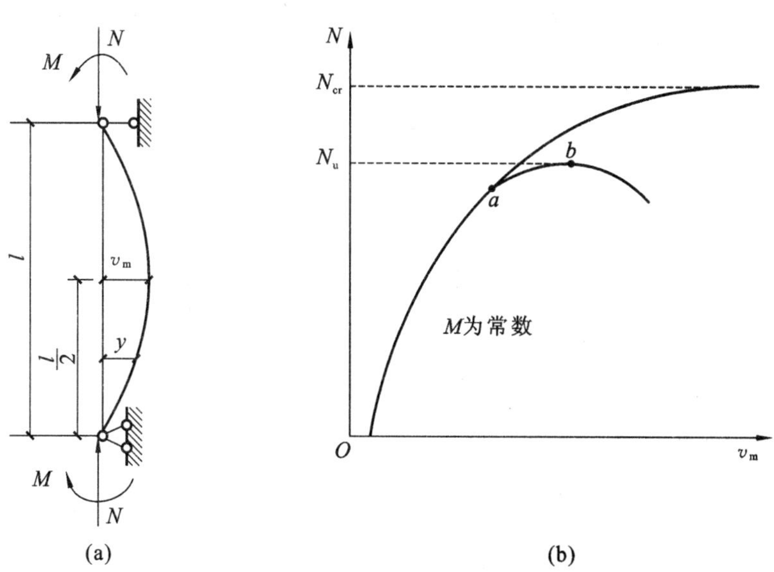

图6.10 压弯杆件的 N-v_m 曲线

$$EI\frac{d^2y}{dx^2}+Ny+M=0 \tag{6.8}$$

假定杆件的挠度曲线为正弦曲线的半波,即:

$$y = v_m \sin \frac{\pi x}{l} \tag{6.9}$$

将式(6.9)代入式(6.8)求解 y,并取 $x=l/2$,可得杆件中点挠度 v_m 为:

$$v_m = \frac{M}{N_{cr}\left(1-\frac{N}{N_{cr}}\right)} \tag{6.10}$$

则计入二阶弯矩后,杆件中点截面处的最大弯矩为:

$$M_{max} = M + N v_m = \frac{M}{1-\frac{N}{N_{cr}}} \tag{6.11}$$

式中,$N_{cr}=\frac{\pi^2 EI}{l^2}$为欧拉临界力。

图 6.10(b)是该杆 N-v_m 曲线示意图(假定杆端弯矩保持不变),由于附加弯矩的影响,曲线从加载开始即呈非线性关系。如果全部曲线按式(6.10)计算(即按无限弹性体计算),则当 N 趋近欧拉临界力 N_{cr}时,挠度 v_m 将达到无穷大,此时杆件因丧失承载力而被破坏。如果考虑材料弹塑性,当荷载增大到使杆件弯曲凹侧边缘应力达到屈服点时[图 6.10(b)曲线上的 a 点],杆件进入弹塑性工作状态,随着 N 继续增大,曲线将呈现上升段(为稳定平衡状态)和下降段(为不稳定平衡状态),其中上升段上升趋势较弹性段缓慢,曲线的最高点 b(为临界平衡状态)处的荷载 N_u 为压弯杆件的极限荷载。

图 6.10(b)曲线 a 点以前的线段为弹性阶段,该段可按式(6.10)计算,但超过 a 点以后的 ab 段以及下降段,要按二阶弹塑性分析方法计算,且不能直接导出计算公式,只能针对具体例题用计算机算出数值结果。杆件达到临界平衡状态(b 点)时,截面上的应力分布可能因截面形式或弯矩、轴力不同有如图 6.11 所示的各种情况:有的受压区进入塑性,有的受拉区进入塑性,也有的受压区和受拉区同时进入塑性。

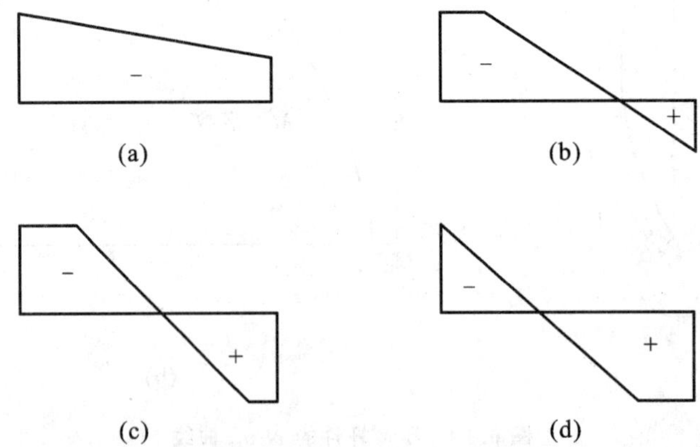

图 6.11 压弯构件达到极限荷载时截面应力的几种分布情况

从上述分析可以看出,第 4 章讲述的有初弯曲和初偏心的压杆实际上就是压弯杆件,只是其中弯矩由偶然因素初弯曲和初偏心(作为杆件初始缺陷)引起,其主要内力为轴心压力。

根据压弯杆件的实际工作性能，对压弯杆件在弯矩作用平面内的稳定性有三种设计计算方法：

(1) 极限荷载法

这种方法以 $N\text{-}v_m$ 曲线上的顶点 b 处的荷载(N_u)为压弯杆件在弯矩作用平面内的稳定设计极限，由此制定设计公式。《标准》的轴心受压杆件设计公式就是采用这种方法制定的，其中轴心压杆稳定系数 φ 是根据大量数值计算结果(N_u)经分析归类确定的。

(2) 边缘强度计算准则

这种方法以 $N\text{-}v_m$ 曲线上的 a 点，即截面边缘应力达到屈服的点，作为压弯杆件在弯矩作用平面内的稳定设计极限。其中还考虑了杆件与轴心压杆一样有各种初始缺陷，并将这种初始缺陷等效成压力的偏心距 e_0。另外又考虑式(6.11)是针对等端弯矩受力情况导出的，对于受其他类型弯矩作用的压弯杆件，通过等效弯矩将其转化为等端弯矩受力情况，则仍可用式(6.11)计算其最大弯矩。只是其中 M 项用等效弯矩 $\beta_m M$ 来替代，β_m 称为等效弯矩系数。这样计入二阶弯矩后，杆件中点截面处的最大弯矩为：

$$M_{max}=\beta_m M+Ne_0+Nv_m=\frac{\beta_m M+Ne_0}{1-\dfrac{N}{N_{cr}}}$$

根据边缘强度计算准则，截面的最大应力应满足下列条件：

$$\sigma=\frac{N}{A}+\frac{\beta_m M+Ne_0}{W\left(1-\dfrac{N}{N_{cr}}\right)}=f_y \tag{6.12}$$

下面的问题是如何确定 e_0。由第4章可知，《标准》的轴心受压杆件设计公式是按有初弯曲 y_0 及残余应力的杆件计算的，如果对式(6.12)取 $M=0$，该式就退化为有初偏心距 e_0 的受压杆件，将这个初偏心距 e_0 视为初始缺陷，再取该杆与《标准》的轴心受压杆件计算公式等效，即可由《标准》的轴心受压杆件承载力 N_x 反算求得 e_0，这个 e_0 即反映了初弯曲 y_0 及残余应力等初始缺陷的影响，因此称为等效偏心距，得：

$$N=N_x=Af_y\varphi_x \tag{6.13}$$

将式(6.13)及 $M=0$ 代入式(6.12)得：

$$\sigma=\frac{Af_y\varphi_x}{A}+\frac{Af_y\varphi_x e_0}{W\left(1-\dfrac{Af_y\varphi_x}{N_{cr}}\right)}=f_y$$

由上式可算出等效偏心距为

$$e_0=\frac{(Af_y-Af_y\varphi_x)(N_{cr}-Af_y\varphi_x)}{Af_y\varphi_x N_{cr}}\frac{W_x}{A}$$

再将 e_0 代入式(6.12)，经整理后即可得到边缘强度计算公式为

$$\frac{N}{\varphi_x A}+\frac{\beta_{mx}M_x}{W_x\left(1-\varphi_x\dfrac{N}{N_{Ex}}\right)}\leqslant f_y \tag{6.14}$$

由上述分析可知，边缘强度计算准则实际上是强度计算(包括二阶弯矩在内的应力计

算)代替稳定计算,并且只是用于弹性范围。《标准》对格构式杆件绕虚轴弯曲的稳定计算就采用了这一准则。

(3) 相关公式

这种方法将杆件的轴力项与弯矩项组成一个相关公式(也称为二项式),式中许多参数根据上述极限荷载所得结果进行验证后确定,是一种半经验半理论公式。我国《标准》就采用这种方法来计算实腹式压弯杆件在弯矩作用平面内的稳定性。具体的做法是对式(6.14)作如下修改:将该式第二项的轴心受压杆稳定系数 φ_x 改为常数 0.8;考虑失稳时截面内已有塑性发展,在该式第二项分母中引入截面塑性发展系数 γ_x;作为设计公式,将式(6.14)中 f_y 改为 f,N_{Ex}改为 $N_{Ex}/1.1$。由此可得实腹式压弯杆件弯矩作用平面内的稳定的设计公式:

$$\frac{N}{\varphi_x A f}+\frac{\beta_{mx}M_x}{\gamma_{1x}W_{1x}\left(1-0.8\dfrac{N}{N'_{Ex}}\right)f}\leqslant 1 \tag{6.15}$$

式中 N——压弯构件的轴心压力设计值;

φ_x——在弯矩作用平面内,不计弯矩作用时,轴心受压构件的稳定系数,由附表 2 查取;

M_x——所计算构件段范围内的最大弯矩设计值;

N'_{Ex}——参数,$N'_{Ex}=\dfrac{\pi^2 EA}{1.1\lambda_x^2}$;

W_{1x}——弯矩作用平面内较大受压纤维的毛截面模量;

γ_{1x}——与 W_{1x}相应的截面塑性发展系数,按表 5.1 选用;

β_{mx}——弯矩作用平面内等效弯矩系数,《标准》规定按下列情况取值。

① 无侧移框架柱和两端支承的构件

无横向荷载作用时:$\beta_{mx}=0.6+0.4M_2/M_1$。此处 M_1 和 M_2 为端弯矩,使杆件产生同向曲率(无反弯点)时取同号,使杆件产生反向曲率(有反弯点)时取异号,$|M_1|\geqslant|M_2|$。

无端弯矩但有横向荷载作用时:跨中单个集中荷载 $\beta_{mx}=1-0.36N/N_{cr}$;全跨均布荷载 $\beta_{mx}=1-0.18N/N_{cr}$;$N_{cr}=\pi^2 EI/(\mu l)^2$。

有端弯矩和横向荷载同时作用时:式(6.15)的 $\beta_{mx}M_x$ 取为两种弯矩等效后的代数和,即 $\beta_{mx}M_x=\beta_{mqx}M_{qx}+\beta_{m1x}M_1$。式中 M_{qx}为横向荷载在简支梁上产生的最大弯矩,M_1 为端弯矩之绝对值较大者。二者所乘的系数 β_{mqx} 和 β_{m1x}为各自的等效系数。

② 有侧移框架柱和悬臂构件

有横向荷载的柱脚铰接的单层框架柱和多层框架的底层柱,$\beta_{mx}=1.0$;除前项规定之外的框架柱,$\beta_{mx}=1-0.36N/N_{cr}$;自由端作用有弯矩的悬臂柱,$\beta_{mx}=1-0.36(1-m)N/N_{cr}$,式中 m 为自由端弯矩与固定端弯矩之比,当弯矩图无反弯点时取正号,有反弯点时取负号。

对于单轴对称截面(如 T 形、槽形截面)的压弯构件,当绕非对称轴作用(即弯矩作用在对称轴平面内)，并且使较大翼缘受压时，可能在较小翼缘一侧因受拉区塑性发展过大而导致构件破坏。对于这类构件，除应按式(6.15)计算弯矩平面内稳定外，还应作下列补充计算：

$$\left|\frac{N}{Af}-\frac{\beta_{mx}M_x}{\gamma_{2x}W_{2x}f\left(1-1.25\dfrac{N}{N'_{Ex}}\right)}\right|\leqslant 1 \tag{6.16}$$

式中 W_{2x}——对较小翼缘的毛截面模量；

γ_{2x}——与 W_{2x} 相应的截面塑性发展系数，按表 5.1 选用。

【例题 6.2】 一工字型钢制作的压弯构件，两端铰接，长度 4.5m，在构件的中点有一个侧向支承，钢材为 Q235，验算如图 6.12(a)、图 6.12(b)所示两种受力情况下，构件在弯矩作用平面内的整体稳定。构件除承受轴心压力 $N=20\text{kN}$ 外，作用的其他外力为：图 6.12(a)所示在构件两端同时作用着大小相等、方向相反的弯矩 $M_x=30\text{kN}\cdot\text{m}$，图 6.12(b)所示在跨中作用一横向荷载 $F=20\text{kN}$。

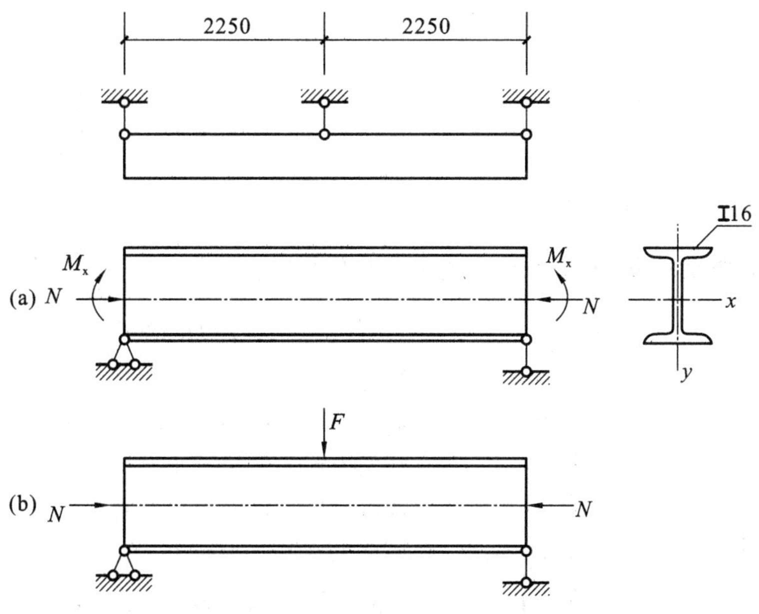

图 6.12 例题 6.2 图(单位：mm)

解：由附表 6 查得I16 的截面特性：

$$A=26.11\text{cm}^2,\quad b/h=88/160<0.8,\quad W_x=141\text{cm}^3,\quad i_x=6.58\text{cm}$$

情况(a)

$$M_1=M_2=30\text{kN}\cdot\text{m}$$

$$\beta_{mx}=0.6+0.4M_2/M_1=1.0$$

$$\lambda_x=l_{0x}/i_x=450/6.58=68.39$$

查附表 1.1 得 $f=215\text{N/mm}^2$，$f_y=235\text{N/mm}^2$，按 a 类截面由 λ_x 查附表 2.1(采用线性插值法)得 $\varphi_x=0.847$。

$$N_{Ex}=\frac{\pi^2 EA}{1.1\lambda_x^2}=\frac{3.14^2\times 206000\times 26.11\times 10^2}{1.1\times 68.39^2}=1030.76\text{kN}$$

$$\frac{N}{\varphi_x A f}+\frac{\beta_{mx}M_x}{\gamma_{1x}W_{1x}\left(1-0.8\dfrac{N}{N'_{Ex}}\right)f}$$

$$=\frac{20\times 10^3}{0.847\times 26.11\times 10^2\times 215}+\frac{1.0\times 30\times 10^6}{1.05\times 141\times 10^3\times\left(1-0.8\times\dfrac{20}{1030.76}\right)\times 215}$$

$=0.999<1$（满足要求）

情况(b)

$$M_x=\frac{1}{4}Fl=22.5\text{kN}\cdot\text{m},\quad N_{cr}=\frac{\pi^2 EI}{(\mu l)^2}=\frac{3.14^2\times 2.06\times 10^5\times 1130\times 10^4}{4500^2}=1133\text{kN}$$

$$\beta_{mx}=1-0.36N/N_{cr}=1-0.36\times 20/1133=0.994$$

$$\frac{N}{\varphi_x A f}+\frac{\beta_{mx}M_x}{\gamma_{1x}W_{1x}\left(1-0.8\dfrac{N}{N'_{Ex}}\right)f}$$

$$=\frac{20\times 10^3}{0.847\times 26.11\times 10^2\times 215}+\frac{0.994\times 22.5\times 10^6}{1.05\times 141\times 10^3\times\left(1-0.8\times\dfrac{20}{1030.76}\right)\times 215}$$

$=0.756<1$（满足要求）

6.3.2 实腹式压弯构件在弯矩作用平面外的稳定性

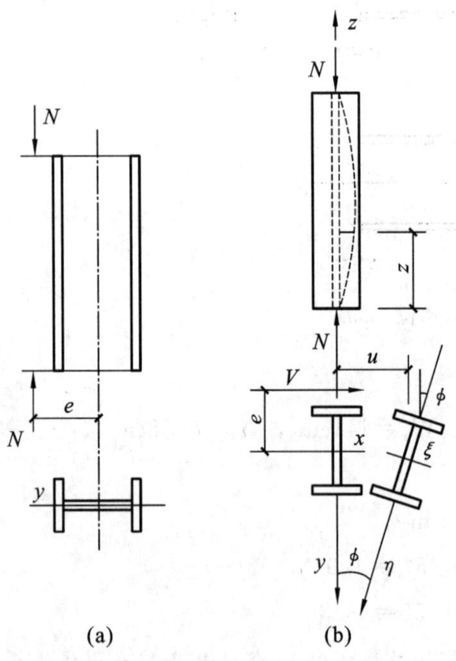

图 6.13 弯矩作用平面外的弯扭屈曲

当压弯构件的弯矩作用在截面刚度最大的平面内（即绕强轴弯曲）时，由于弯矩作用平面外截面的刚度较小，构件就有可能向弯矩作用平面外发生侧向弯扭屈曲而破坏（图 6.13），其破坏形式和理论与梁的弯扭屈曲类似，但应另计入轴心压力的影响。为简化计算，并与轴心受压和梁的稳定计算公式协调，各国大多采用轴心力和弯矩项叠加的相关公式，我国《标准》采用的相关公式为：

$$\frac{N}{\varphi_y A f}+\eta\frac{\beta_{tx}M_x}{\varphi_b W_{1x} f}\leqslant 1 \tag{6.17}$$

式中 M_x——所计算构件段范围内（构件侧向支撑点之间）的最大弯矩设计值；

φ_y——弯矩作用平面外的轴心受压构件的稳定系数；

η——调整系数，对于闭口截面取 $\eta=0.7$，其他截面取 $\eta=1.0$；

φ_b——均匀弯曲的受弯构件整体稳定系数，按本书附录12计算，其中工字型和T型截面的非悬臂构件，可按附录12.5条的规定确定，对于闭口截面 $\varphi_b=1.0$；

β_{tx}——等效弯矩系数，两端支承的构件段取其中央1/3范围内的最大弯矩与全段最大弯矩之比，但不小于0.5；悬臂段取 $\beta_{tx}=1.0$。

【例题6.3】 某两端铰接的构件，长度为6m，截面为焊接薄壁H型钢LH450×250×6×10，材料为Q235钢，构件在最大刚度平面内承受偏心压力 N，偏心距为4cm。试确定该构件的压力设计值。

解：截面对弱轴的回转半径 $i_y=5.86\text{cm}$，长细比 $\lambda_y=l_y/i_y=600/5.86=102.4$。查附表1.1得 $f=215\text{N/mm}^2$，按b类截面查附表2.2（采用线性插值法）得 $\varphi_y=0.540$ $\left(\lambda\sqrt{\frac{f_y}{235}}=\lambda\sqrt{\frac{235}{235}}=\lambda=102.4\right)$，$I_t=20\text{cm}^4$，$I_\omega=1318781\text{cm}^4$；根据LH450×250×6×10的参数，整体稳定系数 φ_b 按附录第12.5条的规定确定，计算如下：

$$\begin{aligned}\varphi_b&=1.07-\frac{\lambda_y^2}{44000\varepsilon_k^2}\\&=1.07-\frac{102.4^2}{44000\times1}\\&=0.831\end{aligned}$$

根据式(6.17)，有

$$\begin{aligned}N&\leqslant f/\left(\frac{1}{\varphi_y A}+\eta\frac{\beta_{tx}e}{\varphi_b W_{1x}}\right)\\&=215/\left(\frac{1}{0.540\times75.8\times10^2}+\frac{40}{0.831\times1252\times10^3}\right)\\&=760378\text{N}\approx760.4\text{kN}\end{aligned}$$

该构件的压力设计值最大为760.4kN。

6.4 实腹式压弯构件的局部稳定

实腹式压弯构件的截面由较宽较薄的板件组成时，也可能会丧失局部稳定。因此设计应保证其局部稳定。

6.4.1 腹板的局部稳定

压弯构件腹板应力分布是不均匀的，如图6.15所示的四边简支、二对边受非均匀分布压力，同时四边受剪应力作用的板，其受力和支承情况与压弯构件腹板相似，由理论分析得出其弹性屈曲临界应力为：

$$\sigma_{cr}=k_e\frac{\pi^2E}{12(1-v^2)}\left(\frac{t_W}{h_0}\right)^2 \tag{6.18}$$

式(6.23)中 v 为泊桑系数，k_e 为不均匀正应力和剪应力联合作用下板的弹性屈曲系

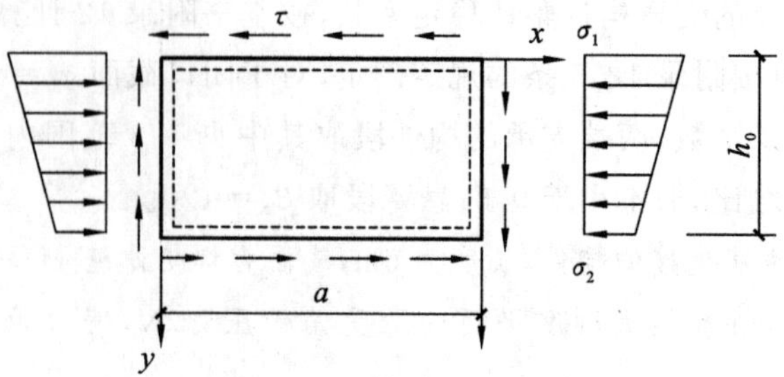

图 6.15　压弯构件腹板弹性状态受力情况

数。考虑到压弯构件工作时，腹板都不同程度地发展了塑性，按塑性屈曲理论用塑性屈曲系数 k_p 代替 k_e，则

$$\sigma_{cr}=k_p\frac{\pi^2 E}{12(1-v^2)}\left(\frac{t_W}{h_0}\right)^2 \tag{6.19}$$

《标准》对部分发展塑性的 H 形及 T 形截面压弯构件的腹板采用了下列高厚比限值：

当 $0\leqslant\alpha_0\leqslant1.6$ 时，

$$\frac{h_0}{t_W}\leqslant(16\alpha_0+0.5\lambda+25)\varepsilon_k \tag{6.20a}$$

当 $1.6\leqslant\alpha_0\leqslant2.0$ 时，

$$\frac{h_0}{t_W}\leqslant(48\alpha_0+0.5\lambda-26.2)\varepsilon_k \tag{6.20b}$$

式中，正应力梯度 $\alpha_0=(\sigma_1-\sigma_2)/\sigma_1$。

在高度很大的实腹式柱中腹板的高厚比也可以超过由式(6.25)所规定的值。这时应采用腹板的有效截面进行构件的整体稳定验算或者设置纵向(横)加劲肋以减小腹板的计算高度 h_0。

6.4.2　翼缘的局部稳定

压弯构件的受压翼缘受力状况和受弯构件的受压翼缘相似，其翼缘宽厚比的规定与受弯构件相同。根据受压最大的翼缘和构件等稳定的原则，压弯构件的翼缘一般都在弹塑性状态屈曲。

H 形截面按 S4 级弹性计算时($\gamma_x=1$)

$$\frac{b_1}{t}\leqslant15\varepsilon_k \tag{6.22}$$

H 形截面按 S3 级允许截面发展部分塑性时($\gamma_x>1$)

$$\frac{b_1}{t}\leqslant13\varepsilon_k \tag{6.23}$$

对于箱形截面，压弯构件两腹板之间的受压翼缘部分按 S4 级弹性计算时的宽厚比限值为

$$\frac{b_0}{t}\leqslant42\varepsilon_k \tag{6.24}$$

6.5 压弯构件及框架柱的计算长度

《标准》规定，框架结构除在侧移较大的情况下宜采用二阶分析方法外，一般情况下，尤其是单层框架均可采用一阶分析方法设计。本书不讲述二阶分析方法，有兴趣的读者可参考《标准》。

采用一阶分析方法设计框架，即按未变形的框架计算简图进行分析，计算出各框架柱的内力(轴力、弯矩、剪力)，并定出框架柱的计算长度，然后将各柱作为独立的压弯杆件来设计。这里如何确定框架柱的计算长度 l_0，是框架设计中的重要课题。因此一阶分析的框架设计方法又称为计算长度法。

计算长度的概念来自理想轴心受压杆件的弹性屈曲，当任意支承情况的理想轴心压杆(长度为 l)的临界力 N_{cr} 与另一两端铰接的理想轴心压杆(长度为 l_0)的欧拉临界力 N_{cr} 相等时，则 l_0 定义为任意支承情况杆件的计算长度，比值 $\mu=l_0/l$ 为该杆的计算长度系数。实际上计算长度 $l_0=\mu l$ 还有其自身的几何意义，它代表任意支承情况杆件弯曲屈曲后挠度曲线两反弯点间的长度。它的物理意义是：将不同支承情况的杆件按稳定承载力等效为长度等于 l_0 的两端铰接的理想轴心压杆。

一阶分析的框架设计方法中，l_0(或 μ)值的大小与杆件支承情况有关，对于端部为理想铰接或理想固接的杆件，μ 值可按弹性稳定理论推导求得。但对于框架柱，其支承情况与各柱两端相连的杆件(包括左右横梁和上下相连的柱)的刚度，以及基础的情况有关，要精确计算比较复杂。一般采用的方法是按平面框架体系进行框架弹性整体稳定分析，以确定框架柱在框架平面内的计算长度 l_{0x}。框架柱在框架平面外的计算长度 l_{0y} 则按框架平面外的支承点的距离来确定。

进行框架弹性整体稳定分析时，按框架的失稳形态将框架柱分为两类：无侧移框架柱和有侧移框架柱。无侧移框架柱是指框架柱中由于设有支撑架、剪力墙、电梯井等横向支撑结构，且其抗侧移刚度足够大，致使失稳时柱顶无侧向位移者，如图 6.16 所示。有侧移框架柱是指框架中未设上述横向支撑结构，框架失稳时柱顶有侧向位移者，如图 6.17 所示。

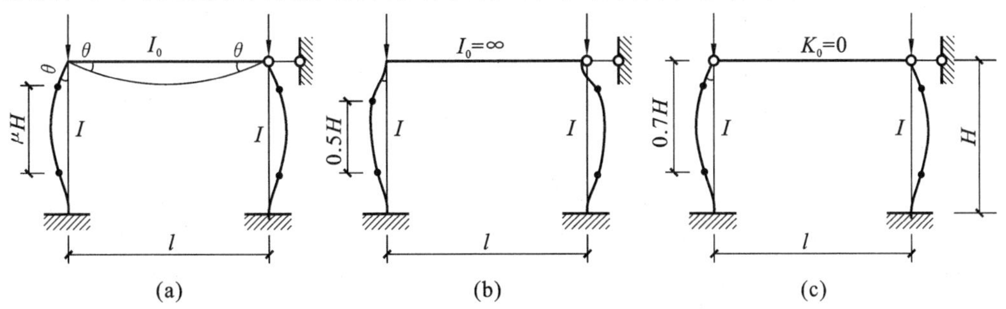

图 6.16 无侧移单层单跨框架失稳形式

(图中“·”表示反弯点位置)

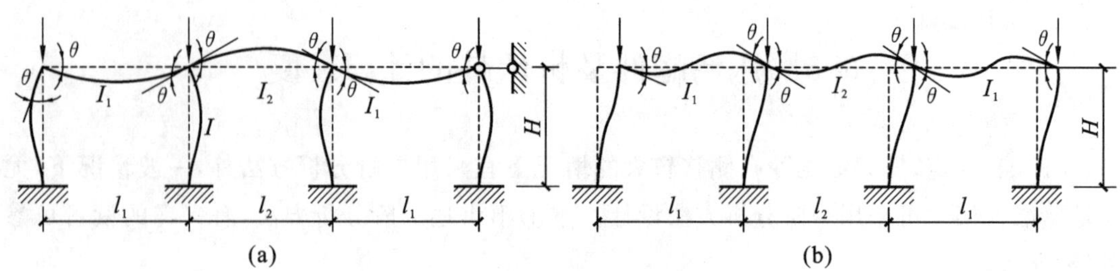

图 6.17　单层多跨框架失稳形式

(a)无侧移;(b)有侧移

下面分别讲述各类框架柱的计算长度(系数)的计算方法。

6.5.1　框架柱在框架平面内的计算长度

6.5.1.1　单层框架等截面柱

(1) 无侧移框架

图 6.16(a)是单层单跨等截面柱对称框架,在框架顶部设有防止其侧移的支承,因此框架在失稳时无侧移,失稳变形后横梁两端的转角 θ 大小相等、方向相反,呈对称形式失稳。从图中可以看到,由于柱基和横梁的约束,屈曲时柱挠度曲线两反弯点距柱基和横梁均有一段距离,说明柱的计算长度小于柱长,即 $\mu \leqslant 1.0$。根据弹性稳定理论可计算出这种无侧移框架的计算长度 l_0 和计算长度系数 μ,μ 取决于柱底支承情况以及梁对柱的约束程度。梁对柱的约束程度又取决于横梁的线刚度 I_0/l 与柱的线刚度 I/H 之比 K_0,$K_0=\dfrac{I_0 H}{Il}$称为相对线刚度。柱的计算长度 $H_0=\mu H$。

当柱与基础为刚接时,如果横梁与柱铰接,可以认为梁柱 $H_0=\mu H$ 相对线刚度比值 K_0 为零,柱成为一端固定一端铰接的独立柱,其理论计算值为 $\mu=0.7$,见图 6.16(c)。如果横梁的惯性矩为无限大,即 $K_0=\infty$时,柱的计算长度与两端固定的独立柱相同,其理论计算值为 $\mu=0.5$,见图 6.16(b)。当 K_0 在 $0\sim\infty$之间变化时,μ 的理论值在 0.7～0.5 之间变化。

当柱与基础为铰接时,如果横梁与柱也是铰接,即 K_0 为零,则柱按两端铰接情况取 $\mu=1.0$;如果横梁与柱是刚接,当横梁惯性矩很大,柱顶端可视为固定端即 $K_0=\infty$时,$\mu=0.7$。当 K_0 在 $0\sim\infty$之间变化时,μ 的理论值在 1.0～0.7 之间变化。

《标准》对 μ 的理论值进行了调整,制定出柱的计算长度系数表(见附表 3)。其中单层无侧移框架柱的 μ 值,可由附表 3.1(柱与基础铰接,$K_2=0$;柱与基础刚接,$K_2\geqslant 10$)查得(此时表中 K_1 即为 K_0)。

《标准》的附表 3.1 考虑到柱与基础不可能完全刚性连接,即 K_2 不可能真正达到无穷大,因此对实际工程的刚性连接情况,或 $K_2>10$ 的情况,均按 $K_2=10$ 计算。对梁与柱的连接也同样规定当 $K_1\geqslant 10$ 时,均按 $K_1=10$ 计算。调整后,对柱与基础刚接的单层无侧移框架,μ 值在 0.732～0.549 之间变化;对柱与基础铰接的单层无侧移框架,μ 值在 1.0～0.732 之间变化。此处 K_1 和 K_2 分别为相交于柱上端和下端的横梁线刚度之和与柱线刚度之和的比值。

对单层多跨框架，当发生无侧移失稳时[图 6.17(a)]，假定各柱是同时失稳的，且失稳时横梁两端的转角 θ 相等但方向相反，其计算长度系数 μ 可采用附表 3.1 中的数值，但是梁、柱的线刚度比应采用与柱相邻的左右两根横梁线刚度之和 $(I_1/l_1+I_2/l_2)$ 与柱的线刚度 I/H 的比值 K_1：

$$K_1=\frac{(I_1/l_1+I_2/l_2)H}{I}$$

(2) 有侧移框架柱

有侧移框架柱在失稳时的承载能力较低，如图 6.18(a)所示单层单跨框架，由于未设横向支撑，失稳时柱顶发生位移，横梁也有变形，横梁两端的转角 θ 大小相等、方向相反，变形呈反对称状。由于柱顶侧移，屈曲变形时，柱挠度曲线两反弯点中有一个在挠度曲线的延伸线上，说明柱的计算长度大于柱长，即 $\mu \geqslant 1.0$。对于这种框架柱，也可由弹性稳定理论算得计算长度系数 μ。基于上述同样原因，《标准》其进行适当调整，其数值列于附表 3.2。在柱与基础刚接的有侧移框架中，随横梁刚度变化，μ 的理论值应在 1.0～2.0 之间变化[图 6.18(b)、图 6.18(c)]。但经调整后，附表 3.2 中对 $K \geqslant 10$ 的情况，均按 $K=10$ 计算，其 μ 值在 1.03～2.03 之间变化。

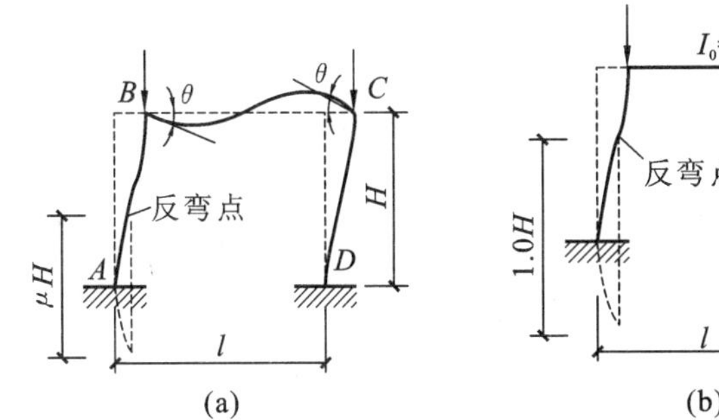

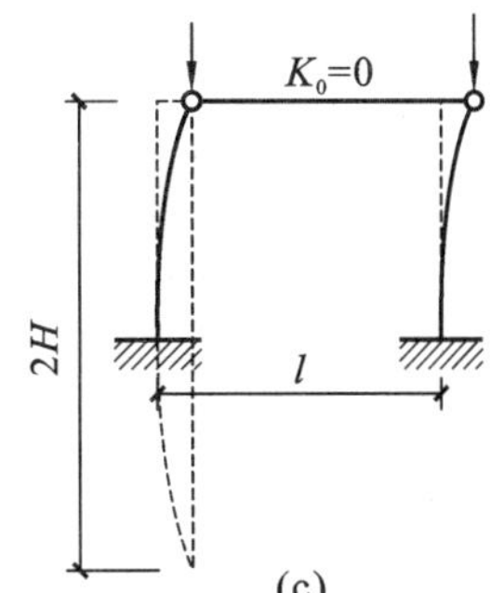

图 6.18 有侧移单层单跨框架失稳形式

对于柱与基础铰接的有侧移框架，μ 值更大，承载力更低。

单层多跨有侧移框架失稳形式如图 6.17(b)所示，它的计算长度系数同样可用 K_1，查附表 3.2 确定。

6.5.1.2 多层多跨框架等截面柱

多层多跨等截面柱的框架也有两种失稳形式，即有侧移失稳和无侧移失稳，如图 6.19 所示。因此这类框架柱的计算长度也要按两种情况分别确定。确定时采用的基本假定与单层多跨框架基本相同。柱的计算长度系数 μ 将与连接的各横梁的约束程度有关。而相交于每一节点的横梁对该节点所连柱的约束程度，又取决于相交于该节点各横梁线刚度之和与柱线刚度之和的比。因此柱的计算长度系数就要由该柱上端及下端节点处的梁、柱线刚度比确定，其值见附表 3.1 与附表 3.2。

一般情况下，框架中横梁所受轴力较小，附表 3 中的 μ 值未计入横梁轴力的影响。但是当横梁所受轴力较大且横梁与柱刚性相连时，则应计入这一影响，将横梁线刚度给以适当折减后来计算 K 值，再查表求 μ。具体的计算方法详见《标准》。

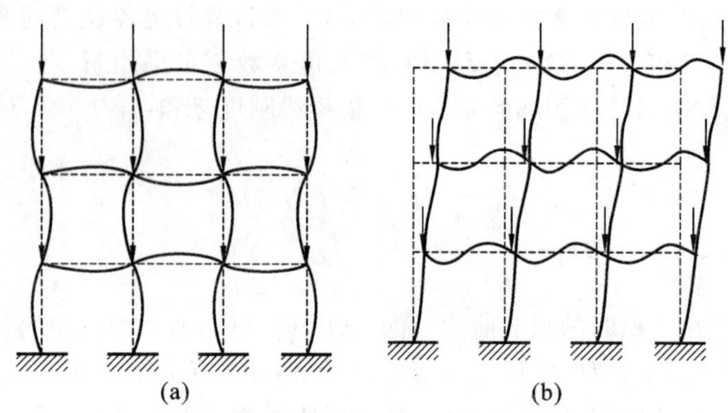

图 6.19 多层多跨框架失稳形式

(a)无侧移;(b)有侧移

6.5.1.3 《标准》对框架分类及各类框架柱计算长度的规定

《标准》将框架分为无支撑的纯框架和有支撑框架,其中有支撑框架又分为强支撑框架和弱支撑框架。它们是按支承结构(支撑桁架、剪力墙、电梯井等)的侧移刚度的大小来区分的,但实际工程中,有支撑框架大多为强支撑框架。

《标准》规定:

(1) 无支撑纯框架采用一阶弹性分析方法计算内力时,框架柱的计算长度系数 μ 按附表 3.1 有侧移框架柱的计算长度系数确定。

(2) 强支撑框架柱的计算长度系数 μ 按附表 3.2 无侧移框架柱的计算长度系数确定。

(3) 弱支撑框架柱的失稳形式介于前述有侧移失稳和无侧移失稳形式之间,因此其框架柱的轴压杆稳定系数 φ 也介于有侧移和无侧移的框架柱的 φ 值之间。《标准》考虑到不推荐采用弱支撑框架,因此取消了弱支撑框架柱稳定系数的计算公式。

6.5.2 框架柱在框架平面外的计算长度

在框架平面外,柱与纵梁或纵向支撑构件一般是铰接,当框架在框架平面外失稳时,可假定侧向支承点是变形曲线的反弯点。这样,柱在框架平面外的计算长度等于侧向支承点之间的距离,如图 6.20(a)所示;若无侧向支承,则计算长度为柱的全长 H,如图 6.20(b)所示。对于多层框架柱,在框架平面外的计算长度可能就是该柱的全长。

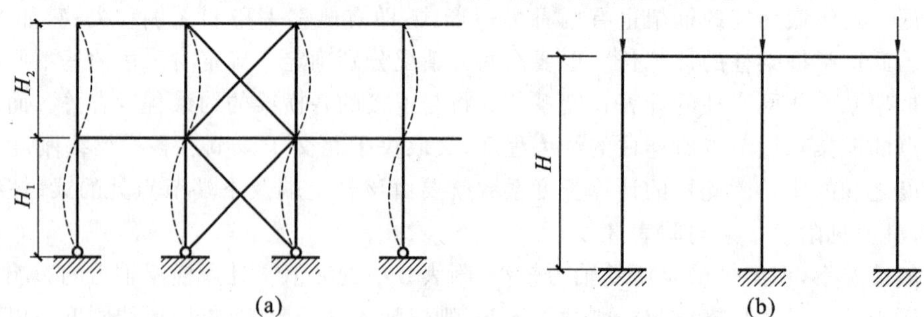

图 6.20 框架柱在框架平面外的计算长度

【例题 6.4】 图 6.21 所示为双跨等截面框架，柱与基础刚接。

(1) 试将该框架按无支撑纯框架确定其框架柱（边柱和中柱）在框架平面内的计算长度。

(2) 在该框架内加支撑（图 6.22），按强支撑框架计算其框架柱（边柱和中柱）在框架平面内的计算长度，并将结果与上述无支撑纯框架情况进行比较。

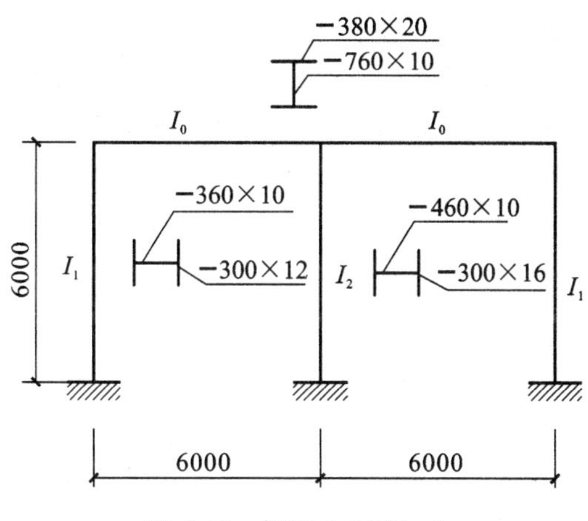

图 6.21 例题 6.4 图（一）

（单位：mm）

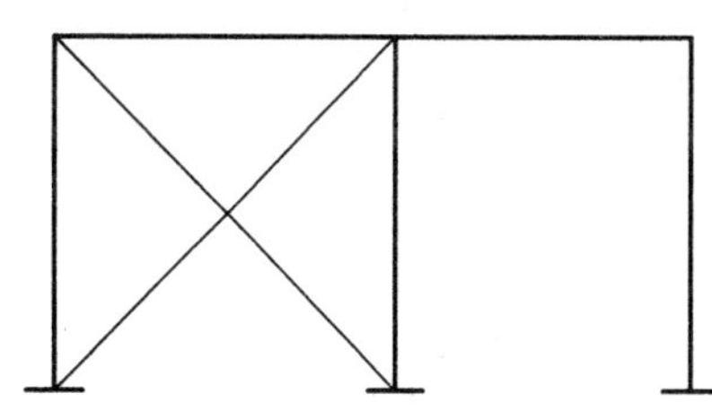

图 6.22 例题 6.4 图（二）

（框架尺寸与图 6.21 同）

解：$I_0=\frac{1}{12}\times1\times76^3+2\times38\times2\times39^2=267770\text{cm}^4$

$$I_1=\frac{1}{12}\times1\times36^3+2\times30\times1.2\times18.6^2=28800\text{cm}^4$$

$$I_2=\frac{1}{12}\times1\times46^3+2\times30\times1.6\times23.8^2=62500\text{cm}^4$$

$$K_0=\frac{I_0H}{I_1l}=\frac{267770\times6}{28800\times6}=9.3$$

$$K_1=\frac{2I_0H}{I_2l}=\frac{2\times267770\times6}{62500\times6}=8.6$$

(1) 按无支撑纯框架计算

边柱：柱下端为刚接，取 $K_2=10$，由 K_0 和 K_2 查附表 3.2 得 $\mu_1=1.033$。边柱的计算长度为：

$$H_{01}=1.033\times6=6.198\text{m}$$

中柱：柱下端为刚接，取 $K_2=10$，由 K_1 和 K_2 查附表 3.2 得 $\mu_1=1.036$。中柱的计算长度为：

$$H_{02}=1.036\times6=6.216\text{m}$$

(2) 按强支撑框架计算

边柱：由 K_0 和 K_2 查附表 3.1 得 $\mu_1=0.552$。边柱的计算长度为：

$$H_{01}=0.552\times6=3.312\text{m}$$

中柱：由 K_1 和 K_2 查附表 3.1 得 $\mu_1=0.555$。中柱的计算长度为：

$$H_{02}=0.555\times6=3.33\text{m}$$

比较：设支撑后，框架柱的计算长度大大减少，承载力提高。

6.6 实腹式压弯构件的截面设计

实腹式压弯构件与轴心受压构件一样，其截面设计也要遵循等稳定性（即弯矩作用平面内和平面外的整体稳定承载能力尽量接近）、肢宽壁薄、制造省工和连接简便等设计原则。其截面形式可以根据弯矩的大小及方向，选用双轴对称或者单轴对称。

当压弯构件无较大截面削弱时，其截面尺寸通常受弯矩平面内、外两个方向的整体稳定计算控制。由于稳定计算公式涉及截面多项几何特性，很难直接由公式算出截面尺寸。实际设计时，大多参照已有设计资料的数据及设计经验，先假定出截面尺寸，然后进行验算，如果验算不满足要求，或者有较大富余，则对假定尺寸进行调整，再进行验算。一般都要经过多次试算调整，才能设计出满足要求的截面。

实腹式压弯构件截面验算包括下列各项：

(1) 强度。按式(6.5)或式(6.6)计算，如果截面无削弱，通常可不作强度验算。

(2) 刚度。按式(6.7)计算。

(3) 整体稳定。弯矩作用平面内的整体稳定按式(6.15)计算，对于单轴对称截面，还须按式(6.16)作补充计算。对于弯矩作用平面外的整体稳定则按式(6.17)计算。

(4) 局部稳定。按6.4节所列各项公式计算。

实腹式压弯构件的纵向连接焊缝，以及必要时需设置横向加劲肋、横隔等构造的规定，均与实腹式轴心受压构件相同，此处不再赘述。

【例题6.5】 图6.23所示为一双轴对称工字形截面压弯构件，跨中集中横向荷载设计值 $F=150\text{kN}$，轴心压力设计值 $N=1200\text{kN}$。构件在弯矩作用平面内计算长度为12m，弯矩作用平面外方向有侧向支撑，其间距为4m。构件截面尺寸如图中所示，截面无削弱，翼缘板为火焰切割边，钢材为Q235。构件容许长细比 $[\lambda]=150$。试对该构件截面进行验算。

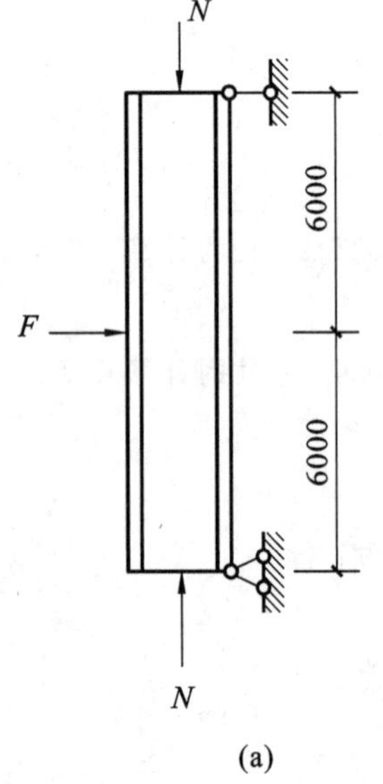

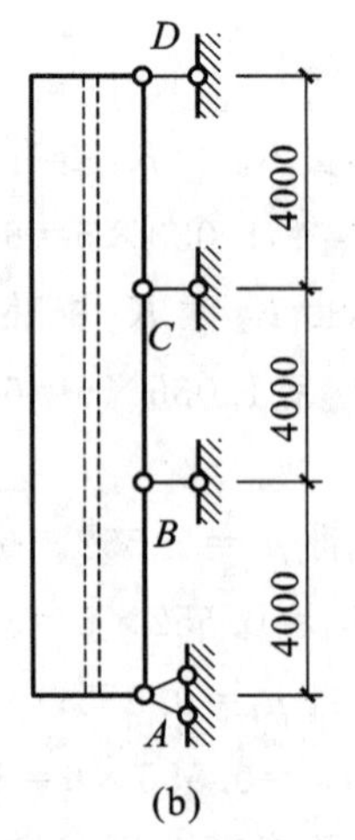

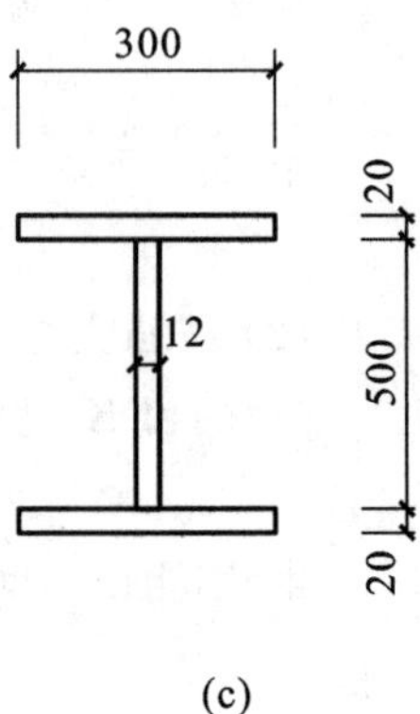

图6.23　例题6.5图（单位：mm）

解:(1)截面几何特性计算

$$A=30\times2\times2+50\times1.2=180\text{cm}^2$$

$$I_x=\frac{1.2}{12}\times50^3+30\times2\times\left(\frac{50+2}{2}\right)^2\times2=93620\text{cm}^4$$

$$I_y=\frac{2}{12}\times30^3\times2=9000\text{cm}^4$$

$$i_x=\sqrt{\frac{I_x}{A}}=\sqrt{\frac{93620}{180}}=22.8\text{cm},\quad i_y=\sqrt{\frac{I_y}{A}}=\sqrt{\frac{9000}{180}}=7.07\text{cm}$$

$$W_{1x}=\frac{2I_x}{h}=\frac{2\times93620}{54}=3467.4\text{cm}^3$$

$$\lambda_x=\frac{l_{0x}}{i_x}=\frac{1200}{22.8}=52.6,\quad \lambda_y=\frac{l_{0y}}{i_y}=\frac{400}{7.07}=56.6$$

查表4.4得该截面属b类,再查附表2.2得:$\varphi_x=0.844$,$\varphi_y=0.825$。

(2) 弯矩作用平面内整体稳定性计算(取AD段验算)

$$M_x=\frac{F}{4}l=\frac{150}{4}\times12=450\text{kN}\cdot\text{m}$$

$$N'_{Ex}=\frac{\pi^2EA}{1.1\lambda_x^2}=\frac{\pi^2\times2.06\times10^5\times180\times10^2}{1.1\times52.6^2}=12024.7\text{kN}$$

$$N_{cr}=\frac{\pi^2EA}{\lambda_x^2}=\frac{\pi^2\times2.06\times10^5\times180\times10^2}{52.6^2}=13227.2\text{kN}$$

$$\frac{N}{N'_{Ex}}=\frac{1200}{12024.7}=0.0998$$

$$\beta_{mx}=1-0.36N/N_{cr}=1-0.36\times1200/13227.2=0.967$$

$$\frac{N}{\varphi_xAf}+\frac{\beta_{mx}M_x}{\gamma_{1x}W_{1x}f\left(1-0.8\dfrac{N}{N'_{Ex}}\right)}$$

$$=\frac{1200\times10^3}{0.844\times180\times10^2}+\frac{0.967\times450\times10^6}{1.05\times3467.4\times10^3\times215\times(1-0.8\times0.0998)}=0.971<1$$

(满足要求)

(3) 弯矩作用平面外整体稳定性计算(取跨中BC段验算)

$$\varphi_b=1.07-\frac{\lambda_y^2}{44000\varepsilon_k^2}=1.07-\frac{56.6^2}{44000\times1}=0.997$$

$$\eta=1.0$$

$$\frac{N}{\varphi_yAf}+\eta\frac{\beta_{bx}M_x}{\varphi_bW_{1x}f}=\frac{1200\times10^3}{0.825\times180\times10^2\times215}+1.0\times\frac{1.0\times450\times10^6}{0.943\times3467.4\times10^3\times215}$$

$$=0.981<1$$

(满足要求)

(4) 局部稳定验算

翼缘：　$\dfrac{b_1}{t}=\dfrac{300-12}{2\times20}=7.2<13\varepsilon_k=13$　(满足要求)

腹板：　$\sigma_{max}=\dfrac{N}{A}+\dfrac{M}{W_{1x}}=\dfrac{1200\times10^3}{180\times10^2}+\dfrac{450\times10^6}{3467.4\times10^3}=196.4\text{N/mm}^2$

$$\sigma_{\min}=\frac{N}{A}-\frac{M}{W_{2x}}=\frac{1200\times10^3}{180\times10^2}-\frac{450\times10^6}{3467.4\times10^3}=-63.1\text{N/mm}^2$$

$$\alpha_0=\frac{\sigma_{\max}-\sigma_{\min}}{\sigma_{\max}}=\frac{196.4+63.1}{196.4}=1.32$$

$$\frac{h_0}{t_W}=\frac{500}{12}=41.7<(16\alpha_0+0.5\lambda+25=16\times1.32+0.5\times52.6+25=72.42\quad(满足要求)$$

(5) 刚度验算

$$\lambda_{\max}=\max(\lambda_x,\lambda_y)=56.6<[\lambda]=150\quad(满足要求)$$

因构件截面无削弱,强度验算弯矩与稳定验算弯矩相同,无须进行强度验算。上述各项验算表明,该构件截面满足要求。

6.7 格构式压弯构件

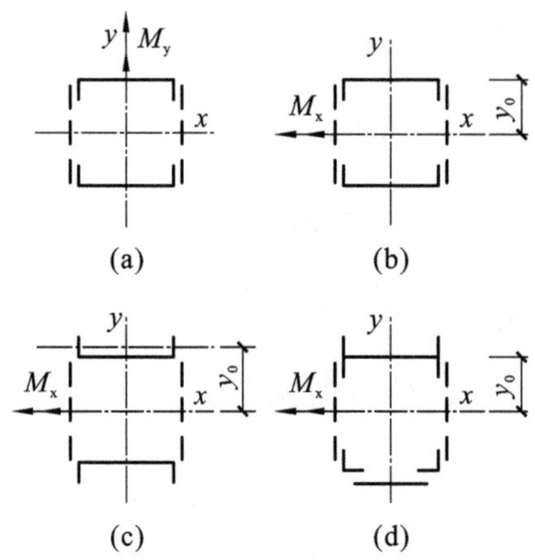

图 6.24 格构式压弯构件截面

为了节约材料,对于比较高大的压弯构件,如厂房框架柱和独立柱,可采用格构式压弯构件。根据作用于构件的弯矩和压力以及使用要求,压弯构件可设计成双轴对称或单轴对称的截面,如图 6.24 所示。图 6.24(a)所示为弯矩绕实轴作用,图 6.24(b)、图 6.24(c)、图 6.24(d)为弯矩绕虚轴作用。

格构式压弯构件由于构件分肢间距一般较大,常采用缀条连接。

6.7.1 格构式压弯构件的整体稳定

6.7.1.1 弯矩绕实轴作用

(1) 弯矩作用平面内的稳定性

对于如图 6.24(a)所示的弯矩绕实轴作用的格构式压弯构件,在弯矩作用平面内的整体稳定与实腹柱相同,同样采用式(6.15)计算。但式中 x 轴是指格构式截面的实轴,即式中 x 轴为图 6.24 中的 y 轴。

(2) 弯矩作用平面外的稳定性

在弯矩作用平面外的稳定性仍可以用(6.17)计算,但式中 φ_y 应按虚轴换算长细比 λ_{0x} 查表确定,λ_{0x}的计算与格构式轴心受压构件相同。此外,式中取 $\varphi_b=1.0$。

6.7.1.2 弯矩绕虚轴作用

(1) 弯矩作用平面内的稳定性

当弯矩作用在与缀材面平行的平面内[图 6.24(b)],构件绕虚轴弯曲失稳时,由于截面中部空心,不能考虑塑性深入发展,故采用以式(6.14)截面边缘纤维开始屈服作为设计准则。《标准》根据式(6.14)规定按下式计算:

$$\frac{N}{\varphi_x A f}+\frac{\beta_{mx}M_x}{W_{1x}\left(1-\frac{N}{N'_{Ex}}\right)f}\leqslant 1.0 \qquad (6.29)$$

式中，$W_{1x}=I_x/y_0$，I_x 为 x 轴（虚轴）的毛截面惯性矩，y_0 为 x 轴到压力较大分肢的轴线距离或者到压力较大分肢腹板外边缘的距离，取二者中较大值；φ_x、N'_{Ex} 由虚轴换算长细比 λ_{0x} 确定，β_{mx} 同实腹式压弯构件。

(2) 弯矩作用平面外的稳定性

由于组成压弯构件的两个肢件在弯矩作用平面外可以通过分肢稳定计算来加以保证，所以不必再计算整个构件在弯矩作用平面外的稳定性。

6.7.2 分肢的稳定性

当弯矩绕虚轴作用时，可将整个构件视为平行弦桁架，分肢视为弦杆，将压力和弯矩分配到分肢，按图 6.25 所示的计算简图确定分肢轴心压力为：

分肢 1：

$$N_1=\frac{M_x}{a}+\frac{N_{z2}}{a} \qquad (6.30)$$

分肢 2：

$$N_2=N-N_1 \qquad (6.31)$$

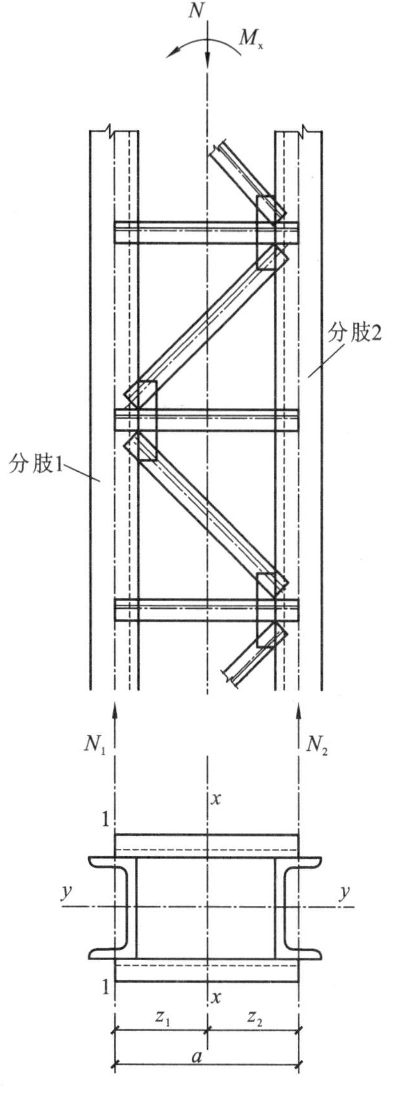

图 6.25 格构式压弯构件分肢计算简图

缀条式压弯构件的分肢按轴心受压构件计算，分肢的计算长度在缀材平面内取缀条体系的节间长度，在缀材平面外则取构件侧向支承点之间的距离。

计算缀板式压弯构件的分肢稳定时，除轴心压力外，还应计入由剪力引起的局部弯矩，其剪力取构件荷载引起的实际剪力和按式(4.25)的计算剪力两者中的较大值，因此它的分肢稳定按实腹式压弯构件进行验算。

6.7.3 缀材计算

格构式压弯构件的缀材同样应取构件荷载引起的实际剪力和按式(4.25)的计算剪力两者中较大值计算，计算方法与格构式轴心受压杆件的缀材计算相同。

6.7.4 格构式压弯构件的强度计算

格构式压弯构件的强度按式(6.5)和式(6.6)计算，其中当弯矩绕虚轴(x 轴)作用时，不考虑塑性变形在截面上发展，取 $\gamma_x=1.0$。

【例题 6.6】 图 6.26 表示一根上端自由、下端固定的压弯构件，长度为 5m，作用的轴线

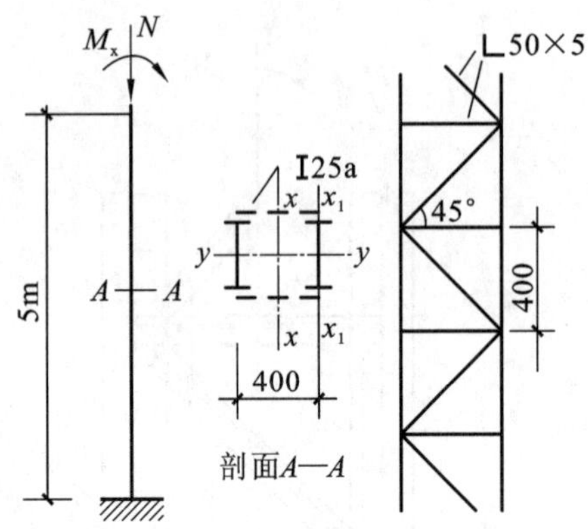

图 6.26　例题 6.6 图(单位:mm)

压力为 500kN,弯矩为 M_x。截面由两个I25a 的工字钢组成,缀条为 L50×5,在侧向构件的上端和下端均为铰接不动点,钢材为 Q235 钢。要求确定构件所能承受的弯矩 M_x 的设计值。

解:(1)先对虚轴计算确定 M_x

截面特性:

$$A=2\times 48.5=97\text{cm}^2, I_{x1}=280\text{cm}^4$$

$$I_x=2\times(280+48.5\times 20^2)=39360\text{cm}^4$$

$$i_x=(39360/97)^{1/2}=20.14\text{cm}$$

此独立柱绕虚轴的计算长度系数 $\mu=2.1$。长细比 $\lambda_x=l_x/i_x=2.1\times 500/20.14=52.1$。

缀条的截面积 $A_1=4.8\text{cm}^2$。

换算长细比:$\lambda_{0x}=(\lambda_x^2+27A/2A_1)^{1/2}=(52.1^2+27\times 97/9.6)^{1/2}=54.7$

按 b 类截面查附表 2.2(采用线性插值法)可得 $\varphi_x=0.834$

$$W_{1x}=I_x/y_0=39360/20=1968\text{cm}^3$$

$$N'_{Ex}=\frac{\pi^2 EA}{1.1\lambda_{0x}^2}=\frac{\pi^2\times 206\times 10^3\times 97\times 10^2}{1.1\times 54.7^2}=5992\text{kN}$$

$$N_{cr}=\frac{\pi^2 EA}{\lambda_{0x}^2}=\frac{\pi^2\times 206\times 10^3\times 97\times 10^2}{54.7^2}=6591\text{kN}$$

在弯矩作用平面内的稳定,悬臂桩的等效弯矩系数:

$$\beta_{mx}=1-0.36(1-m)N/N_{cr}=1-0.36\times(1-0)\times 500/6591=0.973$$

对虚轴的整体稳定:

$$\frac{N}{\varphi_x Af}+\frac{\beta_{mx}M_x}{W_{1x}\left(1-\frac{N}{N'_{Ex}}\right)f}\leqslant 1.0$$

$$\frac{500\times 10^3}{0.834\times 97\times 10^2\times 215}+\frac{0.973M_x}{1968\times 10^3\times(1-500/5992)\times 215}=1.0$$

得到:$M_x=284\text{kN}\cdot\text{m}$

(2) 对单肢计算确定 M_x

右肢的轴线压力最大:

$$N_1=N/2+M_x/a=500/2+M_x\times 100/40=250+2.5M_x$$

$$i_{x1}=2.4\text{cm},\quad l_{x1}=40\text{cm},\quad \lambda_{x1}=40/2.4=16.7$$

$$i_y=10.2\text{cm},\quad l_{y1}=500\text{cm},\quad \lambda_{y1}=500/10.18=49.1$$

按 a 类截面查附表 2.1 可得:$\varphi_{y1}=0.919$

单肢稳定计算:　$N_1/A_1\varphi_{y1}=f$

$$(250+2.5M_x)\times 10^3/(0.919\times 48.5\times 10^2)=215$$

可得:　$M_x=283.3\text{kN}\cdot\text{m}$

经比较可知,此压弯构件所能承受的弯矩设计值为 283.3kN·m,而且整体稳定性与分肢稳定的承载力基本一致。

6.8 框架中梁与柱的连接

在框架结构中梁与柱大多采用刚性连接，这种连接要求能可靠地将梁端弯矩和剪力传给柱身。图 6.27 示出三种形式的梁柱刚性连接。

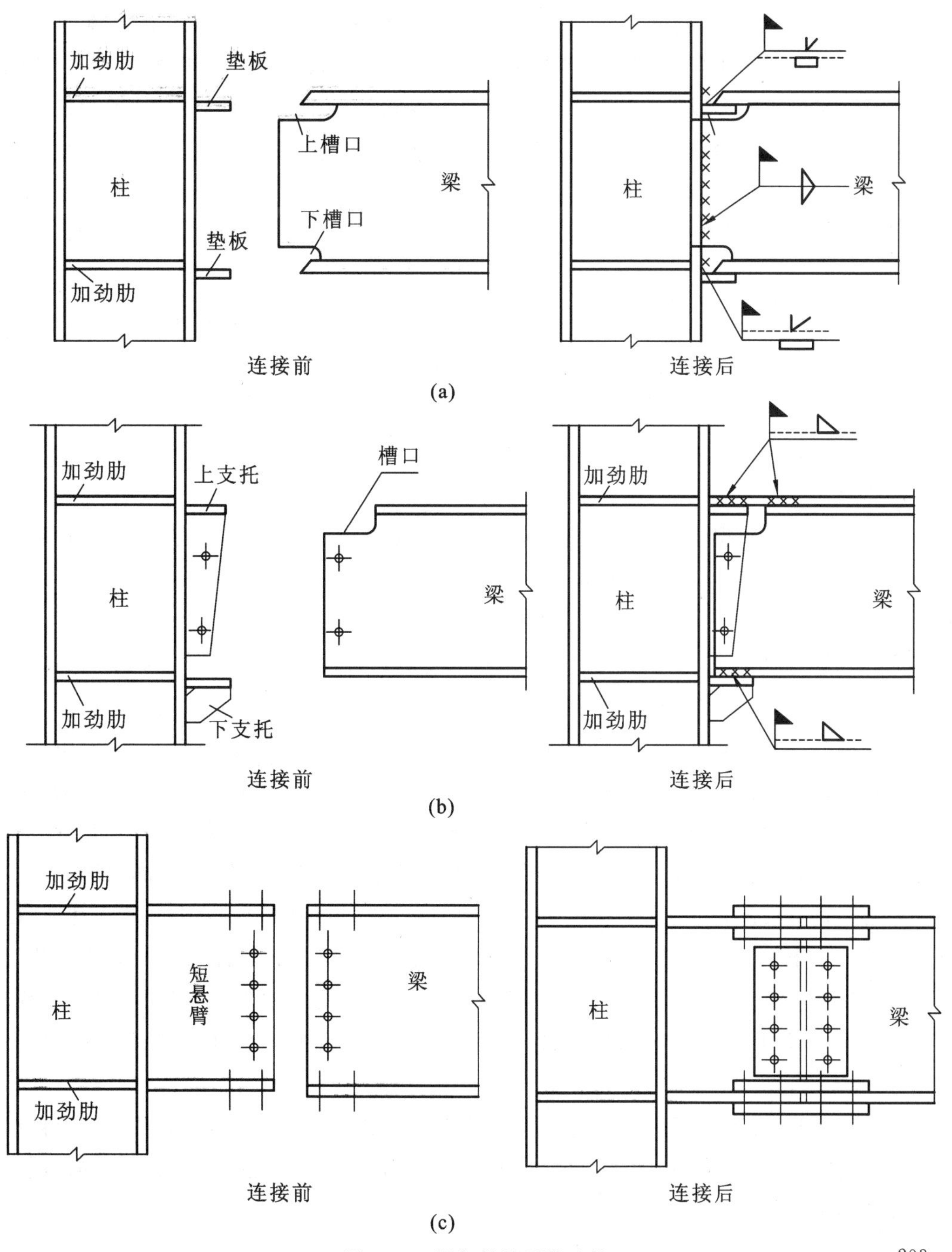

图 6.27　梁与柱的刚性连接

图 6.27(a),梁与柱连接前,事先在柱身侧面连接位置处焊上衬板(垫板),梁翼缘端部做成剖口,并在梁腹板端部留出槽口,上槽口是为了让出衬板位置,下槽口供焊缝通过。梁吊装就位后,梁腹板与柱翼缘用角焊缝相连,梁翼缘与柱翼缘用剖口对接焊缝相连。这种连接的优点是构造简单、省工省料,缺点是要求构件尺寸加工精确,且需高空施焊。

为了克服图 6.27(a)的缺点,可采用图 6.27(b)的连接形式。这种形式在梁与柱连接前,先在柱身侧面梁上下翼缘连接位置分别焊上下两个支托,同时在梁端上翼缘及腹板处留出槽口。梁吊装就位后,梁腹板与柱身上下支托竖板分别用安装螺栓相连定位,梁下翼缘与柱身下支托水平板用角焊缝相连。梁上翼缘与上支托水平板则用另一块短板通过角焊缝连接起来。梁端弯矩所形成的上下拉压轴力由梁翼缘传给上下支托水平板,再传给柱身。梁端剪力通过下支托传给柱身。这种连接比图 6.27(a)构造稍微复杂一些,但安装时对中就位比较方便。

图 6.27(c)也是对图 6.27(a)的一种改进。这种连接将梁在跨间内力较小处断开,靠近柱的一段梁在工厂制造时即焊在柱上形成一悬臂短梁段。安装时将跨间一段梁吊装就位后,用摩擦型高强度螺栓将它与悬臂短梁段连接起来。这种连接的优点是连接处内力小,所以螺栓数相应较少,安装时对中就位比较方便,同时不需要高空施焊。

6.9 框架柱的柱脚

框架柱的柱脚根据受力情况可以做成铰接或刚接。铰接柱脚只传递轴心压力和剪力,它的计算和构造与轴心受压柱相同。刚接柱脚分整体式和分离式两种,一般实腹式柱和分肢距离较小的格构柱多采用整体式,而分肢距离较大的格构柱则采用分离式柱脚较为经济。分离式柱脚中,对格构柱各分肢按轴心受压柱布置成铰接柱脚,然后用缀材将各分肢柱脚连接起来,以保证有一定的空间刚度。

本书只介绍整体式柱脚,其组成如图 6.28 所示。图中柱身置于底板,柱两侧由两块靴梁夹住,靴梁分别与柱翼缘和底板焊牢。为保证柱脚与基础形成刚性连接,柱脚一般布置 4 个(或更多)锚栓,锚栓不像中心受压柱那样固定在底板上,而是在靴梁侧面每个锚栓处焊两块肋板,并在肋板上设置水平板,组成“锚栓支架”,锚栓固定在“锚栓支架”的水平板上。为便于安装时调整柱脚位置,水平板上的锚栓孔(也可以做成缺口)的直径应是锚栓直径的 1.5～2 倍。锚栓穿过水平板准确就位后,再用有孔垫板套住锚栓,并与锚栓焊牢。垫板孔径一般只比锚栓直径大 1～2mm。“锚栓支架”应伸出底板范围之外,使锚栓不必穿过底板,以方便安装。此外,为增加柱脚的刚性,还常常在柱身两侧两个“锚栓支架”之间布置竖向隔板。

整体式柱脚的传力过程是:柱身通过焊缝将轴力和弯矩传给靴梁,靴梁再将力传给底板,最后再传给基础。柱端剪力则由底板与基础之间的摩擦力传递,当剪力较大时,应在底板下设置剪力键传递剪力。

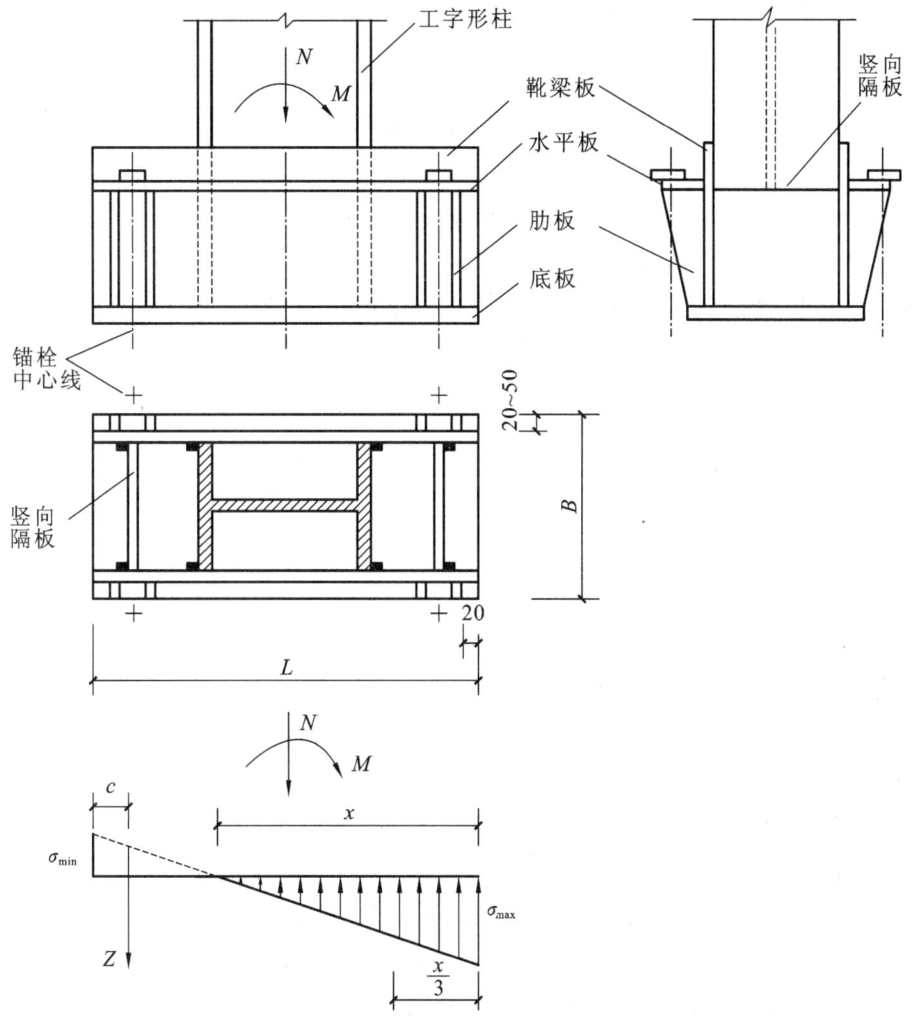

图 6.28 框架柱整体式柱脚(单位:mm)

整体式柱脚的计算,一般包括底板尺寸、锚栓直径、靴梁尺寸及焊缝。

底板宽度 B 由构造要求确定,其中悬臂宽度取 2～5cm。底板的长度 L 则由底板下基础的压应力不超过混凝土抗压强度设计值的要求来确定。

$$\sigma_{max}=\frac{N}{BL}+\frac{6M}{BL^2}\leqslant f_{cc} \tag{6.32}$$

式中 f_{cc}——混凝土抗压强度设计值。

压弯构件柱脚底板厚度的确定方法和轴心受压构件柱脚底板的确定方法类似,但由于压弯构件底板各区格所承受的压应力不均匀,可偏于安全地取该区格中的最大压应力值,作为全区格均匀分布压应力来计算其弯矩。

当柱的轴力及弯矩共同作用使柱底板出现拉应力,即底板最小应力 σ_{min} 出现负值时,由于底板和基础之间不能承受拉应力,由锚栓承担。计算锚栓受力的方法很多,下面介绍目前国内采用较多的一种方法。按这种方法，取图 6.28 所示应力的分布图，算出图中的各项数据如下：

$$\sigma_{\min}=\frac{N}{BL}-\frac{6M}{BL^2} \tag{6.33}$$

$$x=\frac{\sigma_{\max}}{\sigma_{\min}-|\sigma_{\min}|}L \tag{6.34}$$

式中 x——底板受压区长度。

对应力分布图受压区合力点取矩，得图中拉应力合力 Z 为：

$$Z=\frac{M-N(L/2-x/3)}{L-c-x/3} \tag{6.35}$$

式中 c——锚栓中心到底板边缘的距离。

则每个锚栓需要的有效面积为：

$$A_e=\frac{Z}{nf_t^a} \tag{6.36}$$

式中 n——柱身一侧柱脚锚栓的数目；

f_t^a——锚栓的抗拉强度设计值(见附表 1.3)。

由此选定锚栓的直径，锚栓直径不应小于 24mm。

按式(6.35)计算锚栓拉力时，应选取使其产生最大拉力的内力组合，通常是 M 偏大、N 偏小的一组。

上述计算锚栓拉力的方法的缺点是理论上不够严密，计算中假定锚栓位于拉应力合力作用点，实际情况并不一定如此，一般来说该法偏于保守，算得的锚栓拉力偏大。当采用此法算得锚栓直径大于 60mm 时，应考虑采用其他方法重新计算。

靴梁计算与轴心受压柱柱脚相同，其高度根据靴梁与柱连接所需焊缝长度确定，靴梁按支于柱边缘的悬伸梁来验算截面强度，靴梁与底板的连接焊缝布置要注意因柱身范围内不便施焊，此处焊缝仅布置在柱身及靴梁外侧。该焊缝偏保守地按最大地基反力计算。

隔板计算与轴心受压柱柱脚相同。它所承受的基础反力偏于安全地按该计算段内的最大值计算。

本章小结

(1) 与受弯构件一样，拉弯、压弯构件的强度不以塑性铰为极限，而是以截面仅有部分区域发展成塑性区为极限，按式(6.5)和式(6.6)计算。但对于承受动力荷载且须计算疲劳的构件，则按弹性计算，即不允许塑性发展，取式(6.5)和式(6.6)中的 $\gamma=1.0$。注意式(6.5)和式(6.6)与轴心受压杆件及受弯杆件的计算公式是衔接的，即 $N=0$ 时，式(6.5)和式(6.6)与受弯构件强度计算公式相同，当 $M_x=M_y=0$ 时，式(6.5)和式(6.6)与轴心受压构件强度计算公式相同。

(2) 与轴心受压构件一样，拉弯、压弯构件的刚度要求以长细比来控制，按式(6.7)计算，必要时还应控制挠度。

(3) 虽然用二阶弹塑性理论的分析方法可以得到精确的压弯构件稳定承载力的数值结果，但是要将这些数值结果组成一个通用的压弯构件稳定承载力计算公式仍是很困难的。因此现行的压弯构件，不论是实腹式还是格构式构件，亦不论是弯矩平面内还是弯矩平面外的稳定承载力，其公式均采用半经验半理论的相关公式，如式(6.15)、式(6.16)、式(6.17)、式(6.29)等。这些公式通过各种系数反映各种因素对稳定承载力的影响，它们虽然是近似的，但能满足工程精度要求，且使用方便，同时它们也分别与受弯和轴心受压构件相应的稳定计算公式相衔接。

(4) 构件的计算长度 $l_0=\mu l$，反映构件端部受约束的程度。其物理意义是：将不同支承情况的杆件等效为长度等于 l_0 的两端铰接的杆件，使该杆件按 l_0 算得的欧拉临界力即为该杆件理想轴心受压临界力。其几何意义是：它代表任意支承情况杆件轴心受压弯曲屈曲后挠度曲线中两反弯点间的长度。端部为理想约束情况的独立柱，其 l_0(或 μ)值可查表 4.3 求得，框架柱的 l_0(或 μ)值可查附表 3 求得。

(5) 实腹式压弯杆件的局部稳定是以限制翼缘和腹板的宽(高)厚比来控制的。其中翼缘的限值与受弯杆件相同，按式(6.26)～式(6.28)计算。腹板的高厚比限制与板上的应力梯度 α_0 有关，按式(6.25)计算。

(6) 压弯(拉弯)杆件与梁的连接或与柱的连接(柱脚)，视杆端内力情况分为刚性连接和铰接。铰接与轴心受压柱的连接相同。刚性连接除传递轴力和剪力之外，还要传递弯矩，因此其构造布置和计算方面比铰接复杂一些，其设计同样要求传力明确，构造简单，以便于制造安装。

习　题

6.1　图 6.29 所示Ⅰ20a 工字钢构件，承受轴心拉力设计值 $N=500$kN，长 4.5m，两端铰接，在跨中 1/3 处作用有集中荷载 F，钢材为 Q235，试问该构件能承受的最大横向荷载 F 为多少？

6.2　图 6.30 所示为 Q235 钢焰切边工字形截面柱，两端铰接，截面无削弱，承受轴心压力的设计值 $N=900$kN，跨中集中力设计值为 $F=100$kN。(1)验算平面内稳定性；(2)根据平面外稳定性不低于平面内的原则确定此柱至少需要几道侧向支撑杆。

6.3　一格构式压弯构件，两端铰接，计算长度 $l_{0x}=l_{0y}=600$cm。构件截面及缀条布置如图 6.31 所示。缀条采用 L70×4，缀条倾角为 45°。构件承受轴心压力设计值 $N=500$kN，弯矩绕虚轴作用，钢材采用 Q235。试计算该构件所能承受的最大弯矩设计值。

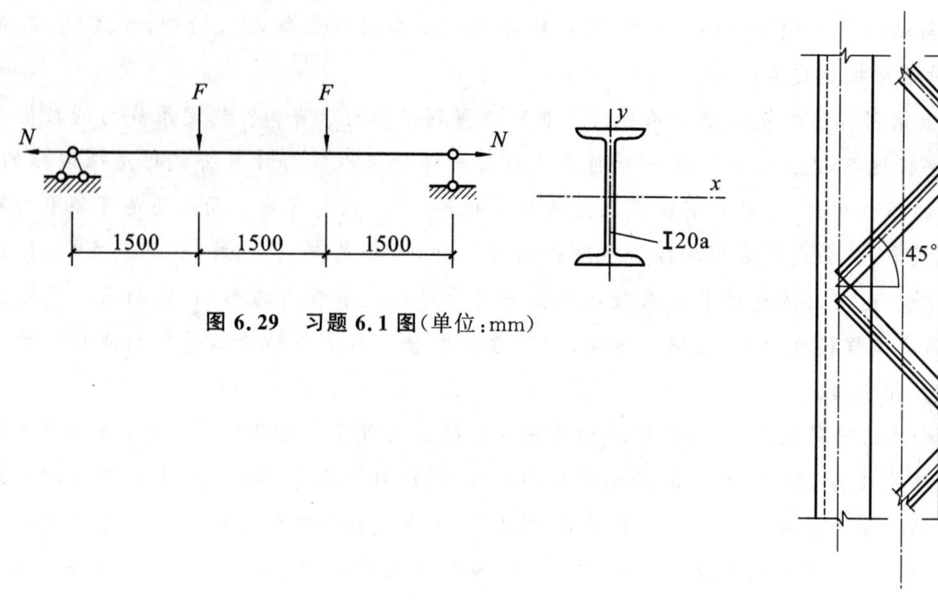

图 6.29　习题 6.1 图(单位:mm)

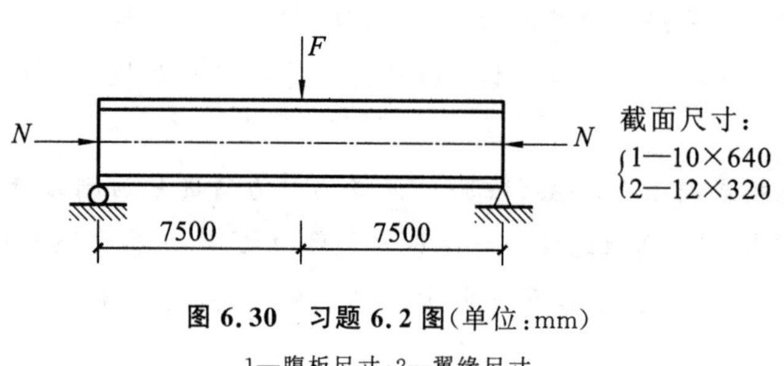

图 6.30　习题 6.2 图(单位:mm)

1—腹板尺寸;2—翼缘尺寸

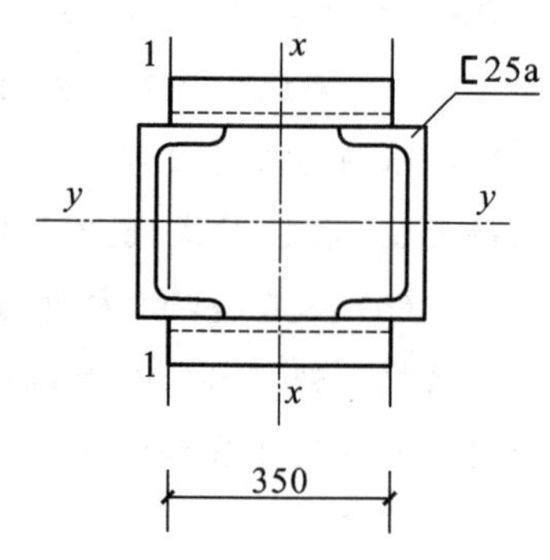

图 6.31　习题 6.3 图(单位:mm)

7 门式刚架轻型钢结构

提要:本章讲述门式刚架轻型钢结构的特点、适用范围、结构形式和支撑布置等,同时讲述了门式刚架的设计与计算、节点设计等。

7.1 概 述

7.1.1 单层门式刚架结构的组成

如图 7.1 所示,单层门式刚架结构是指以轻型焊接 H 型钢(等截面或变截面)、热轧 H 型钢(等截面)或冷弯薄壁型钢等构成的实腹式门式刚架或格构式门式刚架作为主要承重骨架,用冷弯薄壁型钢(槽形、卷边槽形、Z 形等)做檩条、墙梁;以压型金属板(压型钢板、压型铝板)做屋面、墙面;采用聚苯乙烯泡沫塑料、硬质聚氨酯泡沫塑料、岩棉、矿棉、玻璃棉等作为保温隔热材料并适当设置支撑的一种轻型房屋结构体系。

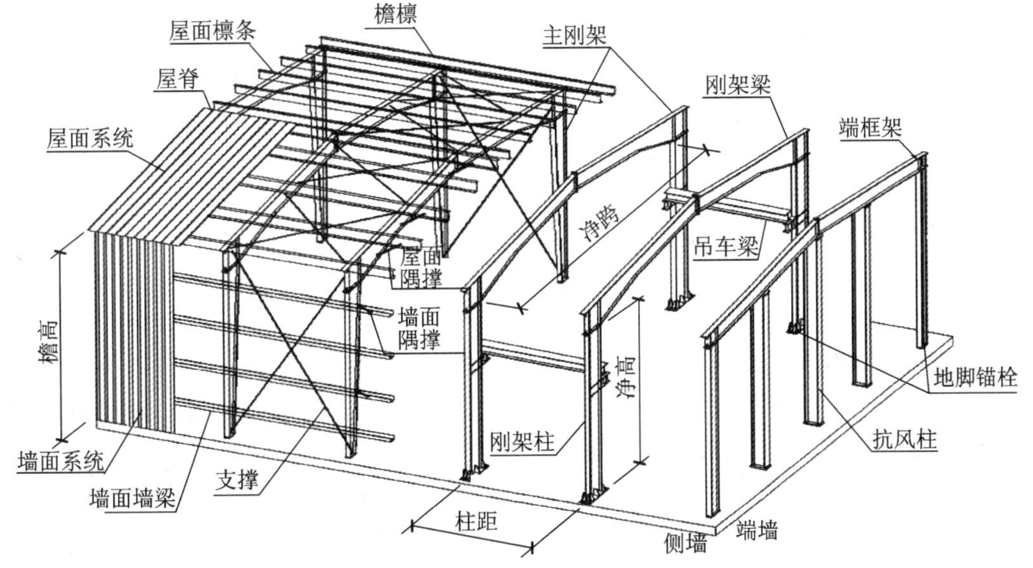

图 7.1 轻型门式刚架的基本组成

在目前的工程实践中,门式刚架的梁、柱构件多采用焊接变截面的 H 形截面,单跨刚架的梁-柱节点采用刚接,多跨则大多刚接和铰接并用。柱脚可与基础刚接或铰接。围护结构采用压型钢板的居多,玻璃棉则由于其具有自重轻、保温隔热性能好及安装方便等特点,用作保温隔热材料最为普遍。

7.1.2 单层门式刚架结构的特点

单层门式刚架结构和钢筋混凝土结构相比具有以下特点：

(1) 质量轻

围护结构由于采用压型金属板、玻璃棉及冷弯薄壁型钢等材料组成，屋面、墙面的质量都很轻，因而支承它们的门式刚架也很轻。根据国内的工程实例统计，单层门式刚架房屋承重结构的用钢量一般为10～30kg/m^2；在相同的跨度和荷载条件情况下，自重仅为钢筋混凝土结构的1/30～1/20。

由于单层门式刚架结构的质量轻，地基的处理费用相对较低，基础也可以做得比较小。同时在相同地震烈度下门式刚架结构的地震反应小，一般情况下，地震作用参与的内力组合对刚架梁、柱杆件的设计不起控制作用。但是风荷载对门式刚架结构构件的受力影响较大，风荷载产生的吸力可能会使屋面金属压型板、檩条的受力反向，当风荷载较大或房屋较高时，风荷载可能是刚架设计的控制荷载。

(2) 工业化程度高，施工周期短

门式刚架结构的主要构件和配件均为工厂制作，质量易于保证，工地安装方便。除基础施工外，基本没有湿作业，现场施工人员的需要量也很少。构件之间的连接多采用高强度螺栓连接，是安装迅速的一个重要方面，但必须注意设计为刚性连接的节点应具有足够的转动刚度。

(3) 综合经济效益高

门式刚架结构由于材料价格的原因其造价虽然比钢筋混凝土结构等其他结构形式略高，但由于采用了计算机辅助设计，设计周期短；构件采用先进自动化设备制造；原材料的种类较少，易于筹措，便于运输；所以门式刚架结构的工程周期短，资金回报快，投资效益高。

(4) 柱网布置比较灵活

传统的结构形式由于受屋面板、墙板尺寸的限制，柱距多为6m，当采用12m柱距时，需设置托架及墙架柱。而门式刚架结构的围护体系采用金属压型板，所以柱网布置不受模数限制，柱距大小主要根据使用要求和用钢量最省的原则来确定。

门式刚架结构除上述特点外，还有一些特点需要了解：

门式刚架体系的整体性可以依靠檩条、墙梁和隅撑以及屋面板和墙板来保证，从而减少了屋盖支撑的数量，同时支撑多用张紧的圆钢做成，很轻便。

门式刚架的梁、柱多采用变截面杆制成，以节省材料，是这类结构的一大特点。梁、柱腹板在设计时利用屈曲后强度，可使腹板宽厚比放大(腹板厚度较薄)。当然，由于变截面门式刚架达到极限承载力时，可能会在多个截面处形成塑性铰而使刚架瞬间形成机动体系，因此塑性设计不再适用。使门式刚架结构轻型化的有力措施还有：在多跨框架中把中柱做成只承重力荷载的两端铰接柱，对平板式铰接柱脚考虑其实际存在的转动约束，利用屋面板的蒙皮效应和适当放宽柱顶侧移的限值等来控制。设计中对轻型化带来的后果必须注意和正确处理。风力可使轻型屋面的荷载反向，就是一例。

组成构件的杆件较薄，对制作、涂装、运输、安装的要求高。在门式刚架结构中，焊接构件中板的最小厚度为3.0mm；冷弯薄壁型钢构件中板的最小厚度为1.5mm；压型钢板的最小厚度为0.4mm。板件的宽厚比大，使得构件在外力撞击下容易发生局部变形。同时，锈蚀对构件截面削弱带来的后果更为严重。

构件的抗弯刚度、抗扭刚度比较小，结构的整体刚度也比较柔。因此，在运输和安装过程中要采取必要的措施，防止构件发生弯曲和扭转变形。同时，要重视支撑体系和隅撑的布置，重视屋面板、墙面板与构件的连接构造，使其能参与结构的整体工作(蒙皮效应)。图7.2为门式刚架结构厂房示意图。

图7.2 门式刚架结构厂房

7.1.3 门式刚架结构的应用情况

门式刚架轻型房屋结构在我国的应用大约始于20世纪80年代初期，中国工程建设标准化协会编制的《门式刚架轻型房屋钢结构技术规范》(GB 51022—2015)于2016年颁布施行，使其应用得到了迅速的发展。门式刚架新型房屋结构主要用于轻型厂房、仓库、建材等交易市场、大型超市、体育馆、展览厅及活动房屋、加层建筑等。目前，国内大约每年有上千万平方米的轻钢建筑竣工。国外也有大量钢结构制造商进入中国，加上国内几百家的轻钢结构专业公司和制造厂，市场竞争也日趋激烈。

7.2 结构形式和布置

7.2.1 结构形式

门式刚架结构是梁柱单元构件的组合体，其形式种类多样。在单层工业厂房与民用房屋钢结构中，按刚架跨数分，应用较多的为单跨、双跨或多跨单、双坡门式刚架；按构件体系分，有实腹式与格构式；按横截面形式分，有等截面与变截面；按结构选材分，有普通型钢、薄壁型钢、钢管或钢板。实腹式刚架的横截面一般为工字形，少数为Z形；格构式刚架的横截面为矩形或三角形。

门式刚架的结构体系包括以下组成部分：主结构，如横向刚架(包括中部和端部刚架)、楼面梁、托梁、支撑体系等；次结构，如屋面檩条和墙梁等；围护结构，如屋面板和墙面板；辅助结构，如楼梯、平台、栏杆等；基础。

平面门式刚架和支撑体系再加上托梁、楼面梁等组成了轻型门式刚架的主要受力骨架，即主结构体系。屋面檩条和墙梁既是围护材料的支承结构，又为主结构梁柱提供了部分侧向支撑作用，构成了轻型门式刚架的次结构。屋面板和墙面板对整个结构起围护和封闭作用，由于蒙皮效应，事实上也增加了轻型门式刚架的整体刚度。

外部荷载直接作用在围护结构上。其中，竖向和横向荷载通过次结构传递到主结构的平面门式刚架上，门式刚架依靠自身刚度抵抗外部作用。纵向风荷载通过屋面和墙面支撑传递到基础上。

图 7.3 所示为门式刚架的常用形式。斜梁和柱的连接常为刚接，柱底部多数为铰接。门式刚架分为单跨刚架[图 7.3(a)]、双跨刚架[图 7.3(b)]、多跨刚架[图 7.3(c)]以及带挑檐的刚架[图 7.3(d)]和带毗屋的刚架[图 7.3(e)]等形式。多跨刚架中间柱与斜梁的连接可采用铰接[图 7.3(f)]。多跨刚架宜采用双坡或单坡屋盖，必要时也可以采用由多个双坡单跨相连的多跨刚架形式。

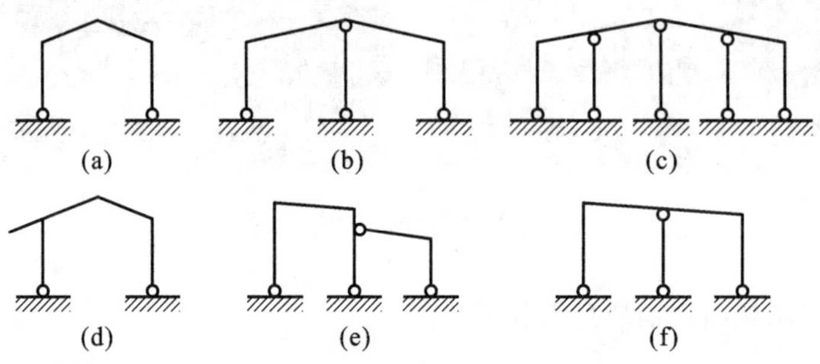

图 7.3　门式刚架的形式

根据跨度、高度和荷载不同，门式刚架的梁、柱可采用变截面或等截面实腹焊接工字形截面或轧制 H 形截面。设有桥式吊车时，柱宜采用等截面构件。变截面构件通常改变腹板的高度做成楔形，必要时也可改变腹板厚度。结构构件在制作单元内一般不改变翼缘截面，当必要时，可改变翼缘厚度；邻接的安装单元可采用不同的翼缘截面，两单元相邻截面高度宜相等。

门式刚架的柱脚多按铰接支承设计，通常为平板支座，设一对或两对地脚螺栓。当用于工业厂房且有 5t 以上桥式吊车时，宜将柱脚设计成刚接。

门式刚架轻型房屋的屋面坡度宜取 1/20～1/8，在雨水较多的地区宜取其中较大值。

7.2.2　建筑尺寸

门式刚架轻型房屋钢结构的尺寸应符合下列规定：

(1) 门式刚架的跨度应取横向刚架柱轴线间的距离。

(2) 门式刚架的高度应取室外地面至柱轴线与斜梁轴线交点的高度。高度应根据使用要求的室内净高确定，有吊车的厂房应根据轨顶标高和吊车净空要求确定。

(3) 柱的轴线可取通过柱下端(较小端)中心的竖向轴线。工业建筑边柱的定位轴线宜取柱外皮。斜梁的轴线可取通过变截面梁段最小端中心与斜梁上表面平行的轴线。

(4) 门式刚架轻型房屋的檐口高度应取室外地面至房屋外侧檩条上缘的高度，最大高度应取室外地面至屋盖顶部檩条上缘的高度。宽度应取房屋侧墙墙梁外皮之间的距离。长度应取两端山墙墙梁外皮之间的距离。

门式刚架的单跨跨度宜采用 12～48m，当边柱宽度不等时，其外侧应对齐。门式刚架的平均高度宜采用 4.5～9.0m，当有桥式吊车时不宜大于 12m。门式刚架的间距即柱网轴线在纵向的距离，宜采用 6～9m。挑檐长度可根据使用要求确定，宜为 0.5～1.2m，其上翼缘坡度宜与斜梁坡度相同。

7.2.3 结构平面布置

(1) 门式刚架轻型房屋钢结构的温度区段长度(伸缩缝间距)应符合下列规定：

① 纵向温度区段不大于 300m；

② 横向温度区段不大于 150m。

当有计算依据时，温度区段长度可适当加大。当需要设置伸缩缝时，可采用两种做法：

① 在搭接檩条的螺栓连接处采用长圆孔，并使该处屋面板在构造上允许膨胀；

② 设置双柱。

吊车梁与柱的连接处宜采用长圆孔。

(2) 在多跨刚架局部抽掉中间柱或边柱处，宜布置托梁或托架。

(3) 屋面檩条的布置应考虑天窗、通风屋脊、采光带、屋面材料、檩条供货规格等因素的影响，屋面压型钢板厚度和檩条间距应按计算确定。

(4) 山墙可设置由斜梁、抗风柱、墙梁及其支撑组成的山墙墙架，或采用门式刚架。

7.2.4 支撑布置

(1) 支撑的作用

在门式刚架柱网的每个温度区段内，应布置完整的支撑体系，以形成稳定的空间几何不变体。轻型门式刚架沿宽度方向的横向稳定性，是通过刚架的自身刚度来抵抗所承受的横向荷载体现的。由于沿长度方向的结构刚度较弱，需要设置纵向柱间支撑，以保证其纵向稳定性。支撑所受力主要是纵向风荷载、吊车刹车力、地震作用以及温度作用等。计算支撑内力时一般假定节点为铰接，忽略偏心的影响，并且一般的支撑都是按拉杆考虑。所以，门式刚架的支撑宜双向布置。

(2) 支撑的常见类型

轻型门式刚架常用的柱间支撑类型见图 7.4。图 7.4(a)中的交叉支撑通常设置在没有门洞的柱间；图 7.4(b)中的 K 形支撑设置在门洞不大的柱间；图 7.4(c)中的门式支撑设置在有较大门洞的柱间。

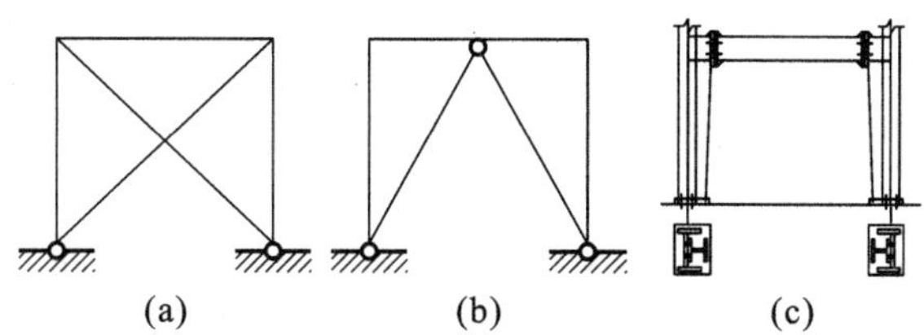

图 7.4 常用的柱间支撑类型

(a)交叉支撑；(b)K 形支撑；(c)门式支撑

(3) 支撑和刚性系杆布置的基本原则

① 在每个温度区段或分期建设的区段中,应分别设置能独立构成空间稳定结构的支撑体系。

② 在设置柱间支撑的开间,宜同时设置屋盖横向支撑,以组成几何不变体系。

③ 屋盖横向支撑宜设在温度区间端部的第一个或第二个开间。当端部支撑设在第二个开间时,在第一个开间的相应位置应设置刚性系杆。

④ 柱间支撑的间距应根据房屋纵向柱距、受力情况和安装条件确定。当无吊车时宜取30～45m;当有吊车时宜设在温度区段中部,或当温度区段较长时宜设在三分点内,且间距不宜大于50m。牛腿上部支撑设置原则与无吊车时的柱间支撑设置原则相同。

⑤ 当建筑物宽度大于60m时,在内柱列宜适当增加柱间支撑。

⑥ 当房屋高度相对于柱间距较大时,柱间支撑宜分层设置。

⑦ 在刚架转折处(单跨房屋边柱柱顶和屋脊,以及多跨房屋某些中间柱柱顶和屋脊)应沿房屋全长设置刚性系杆。

⑧ 由支撑斜杆等组成的水平桁架,其直腹杆宜按刚性系杆考虑。

⑨ 在设有带驾驶室且起重量大于15t桥式吊车的跨间,应在屋盖边缘设置纵向支撑桁架。当桥式吊车起重量较大时,尚应采取措施增加吊车梁的侧向刚度。

⑩ 门式刚架轻型房屋钢结构的支撑,可采用带张紧装置的十字交叉圆钢支撑。圆钢与构件的夹角应在30°～60°范围内,宜接近45°。

⑪ 当设有起重量不小于5t的桥式吊车时,柱间宜采用型钢支撑。在温度区段端部吊车梁以下不宜设置柱间刚性支撑。

⑫ 当不允许设置交叉柱间支撑时,可设置其他形式的支撑;当不允许设置任何支撑时,可设置纵向刚架。

7.3 作用效应计算

7.3.1 门式刚架荷载

当厂房内无吊车设备时,门式刚架的荷载基本上有三类:一是屋面结构等的自重,即永久荷载;二是屋面活荷载和雪荷载中的较大者;三是风荷载。在弹性设计中,可按各类荷载单独计算刚架中的内力,最后对各个构件进行内力组合,得到最不利的内力设计值。在有吊车厂房中还有吊车运行时所产生的吊车荷载(包括竖向和水平荷载)。此外在抗震设防地区还有地震荷载。

永久荷载包括刚架自重及屋面板、檩条、保温棉等重量。永久荷载计算时还需要考虑具体情况,如果屋面悬挂设备较多,用于悬挂设备的次梁重量也不容忽视,都应该计入屋面恒载。

屋面活荷载：当采用压型钢板轻型屋面时，屋面按水平投影面积计算的竖向活荷载的标准值应该取 0.5kN/m^2，对承受荷载水平投影面积大于 60m^2 的刚架构件，屋面竖向均布活荷载的标准值可取不小于 0.3kN/m^2。

基本雪压应按荷载规范给出的 50 年一遇的雪压采用，在考虑雪荷载时需注意：需要考虑屋面积雪分布系数，基本雪压乘以积雪系数便是雪荷载标准值；屋面板和檩条按积雪不均匀分布的最不利情况采用；屋架和拱壳可分别按积雪全跨均匀分布情况、不均匀分布的情况和半跨均匀分布的情况采用；框架和柱可按积雪全跨的均匀分布情况采用。

门式刚架的风荷载体型系数，可以按《建筑结构荷载规范》(GB 50009—2012)取值，也可按《门式刚架轻型房屋钢结构技术规范》(GB 51022—2015)取值。但要注意以下事项：并非所有门式刚架的体型系数都可以按《门式刚架轻型房屋钢结构技术规范》(GB 51022—2015)取值，此规范仅适用于屋面平均高度≤18m，房屋高宽比≤1 的门式刚架轻型房屋。

桥(梁)式吊车或悬挂吊车的竖向荷载应按吊车的不利位置取值；吊车纵向和横向水平荷载按《建筑结构荷载规范》(GB 50009—2012)取值。

当抗震设防烈度较高并且房屋跨度很大、高度很高，或宽度方向有很多摇摆柱时，可按《建筑抗震设计规范》(GB 50011—2010)进行水平地震作用效应验算。计算时阻尼比可依据屋盖和围护墙的类型，取 0.045～0.05。

7.3.2　荷载组合

7.3.2.1　承载力验算的荷载组合

(1) 由可变荷载效应控制的基本组合：

1.2×永久荷载+1.4×最大可变荷载

1.2×永久荷载+0.7×1.4×可变荷载

1.0×永久荷载+1.4×最大风吸力

(2) 由永久荷载效应控制的基本组合：

1.35×永久荷载+1.4×可变荷载×相应的组合系数

(3) 地震作用组合：

1.2(或 1.0)×重力荷载代表值效应+1.3×水平地震作用标准值效应

计算时不考虑风荷载作用，重力荷载代表值应按照《建筑抗震设计规范》计算。

7.3.2.2　荷载组合的注意事项

(1) 屋面均布活荷载不与雪荷载同时考虑，应取两者中的较大值。

(2) 地震作用不与风荷载同时考虑。

(3) 由于风荷载效应与永久荷载效应二者符号相反，当恒载与风载进行组合时，恒载的组合系数应取为 1.0，并且恒载不应取得过大。因为轻型门式刚架结构通常自重较轻，在和风荷载共同作用下很可能成为控制组合。

7.3.3 分析方法

7.3.3.1 刚架内力计算

(1) 确定门式刚架构件的计算简图时,对等截面对称构件按截面中心线取用,对于变截面柱按柱小端中心线确定,对变截面横梁按横梁最小高度中心线取平行于刚架坡度来确定。

(2) 变截面门式刚架的内力可以采用有限元法(直接刚度法)计算,计算时应将杆件分段划分单元,其划分长度应按照单元两端惯性矩 I 的比值不小于 0.8 来确定单元长度,每段的几何特征可视为常量(取单元中间惯性矩 I 值进行计算),也可采用楔形单元计算。

(3) 因变截面门式刚架有可能在几个截面同时或接近同时出现塑性铰,故不宜利用塑性铰出现后的应力重分布,变截面门式刚架应采用弹性分析方法确定构件内力,仅仅当构件全部为等截面时才允许采用塑性分析方法。

(4) 变截面门式刚架宜按照平面结构分析内力,一般不考虑应力蒙皮效应。当有必要且有条件时,可考虑屋面板的应力蒙皮效应。

7.3.3.2 常用的设计分析软件

门式刚架结构计算宜采用通用或专用程序进行。目前计算门式刚架的软件有很多种,下面简要介绍一下国内工程师常用的分析软件。

(1) PKPM-STS

① PKPM-STS 系列作为建研院开发多年的钢结构设计软件,在国内各地设计院拥有相当多的用户;

② 该软件完全按照现行中国规范设计,紧扣规范,参数详尽,规则结构设计效率比较高;

③ 软件能够自动进行荷载组合,对于有吊车时,尤其是多台吊车时显得尤为方便;

④ 软件能够根据相关规范自动计算构件的平面内计算长度;

⑤ 软件输出结果既有文本,也有图形,很方便查询;

⑥ 能够根据计算结果绘制施工图及加工详图,出图效率较高。

(2) 同济大学空间钢结构设计系统 3D3S

① 3D3S 系列作为建立在 CAD 平台上的钢结构设计软件,已有 10 多年的开发历史,在国内各地钢结构公司以及设计院有相当多的用户,这是一套相当全面的钢结构设计软件,几乎涵盖了钢结构的各种形式;

② 3D3S 系列采用 CAD 平台上的建模方式,比较灵活,容易上手;

③ 根据最新国家规范编制,程序具备完善的导荷载功能,可考虑吊车、夹层、活载不利布置等,可以完成任意结构的分析;

④ 可读取 SAP2000 的三维计算模型或直接定义柱网输入三维模型;

⑤ 提供多种节点形式供用户选用,自动完成主刚架节点计算或验算,可编辑节点,增/减/改加劲板,修改螺栓布置和大小、修改焊缝尺寸,并重新进行验算;

⑥ 直接生成 Word 文档计算书,根据三维实体模型直接生成结构初步设计图、设计施工图、加工详图。

(3) 盈建科建筑结构设计软件

① YJK(盈建科)建筑结构设计软件系统是一套全新的集成化建筑结构辅助设计系统，功能包括结构建模、上部结构计算、基础设计、砌体结构设计、施工图设计和接口软件六大方面；

② 多模块集成的自主图形平台，Ribbon风格的菜单界面美观清晰，其运用先进手段管理纷繁复杂的多级菜单，使本系统的多个模块得以在一个集成的、精炼的平台上实现；

③ 突出三维特点的模型与荷载输入方式，既可在单层模型上操作，又可在多层组装的模型上操作；

④ 结构计算采用了通用有限元的技术架构，采用了偏心刚域、主从节点、协调与非协调单元、墙元优化、快速求解器等先进技术，使程序的解题规模、计算速度大幅度提高；

⑤ 可以接力建模和上部结构设计计算结果，完成钢结构施工图设计。结构形式包括框架、门式刚架等。软件自动进行节点设计，并给出以节点为核心内容的施工图设计，节点包括梁柱节点、梁梁节点、柱脚节点、支撑节点等。

7.4 刚架柱和梁的设计

7.4.1 梁柱板件的宽厚比限值和腹板屈曲后强度利用

(1) 工字形截面构件受压翼缘板自由外伸宽度 b 与其厚度 t 之比，不应大于 $15\sqrt{235/f_y}$；工字形截面梁、柱构件腹板的计算高度 h_W 与其厚度 t_W 之比，不应大于 $250\sqrt{235/f_y}$。此处，f_y 为钢材屈服强度。

(2) 当工字形截面构件腹板受弯及受压板幅利用屈曲后强度时，应按有效宽度计算截面特性。受压区有效宽度应按下式计算：

$$h_e = \rho h_c \tag{7.1}$$

式中 h_e——腹板受压区有效宽度；

h_c——腹板受压区宽度；

ρ——有效宽度系数，$\rho>1.0$ 时，取 1.0。

ρ 按下列公式进行计算：

$$\rho = \frac{1}{(0.243+\lambda_p^{1.25})^{0.9}} \tag{7.2}$$

$$\lambda_p = \frac{h_W/t_W}{28.1\sqrt{k_\sigma}\sqrt{235/f_y}} \tag{7.3}$$

$$k_\sigma = \frac{16}{\sqrt{(1+\beta)^2+0.112(1-\beta)^2}+(1+\beta)} \tag{7.4}$$

式中 λ_p——与板件受弯、受压有关的参数，当 $\sigma_1<f$ 时，计算 λ_p 时可用 $\gamma_R\sigma_1$ 代替式(7.3)中 f_y，γ_R 为抗力分项系数，对 Q235 和 Q345 钢，取 $\gamma_R=1.1$；

k_σ——板件在正应力作用下的屈曲系数；

h_W——腹板的高度，对楔形腹板取板幅的平均高度；

t_W——腹板的厚度；

β——腹板边缘正应力比值，$\beta=\sigma_2/\sigma_1$，$-1\leqslant\beta\leqslant 1$。

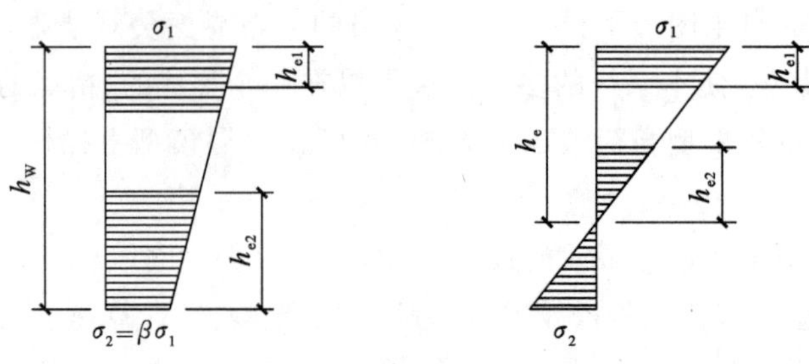

图 7.5　有效宽度的分布

根据式(7.1)和式(7.2)算得的腹板有效宽度 h_e，沿腹板高度按下列规则分布(图 7.5)。

当腹板全截面受压，即 $\beta\geqslant 0$ 时：

$$h_{e1}=2h_e/(5-\beta)\quad h_{e2}=h_e-h_{e1} \tag{7.5}$$

当腹板部分截面受拉，即 $\beta<0$ 时：

$$h_{e1}=0.4h_e\quad h_{e2}=0.6h_e \tag{7.6}$$

7.4.2　刚架梁、柱构件的强度计算

(1) 工字形截面构件腹板的受剪板幅，考虑屈曲后强度时，应设置横向加劲肋，板幅的长度与板幅范围内的大端截面高度相比不应大于 3。腹板高度变化的区格，考虑屈曲后强度，其受剪承载力设计值应按下列公式计算：

$$V_d=\chi_{tap}\varphi_{ps}h_{W1}t_W f_v\leqslant h_{W0}t_W f_v \tag{7.7}$$

$$\varphi_{ps}=\frac{1}{(0.51+\lambda_s^{3.2})^{1/2.6}}\leqslant 1.0 \tag{7.8a}$$

$$\chi_{tap}=1-0.35\alpha^{0.2}\gamma_p^{2/3} \tag{7.8b}$$

$$\gamma_p=\frac{h_{W1}}{h_{W0}}-1 \tag{7.8c}$$

$$\alpha=\frac{h_{W1}}{a} \tag{7.8d}$$

式中　f_v——钢材的抗剪强度设计值；

h_{W1}，h_{W0}——楔形腹板大端和小端腹板高度；

χ_{tap}——腹板屈曲后抗剪强度的楔率折减系数；

γ_p——腹板区格的楔率；

α——区格的高度与长度之比；

a——加劲肋间距；

λ_s——与板件受剪有关的参数，按下列公式进行计算。

$$\lambda_s=\frac{h_{W1}/t_W}{37\sqrt{k_\tau}\sqrt{235/f_y}} \tag{7.9}$$

当 $a/h_{W1}<1$ 时

$$k_\tau=4+5.34/(a/h_{W1})^2 \tag{7.10a}$$

当 $a/h_{W1}\geqslant 1$ 时

$$k_\tau=\eta_s[5.34+4/(a/h_{W1})^2] \tag{7.10b}$$

$$\eta_s=1-\omega_1\sqrt{\gamma_p} \tag{7.10c}$$

$$\omega_1=0.41-0.897a+0.363a^2-0.041a^3 \tag{7.10d}$$

式中 k_τ——受剪板件的屈曲系数；当不设横向加劲肋时，取 $k_\tau=5.34\eta_s$。

(2) 工字形截面受弯构件在剪力 V 和弯矩 M 共同作用下的强度应符合下列要求：

当 $V\leqslant 0.5V_d$ 时

$$M\leqslant M_e \tag{7.11a}$$

当 $0.5V_d<V\leqslant V_d$ 时

$$M\leqslant M_f+(M_e-M_f)\left[1-\left(\frac{V}{0.5V_d}-1\right)^2\right] \tag{7.11b}$$

当截面为双轴对称时

$$M_f=A_f(h_W+t_f)f \tag{7.12}$$

式中 M_f——两翼缘所承担的弯矩；

M_e——构件有效截面所承担的弯矩，$M_e=W_ef$；

W_e——构件有效截面最大受压纤维的截面模量；

A_f——构件翼缘的截面面积；

h_W——计算截面的腹板高度；

t_f——计算截面的翼缘厚度；

V_d——腹板抗剪承载力设计值，按公式(7.7)计算。

(3) 工字形截面压弯构件在剪力 V、弯矩 M 和轴力 N 共同作用下的强度应符合下列要求：

当 $V\leqslant 0.5V_d$ 时

$$\frac{N}{A_e}+\frac{M}{W_e}\leqslant f \tag{7.13}$$

当 $0.5V_d<V\leqslant V_d$ 时

$$M\leqslant M_f^N+(M_e^N-M_f^N)\left[1-\left(\frac{V}{0.5V_d}-1\right)^2\right] \tag{7.14}$$

$$M_e^N=M_e-NW_e/A_e \tag{7.15}$$

当截面为双轴对称时

$$M_f^N=A_f(h_W+t)(f-N/A_e) \tag{7.16}$$

式中 A_e——有效截面面积；

M_f^N——兼承压力时两翼缘所能承受的弯矩。

7.4.3 梁腹板加劲肋的配置

梁腹板应在与中柱连接处、较大集中荷载作用处和翼缘转折处设置横向加劲肋。梁腹板利用屈曲后强度时，其中间加劲肋除承受集中荷载和翼缘转折产生的压力外，还应承受拉力场产生的压力。该压力应按下列公式计算：

$$N_s = V - 0.9\varphi_s h_W t_W f_v \tag{7.17}$$

$$\varphi_s = \frac{1}{\sqrt[3]{0.738 + \lambda_s^6}} \tag{7.18}$$

式中 N_s——拉力场产生的压力；

V——梁受剪承载力设计值；

φ_s——腹板剪切屈曲稳定系数，$\varphi_s \leqslant 1.0$；

h_W——腹板的高度；

t_W——腹板的厚度；

λ_s——腹板剪切屈曲通用高厚比参数，按公式(7.9)计算。

当验算加劲肋稳定性时，其截面应包括每侧各 $15t_W\sqrt{235/f_y}$宽度范围内的腹板面积，计算长度取腹板高度 h_W。

7.4.4 变截面柱在刚架平面内的整体稳定计算

变截面柱在刚架平面内的整体稳定按下列公式计算：

$$\frac{N_1}{\eta_t \varphi_x A_{e1}} + \frac{\beta_{mx} M_1}{(1 - N_1/N_{cr}) W_{e1}} \leqslant f \tag{7.19}$$

$$N_{cr} = \pi^2 E A_{e1} / \lambda_1^2 \tag{7.20}$$

式中 N_1——大端的轴线压力设计值；

M_1——大端的弯矩设计值；

A_{e1}——大端的有效截面面积；

W_{e1}——大端有效截面最大受压纤维的截面模量；

φ_x——杆件轴心受压稳定系数，按楔形柱确定其计算长度，取大端截面的回转半径计算长细比，由《标准》查得；

β_{mx}——等效弯矩系数，由于轻型门式刚架都属于有侧移失稳类型，故 $\beta_{mx} = 1.0$；

N_{cr}——欧拉临界力；

$\bar{\lambda}$——通用长细比，$\bar{\lambda} = \frac{\lambda_1}{\pi}\sqrt{\frac{f_y}{E}}$，当 $\bar{\lambda} \geqslant 1.2$ 时 $\eta_t = 1$，当 $\bar{\lambda} < 1.2$ 时 $\eta_t = \frac{A_0}{A_1} + \left(1 - \frac{A_0}{A_1}\right) \times \frac{\bar{\lambda}_1^2}{1.44}$；

λ_1——按大端截面计算的，考虑计算长度系数的长细比，$\lambda_1 = \frac{\mu H}{i_{x1}}$；

μ——柱计算长度系数；

H——柱高；

A_0, A_1——小端和大端截面的毛截面面积；

E——柱钢材的弹性模量；

f_y——柱钢材的屈服强度值。

当柱的最大弯矩不出现在大端时，M_1 和 W_{e1} 分别取最大弯矩和该弯矩所在截面的有效截面模量。

7.4.5 变截面柱在刚架平面内的计算长度

按本节确定的刚架柱计算长度系数适用于屋面坡度不大于 1/5 的情况，超过此值时应考虑横梁轴向力的不利影响。

7.4.5.1 小端铰接的变截面门式刚架柱平面内的计算长度

小端铰接的变截面门式刚架柱有侧移弹性屈曲临界荷载及计算长度系数可按下列公式计算：

$$N_{cr}=\frac{\pi^2 EI_1}{(\mu H)^2} \tag{7.21}$$

$$\mu=2\left(\frac{I_1}{I_0}\right)^{0.145}\sqrt{1+\frac{0.38}{K}} \tag{7.22}$$

$$K=\frac{K_z}{6i_{c1}}\left(\frac{I_1}{I_0}\right)^{0.29} \tag{7.23}$$

式中 μ——变截面柱换算成以大端截面为准的等截面柱的计算长度系数；

I_0——立柱小端截面的惯性矩；

I_1——立柱大端截面的惯性矩；

H——楔形变截面柱的高度；

K_z——梁对柱子的转动约束；

i_{c1}——柱的线刚度，$i_{c1}=EI_1/H$。

7.4.5.2 刚架梁对刚架柱的转动约束

确定刚架梁对刚架柱的转动约束，应符合下列规定：

(1) 在梁的两端都与柱子刚接时，假设梁的变形形式使得反弯点出现在梁的跨中，取出半跨梁，远端铰支，在近端施加弯矩(M)，求出近端的转角(θ)，应由下式计算转动约束：

$$K_z=\frac{M}{\theta} \tag{7.24}$$

(2) 当刚架梁远端简支，或刚架梁的远端是摇摆柱时，变截面梁的斜长 s 应为全跨的梁长。

(3) 刚架梁近端与柱子简支，转动约束应为零。

7.4.5.3 楔形变截面梁对刚架柱的转动约束

楔形变截面梁对刚架柱的转动约束，应按刚架梁变截面情况分别按下列公式计算。

(1) 刚架梁为一段变截面(图 7.6)。

$$K_z=3i\left(\frac{I_0}{I_1}\right)^{0.2} \tag{7.25}$$

$$i_1=\frac{EI_1}{s} \tag{7.26}$$

式中 I_0——变截面梁跨中小端截面的惯性矩；

I_1——变截面梁檐口大端截面的惯性矩；

s——变截面梁的斜长。

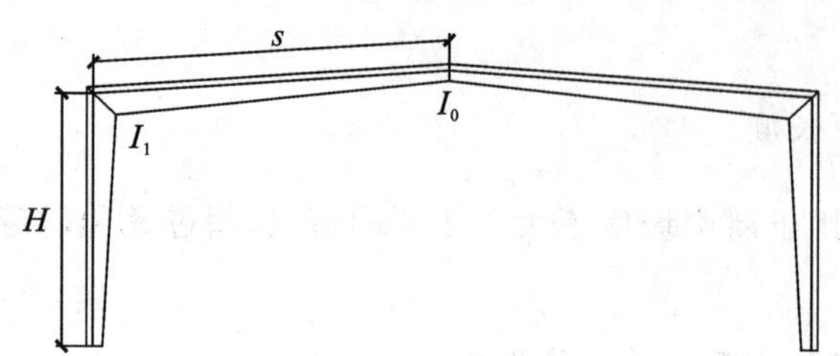

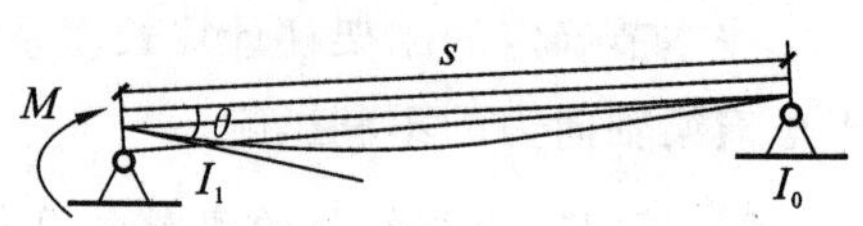

图 7.6 刚架梁为一段变截面及其转动刚度计算模型

(2) 刚架梁为二段变截面(图 7.7)。

$$\frac{1}{K_z}=\frac{1}{K_{11,1}}+\frac{2s_2}{s}\frac{1}{K_{12,2}}+\left(\frac{s_2}{s}\right)^2\frac{1}{K_{22.1}}+\left(\frac{s_2}{s}\right)^2\frac{1}{K_{22,2}} \tag{7.27}$$

$$K_{11,1}=3i_{11}R_1^{0.2} \tag{7.28a}$$

$$K_{12,1}=6i_{11}R_1^{0.44} \tag{7.28b}$$

$$K_{22,1}=3i_{11}R_1^{0.712} \tag{7.28c}$$

$$K_{22,2}=3i_{21}R_2^{0.712} \tag{7.28d}$$

$$R_1=\frac{I_{10}}{I_{11}} \tag{7.28e}$$

$$R_2=\frac{I_{20}}{I_{21}} \tag{7.28f}$$

$$i_{11}=\frac{EI_{11}}{s_1} \tag{7.28g}$$

$$i_{21}=\frac{EI_{21}}{s_2} \tag{7.28h}$$

$$s=s_1+s_2 \tag{7.28i}$$

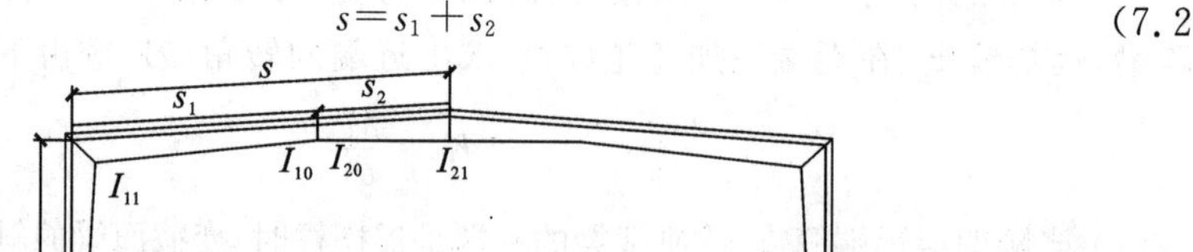

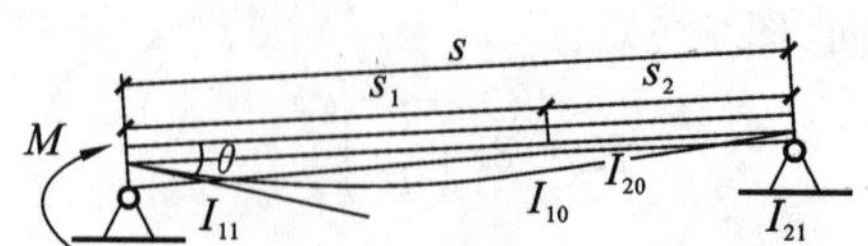

图 7.7 刚架梁为二段变截面及其转动刚度计算模型

式中　R_1——与立柱相连的第1变截面梁段，远端截面惯性矩与近端截面惯性矩之比；

R_2——第2变截面梁段，近端截面惯性矩与远端截面惯性矩之比；

s_1——与立柱相连的第1段变截面梁的斜长；

s_2——第2段变截面梁的斜长；

s——变截面梁的斜长；

i_{11}——以大端截面惯性矩计算的线刚度；

i_{21}——以第2段远端截面惯性矩计算的线刚度；

$I_{10},I_{11},I_{20},I_{21}$——变截面梁惯性矩。

(3) 刚架梁为三段变截面(图7.8)。

$$\frac{1}{K_z}=\frac{1}{K_{11,1}}+2\left(1-\frac{s_1}{s}\right)\frac{1}{K_{12,1}}+\left(1-\frac{s_1}{s}\right)^2\left(\frac{1}{K_{22,1}}+\frac{1}{3i_2}\right)+\frac{2s_3(s_2+s_3)}{s^2}\frac{1}{6i_2}+\left(\frac{s_3}{s}\right)^2\left(\frac{1}{3i_2}+\frac{1}{K_{22,3}}\right) \tag{7.29}$$

$$K_{11,1}=3i_{11}R_1^{0.2} \tag{7.30a}$$

$$K_{12,1}=6i_{11}R_1^{0.44} \tag{7.30b}$$

$$K_{22,1}=3i_{11}R_1^{0.712} \tag{7.30c}$$

$$K_{22,3}=3i_{31}R_3^{0.712} \tag{7.30d}$$

$$R_1=\frac{I_{10}}{I_{11}},\quad R_3=\frac{I_{30}}{I_{31}} \tag{7.30e}$$

$$i_{11}=\frac{EI_{11}}{s_1},\quad i_2=\frac{EI_2}{s_2},\quad i_{31}=\frac{EI_{31}}{s_3} \tag{7.30f}$$

式中　$I_{10},I_{11},I_2,I_{30},I_{31}$——变截面梁惯性矩。

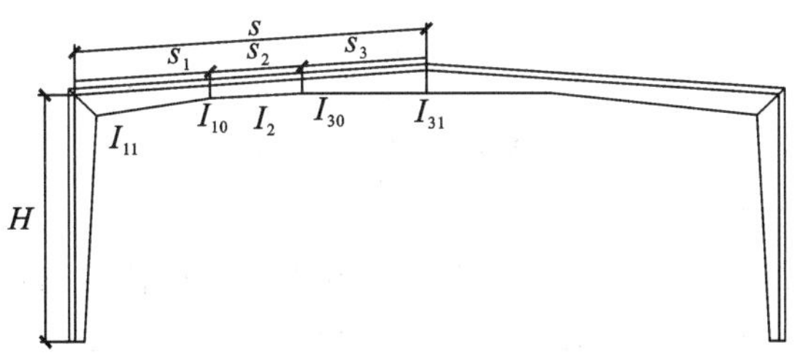

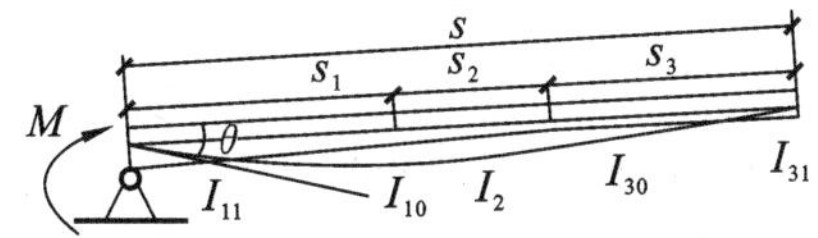

图7.8　刚架梁为三段变截面及其转动刚度计算模型

7.4.5.4　阶形柱或两段柱的计算长度

当为阶形柱或两段柱子时，下柱和上柱的计算长度应按下列公式确定。

下柱计算长度系数

$$\mu_1=\sqrt{\gamma}\cdot\mu_2 \tag{7.31a}$$

上柱计算长度系数

$$\mu_2=\sqrt{\frac{6K_1K_2+4(K_1+K_2)+1.52}{6K_1K_2+K_1+K_2}} \tag{7.31b}$$

$$K_2=\frac{K_{z2}}{6i_{c2}} \tag{7.32a}$$

$$K_1=\frac{K_{z1}}{6i_{c2}}+\frac{b+\sqrt{b^2-4ac}}{12a} \tag{7.32b}$$

$$a=(a_1b_1\gamma-a_2b_2)i_{c2}^2 \tag{7.32c}$$

$$b=(K_{z0}i_{c1}\gamma b_1-\gamma c_2a_1-i_{c1}a_3b_2+c_1a_2)i_{c1} \tag{7.32d}$$

$$c=i_{c1}(c_1a_3-K_{z0}c_2\gamma) \tag{7.32e}$$

$$a_1=K_{z0}+i_{c1} \tag{7.32f}$$

$$a_2=K_{z0}+i_{c1} \tag{7.32g}$$

$$a_3=4K_{z0}+9.12i_{c1} \tag{7.32h}$$

$$b_1=K_{z2}+4i_{c2} \tag{7.32i}$$

$$b_2=K_{z2}+i_{c2} \tag{7.32j}$$

$$c_1=K_{z1}K_{z2}+(K_{z1}+K_{z2})i_{c2} \tag{7.32k}$$

$$c_2=K_{z1}K_{z2}+4(K_{z1}+K_{z2})i_{c2}+9.12i_{c2}^2 \tag{7.32l}$$

$$\gamma=\frac{N_2H_2}{N_1H_1}\frac{i_{c1}}{i_{c2}} \tag{7.32m}$$

$$i_{c1}=\frac{EI_{11}}{H_1}\left(\frac{I_{10}}{I_{11}}\right)^{0.29} \tag{7.32n}$$

$$i_{c2}=\frac{EI_2}{H_2} \tag{7.32o}$$

式中 K_{z0}——柱脚对柱子提供的转动约束，柱脚铰支时，$K_{z0}=0.5i_{c1}$，柱脚固定时，$K_{z0}=50i_{c1}$；

K_{z1}——中间梁(低跨屋面梁，夹层梁)对柱子提供的转动约束，按7.4.5.3节确定；

K_{z2}——屋面梁对上柱柱顶的转动约束，按7.4.5.3节确定；

i_{c1}——下柱为变截面时，下柱的线刚度；

i_{c2}——上柱线刚度；

I_1,I_2,I_{10},I_{11}——柱子的惯性矩(图7.9)；

N_1,N_2——下柱和上柱的轴力；

H_1,H_2——下柱和上柱的高度。

7.4.5.5 二阶柱或三阶柱子的计算长度

当为二阶柱或三阶柱子时，下柱、中柱和上柱的计算长度，应按不同的计算模型确定(图7.10)，或按下列公式计算：

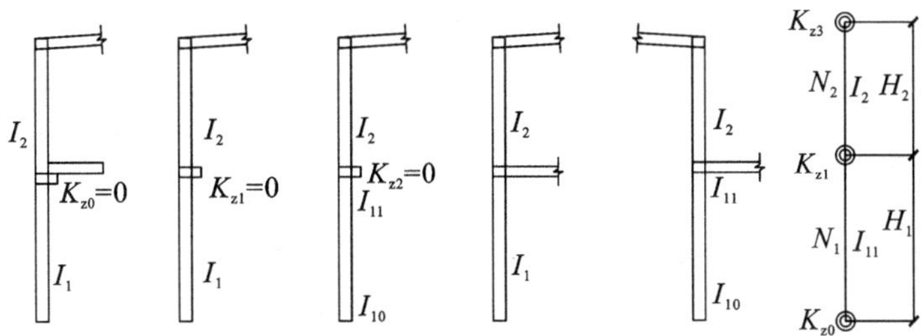

图 7.9 变截面阶形刚架柱的计算模型

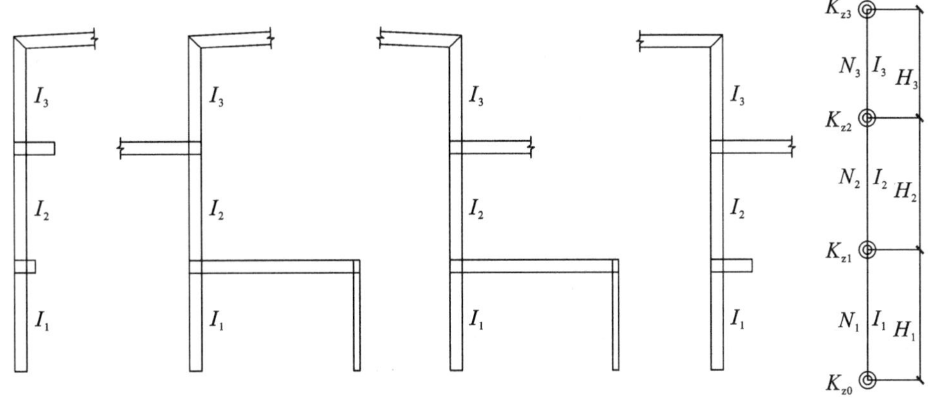

图 7.10 三阶刚架柱的计算模型

$$\mu_2=\sqrt{\frac{6K_1K_2+4(K_1+K_2)+1.52}{6K_1K_2+K_1+K_2}} \tag{7.33a}$$

$$\mu_1=\sqrt{\gamma_1}\cdot\mu_2 \tag{7.33b}$$

$$\mu_3=\sqrt{\gamma_3}\cdot\mu_2 \tag{7.33c}$$

中柱段：

$$K_1=K_{b1}-\frac{\eta}{6},\quad K_2=K_{b2}-\frac{\xi}{6} \tag{7.34a}$$

ξ、η 由下列公式给出的三组解中之一确定，且三组解中满足式(7.34d)、式(7.34e)、式(7.34f)的 K_1、K_2 为唯一有效解。

$$\eta_j=2\sqrt[3]{r}\cos\left[\frac{\theta+2(j-2)\pi}{3}\right]-\frac{b}{3a}\quad(j=1,2,3) \tag{7.34b}$$

$$\xi_j=\frac{6(e_3\eta+e_4)}{e_1\eta+e_2}\quad(j=1,2,3) \tag{7.34c}$$

$$K_1>-\frac{1}{6} \tag{7.34d}$$

$$K_2>-\frac{1}{6} \tag{7.34e}$$

$$6K_1K_2+K_1+K_2>0 \tag{7.34f}$$

其中：

$r=\sqrt{\frac{m^3}{27}}$；$\theta=\arccos\frac{-n}{\sqrt{-4m^3/27}}$；$\Delta=\frac{n^2}{4}+\frac{m^3}{27}$；$m=\frac{3ac-b^2}{3a^2}$；$n=\frac{2b^3-9abc+27a^2d}{27a^3}$；

$a=\gamma_1a_2g_4-a_1g_1$；$b=\gamma_1a_2g_5+6\gamma_1K_{b0}K_{c1}g_4-a_2g_2-6K_{c1}a_3g_1$；

$c=\gamma_1a_2g_6+6\gamma_1K_{b0}K_{c1}g_5-a_1g_3-6K_{c1}a_3g_2$；$d=6K_{c1}(\gamma_1K_{b0}g_6-a_3g_3)$；

$e_1=a_2b_1\gamma_1-a_1b_2\gamma_3$；$e_2=6K_{c1}(\gamma_1K_{b0}b_1-a_3b_2\gamma_3)$；$e_3=K_{c3}(\gamma_3K_{b3}a_1-a_1b_2\gamma_3)$；

$e_4=6K_{c1}K_{c3}(\gamma_3K_{b3}a_3-\gamma_1K_{b0}b_3)$；$a_1=6K_{b0}+4K_{c1}$；$a_2=6K_{b0}+K_{c1}$；

$a_3=4K_{b0}+1.52K_{c1}$；$b_1=6K_{b3}+4K_{c3}$；$b_2=6K_{b3}+K_{c3}$；$b_3=4K_{b3}+1.52K_{c3}$；

$c_1=6K_{b1}+4$；$c_2=6K_{b1}+1$；$d_1=6K_{b2}+4$；$d_2=6K_{b2}+1$；$f_1=6K_{b1}K_{b2}+K_{b2}+K_{b1}$；

$f_2=6K_{b1}K_{b2}+4(K_{b2}+K_{b1})+1.52$；$g_1=e_3-\frac{1}{6}d_2e_1$；$g_2=f_1e_1-c_2e_3-\frac{1}{6}d_2e_2+e_4$；

$g_3=f_1e_2-c_2e_4$；$g_4=e_3-\frac{1}{6}d_1e_1$；$g_5=f_2e_2-c_1e_3-\frac{1}{6}d_1e_2+e_4$；$g_6=f_2e_2-c_1e_4$；

$K_{b0}=\frac{K_{z0}}{6i_{c2}}$；$K_{b1}=\frac{K_{z1}}{6i_{c2}}$；$K_{b2}=\frac{K_{z2}}{6i_{c2}}$；$K_{b3}=\frac{K_{z3}}{6i_{c2}}$；$K_{c1}=\frac{i_{c1}}{i_{c2}}$；$K_{c3}=\frac{i_{c3}}{i_{c2}}$；$\gamma_1=\frac{N_2H_2}{N_1H_1}\frac{i_{c1}}{i_{c2}}$；

$\gamma_3=\frac{N_2H_2}{N_1H_1}\frac{i_{c3}}{i_{c2}}$；$i_{c1}=\frac{EI_1}{H_1}$；$i_{c2}=\frac{EI_2}{H_2}$；$i_{c3}=\frac{EI_3}{H_3}$

式中 μ_1,μ_2,μ_3——下段柱、中段柱和上段柱的计算长度系数；

i_{c1},i_{c2},i_{c3}——下段柱、中段柱和上段柱的线刚度。

7.4.5.6 有摇摆柱时的计算长度

当有摇摆柱(图 7.11)时，确定梁对刚架柱的转动约束时应假设梁远端铰支在摇摆柱的柱顶，且确定的刚架柱的计算长度系数应乘以放大系数 η。

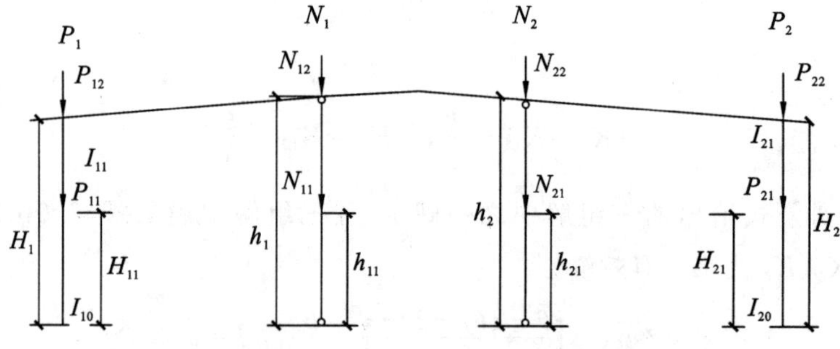

图 7.11 带有摇摆柱的刚架

放大系数 η 应按下列公式计算：

$$\eta=\sqrt{1+\frac{\sum N_j/h_j}{1.1\sum P_i/H_i}} \tag{7.35}$$

$$N_j = \frac{1}{h_j}\sum_k N_{jk}h_{jk} \tag{7.36a}$$

$$P_i = \frac{1}{H_i}\sum_k P_{ik}H_{ik} \tag{7.36b}$$

式中 N_j——换算到柱顶的摇摆柱的轴压力；

N_{jk}，h_{jk}——第 j 个摇摆柱上第 k 个竖向荷载和其作用的高度；

P_i——换算到柱顶的框架柱的轴压力；

P_{ik}，H_{ik}——第 i 个柱子上第 k 个竖向荷载和其作用的高度；

h_j——第 j 个摇摆柱的高度；

H_i——第 i 个刚架柱的高度。

当摇摆柱的柱子中间无竖向荷载时，摇摆柱的计算长度系数取 1.0；当摇摆柱的柱子中间作用有竖向荷载时，可考虑上、下柱段的相互作用，决定各柱段的计算长度系数。

7.4.5.7 二阶分析时柱的计算长度

采用二阶分析时，柱的计算长度应符合下列规定：

(1) 等截面单段柱的计算长度系数可取 1.0。

(2) 有吊车厂房，二阶或三阶柱各柱段的计算长度系数，应按柱顶无侧移、柱顶铰接的模型确定。有夹层或高低跨，各柱段的计算长度系数可取 1.0。

(3) 柱脚铰接的单段变截面柱子的计算长度系数 μ_r 应按下列公式计算：

$$\mu_r = \frac{1+0.035\gamma}{1+0.54\gamma}\sqrt{\frac{I_1}{I_0}} \tag{7.37}$$

$$\gamma = \frac{h_1}{h_0} - 1 \tag{7.38}$$

式中 γ——变截面柱的楔率；

h_0，h_1——小端和大端截面的高度；

I_0，I_1——小端和大端截面的惯性矩。

7.4.5.8 单层多跨房屋柱的支援作用

单层多跨房屋，当各跨屋面梁的标高无突变(无高低跨)时，可考虑各柱相互支援作用，采用修正的计算长度系数进行刚架柱的平面内稳定计算。修正的计算长度系数应按下列公式计算。当计算值小于 1.0 时，应取 1.0。

$$\mu'_j = \frac{\pi}{h_j}\sqrt{\frac{EI_{cj}\left[1.2\sum(P_i/H_i)+\sum(N_k/h_k)\right]}{P_jK}} \tag{7.39a}$$

$$\mu'_j = \frac{\pi}{h_j}\sqrt{\frac{EI_{cj}\left[1.2\sum(P_i/H_i)+\sum(N_k/h_k)\right]}{1.2P_j\sum(P_{crj}/H_j)}} \tag{7.39b}$$

式中 N_k，h_k——摇摆柱上的轴力(N)和高度；

K——在檐口高度作用水平力求得的刚架抗侧刚度；

P_{crj}——按传统方法计算的框架柱的临界荷载，其计算长度系数可按式(7.22)计算。

7.4.6 变截面柱在刚架平面外的整体稳定计算

变截面柱的平面外整体稳定应分段按下式计算：

$$\frac{N_1}{\eta_{ty}\varphi_y A_{e1} f}+\left(\frac{M_1}{\varphi_b \gamma_x W_{e1} f}\right)^{1.3-0.3k_\sigma}\leqslant 1 \tag{7.40}$$

式中 φ_y——轴心受压构件弯矩作用平面外的稳定系数，以大端为准，按《标准》的规定采用，计算长度取侧向支承点的距离；若各段线刚度差别较大，确定计算长度时可考虑各段间的相互约束；

N_1——所计算构件段大端截面的轴向压力；

M_1——所计算构件段大端截面的弯矩；

$\bar{\lambda}_{1y}$——绕弱轴的通用长细比，$\bar{\lambda}_{1y}=\frac{\lambda_{1y}}{\pi}\sqrt{\frac{f_y}{E}}$，当 $\bar{\lambda}_{1y}\geqslant 1.3$ 时 $\eta_{ty}=1$，当 $\bar{\lambda}_{1y}<1.3$ 时 $\eta_{ty}=\frac{A_0}{A_1}+\left(1-\frac{A_0}{A_1}\right)\times\frac{\bar{\lambda}_{1y}^2}{1.69}$；

λ_{1y}——绕弱轴的长细比，$\lambda_{1y}=\frac{L}{i_{y1}}$；

i_{y1}——大端截面绕弱轴的回转半径；

φ_b——稳定系数，参照变截面刚架梁计算公式。

7.4.7 斜梁的设计

实腹式刚架斜梁在平面内可按压弯构件计算强度，在平面外应按压弯构件计算稳定。

实腹式刚架斜梁的平面外计算长度，取侧向支承点间的距离。当斜梁两翼缘侧向支承点间的距离不等时，应取最大受压翼缘侧向支承点间的距离。当实腹式刚架斜梁的下翼缘受压时，支承在屋面斜梁上翼缘的檩条，不能单独作为屋面斜梁的侧向支承。

当斜梁上翼缘承受集中荷载处不设横向加劲肋时，除应按《标准》的规定验算腹板上边缘正应力、剪应力和局部压应力共同作用时的折算应力外，尚应按下列公式进行验算：

$$F\leqslant 15\alpha_m t_W^2 f\sqrt{\frac{t_f}{t_W}\times\frac{235}{f_y}} \tag{7.41}$$

$$\alpha_m=1.5-M/(W_e f) \tag{7.42}$$

式中 F——上翼缘所受的集中荷载；

t_f，t_W——斜梁翼缘和腹板的厚度；

α_m——弯曲压应力影响系数，$\alpha_m\leqslant 1.0$ 时，在斜梁负弯矩区取 $\alpha_m=1.0$（忽略弯曲拉应力的影响）；

M——集中荷载作用处的弯矩；

W_e——有效截面最大受压纤维的截面模量。

变截面刚架梁的稳定性应按下列方法进行验算。

(1) 承受线性变化弯矩的楔形变截面梁段的稳定性，应按下列公式计算。

$$\frac{M_1}{\gamma_x \varphi_b W_{x1}} \leqslant f \tag{7.43}$$

$$\varphi_b = \frac{1}{(1-\lambda_{b0}^{2n}+\lambda_b^{2n})^{1/n}} \tag{7.44a}$$

$$\lambda_{b0} = \frac{0.55-0.25k_\sigma}{(1+\gamma)^{0.2}} \tag{7.44b}$$

$$n = \frac{1.51}{\lambda_b^{0.1}}\sqrt[3]{\frac{b_1}{h_1}} \tag{7.44c}$$

$$k_\sigma = k_M \frac{W_{x1}}{W_{x0}} \tag{7.44d}$$

$$\lambda_b = \sqrt{\frac{\gamma_x W_{x1} f_y}{M_{cr}}} \tag{7.44e}$$

$$k_M = \frac{M_0}{M_1} \tag{7.44f}$$

$$\gamma = (h_1 - h_0)/h_0 \tag{7.44g}$$

式中　φ_b——楔形变截面梁段的整体稳定系数，$\varphi_b \leqslant 1.0$；

k_σ——小端截面压应力除以大端截面压应力得到的比值；

k_M——弯矩比，为较小弯矩除以较大弯矩；

λ_b——梁的通用长细比；

γ_x——截面塑性开展系数，按《标准》的规定取值；

M_{cr}——楔形变截面梁弹性屈曲临界弯矩；

b_1，h_1——弯矩较大截面的受压翼缘宽度和上、下翼缘中面之间的距离；

W_{x1}——弯矩较大截面受压边缘的截面模量；

γ——变截面梁楔率；

h_0——小端截面上、下翼缘中面之间的距离；

M_0——小端弯矩；

M_1——大端弯矩。

(2) 弹性屈曲临界弯矩应按下列公式计算。

$$M_{cr} = C_1 \frac{\pi^2 EI_y}{L^2}\left[\beta_{x\eta} + \sqrt{\beta_{x\eta}^2 + \frac{I_{\omega\eta}}{I_y}\left(1+\frac{GJ_\eta L^2}{\pi^2 EI_{\omega\eta}}\right)}\right] \tag{7.45}$$

$$C_1 = 0.46k_M^2\eta_i^{0.346} - 1.32k_M\eta_i^{0.132} + 1.86\eta_i^{0.023} \tag{7.46a}$$

$$\beta_{x\eta} = 0.45(1+\gamma\eta)h_0\frac{I_{yT}-I_{yB}}{I_y} \tag{7.46b}$$

$$\eta = 0.55 + 0.04(1-k_\sigma)\sqrt[3]{\eta_i} \tag{7.46c}$$

$$I_{\omega\eta} = I_{\omega0}(1+\gamma\eta)^2 \tag{7.46d}$$

$$I_{\omega0} = I_{yT}h_{sT0}^2 + I_{yB}h_{sB0}^2 \tag{7.46e}$$

$$J_\eta = J_0 + \frac{1}{3}\gamma\eta(h_0 - t_f)t_W^3 \tag{7.46f}$$

$$\eta_i = \frac{I_{yB}}{I_{yT}} \tag{7.46g}$$

式中 C_1——等效弯矩系数，$C_1 \leqslant 2.75$；

η_i——惯性矩比；

I_{yT}，I_{yB}——弯矩最大截面受压翼缘和受拉翼缘绕弱轴的惯性矩；

$\beta_{x\eta}$——截面不对称系数；

I_y——变截面梁绕弱轴惯性矩；

$I_{\omega\eta}$——变截面梁的等效翘曲惯性矩；

$I_{\omega 0}$——小端截面的翘曲惯性矩；

J_η——变截面梁等效圣维南扭转常数；

J_0——小端截面自由扭转常数；

h_{sT0}，h_{sB0}——小端截面上、下翼缘的中面到剪切中心的距离；

t_f——翼缘厚度；

t_W——腹板厚度；

L——梁段平面外计算长度。

7.4.8 隅撑设计

实腹式刚架斜梁的两端为负弯矩区，下翼缘在该处受压。为了保证梁的稳定，有必要在受压翼缘两侧布置隅撑（山墙处刚架仅布置在一侧）作为斜梁的侧向支承，隅撑的另一端连接在檩条上，见图 7.12。显然檩条应是支撑体系的组成部分，能对隅撑提供弹性支承。

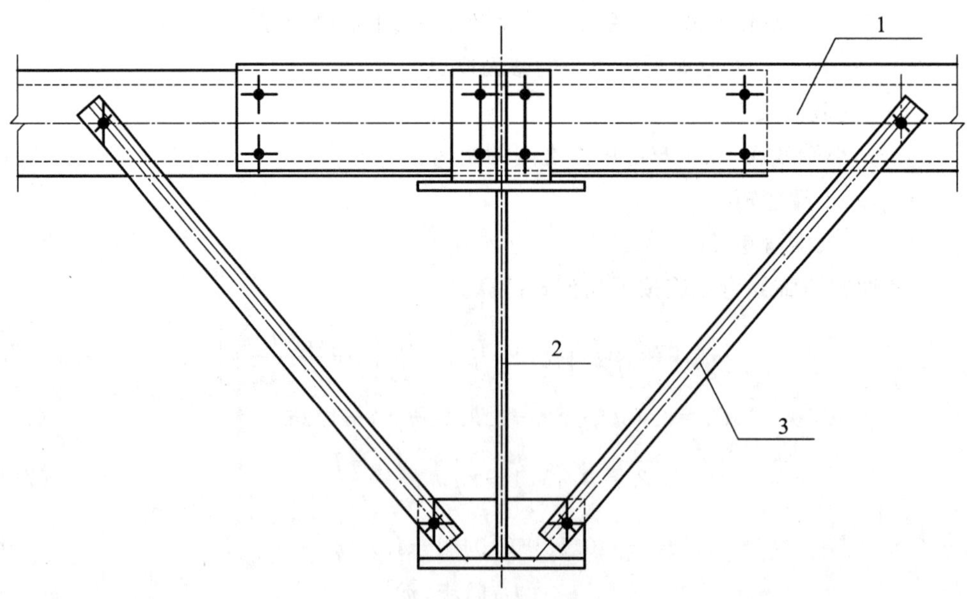

图 7.12 屋面斜梁的隅撑

1—檩条；2—钢梁；3—隅撑

隅撑宜采用单角钢制作。隅撑可连接在刚架构件下(内)翼缘附近的腹板上距翼缘不大于 100mm 处,也可连接在下(内)翼缘上。隅撑与刚架、檩条或墙梁应采用螺栓连接,每端通常采用单个螺栓。隅撑与刚架构件腹板的夹角不宜小于 45°。

屋面斜梁和檩条之间设置的隅撑满足下列条件时,下翼缘受压的屋面斜梁的平面外计算长度可考虑隅撑的作用:

(1) 在屋面斜梁的两侧均设置隅撑(图 7.12);

(2) 隅撑的上支承点的位置不低于檩条形心线;

(3) 符合对隅撑的设计要求。

隅撑单面布置时,应考虑隅撑作为檩条的实际支座承受的压力对屋面斜梁下翼缘的水平作用。屋面斜梁的强度和稳定性计算宜考虑其影响。当实腹式门式刚架的梁、柱翼缘受压时,应在受压翼缘侧布置隅撑与檩条或墙梁相连接。

隅撑应按轴心受压构件设计。轴力设计值 N 可按下式计算,当隅撑成对布置时,每根隅撑的计算轴力可取计算值的 1/2。

$$N=\frac{Af}{60\cos\theta} \tag{7.47}$$

式中 A——被支撑翼缘的截面积;

θ——隅撑与檩条轴线的夹角;

f——被支撑翼缘钢材的抗压强度设计值。

需要注意的是,单面连接的单角钢压杆由于是偏心受力,在计算其稳定性时,需要采用换算长细比。

隅撑支撑梁的稳定系数应按第 7.4.7 节的规定确定,其中 k_σ为大、小端应力比,取三倍隅撑间距范围内的梁段的应力比,楔率 γ 取三倍隅撑间距计算;弹性屈曲临界弯矩应按下列公式计算:

$$M_{cr}=\frac{GJ+2e\sqrt{k_b(EI_ye_1^2+EI_\omega)}}{2(e_1-\beta_x)} \tag{7.48}$$

$$k_b=\frac{1}{l_{kk}}\left[\frac{(1-2\beta)l_p}{2EA_p}+(a+h)\frac{(3-4\beta)}{6EI_p}\beta l_p^2\tan\alpha+\frac{l_k^2}{\beta l_pEA_k\cos\alpha}\right]^{-1} \tag{7.49}$$

$$\beta_x=0.45h\frac{I_1-I_2}{I_y} \tag{7.50}$$

式中 J, I_y, I_ω——大端截面的自由扭转常数、绕弱轴惯性矩和翘曲惯性矩;

G——斜梁钢材的剪切模量;

E——斜梁钢材的弹性模量;

a——檩条截面形心到梁上翼缘中心的距离;

h——大端截面上、下翼缘中面间的距离;

α——隅撑和檩条轴线的夹角;

β——隅撑与檩条的连接点离开主梁的距离与檩条跨度的比值;

l_p——檩条的跨度;

I_p——檩条截面绕强轴的惯性矩；

A_p——檩条的截面面积；

A_k——隅撑杆的截面面积；

l_k——隅撑杆的长度；

l_{kk}——隅撑的间距；

e——隅撑下支撑点到檩条形心线的垂直距离；

e_1——梁截面的剪切中心到檩条形心线的距离；

I_1——被隅撑支撑的翼缘绕弱轴的惯性矩；

I_2——与檩条连接的翼缘绕弱轴的惯性矩。

【例题 7.1】 图 7.13 所示单跨门式刚架，柱为楔形柱，梁为等截面梁，截面尺寸及刚架几何尺寸如图所示，材料为 Q235B。已知楔形柱大头截面的内力为：$M_1=195\text{kN}\cdot\text{m}$，$N_1=60\text{kN}$，$V_1=25\text{kN}$；柱小头截面内力：$N_0=80\text{kN}$，$V_0=25\text{kN}$。柱在其中部设置有上下两层柱间支撑。试验算该刚架柱的强度及平面内整体稳定是否满足设计要求。

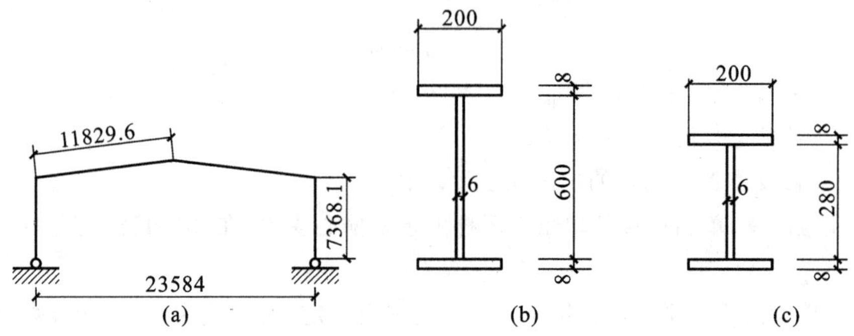

图 7.13 刚架几何尺寸及梁、柱截面尺寸(单位：mm)

(a)刚架几何尺寸；(b)梁、柱大头截面尺寸；(c)柱小头截面尺寸

解：(1)计算截面几何特性

刚架梁及楔形柱大头、小头截面的毛截面几何特性计算结果见表 7.1。

表 7.1 刚架梁、柱的毛截面几何特性

构件名称	截面	A (mm^2)	I_x ($\times10^4\text{mm}^4$)	I_y ($\times10^4\text{mm}^4$)	W_x ($\times10^3\text{mm}^3$)	i_x (mm)	i_y (mm)
刚架梁	任一	6800	40375	1068	1311	243.1	39.6
刚架柱	大头	6800	40375	1068	1311	243.1	39.6
	小头	4880	7733	1067	522.5	125.9	46.8

(2) 楔形柱腹板的有效宽度计算

① 大头截面

腹板边缘的最大应力

$$\sigma_1=\frac{195\times10^6\times300}{40375\times10^4}+\frac{60\times10^3}{6800}=153.7\text{N/mm}^2$$

$$\sigma_2=-\frac{195\times10^6\times300}{40375\times10^4}+\frac{60\times10^3}{6800}=-136.1\text{N/mm}^2$$

腹板边缘正应力比值

$$\beta=\frac{\sigma_2}{\sigma_1}=-\frac{136.1}{153.7}=-0.885$$

腹板在正应力作用下的凸曲系数

$$k_\sigma=\frac{16}{\sqrt{(1+\beta)^2+0.112\,(1-\beta)^2}+(1+\beta)}$$

$$=\frac{16}{\sqrt{(1-0.885)^2+0.112(1+0.885)^2}+(1-0.885)}=21.2$$

与板件受弯、受压有关的系数

$$\lambda_p=\frac{h_W/t_W}{28.1\sqrt{k_\sigma}\sqrt{235/(\gamma_R\sigma_1)}}$$

$$=\frac{600/6}{28.1\times\sqrt{21.2}\times\sqrt{235/(1.1\times153.7)}}=0.64$$

$$\rho=\frac{1}{(0.243+\lambda_p^{1.25})^{0.9}}=\frac{1}{(0.243+0.64^{1.25})^{0.9}}=1.2>1$$

取 $\rho=1$

大头截面腹板全部有效。

② 小头截面

腹板压应力 $$\sigma_0=\frac{80\times10^3}{4880}=16.4\text{N/mm}^2$$

$$\beta=1,\quad k_\sigma=\frac{16}{\sqrt{2^2+0}+2}=4.0$$

$$\lambda_p=\frac{280/6}{28.1\times\sqrt{4}\times\sqrt{235/(1.1\times16.4)}}=0.23<0.8,\quad \rho=1$$

故小头截面腹板全截面有效。

(3) 楔形柱的计算长度

$$K_z=\frac{M}{\theta}=3i_1=3\,\frac{EI_1}{s}=\frac{3\times2.06\times10^5\times40375\times10^4}{11829.6}=21\times10^9\text{N}\cdot\text{mm}$$

$$K=\frac{K_z}{6i_{c1}}\left(\frac{I_1}{I_0}\right)^{0.29}=\frac{K_z}{6EI_1/H}\left(\frac{I_1}{I_0}\right)^{0.29}=\frac{21\times10^9\times7368.1}{6\times2.06\times10^5\times40375\times10^4}\left(\frac{40375}{7733}\right)^{0.29}=0.5$$

$$\mu=2\left(\frac{I_1}{I_0}\right)^{0.145}\sqrt{1+\frac{0.38}{K}}=2\left(\frac{40375}{7733}\right)^{0.145}\sqrt{1+\frac{0.38}{0.5}}=3.37$$

柱平面内的计算长度

$$l_{0x}=\mu_r H=3.37\times7368.1=24830\text{mm}$$

柱平面外的计算长度根据柱间支撑的布置情况取其几何高度的一半，$l_{0y}=3684\text{mm}$。

(4) 楔形柱的强度计算

柱腹板上不设加劲肋，$k_\tau=5.34\eta_s$，$\alpha=0$，$\gamma_p=\frac{h_{W1}}{h_{W0}}-1=\frac{600}{280}-1=1.14$

则
$$\eta_s=1-\omega_1\sqrt{\gamma_p}=1-0.41\sqrt{1.14}=0.562$$
$$k_\tau=5.34\eta_s=5.34\times0.562=3$$
$$\lambda_s=\frac{h_{W1}/t_W}{37\sqrt{k_\tau}\sqrt{235/f_y}}=\frac{600/6}{37\times\sqrt{3}\sqrt{235/235}}=1.56$$
$$\varphi_{ps}=\frac{1}{(0.51+\lambda_S^{3.2})^{1/2.6}}=\frac{1}{(0.51+1.56^{3.2})^{1/2.6}}=0.553$$
$$\chi_{tap}=1-0.35\alpha^{0.2}\gamma_p^{2/3}=1$$

腹板抗剪承载力设计值
$$V_d=\chi_{tap}\varphi_{ps}h_{W1}t_W f_v=1\times0.553\times600\times6\times125\times10^{-3}=248.85\text{kN}$$
$$h_{W0}t_W f_v=280\times6\times125\times10^{-3}=210\text{kN}$$

取 $V_d=210\text{kN}$
$$V_1=25\text{kN}<0.5V_d=105\text{kN}$$
$$\frac{N}{A_{e1}}+\frac{M}{W_{e1}}=\frac{60\times10^3}{6800}+\frac{195\times10^6}{1311\times10^3}=157\text{N/mm}^2\leqslant f=215\text{N/mm}^2$$

柱大头截面强度无问题，小头截面面积虽小，但弯矩为零，强度也无问题。

(5) 楔形柱平面内稳定计算
$$\lambda_1=\frac{\mu H}{i_{x1}}=\frac{24830}{243.1}=102.14$$
$$\bar{\lambda}_1=\frac{\lambda_1}{\pi}\sqrt{\frac{f_y}{E}}=\frac{102.14}{3.14}\sqrt{\frac{235}{2.06\times10^5}}=1.1$$
$$\eta_t=\frac{A_0}{A_1}+\left(1-\frac{A_0}{A_1}\right)\times\frac{\bar{\lambda}_1^2}{1.44}=\frac{4880}{6800}+\left(1-\frac{4880}{6800}\right)\times\frac{1.1^2}{1.44}=0.955$$

查附表 2.2 b 类截面得 $\varphi_x=0.542$
$$N_{cr}=\frac{\pi^2EA_{e1}}{\lambda_1^2}=\frac{3.14^2\times2.06\times10^5\times6800\times10^{-3}}{102.14^2}=1324\text{kN}$$

等效弯矩系数 $\beta_{mx}=1.0$
$$\frac{N_1}{\eta_t\varphi_xA_{e1}}+\frac{\beta_{mx}M_1}{[1-(N_1/N_{cr})]W_{e1}}=\frac{60\times10^3}{0.955\times0.542\times6800}+\frac{195\times10^6}{\left(1-\frac{60}{1323}\right)\times1.311\times10^6}$$
$$=17.05+155.80=172.85\text{N/mm}^2<f=215\text{N/mm}^2$$

满足要求。

7.5 变形规定

在风荷载或多遇地震标准值作用下的单层门式刚架的柱顶位移值，不应大于表 7.2 规定的限值。夹层处柱顶的水平位移限值宜为 $H/250$，H 为夹层处柱高度。表中 h 为刚架柱高度。

表 7.2 刚架柱顶位移限值(mm)

<table>
<tr><th>吊车情况</th><th>其他情况</th><th>柱顶位移限值</th></tr>
<tr><td rowspan="2">无吊车</td><td>当采用轻型钢墙板时</td><td>$h/60$</td></tr>
<tr><td>当采用砌体墙时</td><td>$h/240$</td></tr>
<tr><td rowspan="2">有桥式吊车</td><td>当吊车有驾驶室时</td><td>$h/400$</td></tr>
<tr><td>当吊车由地面操作时</td><td>$h/180$</td></tr>
</table>

门式刚架受弯构件的挠度值，不应大于表 7.3 规定的限值。表中 L 为跨度，对门式刚架斜梁，L 取全跨；对悬臂梁，按悬伸长度的 2 倍计算受弯构件的跨度。由柱顶位移和构件挠度产生的屋面坡度改变值，不应大于坡度设计值的 1/3。

表 7.3 受弯构件的挠度与跨度比限值(mm)

<table>
<tr><th></th><th colspan="2">构件类别</th><th>构件挠度限值</th></tr>
<tr><td rowspan="8">竖向挠度</td><td rowspan="3">门式钢架斜梁</td><td>仅支承压型钢板屋面和冷弯型钢檩条</td><td>$L/180$</td></tr>
<tr><td>尚有吊顶</td><td>$L/240$</td></tr>
<tr><td>有悬挂起重机</td><td>$L/400$</td></tr>
<tr><td rowspan="2">夹层</td><td>主梁</td><td>$L/400$</td></tr>
<tr><td>次梁</td><td>$L/250$</td></tr>
<tr><td rowspan="2">檩条</td><td>仅支承压型钢板屋面</td><td>$L/150$</td></tr>
<tr><td>尚有吊顶</td><td>$L/240$</td></tr>
<tr><td colspan="2">压型钢板屋面板</td><td>$L/150$</td></tr>
<tr><td rowspan="4">水平挠度</td><td colspan="2">墙板</td><td>$L/100$</td></tr>
<tr><td colspan="2">抗风柱或抗风桁架</td><td>$L/250$</td></tr>
<tr><td rowspan="2">墙梁</td><td>仅支承压型钢板墙</td><td>$L/100$</td></tr>
<tr><td>支承砌体墙</td><td>$L/180$ 且 $\leqslant 50$mm</td></tr>
</table>

7.6 节点设计

7.6.1 门式刚架斜梁与柱的连接

门式刚架横梁与立柱的连接，可采用端板竖放[图 7.14(a)]、端板平放[图 7.14(b)]和端板斜放[图 7.14(c)]三种形式。斜梁拼接时宜使端板与构件外边缘垂直[图 7.14(d)]。

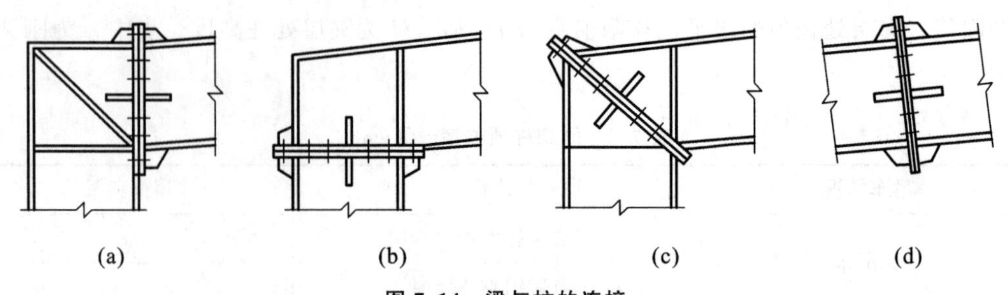

图 7.14　梁与柱的连接

(a)端板竖放;(b)端板平放;(c)端板斜放;(d)斜梁拼接

(1) 端板连接(图 7.14)应按所受最大内力和按能够承受不小于较小被连接截面承载力的一半设计,并取两者的大值。

(2) 主刚架构件的连接宜采用高强度螺栓,可采用承压型或摩擦型连接。当为端板连接且只受轴向力和弯矩时,或剪力小于其实际抗滑移承载力时,端板表面可不作专门处理。吊车梁与制动梁的连接宜采用高强度螺栓摩擦型连接。吊车梁与刚架的连接处宜设长圆孔。高强度螺栓直径可根据需要选用,通常采用 M16～M24 螺栓。檩条和墙梁与刚架斜梁和柱的连接通常采用 M12 普通螺栓。

(3) 端板螺栓宜成对布置。在斜梁的拼接处,应采用将端板两端伸出截面以外的外伸式连接[图 7.14(d)]。在斜梁与刚架柱连接处的受拉区,宜采用端板外伸式连接[图 7.14(a) ～图 7.14(c)]。当采用端板外伸式连接时,宜使翼缘内外的螺栓群中心与翼缘的中心重合或接近。

(4) 螺栓中心至翼缘板表面的距离应满足拧紧螺栓时的施工要求,不宜小于 45mm。螺栓端距不应小于 2 倍螺栓孔径。

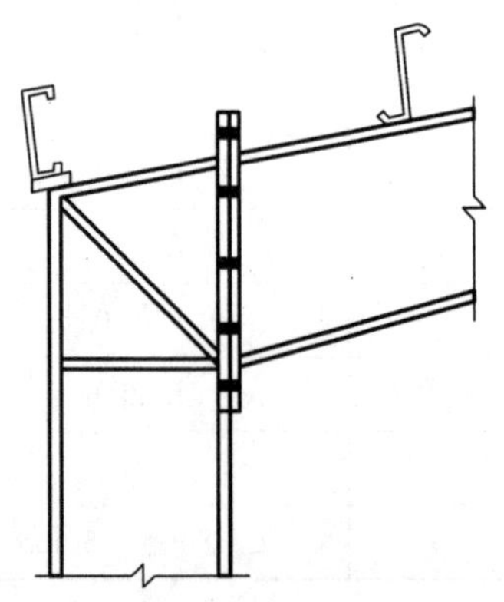

图 7.15　端板竖放时的螺栓和檐檩

(5) 在门式刚架中,受压翼缘的螺栓不宜少于两排。当受拉翼缘两侧各设一排螺栓尚不能满足承载力要求时,可在翼缘内侧增设螺栓(图 7.15),其间距可取 75mm,且不小于 3 倍螺栓孔径。

(6) 与斜梁端板连接的柱翼缘部分应与端板等厚度(图 7.15)。当端板上两对螺栓间的最大距离大于 400mm 时,应在端板的中部增设一对螺栓。

(7) 对同时受拉和受剪的螺栓,应验算螺栓在拉、剪共同作用下的强度。

(8) 端板的厚度 t 应根据支承条件(图 7.16)按下列公式计算,但不应小于 16mm 及 0.8 倍的高强度螺栓直径。

① 伸臂类区格

$$t \geqslant \sqrt{\frac{6e_f N_t}{bf}} \tag{7.51}$$

② 无加劲肋类区格

$$t \geqslant \sqrt{\frac{3e_W N_t}{(0.5a+e_W)f}} \tag{7.52}$$

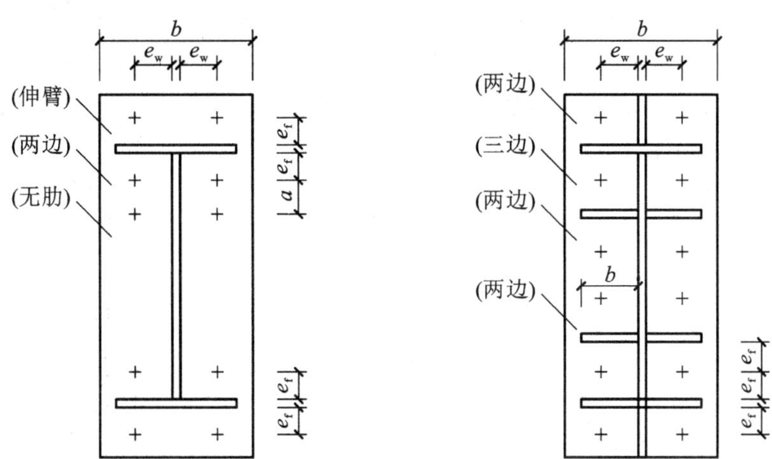

图 7.16 端板的支承条件

③ 两边支承类区格

当端板外伸时

$$t \geqslant \sqrt{\frac{6e_f e_W N_t}{[e_W b + 2e_f(e_f + e_W)]f}} \tag{7.53a}$$

当端板平齐时

$$t \geqslant \sqrt{\frac{12e_f e_W N_t}{[e_W b + 4e_f(e_f + e_W)]f}} \tag{7.53b}$$

④ 三边支承类区格

$$t \geqslant \sqrt{\frac{6e_f e_W N_t}{[e_W(b + 2b_s) + 4e_f^2]f}} \tag{7.54}$$

式中 N_t——一个高强螺栓受拉承载力设计值；

e_W，e_f——螺栓中心至腹板和翼缘板表面的距离；

b，b_s——端板和加劲肋板的宽度；

a——螺栓的间距；

f——端板钢材的抗拉强度设计值。

(9) 在门式刚架斜梁与柱相交的节点域，应按下列公式验算剪应力：

$$\tau \leqslant f_v \tag{7.55}$$

$$\tau = \frac{M}{d_b d_c t_c} \tag{7.56}$$

式中 d_c，t_c——节点域的宽度和厚度；

d_b——斜梁端部高度或节点域高度；

M——节点承受的弯矩，对多跨刚架中间柱处，应取两侧斜梁端弯矩的代数和或柱端弯矩；

f_v——节点域钢材的抗剪强度设计值。

当不满足式(7.55)的要求时，应加厚腹板或设置斜加劲肋。

(10)刚架构件的翼缘与端板的连接宜采用全熔透对接焊缝，腹板与端板的连接应采用角对接组合焊缝或与腹板等强度的角焊缝，坡口形式应符合现行国家标准《气焊、焊条电弧焊、气体保护焊和高能束焊的推荐坡口》(GB/T 985.1—2008)的规定。在端板设置螺栓处，应按下列公式验算构件腹板的强度：

当 $N_{t2} \leqslant 0.4P$ 时

$$\frac{0.4P}{e_W t_W} \leqslant f \tag{7.57a}$$

当 $N_{t2} > 0.4P$ 时

$$\frac{N_{t2}}{e_W t_W} \leqslant f \tag{7.57b}$$

式中 N_{t2}——翼缘内第二排一个螺栓的轴向拉力设计值；

P——1个高强度螺栓的预拉力设计值；

e_W——螺栓中心至腹板表面的距离；

t_W——腹板厚度；

f——腹板钢材的抗拉强度设计值。

当不满足式(7.57a)和式(7.57b)的要求时，可设置腹板加劲肋或局部加厚腹板。

7.6.2 门式刚架柱脚

门式刚架轻型房屋钢结构的柱脚，宜采用平板式铰接柱脚[图 7.17(a)、图 7.17(b)]。当有必要时，也可采用刚接柱脚[图 7.17(c)、图 7.17(d)]。

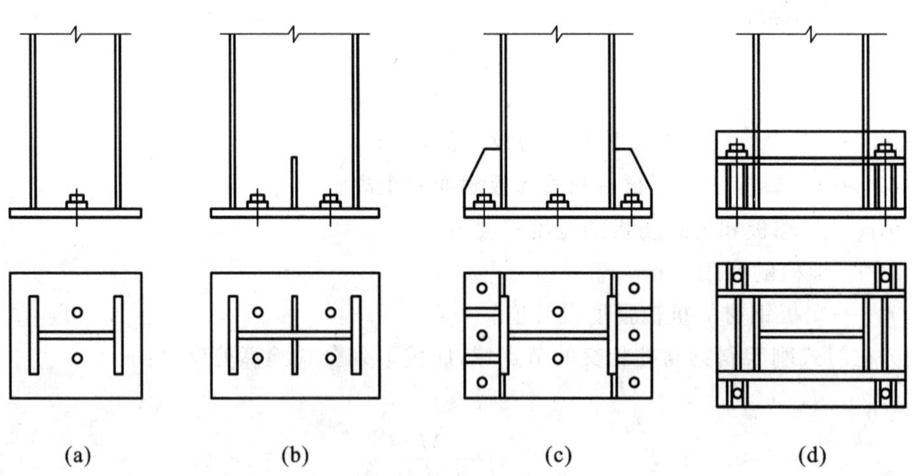

图 7.17 门式刚架轻型房屋钢结构的柱脚

(a)一对锚栓的铰接柱脚；(b)两对锚栓的铰接柱脚；(c)带加劲肋的刚接柱脚；(d)带靴梁的刚接柱脚

变截面柱下端的宽度应视具体情况确定，但不宜小于 200mm。

柱脚锚栓应采用 Q235 或 Q345 钢材制作。锚栓的锚固长度应符合现行国家标准《混凝土结构设计规范》(GB 50010)的规定，锚栓端部应按规定设置弯钩或锚板。锚栓的直径不宜小于 24mm，且应采用双螺帽。

计算有柱间支撑的柱脚锚栓在风荷载作用下的上拔力时，应计入柱间支撑产生的最大竖向分力，且不考虑活荷载（或雪荷载）、积灰荷载和附加荷载的影响，恒荷载分项系数应取 1.0。

带靴梁的锚栓不宜受剪，柱底受剪承载力按底板与混凝土基础间的摩擦力取用，摩擦系数可取 0.4，计算摩擦力时应考虑屋面风吸力产生的上拔力的影响。当剪力由不带靴梁的锚栓承担时，应将螺母、垫板与底板焊接，柱底的受剪承载力可按 0.6 倍的锚栓受剪承载力取用。当柱底水平剪力大于受剪承载力时，应设置抗剪键。

7.6.3 牛腿

当有桥式吊车时，需在刚架柱上设置牛腿，牛腿与柱焊接连接，其构造见图 7.18。牛腿根部所受剪力 V、弯矩 M 根据下式确定。

$$V=1.2P_{\mathrm{D}}+1.4D_{\max} \tag{7.58}$$

$$M=Ve \tag{7.59}$$

式中 P_{D}——吊车梁及轨道自重在牛腿上产生的反力；

$D_{\max}$——吊车最大轮压在牛腿上产生的最大反力。

牛腿截面一般采用焊接工字形截面，根部截面尺寸根据 V 和 M 确定，做成变截面牛腿时，端部截面高度 h 不宜小于 $H/2$。在吊车梁下对应位置应设置支承加劲肋。吊车梁与牛腿的连接宜设置长圆孔。高强度螺栓的直径可根据需要选用，通常采用 M16～M24 螺栓。牛腿上翼缘及下翼缘与柱的连接焊缝均采用焊透的对接焊缝。牛腿腹板与柱的连接采用角焊缝，焊脚尺寸由剪力 V 确定。

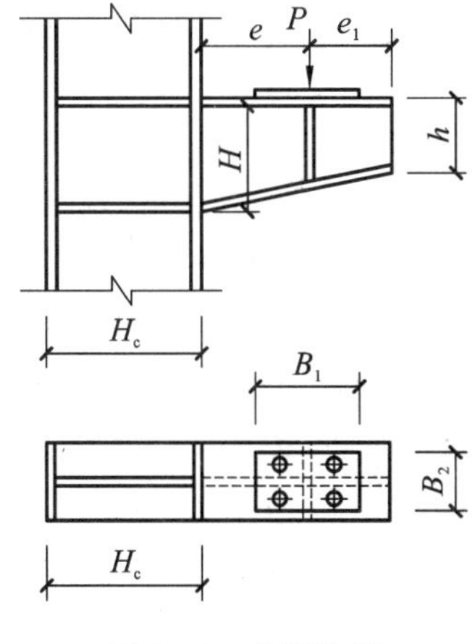

图 7.18 牛腿构造

7.6.4 摇摆柱与斜梁的连接构造

屋面梁与摇摆柱连接节点应设计成铰接节点，采用端板横放的顶接连接方式，摇摆柱与斜梁的连接比较简单，见图 7.19。

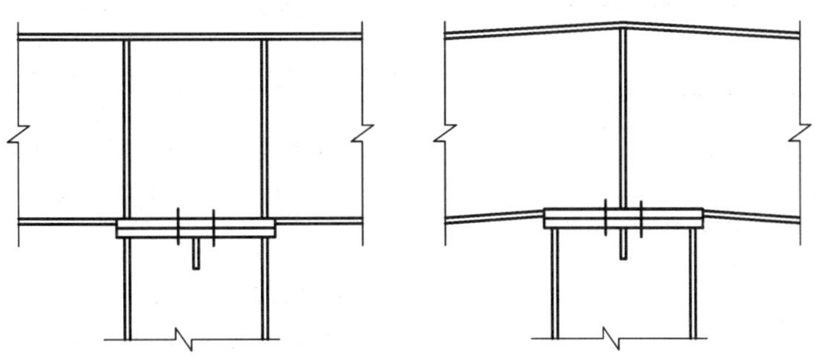

图 7.19 摇摆柱与斜梁的连接构造

7.7 檩条设计

7.7.1 檩条的截面形式

檩条的截面形式可分为实腹式和格构式两种。当檩条跨度(柱距)不超过 9m 时,应优先选用实腹式檩条。

实腹式檩条的截面形式如图 7.20 所示。

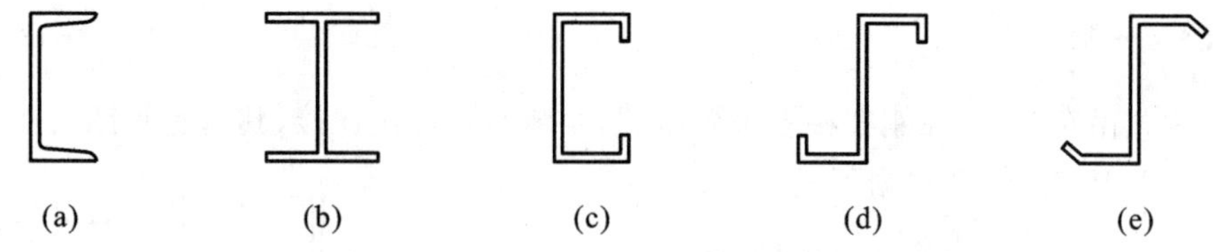

图 7.20 实腹式檩条的截面形式

图 7.20(a)为普通热轧槽钢或轻型热轧槽钢截面,因板件较厚,用钢量较大,目前已不在工程中采用。图 7.20(b)为高频焊接 H 型钢截面,具有抗弯性能好的特点,适用于檩条跨度较大的场合,但 H 型钢截面的檩条与钢架斜梁的连接构造比较复杂。图 7.20(c)、图 7.20(d)、图 7.20(e)是冷弯薄壁型钢截面,在工程中应用都很普遍。卷边槽钢(亦称 C 形钢)檩条适用于屋面坡度 $i \leqslant 1/3$ 的情况,直卷边和斜卷边 Z 形檩条适用于屋面坡度 $i > 1/3$ 的情况。斜卷边 Z 形钢存放时可叠层堆放,占地少;做成连续梁檩条时,构造上也很简单。连续檩条把搭接段放在弯矩较大的支座处,可比简支者省料。

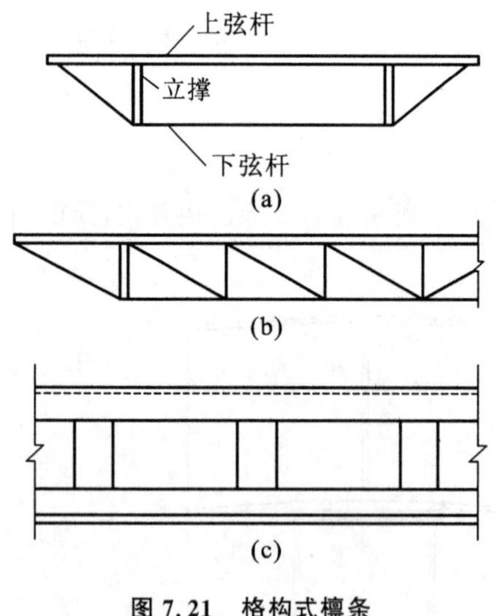

图 7.21 格构式檩条

格构式檩条的截面形式有下撑式[图 7.21(a)]、平面桁架式[图 7.21(b)]和空腹式[图 7.21(c)]等。

当屋面荷载较大或檩条跨度大于 9m 时,宜选用格构式檩条。格构式檩条的构造和支座相对复杂,侧向刚度较低,但用钢量较少。

本节只介绍冷弯薄壁型钢实腹式檩条的设计,格构式檩条的设计可参见有关设计手册。

7.7.2 檩条的荷载和荷载组合

檩条所承受的永久荷载通常有屋面压型钢板的自重、檩条和悬挂物的自重以及保温材料的自重等;承受的可变荷载除了要考虑屋面均布活荷载、雪荷载及积灰荷载外,还需要考虑施工检修集中荷载。荷载组合主要考虑以下所列三种(不过在风荷载很大的地区,第三种组合很重要):

(1) 1.2×永久荷载+1.4×max{屋面均布活荷载,雪荷载};

(2) 1.2×永久荷载+1.4×施工检修集中荷载换算值；

(3) 1.0×永久荷载+1.4×风吸力荷载。

而檩条和墙梁的风荷载体形系数不同于刚架，应按《门式刚架轻型房屋钢结构技术规范》(GB 51022—2015)采用。

7.7.3 檩条的内力分析

设置在刚架斜梁上的檩条在垂直于地面的均布荷载作用下，沿截面两个主轴方向都有弯矩作用，属于双向受弯构件。在进行内力分析时，首先要把均布荷载 q 分解为沿截面形心主轴方向的荷载分量 q_x、q_y，如图 7.22 所示。

$$q_x = q\sin\alpha_0 \tag{7.60a}$$

$$q_y = q\cos\alpha_0 \tag{7.60b}$$

式中 α_0——竖向均布荷载设计值 q 和形心主轴 y 轴的夹角。

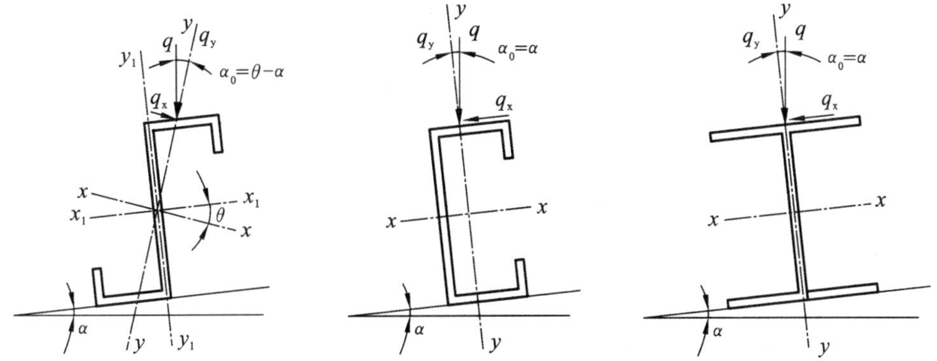

图 7.22 实腹式檩条截面的主轴和荷载

由图可见，在屋面坡度不大的情况下，卷边 Z 型钢的 q_x 指向上方(屋脊)，而卷边槽钢和 H 型钢的 q_x 总是指向下方(屋檐)。

对设有拉条的简支檩条(和墙梁)，由 q_y、q_x 分别引起的 M_x 和 M_y 按表 7.4 计算。

表 7.4 檩条(墙梁)的内力计算(简支梁)

拉条设置情况	由 q_x 产生的内力		由 q_y 产生的内力	
	M_{ymax}	V_{xmax}	M_{xmax}	V_{ymax}
无拉条	$\frac{1}{8}q_x l^2$	$0.5q_x l$	$\frac{1}{8}q_y l^2$	$0.5q_y l$
跨中有一道拉条	拉条处负弯矩 $\frac{1}{32}q_x l^2$ 拉条与支座间正弯矩 $\frac{1}{64}q_x l^2$	$0.625q_x l$	$\frac{1}{8}q_y l^2$	$0.5q_y l$

续表 7.4

拉条设置情况	由 q_x 产生的内力		由 q_y 产生的内力	
	M_{ymax}	V_{xmax}	M_{xmax}	V_{ymax}
三分点处各有一道拉条	拉条处负弯矩 $\frac{1}{90}q_x l^2$ 跨中正弯矩 $\frac{1}{360}q_x l^2$	$0.367q_x l$	$\frac{1}{8}q_y l^2$	$0.5q_y l$

注：在计算 M_y 时，将拉条作为侧向支承点，按双跨或三跨连续梁计算。

对于多跨连续梁，在计算 M_x 时，不考虑活荷载的不利组合，跨中和支座弯矩都近似取$\frac{1}{10}q_y l^2$。

当檩条兼作支撑桁架的横杆或刚性系杆时还应承受支撑力。

7.7.4 檩条的截面选择

7.7.4.1 强度计算

当屋面能阻止檩条侧向位移和扭转时，实腹式檩条可仅做强度计算，不做整体稳定性计算。强度可按下列公式计算：

$$\frac{M_{x'}}{W_{enx'}} \leqslant f \tag{7.61}$$

$$\frac{3V_{y'max}}{2h_0 t} \leqslant f_v \tag{7.62}$$

式中 $M_{x'}$——腹板平面内的弯矩设计值；

$V_{y'max}$——腹板平面内的剪力设计值；

$W_{enx'}$——按腹板平面内（图 7.23，绕 x'-x' 轴）计算的有效净截面模量（对冷弯薄壁型钢）或净截面模量（对热轧型钢），冷弯薄壁型钢的有效净截面，应按现行国家标准《冷弯薄壁型钢结构技术规范》（GB 50018）的方法计算，其中，翼缘屈曲系数可取 3.0，腹板屈曲系数可取 23.9，卷边屈曲系数可取 0.425，对于双檩条搭接段，可取两檩条有效净截面模量之和并乘以折减系数 0.9；

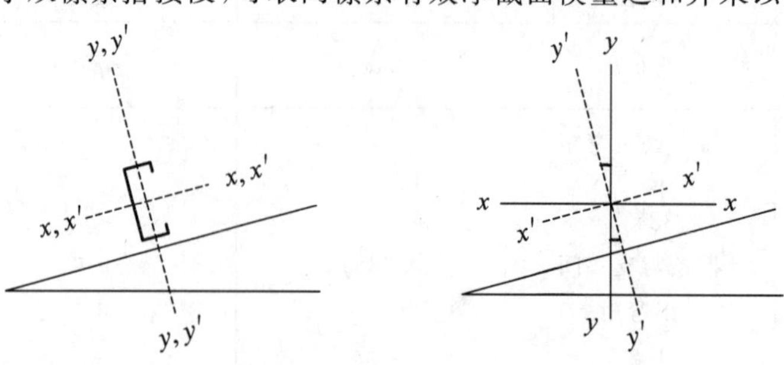

图 7.23 檩条的计算惯性轴

h_0——檩条腹板扣除冷弯半径后的平直段高度；

t——檩条厚度，当双檩条搭接时，取两檩条厚度之和并乘以折减系数 0.9；

f——钢材的抗拉、抗压和抗弯强度设计值；

f_v——钢材的抗剪强度设计值。

7.7.4.2　整体稳定计算

当屋面不能阻止檩条的侧向失稳和扭转时，应按公式(7.63)计算檩条的稳定性。

$$\frac{M_x}{\varphi_{bx}W_{enx}}+\frac{M_y}{W_{eny}}\leqslant f \tag{7.63}$$

式中　M_x，M_y——对截面主轴 x、y 轴的弯矩设计值；

W_{enx}，W_{eny}——对截面主轴 x、y 轴的有效净截面模量（对冷弯薄壁型钢）或净截面模量（对热轧型钢）；

φ_{bx}——梁的整体稳定系数，冷弯薄壁型钢构件按《冷弯薄壁型钢结构技术规范》(GB 50018)，热轧型钢构件按《标准》的规定计算。

梁的整体稳定系数 φ_{bx} 按《冷弯薄壁型钢结构技术规范》(GB 50018)的规定由下式计算：

$$\varphi_{bx}=\frac{4320Ah}{\lambda_y^2 W_x}\xi_1\left(\sqrt{\eta^2+\zeta}+\eta\right)\left(\frac{235}{f_y}\right) \tag{7.64}$$

$$\eta=\frac{2\xi_2 e_a}{h} \tag{7.65}$$

$$\zeta=\frac{4I_\omega}{h^2 I_y}+\frac{0.516I_t}{I_y}\left(\frac{l_0}{h}\right)^2 \tag{7.66}$$

式中　λ_y——梁在弯矩作用平面外的长细比；

A——毛截面面积；

h——截面高度；

l_0——梁的侧向计算长度，$l_0=\mu_b l$；

μ_b——梁的侧向计算长度系数，按表 7.5 采用；

l——梁的跨度；

ξ_1，ξ_2——系数，按表 7.5 采用；

e_a——横向荷载作用点到弯心的距离：对于偏心压杆或当横向荷载作用在弯心时 $e_a=0$，当荷载不作用在弯心且荷载方向指向弯心时 e_a 为负，而离开弯心时 e_a 为正；

W_x——对 x 轴的受压边缘毛截面模量；

I_ω——毛截面扇形惯性矩；

I_y——对 y 轴的毛截面惯性矩；

I_t——扭转惯性矩。

如按上列公式算得 φ_{bx} 值大于 0.7，则应以 φ'_{bx} 值代替 φ_{bx}，φ'_{bx} 值应按下式计算：

$$\varphi'_{bx}=1.091-\frac{0.274}{\varphi_{bx}} \tag{7.67}$$

C 形钢檩条的荷载不通过截面弯心（剪心），从理论上说稳定计算应考虑双力矩 B 的影响，但《冷弯薄壁型钢结构技术规范》(GB 50018)认为非牢固连接的屋面板能起一定作用，从而略去 B 的影响。

表 7.5　简支檩条的 ξ_1、ξ_2 和 μ_b 系数

系数	跨间无拉条	跨中一道拉条	三分点两道拉条
μ_b	1.0	0.5	0.33
ξ_1	1.13	1.35	1.37
ξ_2	0.46	0.14	0.06

在式(7.61)和式(7.63)中截面模量都用有效截面,其值应按《冷弯薄壁型钢结构技术规范》(GB 50018)的规定计算。但是檩条是双向受弯构件,翼缘的正应力非均匀分布,确定其有效宽度比较复杂,且该规范规定的部分加劲板件的稳定系数偏低。对于和屋面板牢固连接并承受重力荷载的卷边槽钢、Z 形钢檩条,据研究资料分析,翼缘全部有效的范围由下列公式给出,可供设计参考。

当 $\frac{h}{b} \leqslant 3.0$ 时

$$\frac{b}{t} \leqslant 31\sqrt{205/f} \tag{7.68a}$$

当 $3.0 < \frac{h}{b} \leqslant 3.3$ 时

$$\frac{b}{t} \leqslant 28.5\sqrt{205/f} \tag{7.68b}$$

式中　h, b, t——截面高度、翼缘宽度和板件厚度。

《冷弯薄壁型钢结构技术规范》(GB 50018)所附卷边槽钢和卷边 Z 形钢规格,多数都在上述范围之内。需要提出注意的是这两种截面的卷边宽度应符合《冷弯薄壁型钢结构技术规范》(GB 50018)的规定,见表 7.6。

表 7.6　卷边的最小高厚比

$\frac{b}{t}$	15	20	25	30	35	40	45	50	55	60
$\frac{a}{t}$	5.4	6.3	7.2	8.0	8.5	9.0	9.5	10.0	10.5	11.0

注:a——卷边的高度;

b——带卷边板件的宽度;

t——板厚。

如选用公式(7.68)范围外的截面,应按有效截面进行验算。

在风吸力作用下,受压下翼缘的稳定性应按现行国家标准《冷弯薄壁型钢结构技术规范》(GB 50018)的规定计算;当受压下翼缘有内衬板约束且能防止檩条截面扭转时,整体稳定性可不做计算。

当檩条腹板高厚比大于 200 时,应设置檩托板连接檩条腹板传力;当腹板高厚比不大于 200 时,也可不设置檩托板,由翼缘支承传力,但应按下列公式计算檩条的局部屈曲承压能力。当不满足下列规定时,对腹板应采取局部加强措施。

对于翼缘有卷边的檩条:

$$P_n = 4t^2 f(1-0.14\sqrt{R/t})(1+0.35\sqrt{b/t})(1-0.02\sqrt{h_0/t}) \tag{7.69}$$

对于翼缘无卷边的檩条：

$$P_n = 4t^2 f(1-0.4\sqrt{R/t})(1+0.6\sqrt{b/t})(1-0.03\sqrt{h_0/t}) \tag{7.70}$$

式中 P_n——檩条的局部屈曲承压能力；

t——檩条的壁厚；

f——檩条钢材的强度设计值；

R——檩条冷弯的内表面半径，可取 $1.5t$；

b——檩条传力的支承长度，不应小于 20mm；

h_0——檩条腹板扣除冷弯半径后的平直段高度。

对于在支座处的连续檩条，尚应按下式计算檩条的弯矩和局部承压组合作用。

$$\left(\frac{V_y}{P_n}\right)^2 + \left(\frac{M_x}{M_n}\right)^2 \leqslant 1.0 \tag{7.71}$$

式中 V_y——檩条支座反力；

P_n——由式(7.69)或式(7.70)得到的檩条局部屈曲承压能力，当为双檩条时，取两者之和；

M_x——檩条支座处的弯矩；

M_n——檩条的受弯承载能力，当为双檩条时，取两者之和乘以折减系数 0.9。

檩条兼作屋面横向水平支撑压杆和纵向系杆时，檩条长细比不应大于 200。

兼做压杆、纵向系杆的檩条应按压弯构件计算，在式(7.61)和式(7.63)中叠加轴向力产生的应力，其压杆稳定系数应按构件平面外方向计算，计算长度应取拉条或撑杆的间距。

吊挂在屋面上的普通集中荷载宜通过螺栓或自攻钉直接作用在檩条的腹板上，也可在檩条之间加设冷弯薄壁型钢作为扁担承受吊挂荷载，冷弯薄壁型钢扁担与檩条宜采用螺栓或自攻钉连接。

7.7.4.3 变形计算

实腹式檩条应验算垂直于屋面方向的挠度。

对卷边槽形截面的两端简支檩条，应按式(7.72)进行验算。

$$\frac{5}{384}\frac{q_{ky}l^4}{EI_x} \leqslant [v] \tag{7.72}$$

式中 q_{ky}——沿 y 轴作用的分荷载标准值；

I_x——对 x 轴的毛截面惯性矩。

对 Z 形截面的两端简支檩条，应按式(7.73)进行验算。

$$\frac{5}{384}\frac{q_k \cos\alpha l^4}{EI_{x1}} \leqslant [v] \tag{7.73}$$

式中 α——屋面坡度；

I_{x1}——Z 形截面对平行于屋面的形心轴的毛截面惯性矩。

檩条容许挠度$[v]$按表 7.3 取值。

7.7.5 构造要求

(1)当檩条跨度大于 4m 时，宜在檩条间跨中位置设置拉条或撑杆；当檩条跨度大于 6m

时，宜在檩条跨度三分点处各设置一道拉条或撑杆；当檩条跨度大于 9m 时，宜在檩条跨度四分点处各设一道拉条或撑杆。拉条的作用是防止檩条侧向变形和扭转，并且提供 x 轴方向的中间支点。此中间支点的力需要传到刚度较大的构件。为此，需要在屋脊或檐口处设置斜拉条和刚性撑杆。当檩条用卷边槽钢时，横向力指向下方，斜拉条应如图 7.24(a)、图 7.24(b)所示布置。当檩条为 Z 型钢而横向荷载向上时，斜拉条应布置于屋檐处[图 7.24(c)]。以上论述适用于没有风荷载和屋面风吸力小于重力荷载的情况。

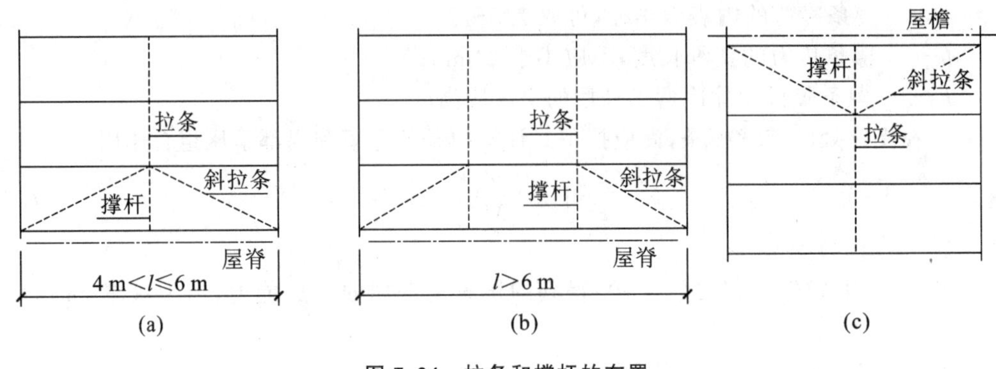

图 7.24 拉条和撑杆的布置

当风吸力超过屋面永久荷载时，横向力的指向和图 7.22 相反。此时 Z 型钢檩条的斜拉条须设置在屋脊处，而卷边槽钢檩条则须设在屋檐处。因此，为了兼顾两种情况，在风荷载大的位置或是在屋檐和屋脊处都设置斜拉条，或是把横拉条和斜拉条都做成可以既承拉力又承压力的刚性杆。

拉条通常用圆钢做成，圆钢直径不宜小于 10mm。圆钢拉条可设在距檩条上翼缘 1/3 腹板高度范围内。当在风吸力作用下檩条下翼缘受压时，屋面宜用自攻螺钉直接在檩条处连接，拉条宜设在下翼缘附近。为了兼顾无风和有风两种情况，可在上、下翼缘附近交替布置，或在两处都设置。当采用扣合式屋面板时，拉条的设置根据檩条的稳定计算确定。刚性撑杆可采用钢管、方钢或角钢做成，通常按压杆的刚度要求$[\lambda]\leqslant 200$来选择截面。

拉条、撑杆与檩条的连接见图 7.25。斜拉条可弯折，也可不弯折。前一种方法要求弯折的直线长度不超过 15mm，后一种方法则需要通过斜垫板或角钢与檩条连接。

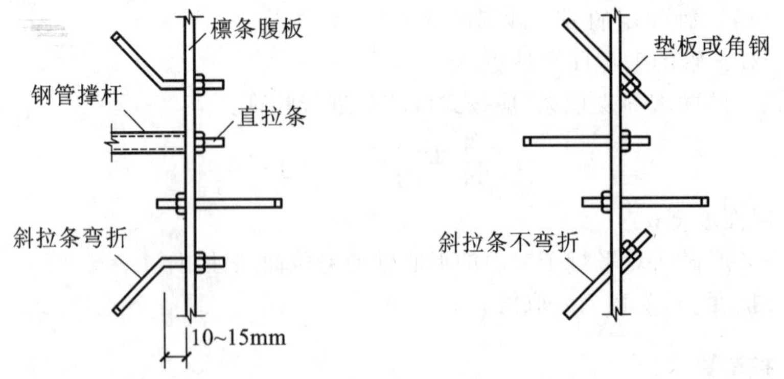

图 7.25 拉条、撑杆与檩条的连接

(2)屋面檩条与刚架斜梁宜采用普通螺栓连接,檩条每端应设两个螺栓,见图7.26。檩条连接宜采用檩托板,檩条高度较大时,檩托板处宜设加劲板。嵌套搭接方式的Z形连续檩条,当有可靠依据时,可不设檩托,由Z形檩条翼缘用螺栓连于刚架上。设置檩托的目的是阻止檩条端部截面的扭转,以增强其整体稳定性。

(3)连续檩条的搭接长度 $2a$ 不宜小于檩条跨度的10%(图7.27),嵌套搭接部分的檩条应采用螺栓连接,按连续檩条支座处弯矩验算螺栓连接强度。

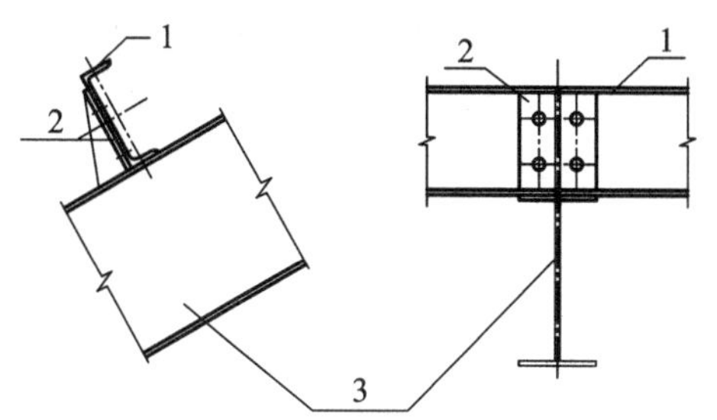

图7.26 檩条与刚架斜梁连接

1—檩条;2—檩托;3—屋面斜梁

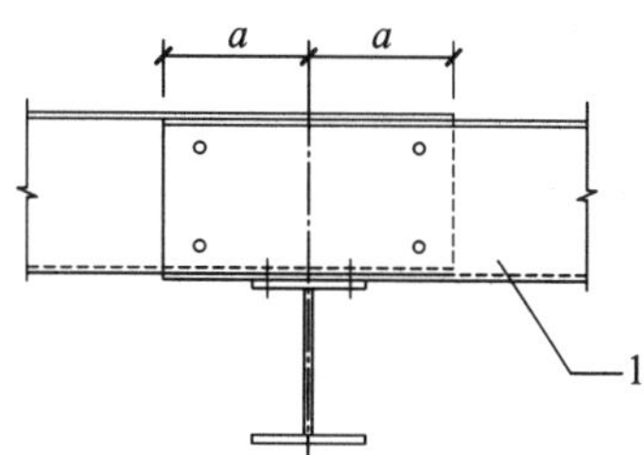

图7.27 连续的搭接

1—檩条

(4) 檩条之间的拉条和撑杆应直接连于檩条腹板上,并采用普通螺栓连接[图7.28(a)],斜拉条端部宜弯折或设置垫块[图7.28(b),图7.28(c)]。

(5) 屋脊两侧檩条之间可用槽钢、角钢和圆钢相连(图7.29)。

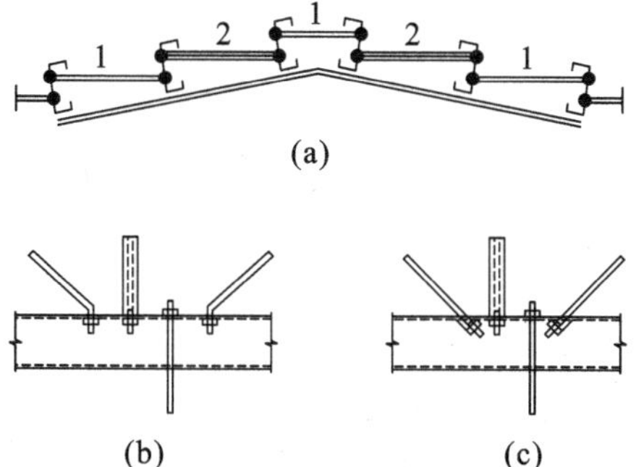

图7.28 和撑杆与檩条的连接

1—拉条;2—撑杆

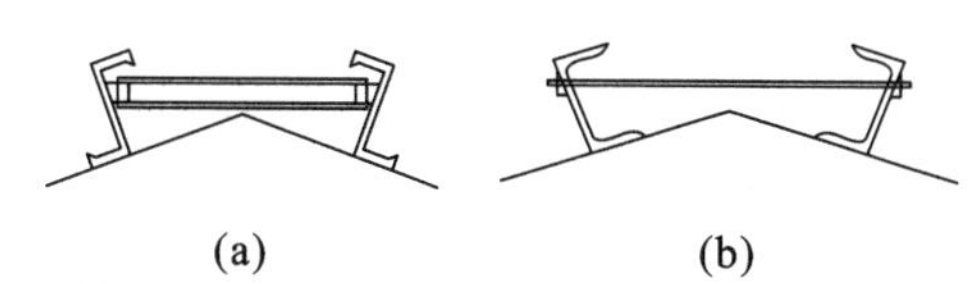

图7.29 屋脊檩条连接

(a)屋脊檩条用槽钢相连;(b)屋脊檩条用圆钢相连

【例题7.2】 一轻型门式刚架结构的屋面,檩条采用冷弯薄壁卷边槽钢,截面尺寸为C160×60×20×2.0,材料为Q235B,屋面不能阻止檩条侧向位移和扭转。水平檩距1.2m,檩条跨度6m,屋面坡度8%($\alpha=4.57°$),檩条跨中设置一道拉条(图7.30),试验算该檩条的承载力和挠度是否满足设计要求。已知该檩条承受的荷载为:

(1) 1.2×永久荷载+1.4×屋面活荷载

荷载标准值 $q_k=0.749\text{kN/m}$

荷载设计值 $q_1=0.988\text{kN/m}$

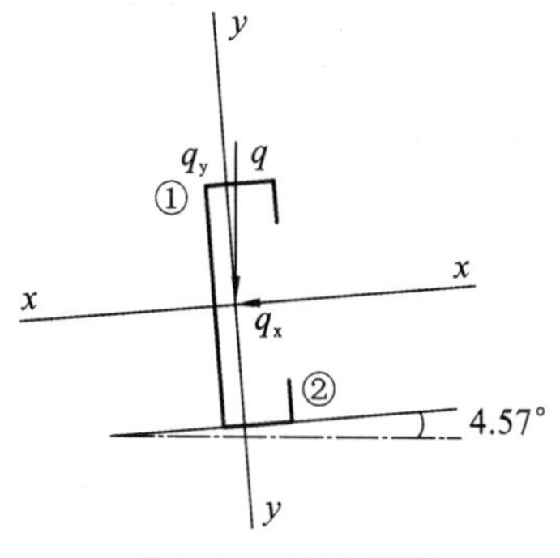

图7.30 檩条截面

$q_x = q_1 \sin 4.57° = 0.079\text{kN/m}$

$q_y = q_1 \cos 4.57° = 0.985\text{kN/m}$

(2) 1.0×永久荷载+1.4×风吸力荷载

荷载设计值 $q_x = 0.016\text{kN/m}$；$q_y = 0.731\text{kN/m}$

解：(1) 檩条的毛截面几何特性

C160×60×20×2.0 截面的毛截面几何特性为：$A = 6.07\text{cm}^2$，$I_x = 236.59\text{cm}^4$，$I_y = 29.99\text{cm}^4$；$i_x = 6.24\text{cm}$，$i_y = 2.22\text{cm}$，$W_x = 29.57\text{cm}^3$，$x_0 = 1.85\text{cm}$，$I_\omega = 1596.28\text{cm}^6$，$I_t = 0.0809\text{cm}^4$。

(2) 弯矩计算

第一种组合：$M_x = \dfrac{1}{8} \times 0.985 \times 6^2 = 4.433\text{kN} \cdot \text{m}$

$$M_y = \frac{1}{32} \times 0.079 \times 6^2 = 0.089\text{kN} \cdot \text{m}$$

第二种组合：$M_x = \dfrac{1}{8} \times 0.731 \times 6^2 = 3.29\text{kN} \cdot \text{m}$

$$M_y = \frac{1}{32} \times 0.016 \times 6^2 = 0.018\text{kN} \cdot \text{m}$$

(3) 有效截面计算

根据公式(7.68)及表 7.6：

$$\frac{h}{b} = \frac{160}{60} = 2.67 < 3.0, \quad \frac{b}{t} = \frac{60}{2} = 30 < 31\sqrt{\frac{205}{205}} = 31$$

且 $\dfrac{a}{t} = \dfrac{20}{2} = 10 > 8.0$　故檩条全截面有效。

(4) 强度计算

验算檩条在第一种荷载组合作用下①、②点的强度：

$$\sigma_1 = \frac{M_x}{W_{enx}} + \frac{M_y}{W_{eny,max}} = \frac{4.433 \times 10^6}{29.57 \times 10^3} + \frac{0.089 \times 10^6}{16.19 \times 10^3}$$
$$= 149.9 + 5.5 = 155.4\text{N/mm}^2 < f = 205\text{N/mm}^2$$

$$\sigma_2 = \frac{M_x}{W_{enx}} + \frac{M_y}{W_{eny,max}} = \frac{4.433 \times 10^6}{29.57 \times 10^3} + \frac{0.089 \times 10^6}{7.23 \times 10^3}$$
$$= 149.9 + 12.3 = 162.2\text{N/mm}^2 < f = 205\text{N/mm}^2$$

(5) 整体稳定验算

对于屋面不能阻止檩条侧向位移和扭转的情况，根据公式(7.63)验算在第一种荷载组合作用下(采用扣合式屋面板)檩条的整体稳定。

受弯构件的整体稳定系数按《冷弯薄壁型钢结构技术规范》(GB 50018)计算：

由表 7.5

$$\xi_1 = 1.35, \quad \xi_2 = 0.14, \quad \mu_b = 0.5$$

由式(7.65)

$$\eta = \frac{2\xi_2 e_a}{h} = \frac{2 \times 0.14 \times (-8)}{16} = -0.14$$

由式(7.66)

$$\zeta=\frac{4I_{\omega}}{h^2I_y}+\frac{0.156I_t}{I_y}\left(\frac{\mu_b l}{h}\right)^2$$

$$=\frac{4\times1596.28}{16^2\times29.99}+\frac{0.156\times0.0809}{29.99}\left(\frac{0.5\times600}{16}\right)^2=0.9796$$

$$\lambda_y=\frac{300}{2.22}=135.14$$

由式(7.64)

$$\varphi_{bx}=\frac{4320Ah}{\lambda_y^2W_x}\xi_1\left(\sqrt{\eta^2+\zeta}+\eta\right)$$

$$=\frac{4320\times6.07\times16}{135.14^2\times29.57}\times1.35\times\left(\sqrt{(-0.14)^2+0.9796}-0.14\right)$$

$$=0.902>0.7$$

$$\varphi_{bx}'=1.091-\frac{0.274}{\varphi_{bx}}=1.091-\frac{0.274}{0.902}=0.787$$

$$\frac{M_x}{\varphi_{bx}'W_{enx}}+\frac{M_y}{W_{eny}}=\frac{4.433\times10^6}{0.787\times29.57\times10^3}+\frac{0.089\times10^6}{7.23\times10^3}$$

$$=190.5+12.3=202.8\text{N/mm}^2<f=205\text{N/mm}^2$$

(6) 挠度验算

由式(7.72)

$$v_y=\frac{5}{384}\frac{q_k\cos\alpha l^4}{EI_x}$$

$$=\frac{5}{384}\times\frac{0.749\times\cos4.57°\times6000^4}{2.06\times10^5\times236.59\times10^4}$$

$$=25.9\text{mm}<[v]=\frac{l}{150}=40\text{mm}$$

根据计算结果知,该檩条的强度、整体稳定和挠度均满足设计要求。

本章小结

(1) 刚架结构是梁柱单元构件的组合体,其适用范围为跨度9~36m、柱距6m、柱高4.5~9m,设有起重量较小的悬挂吊车的单层工业厂房或公共建筑。

(2) 门式刚架的结构形式是多种多样的。按构件体系分,有实腹式与格构式;按横截面形式分,有等截面与变截面;按结构选材分,有普通型钢、薄壁型钢、钢管或钢板焊成。实腹式刚架的横截面一般为工字形,少数为Z形;格构式刚架的横截面为矩形或三角形。

(3) 门式刚架轻型房屋钢结构在每个温度区段或分期建设的区段中,应分别设置能独立构成空间稳定结构的支撑体系。同时,在设置柱间支撑的开间宜分别设置屋盖横向支撑,以组成几何不变体系。

(4) 当房屋内无吊车设备时门式刚架的荷载基本上有三类:一是屋面结构等的自重,即永久荷载;二是屋面活荷载和雪荷载中的较大者;三是风荷载。在弹性设计中,可按各类荷载单独计算刚架中的内力，最后对各个构件进行内力组合，得到最不利的内力设计值。

（5）门式刚架的柱子和斜梁都是压弯构件，但初选截面时可把它们看作受弯构件，即忽略轴力的影响。

（6）门式刚架斜梁与柱的连接，可采用端板竖放、端板横放和端板斜放三种形式。斜梁拼接时宜使端板与构件外边缘垂直。主刚架构件的连接宜采用高强度螺栓，可采用承压型或摩擦型连接。端板连接的螺栓应成对对称布置。

（7）门式刚架轻型房屋钢结构的柱脚，宜采用平板式铰接柱脚。必要时，也可采用刚接柱脚。柱脚锚栓应采用 Q235 或 Q345 钢材制作，锚栓端部应按规定设置弯钩或锚板。带靴梁的锚栓不宜受剪，柱底受剪承载力按底板与混凝土基础间的摩擦力取用，摩擦系数可取 0.4，计算摩擦力时应考虑屋面风吸力产生的上拔力的影响。当柱底水平剪力大于受剪承载力时，应设置抗剪键。

（8）设置在刚架斜梁上的檩条在垂直于地面的均布荷载作用下，沿截面两个主轴方向都有弯矩作用，属于双向受弯构件。

思 考 题

7.1 门式刚架计算时应怎样考虑荷载组合？应选择哪些截面作为控制截面进行计算？

7.2 门式刚架是如何考虑风荷载的？

7.3 变截面柱在刚架平面内的计算长度是如何确定的？

7.4 设置檩条、拉条、檩托、隅撑各部件的目的是什么？

附　　录

附录 1　钢材和连接的强度设计值

附表 1.1　钢材的强度设计值(单位:N/mm^2)

钢材		抗拉、抗压和抗弯 f	抗剪 f_v	端面承压(刨平顶紧) f_{ce}
牌号	厚度或直径(mm)			
Q235 钢	≤16	215	125	320
	>16,≤40	205	120	
	>40,≤100	200	115	
Q345 钢	≤16	300	175	400
	>16,≤40	295	170	
	>40,≤63	290	165	
	>63,≤80	280	160	
	>80,≤100	270	155	
Q390 钢	≤16	345	200	415
	>16,≤40	330	190	
	>40,≤63	310	180	
	>63,≤100	295	170	
Q420 钢	≤16	375	215	440
	>16,≤40	355	205	
	>40,≤63	320	185	
	>63,≤100	305	175	
Q460 钢	≤16	410	235	470
	>16,≤40	390	225	
	>40,≤63	355	205	
	>63,≤100	340	195	
Q345GJ 钢	>16,≤35	310	180	415
	>35,≤50	290	170	
	>50,≤100	285	165	

注:表中厚度系指计算点的钢材厚度,对轴心受拉和轴心受压构件系指截面中较厚板件的厚度。

附表 1.2　焊缝的强度设计值(单位:N/mm²)

焊接方法和焊条型号	构件钢材		对接焊缝				角焊缝
	牌号	厚度或直径(mm)	抗压 f_c^W	焊缝质量为下列等级时,抗拉 f_t^W		抗剪 f_v^W	抗拉、抗压和抗剪 f_f^W
				一级、二级	三级		
自动焊、半自动焊和 E43 型焊条的手工焊	Q235 钢	≤16	215	215	185	125	160
		>16,≤40	205	205	175	120	
		>40,≤60	200	200	170	115	
		>60,≤100	200	200	170	115	
自动焊、半自动焊和 E50、E55 型焊条手工焊	Q345 钢	≤16	305	305	260	175	200
		>16,≤40	295	295	250	170	
		>40,≤63	290	290	245	165	
		>63,≤80	280	280	240	160	
		>80,≤100	270	270	230	155	
	Q390 钢	≤16	345	345	295	200	200(E50) 220(E55)
		>16,≤40	330	330	280	190	
		>40,≤63	310	310	265	180	
		>63,≤80	295	295	250	170	
		>80,≤100	295	295	250	170	
自动焊、半自动焊和 E55、E60 型焊条手工焊	Q420 钢	≤16	375	375	320	215	220(E55) 240(E60)
		>16,≤40	355	355	300	205	
		>40,≤63	320	320	270	185	
		>63,≤80	305	305	260	175	
		>80,≤100	305	305	260	175	
自动焊、半自动焊和 E55、E60 型焊条手工焊	Q460 钢	≤16	410	410	350	235	220(E55) 240(E60)
		>16,≤40	390	390	330	225	
		>40,≤63	355	355	300	205	
		>63,≤80	340	340	290	195	
		>80,≤100	340	340	290	195	
自动焊、半自动焊和 E50、E55 型焊条手工焊	Q345GJ 钢	>16,≤35	310	310	265	180	200
		>35,≤50	290	290	245	170	
		>50,≤100	285	285	240	165	

注:(1) 自动焊和半自动焊所采用的焊丝和焊剂,应保证其熔敷金属的力学性能不低于现行国家标准《埋弧焊用碳钢焊丝和焊剂》(GB/T 5293)和《低合金钢埋弧焊用焊剂》(GB/T 12470)中相关的规定。

(2) 焊缝质量等级应符合现行国家标准《钢结构工程施工质量验收规范》(GB 50205)的规定。其中厚度小于 8mm 钢材的对接焊缝,不应采用超声波探伤确定焊缝质量等级。

(3) 对接焊缝在受压区的抗弯强度设计值取 f_c^W,在受拉区的抗弯强度设计值取 f_t^W。

(4) 表中厚度系指计算点的钢材厚度,对轴心受拉和轴心受压构件系指截面中较厚板件的厚度。

附表 1.3　螺栓连接的强度设计值(单位:N/mm²)

螺栓的性能等级、锚栓和构件钢材的牌号		普通螺栓						锚栓	承压型连接高强度螺栓		
		C 级螺栓			A 级、B 级螺栓						
		抗拉 f_t^b	抗剪 f_v^b	承压 f_c^b	抗拉 f_t^b	抗剪 f_v^b	承压 f_c^b	抗拉 f_t^b	抗拉 f_t^b	抗剪 f_v^b	承压 f_c^b
普通螺栓	4.6 级、4.8 级	170	140	—	—	—	—	—	—	—	—
	5.6 级	—	—	—	210	190	—	—	—	—	—
	8.8 级	—	—	—	400	320	—	—	—	—	—
锚栓	Q235 钢	—	—	—	—	—	—	140	—	—	—
	Q345 钢	—	—	—	—	—	—	180	—	—	—
	Q390 钢	—	—	—	—	—	—	185	—	—	—
承压型连接高强度螺栓	8.8 级	—	—	—	—	—	—	—	400	250	—
	10.9 级	—	—	—	—	—	—	—	500	310	—
构件	Q235 钢	—	—	305	—	—	405	—	—	—	470
	Q345 钢	—	—	385	—	—	510	—	—	—	590
	Q390 钢	—	—	400	—	—	530	—	—	—	615
	Q420 钢	—	—	425	—	—	560	—	—	—	655
	Q460 钢	—	—	450	—	—	595	—	—	—	695
	Q345GJ 钢	—	—	400	—	—	530	—	—	—	615

注:(1) A 级螺栓用于 $d \leqslant 24$mm 和 $l \leqslant d$ 或 $l \leqslant 150$mm(按较小值)的螺栓;B 级螺栓用于 $d > 24$mm 或 $l > 10d$ 或 $l > 150$mm(按较小值)的螺栓。d 为公称直径,l 为螺杆公称长度。

(2) A、B 级螺栓孔的精度和孔壁表面粗糙度,C 级螺栓孔的允许偏差和孔壁表面粗糙度,均应符合现行国家标准《钢结构工程施工质量验收规范》(GB 50205)的要求。

附表 1.4　结构构件连接设计强度的折减系数

项次	情　　况	折减系数
1	无垫板的单面施焊对接焊缝	0.85
2	施工条件较差的高空安装焊缝和铆钉连接	0.90
3	沉头和半沉头铆钉连接	0.80

附录 2　轴心受压构件的稳定系数

附表 2.1　a 类截面轴心受压构件的稳定系数 φ

$\lambda\sqrt{\frac{f_y}{235}}$	0	1	2	3	4	5	6	7	8	9
0	1.000	1.000	1.000	1.000	0.999	0.999	0.998	0.998	0.997	0.996
10	0.995	0.994	0.993	0.992	0.991	0.989	0.988	0.986	0.985	0.983
20	0.981	0.979	0.977	0.976	0.974	0.972	0.970	0.968	0.966	0.964
30	0.963	0.961	0.959	0.957	0.955	0.952	0.950	0.948	0.946	0.944
40	0.941	0.939	0.937	0.934	0.932	0.929	0.927	0.924	0.921	0.919
50	0.916	0.913	0.910	0.907	0.904	0.900	0.897	0.894	0.890	0.886
60	0.883	0.879	0.875	0.871	0.867	0.863	0.858	0.854	0.849	0.844
70	0.839	0.834	0.829	0.824	0.818	0.813	0.807	0.801	0.795	0.789
80	0.783	0.776	0.770	0.763	0.757	0.750	0.743	0.736	0.728	0.721
90	0.714	0.706	0.699	0.691	0.684	0.676	0.668	0.661	0.653	0.645
100	0.638	0.630	0.622	0.615	0.607	0.600	0.592	0.585	0.577	0.570
110	0.563	0.555	0.548	0.541	0.534	0.527	0.520	0.514	0.507	0.500
120	0.494	0.488	0.481	0.475	0.469	0.463	0.457	0.451	0.445	0.440
130	0.434	0.429	0.423	0.418	0.412	0.407	0.402	0.397	0.392	0.387
140	0.383	0.378	0.373	0.369	0.364	0.360	0.356	0.351	0.347	0.343
150	0.339	0.335	0.331	0.327	0.323	0.320	0.316	0.312	0.309	0.305
160	0.302	0.298	0.295	0.292	0.289	0.285	0.282	0.279	0.276	0.273
170	0.270	0.267	0.264	0.262	0.259	0.256	0.253	0.251	0.248	0.246
180	0.243	0.241	0.238	0.236	0.233	0.231	0.229	0.226	0.224	0.222
190	0.220	0.218	0.215	0.213	0.211	0.209	0.207	0.205	0.203	0.201
200	0.199	0.198	0.196	0.194	0.192	0.190	0.189	0.187	0.185	0.183
210	0.182	0.180	0.179	0.177	0.175	0.174	0.172	0.171	0.169	0.168
220	0.166	0.165	0.164	0.162	0.161	0.159	0.158	0.157	0.155	0.154
230	0.153	0.152	0.150	0.149	0.148	0.147	0.146	0.144	0.143	0.142
240	0.141	0.140	0.139	0.138	0.136	0.135	0.134	0.133	0.132	0.131
250	0.130	—	—	—	—	—	—	—	—	—

附表 2.2　b 类截面轴心受压构件的稳定系数 φ

$\lambda\sqrt{\frac{f_y}{235}}$	0	1	2	3	4	5	6	7	8	9
0	1.000	1.000	1.000	0.999	0.999	0.998	0.997	0.996	0.995	0.994
10	0.992	0.991	0.989	0.987	0.985	0.983	0.981	0.978	0.976	0.973

续附表 2.2

$\lambda\sqrt{\frac{f_y}{235}}$	0	1	2	3	4	5	6	7	8	9
20	0.970	0.967	0.963	0.960	0.957	0.953	0.950	0.946	0.943	0.939
30	0.936	0.932	0.929	0.925	0.922	0.918	0.914	0.910	0.906	0.903
40	0.899	0.895	0.891	0.887	0.882	0.878	0.874	0.870	0.865	0.861
50	0.856	0.852	0.847	0.842	0.838	0.833	0.828	0.823	0.818	0.813
60	0.807	0.802	0.797	0.791	0.786	0.780	0.774	0.769	0.763	0.757
70	0.751	0.745	0.739	0.732	0.726	0.720	0.714	0.707	0.701	0.694
80	0.688	0.681	0.675	0.668	0.661	0.655	0.648	0.641	0.635	0.628
90	0.621	0.614	0.608	0.601	0.594	0.588	0.581	0.575	0.568	0.561
100	0.555	0.549	0.542	0.536	0.529	0.523	0.517	0.511	0.505	0.499
110	0.493	0.487	0.481	0.475	0.470	0.464	0.458	0.453	0.447	0.442
120	0.437	0.432	0.426	0.421	0.416	0.411	0.406	0.402	0.397	0.392
130	0.387	0.383	0.378	0.374	0.370	0.365	0.361	0.357	0.353	0.349
140	0.345	0.341	0.337	0.333	0.329	0.326	0.322	0.318	0.315	0.311
150	0.308	0.304	0.301	0.298	0.295	0.291	0.288	0.285	0.282	0.279
160	0.276	0.273	0.270	0.267	0.265	0.262	0.259	0.256	0.254	0.251
170	0.249	0.246	0.244	0.241	0.239	0.236	0.234	0.232	0.229	0.227
180	0.225	0.223	0.220	0.218	0.216	0.214	0.212	0.210	0.208	0.206
190	0.204	0.202	0.200	0.198	0.197	0.195	0.193	0.191	0.190	0.188
200	0.186	0.184	0.183	0.181	0.180	0.178	0.176	0.175	0.173	0.172
210	0.170	0.169	0.167	0.166	0.165	0.163	0.162	0.160	0.159	0.158
220	0.156	0.155	0.154	0.153	0.151	0.150	0.149	0.148	0.146	0.145
230	0.144	0.143	0.142	0.141	0.140	0.138	0.137	0.136	0.135	0.134
240	0.133	0.132	0.131	0.130	0.129	0.128	0.127	0.126	0.125	0.124
250	0.123	—	—	—	—	—	—	—	—	—

附表 2.3　c 类截面轴心受压构件的稳定系数 φ

$\lambda\sqrt{\frac{f_y}{235}}$	0	1	2	3	4	5	6	7	8	9
0	1.000	1.000	1.000	0.999	0.999	0.998	0.997	0.996	0.995	0.993
10	0.992	0.990	0.988	0.986	0.983	0.981	0.978	0.976	0.973	0.970
20	0.966	0.959	0.953	0.947	0.940	0.934	0.928	0.921	0.915	0.909
30	0.902	0.896	0.890	0.884	0.877	0.871	0.865	0.858	0.852	0.846
40	0.839	0.833	0.826	0.820	0.814	0.807	0.801	0.794	0.788	0.781
50	0.775	0.768	0.762	0.755	0.748	0.742	0.735	0.729	0.722	0.715

附续表 2.3

$\lambda\sqrt{\frac{f_y}{235}}$	0	1	2	3	4	5	6	7	8	9
60	0.709	0.702	0.695	0.689	0.682	0.676	0.669	0.662	0.656	0.649
70	0.643	0.636	0.629	0.623	0.616	0.610	0.604	0.597	0.591	0.584
80	0.578	0.572	0.566	0.559	0.553	0.547	0.541	0.535	0.529	0.523
90	0.517	0.511	0.505	0.500	0.494	0.488	0.483	0.477	0.472	0.467
100	0.463	0.458	0.454	0.449	0.445	0.441	0.436	0.432	0.428	0.423
110	0.419	0.415	0.411	0.407	0.403	0.399	0.395	0.391	0.387	0.383
120	0.379	0.375	0.371	0.367	0.364	0.360	0.356	0.353	0.349	0.346
130	0.342	0.339	0.335	0.332	0.328	0.325	0.322	0.319	0.315	0.312
140	0.309	0.306	0.303	0.300	0.297	0.294	0.291	0.288	0.285	0.282
150	0.280	0.277	0.274	0.271	0.269	0.266	0.264	0.261	0.258	0.256
160	0.254	0.251	0.249	0.246	0.244	0.242	0.239	0.237	0.235	0.233
170	0.230	0.228	0.226	0.224	0.222	0.220	0.218	0.216	0.214	0.212
180	0.210	0.208	0.206	0.205	0.203	0.201	0.199	0.197	0.196	0.194
190	0.192	0.190	0.189	0.187	0.186	0.184	0.182	0.181	0.179	0.178
200	0.176	0.175	0.173	0.172	0.170	0.169	0.168	0.166	0.165	0.163
210	0.162	0.161	0.159	0.158	0.157	0.156	0.154	0.153	0.152	0.151
220	0.150	0.148	0.147	0.146	0.145	0.144	0.143	0.142	0.140	0.139
230	0.138	0.137	0.136	0.135	0.134	0.133	0.132	0.131	0.130	0.129
240	0.128	0.127	0.126	0.125	0.124	0.124	0.123	0.122	0.121	0.120
250	0.119	—	—	—	—	—	—	—	—	—

附表 2.4 d 类截面轴心受压构件的稳定系数 φ

$\lambda\sqrt{\frac{f_y}{235}}$	0	1	2	3	4	5	6	7	8	9
0	1.000	1.000	0.999	0.999	0.998	0.996	0.994	0.992	0.990	0.987
10	0.984	0.981	0.978	0.974	0.969	0.965	0.960	0.955	0.949	0.944
20	0.937	0.927	0.918	0.909	0.900	0.891	0.883	0.874	0.865	0.857
30	0.848	0.840	0.831	0.823	0.815	0.807	0.799	0.790	0.782	0.774
40	0.766	0.759	0.751	0.743	0.735	0.728	0.720	0.712	0.705	0.697
50	0.690	0.683	0.675	0.668	0.661	0.654	0.646	0.639	0.632	0.625
60	0.618	0.612	0.605	0.598	0.591	0.585	0.578	0.572	0.565	0.559
70	0.552	0.546	0.540	0.534	0.528	0.522	0.516	0.510	0.504	0.498

续附表 2.4

$\lambda\sqrt{\frac{f_y}{235}}$	0	1	2	3	4	5	6	7	8	9
80	0.493	0.487	0.481	0.476	0.470	0.465	0.460	0.454	0.449	0.444
90	0.439	0.434	0.429	0.424	0.419	0.414	0.410	0.405	0.401	0.397
100	0.394	0.390	0.387	0.383	0.380	0.376	0.373	0.370	0.366	0.363
110	0.359	0.356	0.353	0.350	0.346	0.343	0.340	0.337	0.334	0.331
120	0.328	0.325	0.322	0.319	0.316	0.313	0.310	0.307	0.304	0.301
130	0.299	0.296	0.293	0.290	0.288	0.285	0.282	0.280	0.277	0.275
140	0.272	0.270	0.267	0.265	0.262	0.260	0.258	0.255	0.253	0.251
150	0.248	0.246	0.244	0.242	0.240	0.237	0.235	0.233	0.231	0.229
160	0.227	0.225	0.223	0.221	0.219	0.217	0.215	0.213	0.212	0.210
170	0.208	0.206	0.204	0.203	0.201	0.199	0.197	0.196	0.194	0.192
180	0.191	0.189	0.188	0.186	0.184	0.183	0.181	0.180	0.178	0.177
190	0.176	0.174	0.173	0.171	0.170	0.168	0.167	0.166	0.164	0.163
200	0.162	—	—	—	—	—	—	—	—	—

当构件的 λ/ε_k 超出附表 2.1 至附表 2.4 的范围时，轴心受压构件的稳定系数应按下列公式计算：

当 $\lambda_n \leqslant 0.215$ 时

$$\varphi = 1 - \alpha_1 \lambda_n^2$$

$$\lambda_n = \frac{\lambda}{\pi}\sqrt{f_y/E}$$

当 $\lambda_n > 0.215$ 时

$$\varphi = \frac{1}{2\lambda_n^2}\left[(\alpha_2 + \alpha_3\lambda_n + \lambda_n^2) - \sqrt{(\alpha_2 + \alpha_3\lambda_n + \lambda_n^2)^2 - 4\lambda_n^2}\right]$$

式中　α_1、α_2、α_3——系数，应根据轴心受压构件的截面分类，按附表 2.5 采用。

附表 2.5　系数 α_1、α_2、α_3

截面类别		α_1	α_2	α_3
a 类		0.41	0.986	0.152
b 类		0.65	0.965	0.300
c 类	$\lambda_n \leqslant 1.05$	0.73	0.906	0.595
	$\lambda_n > 1.05$		1.216	0.302
d 类	$\lambda_n \leqslant 1.05$	1.35	0.868	0.915
	$\lambda_n > 1.05$		1.375	0.432

附录3　柱的计算长度系数

附表 3.1　有侧移框架柱的计算长度系数 μ

K_2 \ K_1	0	0.05	0.1	0.2	0.3	0.4	0.5	1	2	3	4	5	≥10
0	∞	6.02	4.46	3.42	3.01	2.78	2.64	2.33	2.17	2.11	2.08	2.07	2.03
0.05	6.02	4.16	3.47	2.86	2.58	2.42	2.31	2.07	1.94	1.90	1.87	1.86	1.83
0.1	4.46	3.47	3.01	2.56	2.33	2.20	2.11	1.90	1.79	1.75	1.73	1.72	1.70
0.2	3.42	2.86	2.56	2.23	2.05	1.94	1.87	1.70	1.60	1.57	1.55	1.54	1.52
0.3	3.01	2.58	2.33	2.05	1.90	1.80	1.74	1.58	1.49	1.46	1.45	1.44	1.42
0.4	2.78	2.42	2.20	1.94	1.80	1.71	1.65	1.50	1.42	1.39	1.37	1.37	1.35
0.5	2.64	2.31	2.11	1.87	1.74	1.65	1.59	1.45	1.37	1.34	1.32	1.32	1.30
1	2.33	2.07	1.90	1.70	1.58	1.50	1.45	1.32	1.24	1.21	1.20	1.19	1.17
2	2.17	1.94	1.79	1.60	1.49	1.42	1.37	1.24	1.16	1.14	1.12	1.12	1.10
3	2.11	1.90	1.75	1.57	1.46	1.39	1.34	1.21	1.14	1.11	1.10	1.09	1.07
4	2.08	1.87	1.73	1.55	1.45	1.37	1.32	1.20	1.12	1.10	1.08	1.08	1.06
5	2.07	1.86	1.72	1.54	1.44	1.37	1.32	1.19	1.12	1.09	1.08	1.07	1.05
≥10	2.03	1.83	1.70	1.52	1.42	1.35	1.30	1.17	1.10	1.07	1.06	1.05	1.03

注：(1) 表中的计算长度系数 μ 值系按下式算得：

$$\left[36K_1K_2-\left(\frac{\pi}{\mu}\right)^2\right]\sin\left(\frac{\pi}{\mu}\right)+6(K_1+K_2)\frac{\pi}{\mu}\cdot\cos\left(\frac{\pi}{\mu}\right)=0$$

式中，K_1、K_2分别为相交于柱上端、柱下端的横梁线刚度之和与柱线刚度之和的比值。当横梁远端为铰接时，应将横梁线刚度乘以 0.5；当横梁远端为嵌固时，则将横梁线刚度乘以 2/3。

(2) 当横梁与柱铰接时，取横梁线刚度为零。

(3) 对底层框架柱：当柱与基础铰接时，取 $K_2=0$（对平板支座可取 $K_2=0.1$）；当柱与基础刚接时，取 $K_2=10$。

(4) 当与柱刚性连接的横梁所受轴心压力 N_b 较大时，横梁线刚度应乘以折减系数 α_N：

横梁远端与柱刚接时：$\alpha_N=1-N_b/(4N_{Eb})$

横梁远端铰支时　：$\alpha_N=1-N_b/N_{Eb}$

横梁远端嵌固时　：$\alpha_N=1-N_b/(2N_{Eb})$

式中，$N_{Eb}=\pi^2EI_b/l^2$，I_b为横梁截面惯性矩，l 为横梁长度。

附表 3.2　无侧移框架柱的计算长度系数 μ

K_2 \ K_1	0	0.05	0.1	0.2	0.3	0.4	0.5	1	2	3	4	5	≥10
0	1.000	0.990	0.981	0.964	0.949	0.935	0.922	0.875	0.820	0.791	0.773	0.760	0.732
0.05	0.990	0.981	0.971	0.955	0.940	0.926	0.914	0.867	0.814	0.784	0.766	0.754	0.726
0.1	0.981	0.971	0.962	0.946	0.931	0.918	0.906	0.860	0.807	0.778	0.760	0.748	0.721
0.2	0.964	0.955	0.946	0.930	0.916	0.903	0.891	0.846	0.795	0.767	0.749	0.737	0.711
0.3	0.949	0.940	0.931	0.916	0.902	0.889	0.878	0.834	0.784	0.756	0.739	0.728	0.701
0.4	0.935	0.926	0.918	0.903	0.889	0.877	0.866	0.823	0.774	0.747	0.730	0.719	0.693
0.5	0.922	0.914	0.906	0.891	0.878	0.866	0.855	0.813	0.765	0.738	0.721	0.710	0.685
1	0.875	0.867	0.860	0.846	0.834	0.823	0.813	0.774	0.729	0.704	0.688	0.677	0.654
2	0.820	0.814	0.807	0.795	0.784	0.774	0.765	0.729	0.686	0.663	0.648	0.638	0.615
3	0.791	0.784	0.778	0.767	0.756	0.747	0.738	0.704	0.663	0.640	0.625	0.616	0.593
4	0.773	0.766	0.760	0.749	0.739	0.730	0.721	0.688	0.648	0.625	0.611	0.601	0.580
5	0.760	0.754	0.748	0.737	0.728	0.719	0.710	0.677	0.638	0.616	0.601	0.592	0.570
≥10	0.732	0.726	0.721	0.711	0.701	0.693	0.685	0.654	0.615	0.593	0.580	0.570	0.549

注：(1) 表中的计算长度系数 μ 值系按下式算得：

$$\left[\left(\frac{\pi}{\mu}\right)^2+2(K_1+K_2)-4K_1K_2\right]\frac{\pi}{\mu}\cdot\sin\frac{\pi}{\mu}-2\left[(K_1+K_2)\left(\frac{\pi}{\mu}\right)^2+4K_1K_2\right]\cos\frac{\pi}{\mu}+8K_1K_2=0$$

式中，K_1、K_2分别为相交于柱上端、柱下端的横梁线刚度之和与柱线刚度之和的比值。当梁远端为铰接时，应将横梁线刚度乘以 1.5；当横梁远端为嵌固时，则将横梁线刚度乘以 2。

(2) 当横梁与柱铰接时，取横梁线刚度为零。

(3) 对底层框架柱：当柱与基础铰接时，取 $K_2=0$（对平板支座可取 $K_2=0.1$）；当柱与基础刚接时，取 $K_2=10$。

(4) 当与柱刚性连接的横梁所受轴心压力 N_b较大时，横梁线刚度应乘以折减系数 α_N：

横梁远端与柱刚接和横梁远端铰支时：$\alpha_N=1-N_b/N_{Eb}$

横梁远端嵌固时：$\alpha_N=1-N_b/(2N_{Eb})$

式中，$N_{Eb}=\pi^2EI_b/l^2$，I_b为横梁截面惯性矩，l 为横梁长度。

附表 3.3 柱上端为自由的单阶柱下段的计算长度系数 μ_2

简图	η_1 \ K_1	0.06	0.08	0.10	0.12	0.14	0.16	0.18	0.20	0.22	0.24	0.26	0.28	0.30	0.40	0.50	0.60	0.70	0.80
I_1 H_1 I_2 H_2 $K_1=\frac{I_1}{I_2}\cdot\frac{H_2}{H_1}$ $\eta_1=\frac{H_1}{H_2}\sqrt{\frac{N_1}{N_2}\cdot\frac{I_2}{I_1}}$ N_1——上段柱的轴心力 N_2——下段柱的轴心力	0.2	2.00	2.01	2.01	2.01	2.01	2.01	2.01	2.02	2.02	2.02	2.02	2.02	2.02	2.03	2.04	2.05	2.06	2.07
	0.3	2.01	2.02	2.02	2.02	2.03	2.03	2.03	2.04	2.04	2.05	2.05	2.05	2.06	2.08	2.10	2.12	2.13	2.15
	0.4	2.02	2.03	2.04	2.04	2.05	2.06	2.07	2.07	2.08	2.09	2.09	2.10	2.11	2.14	2.18	2.21	2.25	2.28
	0.5	2.04	2.05	2.06	2.07	2.09	2.10	2.11	2.12	2.13	2.15	2.16	2.17	2.18	2.24	2.29	2.35	2.40	2.45
	0.6	2.06	2.08	2.10	2.12	2.14	2.16	2.18	2.19	2.21	2.23	2.25	2.26	2.28	2.36	2.44	2.52	2.59	2.66
	0.7	2.10	2.13	2.16	2.18	2.21	2.24	2.26	2.29	2.31	2.34	2.36	2.38	2.41	2.52	2.62	2.72	2.81	2.90
	0.8	2.15	2.20	2.24	2.27	2.31	2.34	2.38	2.41	2.44	2.47	2.50	2.53	2.56	2.70	2.82	2.94	3.06	3.16
	0.9	2.24	2.29	2.35	2.39	2.44	2.48	2.52	2.56	2.60	2.63	2.67	2.71	2.74	2.90	3.05	3.19	3.32	3.44
	1.0	2.36	2.43	2.48	2.54	2.59	2.64	2.69	2.73	2.77	2.82	2.86	2.90	2.94	3.12	3.29	3.45	3.59	3.74
	1.2	2.69	2.76	2.83	2.89	2.95	3.01	3.07	3.12	3.17	3.22	3.27	3.32	3.37	3.59	3.80	3.99	4.17	4.34
	1.4	3.07	3.14	3.22	3.29	3.36	3.42	3.48	3.55	3.61	3.66	3.72	3.78	3.83	4.09	4.33	4.56	4.77	4.97
	1.6	3.47	3.55	3.63	3.71	3.78	3.85	3.92	3.99	4.06	4.12	4.18	4.25	4.31	4.61	4.88	5.14	5.38	5.62
	1.8	3.88	3.97	4.05	4.13	4.21	4.29	4.37	4.44	4.52	4.59	4.66	4.73	4.80	5.13	5.44	5.73	6.00	6.26
	2.0	4.29	4.39	4.48	4.57	4.65	4.74	4.82	4.90	4.99	5.07	5.14	5.22	5.30	5.66	6.00	6.32	6.63	6.92
	2.2	4.71	4.81	4.91	5.00	5.10	5.19	5.28	5.37	5.46	5.54	5.63	5.71	5.80	6.19	6.57	6.92	7.26	7.58
	2.4	5.13	5.24	5.34	5.44	5.54	5.64	5.74	5.84	5.93	6.03	6.12	6.21	6.30	6.73	7.14	7.52	7.89	8.24
	2.6	5.55	5.66	5.77	5.88	5.99	6.10	6.20	6.31	6.41	6.51	6.61	6.71	6.80	7.27	7.71	8.13	8.52	8.90
	2.8	5.97	6.09	6.21	6.33	6.44	6.55	6.67	6.78	6.89	6.99	7.10	7.21	7.31	7.81	8.28	8.73	9.16	9.57
	3.0	6.39	6.52	6.64	6.77	6.89	7.01	7.13	7.25	7.37	7.48	7.59	7.71	7.82	8.35	8.86	9.34	9.80	10.24

注：表中的计算长度 μ_2 的值系按下式计算得出：

$$\eta_1 K_1 \cdot \mathrm{tg}\,\frac{\pi}{\mu_2} \cdot \mathrm{tg}\,\frac{\pi\eta_1}{\mu_2} - 1 = 0$$

附表 3.4　柱上端可移动但不转动的单阶柱下段的计算长度系数 μ_2

简图	η_1 \ K_1	0.06	0.08	0.10	0.12	0.14	0.16	0.18	0.20	0.22	0.24	0.26	0.28	0.30	0.40	0.50	0.60	0.70	0.80
	0.2	1.96	1.94	1.93	1.91	1.90	1.89	1.88	1.86	1.85	1.84	1.83	1.82	1.81	1.76	1.72	1.68	1.65	1.62
	0.3	1.96	1.94	1.93	1.92	1.91	1.89	1.88	1.87	1.86	1.85	1.84	1.83	1.82	1.77	1.73	1.70	1.66	1.63
	0.4	1.96	1.95	1.94	1.92	1.91	1.90	1.89	1.88	1.87	1.86	1.85	1.84	1.83	1.79	1.75	1.72	1.68	1.66
	0.5	1.96	1.95	1.94	1.93	1.92	1.91	1.90	1.89	1.88	1.87	1.86	1.85	1.85	1.81	1.77	1.74	1.71	1.69
	0.6	1.97	1.96	1.95	1.94	1.93	1.92	1.91	1.90	1.90	1.89	1.88	1.87	1.87	1.83	1.80	1.78	1.75	1.73
	0.7	1.97	1.97	1.96	1.95	1.94	1.94	1.93	1.92	1.92	1.91	1.90	1.90	1.89	1.86	1.84	1.82	1.80	1.78
	0.8	1.98	1.98	1.97	1.96	1.96	1.95	1.95	1.94	1.94	1.93	1.93	1.93	1.92	1.90	1.88	1.87	1.86	1.84
	0.9	1.99	1.99	1.98	1.98	1.98	1.97	1.97	1.97	1.97	1.96	1.96	1.96	1.96	1.95	1.94	1.93	1.92	1.92
	1.0	2.00	2.00	2.00	2.00	2.00	2.00	2.00	2.00	2.00	2.00	2.00	2.00	2.00	2.00	2.00	2.00	2.00	2.00
	1.2	2.03	2.04	2.04	2.05	2.06	2.07	2.07	2.08	2.08	2.09	2.10	2.10	2.11	2.13	2.15	2.17	2.18	2.20
	1.4	2.07	2.09	2.11	2.12	2.14	2.16	2.17	2.18	2.20	2.21	2.22	2.23	2.24	2.29	2.33	2.37	2.40	2.42
$K_1=\frac{I_1}{I_2}\cdot\frac{H_2}{H_1}$	1.6	2.13	2.16	2.19	2.22	2.25	2.27	2.30	2.32	2.34	2.36	2.37	2.39	2.41	2.48	2.54	2.59	2.63	2.67
$\eta_1=\frac{H_1}{H_2}\sqrt{\frac{N_1}{N_2}\cdot\frac{I_2}{I_1}}$	1.8	2.22	2.27	2.31	2.35	2.39	2.42	2.45	2.48	2.50	2.53	2.55	2.57	2.59	2.69	2.76	2.83	2.88	2.93
N_1——上段柱的轴心力	2.0	2.35	2.41	2.46	2.50	2.55	2.59	2.62	2.66	2.69	2.72	2.75	2.77	2.80	2.91	3.00	3.08	3.14	3.20
N_2——下段柱的轴心力	2.2	2.51	2.57	2.63	2.68	2.73	2.77	2.81	2.85	2.89	2.92	2.95	2.98	3.01	3.14	3.25	3.33	3.41	3.47
	2.4	2.68	2.75	2.81	2.87	2.92	2.97	3.01	3.05	3.09	3.13	3.17	3.20	3.24	3.38	3.50	3.59	3.68	3.75
	2.6	2.87	2.94	3.00	3.06	3.12	3.17	3.22	3.27	3.31	3.35	3.39	3.43	3.46	3.62	3.75	3.86	3.95	4.04
	2.8	3.06	3.14	3.20	3.27	3.33	3.38	3.43	3.48	3.53	3.58	3.62	3.66	3.70	3.87	4.01	4.13	4.23	4.32
	3.0	3.26	3.34	3.41	3.47	3.54	3.60	3.65	3.70	3.75	3.80	3.85	3.89	3.93	4.12	4.27	4.40	4.51	4.61

注：表中的计算长度 μ_2 的值系按下式计算得出：

$$\mathrm{tg}\frac{\pi\eta_1}{\mu_2}+\eta_1 K_1\cdot\mathrm{tg}\frac{\pi}{\mu_2}=0$$

附表 3.5　柱上端为自由的双阶柱下段的计算长度系数 μ_3

简图：

$K_1=\frac{I_1}{I_3}\cdot\frac{H_3}{H_1}$

$K_2=\frac{I_2}{I_3}\cdot\frac{H_3}{H_2}$

$\eta_1=\frac{H_1}{H_3}\sqrt{\frac{N_1}{N_3}\cdot\frac{I_3}{I_1}}$

$\eta_2=\frac{H_2}{H_3}\sqrt{\frac{N_2}{N_3}\cdot\frac{I_3}{I_2}}$

N_1——上段柱的轴心力

N_2——中段柱的轴心力

N_3——下段柱的轴心力

η_1	η_2 \ K_1	0.05											0.10										
	K_2	0.2	0.3	0.4	0.5	0.6	0.7	0.8	0.9	1	1.1	1.2	0.2	0.3	0.4	0.5	0.6	0.7	0.8	0.9	1	1.1	1.2
0.2	0.2	2.02	2.03	2.04	2.05	2.05	2.06	2.07	2.08	2.09	2.10	2.10	2.03	2.03	2.04	2.05	2.06	2.07	2.08	2.08	2.09	2.10	2.11
	0.4	2.08	2.11	2.15	2.19	2.22	2.25	2.29	2.32	2.35	2.39	2.42	2.09	2.12	2.16	2.19	2.23	2.26	2.29	2.33	2.36	2.39	2.42
	0.6	2.20	2.29	2.37	2.45	2.52	2.60	2.67	2.73	2.80	2.87	2.93	2.21	2.30	2.38	2.46	2.53	2.60	2.67	2.74	2.81	2.87	2.93
	0.8	2.42	2.57	2.71	2.83	2.95	3.06	3.17	3.27	3.37	3.47	3.56	2.44	2.58	2.71	2.84	2.96	3.07	3.17	3.28	3.37	3.47	3.56
	1	2.75	2.95	3.13	3.30	3.45	3.60	3.74	3.87	4.00	4.13	4.25	2.76	2.96	3.14	3.30	3.46	3.60	3.74	3.88	4.01	4.13	4.25
	1.2	3.13	3.38	3.60	3.80	4.00	4.18	4.35	4.51	4.67	4.82	4.97	3.15	3.39	3.61	3.81	4.00	4.18	4.35	4.52	4.68	4.83	4.98
0.4	0.2	2.04	2.05	2.05	2.06	2.07	2.08	2.09	2.09	2.10	2.11	2.12	2.07	2.07	2.08	2.08	2.09	2.10	2.11	2.12	2.12	2.13	2.14
	0.4	2.10	2.14	2.17	2.20	2.24	2.27	2.31	2.34	2.37	2.40	2.43	2.14	2.17	2.20	2.23	2.26	2.30	2.33	2.36	2.39	2.42	2.46
	0.6	2.24	2.32	2.40	2.47	2.54	2.62	2.68	2.75	2.82	2.88	2.94	2.28	2.36	2.43	2.50	2.57	2.64	2.71	2.77	2.84	2.90	2.96
	0.8	2.47	2.60	2.73	2.85	2.97	3.08	3.19	3.29	3.38	3.48	3.57	2.53	2.65	2.77	2.88	3.00	3.10	3.21	3.31	3.40	3.50	3.59
	1	2.79	2.98	3.15	3.32	3.47	3.62	3.75	3.89	4.02	4.14	4.26	2.85	3.02	3.19	3.34	3.49	3.64	3.77	3.91	4.03	4.16	4.28
	1.2	3.18	3.41	3.62	3.82	4.01	4.19	4.36	4.52	4.68	4.83	4.98	3.24	3.45	3.65	3.85	4.03	4.21	4.38	4.54	4.70	4.85	4.99
0.6	0.2	2.09	2.09	2.10	2.10	2.11	2.12	2.12	2.13	2.14	2.15	2.15	2.22	2.19	2.18	2.17	2.18	2.18	2.19	2.19	2.20	2.20	2.21
	0.4	2.17	2.19	2.22	2.25	2.28	2.31	2.34	2.38	2.41	2.44	2.47	2.31	2.30	2.31	2.33	2.35	2.38	2.41	2.44	2.47	2.49	2.52
	0.6	2.32	2.38	2.45	2.52	2.59	2.66	2.72	2.79	2.85	2.91	2.97	2.48	2.49	2.54	2.60	2.66	2.72	2.78	2.84	2.90	2.96	3.02
	0.8	2.56	2.67	2.79	2.90	3.01	3.11	3.22	3.32	3.41	3.50	3.60	2.72	2.78	2.87	2.97	3.07	3.17	3.27	3.36	3.46	3.55	3.64
	1	2.88	3.04	3.20	3.36	3.50	3.65	3.78	3.91	4.04	4.16	4.26	3.04	3.15	3.28	3.42	3.56	3.70	3.83	3.95	4.08	4.20	4.31
	1.2	3.26	3.46	3.66	3.86	4.04	4.22	4.38	4.55	4.70	4.85	5.00	3.40	3.56	3.74	3.91	4.09	4.26	4.42	4.58	4.73	4.88	5.03
0.8	0.2	2.29	2.24	2.22	2.21	2.21	2.22	2.22	2.22	2.23	2.23	2.24	2.63	2.49	2.43	2.40	2.38	2.37	2.37	2.36	2.36	2.37	2.37
	0.4	2.37	2.34	2.34	2.36	2.38	2.40	2.43	2.45	2.48	2.51	2.54	2.71	2.59	2.55	2.54	2.54	2.55	2.57	2.59	2.61	2.63	2.65
	0.6	2.52	2.52	2.56	2.61	2.67	2.73	2.79	2.85	2.91	2.96	3.02	2.86	2.76	2.76	2.78	2.82	2.86	2.91	2.96	3.01	3.07	3.12
	0.8	2.74	2.79	2.88	2.98	3.08	3.17	3.27	3.36	3.46	3.55	3.63	3.06	3.02	3.06	3.13	3.20	3.29	3.37	3.46	3.54	3.63	3.71
	1	3.04	3.15	3.28	3.42	3.56	3.69	3.82	3.95	4.07	4.19	4.31	3.33	3.35	3.44	3.55	3.67	3.79	3.90	4.03	4.15	4.26	4.37
	1.2	3.39	3.55	3.73	3.91	4.08	4.25	4.42	4.58	4.73	4.88	5.02	3.65	3.73	3.86	4.02	4.18	4.34	4.49	4.64	4.79	4.94	5.08

续附表 3.5

简图	η_1 \ η_2 \ K_2 \ K_1		0.05											0.10										
	η_1	η_2	0.2	0.3	0.4	0.5	0.6	0.7	0.8	0.9	1	1.1	1.2	0.2	0.3	0.4	0.5	0.6	0.7	0.8	0.9	1	1.1	1.2
(图：I_1、I_2、I_3；H_1、H_2、H_3)	1	0.2	2.69	2.57	2.51	2.48	2.46	2.45	2.45	2.44	2.44	2.44	2.44	3.18	2.95	2.84	2.77	2.73	2.70	2.68	2.67	2.66	2.65	2.65
		0.4	2.75	2.64	2.60	2.59	2.59	2.59	2.60	2.62	2.63	2.65	2.67	3.24	3.03	2.93	2.88	2.85	2.84	2.84	2.84	2.85	2.86	2.87
		0.6	2.86	2.78	2.77	2.79	2.83	2.87	2.91	2.96	3.01	3.06	3.10	3.36	3.16	3.09	3.07	3.08	3.09	3.12	3.15	3.19	3.23	3.27
		0.8	3.04	3.01	3.05	3.11	3.19	3.27	3.35	3.44	3.52	3.61	3.69	3.52	3.37	3.34	3.36	3.41	3.46	3.53	3.60	3.67	3.75	3.82
		1	3.29	3.32	3.41	3.52	3.64	3.76	3.89	4.01	4.13	4.24	4.35	3.74	3.64	3.67	3.74	3.83	3.93	4.03	4.14	4.25	4.35	4.46
		1.2	3.60	3.69	3.83	3.99	4.15	4.31	4.47	4.62	4.77	4.92	5.06	4.00	3.97	4.05	4.17	4.31	4.45	4.59	4.73	4.87	5.01	5.14
	1.2	0.2	3.16	3.00	2.92	2.87	2.84	2.81	2.80	2.79	2.78	2.77	2.77	3.77	3.47	3.32	3.23	3.17	3.12	3.09	3.07	3.05	3.04	3.03
		0.4	3.21	3.05	2.98	2.94	2.92	2.90	2.90	2.90	2.90	2.91	2.92	3.82	3.53	3.39	3.31	3.26	3.22	3.20	3.19	3.19	3.19	3.19
$K_1=\frac{I_1}{I_3}\cdot\frac{H_3}{H_1}$		0.6	3.30	3.15	3.10	3.08	3.08	3.10	3.12	3.15	3.18	3.22	3.26	3.91	3.64	3.51	3.45	3.42	3.42	3.42	3.43	3.45	3.48	3.50
$K_2=\frac{I_2}{I_3}\cdot\frac{H_3}{H_2}$		0.8	3.43	3.32	3.30	3.33	3.37	3.43	3.49	3.56	3.63	3.71	3.78	4.04	3.80	3.71	3.68	3.69	3.72	3.76	3.81	3.86	3.92	3.98
$\eta_1=\frac{H_1}{H_3}\sqrt{\frac{N_1}{N_3}\cdot\frac{I_3}{I_1}}$		1	3.62	3.57	3.60	3.68	3.77	3.87	3.98	4.09	4.20	4.31	4.42	4.21	4.02	3.97	3.99	4.05	4.12	4.20	4.29	4.39	4.48	4.58
$\eta_2=\frac{H_2}{H_3}\sqrt{\frac{N_2}{N_3}\cdot\frac{I_3}{I_2}}$		1.2	3.88	3.88	3.98	4.11	4.25	4.39	4.54	4.68	4.83	4.97	5.10	4.43	4.30	4.31	4.38	4.48	4.60	4.72	4.85	4.98	5.11	5.24
N_1——上段柱的轴心力	1.4	0.2	3.66	3.46	3.36	3.29	3.25	3.23	3.20	3.19	3.18	3.17	3.16	4.37	4.01	3.82	3.71	3.63	3.58	3.54	3.51	3.49	3.47	3.45
N_2——中段柱的轴心力		0.4	3.70	3.50	3.40	3.35	3.31	3.29	3.27	3.26	3.26	3.26	3.26	4.41	4.06	3.88	3.77	3.70	3.66	3.63	3.60	3.59	3.58	3.57
N_3——下段柱的轴心力		0.6	3.77	3.58	3.49	3.45	3.43	3.42	3.42	3.43	3.45	3.47	3.49	4.48	4.15	3.98	3.89	3.83	3.80	3.79	3.78	3.79	3.80	3.81
		0.8	3.87	3.70	3.64	3.63	3.64	3.67	3.70	3.75	3.81	3.86	3.92	4.59	4.28	4.13	4.07	4.04	4.04	4.06	4.08	4.12	4.16	4.21
		1	4.02	3.89	3.87	3.90	3.96	4.04	4.12	4.22	4.31	4.41	4.51	4.74	4.45	4.35	4.32	4.34	4.38	4.43	4.50	4.58	4.66	4.74
		1.2	4.23	4.15	4.19	4.27	4.39	4.51	4.64	4.77	4.91	5.04	5.17	4.92	4.69	4.63	4.65	4.72	4.80	4.90	5.10	5.13	5.24	5.36

续附表 3.5

简图	η_1 \ K_1	η_2 \ K_2	0.20											0.30										
			0.2	0.3	0.4	0.5	0.6	0.7	0.8	0.9	1.0	1.1	1.2	0.2	0.3	0.4	0.5	0.6	0.7	0.8	0.9	1.0	1.1	1.2
	0.2	0.2	2.04	2.04	2.05	2.06	2.07	2.08	2.08	2.09	2.10	2.11	2.12	2.05	2.05	2.06	2.07	2.08	2.09	2.09	2.10	2.11	2.12	2.13
		0.4	2.10	2.13	2.17	2.20	2.24	2.27	2.30	2.34	2.37	2.40	2.43	2.12	2.15	2.18	2.21	2.25	2.28	2.31	2.35	2.38	2.41	2.44
		0.6	2.23	2.31	2.39	2.47	2.54	2.61	2.68	2.75	2.82	2.88	2.94	2.25	2.33	2.41	2.48	2.56	2.63	2.69	2.76	2.83	2.89	2.95
		0.8	2.46	2.60	2.73	2.85	2.97	3.08	3.18	3.29	3.38	3.48	3.57	2.49	2.62	2.75	2.87	2.98	3.09	3.20	3.30	3.39	3.49	3.58
		1	2.79	2.98	3.15	3.32	3.47	3.61	3.75	3.89	4.02	4.14	4.26	2.82	3.00	3.17	3.33	3.48	3.63	3.76	3.90	4.02	4.15	4.27
		1.2	3.18	3.41	3.62	3.82	4.01	4.19	4.36	4.52	4.68	4.83	4.98	3.20	3.43	3.64	3.83	4.02	4.20	4.37	4.53	4.69	4.84	4.99
	0.4	0.2	2.15	2.13	2.13	2.14	2.14	2.15	2.15	2.16	2.17	2.17	2.18	2.26	2.21	2.20	2.19	2.19	2.20	2.20	2.21	2.21	2.22	2.23
		0.4	2.24	2.24	2.26	2.29	2.32	2.35	2.38	2.41	2.44	2.47	2.50	2.36	2.33	2.33	2.35	2.38	2.40	2.43	2.46	2.49	2.51	2.54
		0.6	2.40	2.44	2.50	2.56	2.63	2.69	2.76	2.82	2.88	2.94	3.00	2.54	2.54	2.58	2.63	2.69	2.75	2.81	2.87	2.93	2.99	3.04
		0.8	2.66	2.74	2.84	2.95	3.05	3.15	3.25	3.35	3.44	3.53	3.62	2.79	2.83	2.91	3.01	3.10	3.20	3.30	3.39	3.48	3.57	3.66
		1	2.98	3.12	3.25	3.40	3.54	3.68	3.81	3.94	4.07	4.19	4.30	3.11	3.20	3.32	3.46	3.59	3.72	3.85	3.98	4.10	4.22	4.33
$K_1=\frac{I_1}{I_3}\cdot\frac{H_3}{H_1}$		1.2	3.35	3.53	3.71	3.90	4.08	4.25	4.41	4.57	4.73	4.87	5.02	3.47	3.60	3.77	3.95	4.12	4.28	4.45	4.60	4.75	4.90	5.04
$K_2=\frac{I_2}{I_3}\cdot\frac{H_3}{H_2}$	0.6	0.2	2.57	2.42	2.37	2.34	2.33	2.32	2.32	2.32	2.32	2.32	2.33	2.93	2.68	2.57	2.52	2.49	2.47	2.46	2.45	2.45	2.45	2.45
		0.4	2.67	2.54	2.50	2.50	2.51	2.52	2.54	2.56	2.58	2.61	2.63	3.02	2.79	2.71	2.67	2.66	2.66	2.67	2.69	2.70	2.72	2.74
$\eta_1=\frac{H_1}{H_3}\sqrt{\frac{N_1}{N_3}\cdot\frac{I_3}{I_1}}$		0.6	2.83	2.74	2.73	2.76	2.80	2.85	2.90	2.96	3.01	3.06	3.12	3.17	2.98	2.93	2.93	2.95	2.98	3.02	3.07	3.11	3.16	3.21
		0.8	3.06	3.01	3.05	3.12	3.20	3.29	3.38	3.46	3.55	3.63	3.72	3.37	3.24	3.23	3.27	3.33	3.41	3.48	3.56	3.64	3.72	3.80
$\eta_2=\frac{H_2}{H_3}\sqrt{\frac{N_2}{N_3}\cdot\frac{I_3}{I_2}}$		1	3.34	3.35	3.44	3.56	3.68	3.80	3.92	4.04	4.15	4.27	4.38	3.63	3.56	3.60	3.69	3.79	3.90	4.01	4.12	4.23	4.34	4.45
		1.2	3.67	3.74	3.88	4.03	4.19	4.35	4.50	4.65	4.80	4.94	5.08	3.94	3.92	4.02	4.15	4.29	4.43	4.58	4.72	4.87	5.01	5.14
N_1——上段柱的轴心力	0.8	0.2	3.25	2.96	2.82	2.74	2.69	2.66	2.64	2.62	2.61	2.61	2.60	3.78	3.38	3.18	3.06	2.98	2.93	2.89	2.86	2.84	2.83	2.82
N_2——中段柱的轴心力		0.4	3.33	3.05	2.93	2.87	2.84	2.83	2.83	2.83	2.84	2.85	2.87	3.85	3.47	3.28	3.18	3.12	3.09	3.07	3.06	3.06	3.06	3.06
N_3——下段柱的轴心力		0.6	3.45	3.21	3.12	3.10	3.10	3.12	3.14	3.18	3.22	3.26	3.30	3.96	3.61	3.46	3.39	3.36	3.35	3.36	3.38	3.41	3.44	3.47
		0.8	3.63	3.44	3.39	3.41	3.45	3.51	3.57	3.64	3.71	3.79	3.86	4.12	3.82	3.70	3.67	3.68	3.72	3.76	3.82	3.88	3.94	4.01
		1	3.86	3.73	3.73	3.80	3.88	3.98	4.08	4.18	4.29	4.39	4.50	4.32	4.07	4.01	4.03	4.08	4.16	4.24	4.33	4.43	4.52	4.62
		1.2	4.13	4.07	4.13	4.24	4.36	4.50	4.64	4.78	4.91	5.05	5.18	4.57	4.38	4.38	4.44	4.54	4.66	4.78	4.90	5.03	5.16	5.29

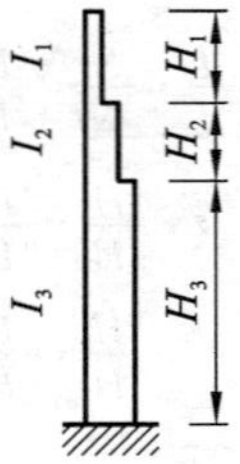

续附表 3.5

η_1	η_2 \ K_1=0.20, K_2= 0.2	0.3	0.4	0.5	0.6	0.7	0.8	0.9	1.0	1.1	1.2	K_1=0.30, K_2= 0.2	0.3	0.4	0.5	0.6	0.7	0.8	0.9	1.0	1.1	1.2
1	0.2	4.00	3.60	3.39	3.26	3.18	3.13	3.08	3.05	3.03	3.01	3.00	4.68	4.15	3.86	3.69	3.57	3.49	3.43	3.38	3.35	3.32	3.30
	0.4	4.06	3.67	3.48	3.37	3.30	3.26	3.23	3.21	3.21	3.20	3.20	4.73	4.21	3.94	3.78	3.68	3.61	3.57	3.54	3.51	3.50	3.49
	0.6	4.15	3.79	3.63	3.54	3.50	3.48	3.49	3.50	3.51	3.54	3.57	4.82	4.33	4.08	3.95	3.87	3.83	3.80	3.80	3.80	3.81	3.83
	0.8	4.29	3.97	3.84	3.80	3.79	3.81	3.85	3.90	3.95	4.01	4.07	4.94	4.49	4.28	4.18	4.14	4.13	4.14	4.17	4.20	4.25	4.29
	1	4.48	4.21	4.13	4.13	4.17	4.23	4.31	4.39	4.48	4.57	4.66	5.10	4.70	4.53	4.48	4.48	4.51	4.56	4.62	4.70	4.77	4.85
	1.2	4.70	4.49	4.47	4.52	4.60	4.71	4.82	4.94	5.07	5.19	5.31	5.30	4.95	4.84	4.83	4.88	4.96	5.05	5.15	5.26	5.37	5.48
1.2	0.2	4.76	4.26	4.00	3.83	3.72	3.65	3.59	3.54	3.51	3.48	3.46	5.58	4.93	4.57	4.35	4.20	4.10	4.01	3.95	3.90	3.86	3.83
	0.4	4.81	4.32	4.07	3.91	3.82	3.75	3.70	3.67	3.65	3.63	3.62	5.62	4.98	4.64	4.43	4.29	4.19	4.12	4.07	4.03	4.01	3.98
	0.6	4.89	4.43	4.19	4.05	3.98	3.93	3.91	3.89	3.89	3.90	3.91	5.70	5.08	4.75	4.56	4.44	4.37	4.32	4.29	4.27	4.26	4.26
	0.8	5.00	4.57	4.36	4.26	4.21	4.20	4.21	4.23	4.26	4.30	4.34	5.80	5.21	4.91	4.75	4.66	4.61	4.59	4.59	4.60	4.62	4.65
	1	5.15	4.76	4.59	4.53	4.53	4.55	4.60	4.66	4.73	4.80	4.88	5.93	5.38	5.12	5.00	4.95	4.94	4.95	4.99	5.03	5.09	5.15
	1.2	5.34	5.00	4.88	4.87	4.91	4.98	5.07	5.17	5.27	5.38	5.49	6.10	5.59	5.38	5.31	5.30	5.33	5.39	5.46	5.54	5.63	5.73
1.4	0.2	5.53	4.94	4.62	4.42	4.29	4.19	4.12	4.06	4.02	3.98	3.95	6.49	5.72	5.30	5.03	4.85	4.72	4.62	4.54	4.48	4.43	4.38
	0.4	5.57	4.99	4.68	4.49	4.36	4.27	4.21	4.16	4.13	4.10	4.08	6.53	5.77	5.35	5.10	4.93	4.80	4.71	4.64	4.59	4.55	4.51
	0.6	5.64	5.07	4.78	4.60	4.49	4.42	4.38	4.35	4.33	4.32	4.32	6.59	5.85	5.45	5.21	5.05	4.95	4.87	4.82	4.78	4.76	4.74
	0.8	5.74	5.19	4.92	4.77	4.69	4.64	4.62	4.62	4.63	4.65	4.67	6.68	5.96	5.59	5.37	5.24	5.15	5.10	5.08	5.06	5.06	5.07
	1	5.86	5.35	5.12	5.00	4.95	4.94	4.96	4.99	5.03	5.09	5.15	6.79	6.10	5.76	5.58	5.48	5.43	5.41	5.41	5.44	5.47	5.51
	1.2	6.02	5.55	5.36	5.29	5.28	5.31	5.37	5.44	5.52	5.61	5.71	6.93	6.28	5.98	5.84	5.78	5.76	5.79	5.83	5.89	5.95	6.03

简图

I_1 I_2 I_3 H_1 H_2 H_3

$K_1=\frac{I_1}{I_3}\cdot\frac{H_3}{H_1}$

$K_2=\frac{I_2}{I_3}\cdot\frac{H_3}{H_2}$

$\eta_1=\frac{H_1}{H_3}\sqrt{\frac{N_1}{N_3}\cdot\frac{I_3}{I_1}}$

$\eta_2=\frac{H_2}{H_3}\sqrt{\frac{N_2}{N_3}\cdot\frac{I_3}{I_2}}$

N_1——上段柱的轴心力

N_2——中段柱的轴心力

N_3——下段柱的轴心力

注：表中的计算长度系数 μ_3 值是按下式算得：

$$\frac{\eta_1 K_1}{\eta_2 K_2}\cdot \mathrm{tg}\frac{\pi\eta_1}{\mu_3}\cdot \mathrm{tg}\frac{\pi\eta_2}{\mu_3}+\eta_1 K_1\cdot \mathrm{tg}\frac{\pi\eta_1}{\mu_3}\cdot \mathrm{tg}\frac{\pi}{\mu_3}+\eta_2 K_2\cdot \mathrm{tg}\frac{\pi\eta_2}{\mu_3}\cdot \mathrm{tg}\frac{\pi}{\mu_3}-1=0$$

附表 3.6　柱顶可移动但不转动的双阶柱下段的计算长度系数 μ_3

简图	η_1	η_2 \ K_1	0.05											0.10										
		K_2	0.2	0.3	0.4	0.5	0.6	0.7	0.8	0.9	1.0	1.1	1.2	0.2	0.3	0.4	0.5	0.6	0.7	0.8	0.9	1.0	1.1	1.2
	0.2	0.2	1.99	1.99	2.00	2.00	2.01	2.02	2.02	2.03	2.04	2.05	2.06	1.96	1.96	1.97	1.97	1.98	1.98	1.99	2.00	2.00	2.01	2.02
		0.4	2.03	2.06	2.09	2.12	2.16	2.19	2.22	2.25	2.29	2.32	2.35	2.00	2.02	2.05	2.08	2.11	2.14	2.17	2.20	2.23	2.26	2.29
		0.6	2.12	2.20	2.28	2.36	2.43	2.50	2.57	2.64	2.71	2.77	2.83	2.07	2.14	2.22	2.29	2.36	2.43	2.50	2.56	2.63	2.69	2.75
		0.8	2.28	2.43	2.57	2.70	2.82	2.94	3.04	3.15	3.25	3.34	3.43	2.20	2.35	2.48	2.61	2.73	2.84	2.94	3.05	3.14	3.24	3.33
		1	2.53	2.76	2.96	3.13	3.29	3.44	3.59	3.72	3.85	3.98	4.10	2.41	2.64	2.83	3.01	3.17	3.32	3.46	3.59	3.72	3.85	3.97
		1.2	2.86	3.15	3.39	3.61	3.80	3.99	4.16	4.33	4.49	4.64	4.79	2.70	2.99	3.23	3.45	3.65	3.84	4.01	4.18	4.34	4.49	4.64
	0.4	0.2	1.99	1.99	2.00	2.01	2.01	2.02	2.03	2.04	2.04	2.05	2.06	1.96	1.97	1.97	1.98	1.98	1.99	2.00	2.00	2.01	2.02	2.03
		0.4	2.03	2.06	2.09	2.13	2.16	2.19	2.23	2.26	2.29	2.32	2.35	2.00	2.03	2.06	2.09	2.12	2.15	2.18	2.21	2.24	2.27	2.30
		0.6	2.12	2.20	2.28	2.36	2.44	2.51	2.58	2.64	2.71	2.77	2.84	2.08	2.15	2.23	2.30	2.37	2.44	2.51	2.57	2.64	2.70	2.76
		0.8	2.29	2.44	2.58	2.71	2.83	2.94	3.05	3.15	3.25	3.35	3.44	2.21	2.36	2.49	2.62	2.73	2.85	2.95	3.05	3.15	3.24	3.34
		1	2.54	2.77	2.96	3.14	3.30	3.45	3.59	3.73	3.85	3.98	4.10	2.43	2.65	2.84	3.02	3.18	3.33	3.47	3.60	3.73	3.85	3.97
		1.2	2.87	3.15	3.40	3.61	3.81	3.99	4.17	4.33	4.49	4.65	4.79	2.71	3.00	3.24	3.46	3.66	3.85	4.02	4.19	4.34	4.49	4.64
	0.6	0.2	1.99	1.98	2.00	2.01	2.02	2.03	2.04	2.04	2.05	2.06	2.07	1.97	1.98	1.98	1.99	2.00	2.00	2.01	2.02	2.02	2.03	2.04
		0.4	2.04	2.07	2.10	2.14	2.17	2.20	2.23	2.27	2.30	2.33	2.36	2.01	2.04	2.07	2.10	2.13	2.16	2.19	2.22	2.26	2.29	2.32
		0.6	2.13	2.21	2.29	2.37	2.45	2.52	2.59	2.65	2.72	2.78	2.84	2.09	2.17	2.24	2.32	2.39	2.46	2.52	2.59	2.65	2.71	2.77
		0.8	2.30	2.45	2.59	2.72	2.84	2.95	3.06	3.16	3.26	3.35	3.44	2.23	2.38	2.51	2.64	2.75	2.86	2.97	3.07	3.16	3.26	3.35
		1	2.56	2.78	2.97	3.15	3.31	3.46	3.60	3.73	3.86	3.99	4.11	2.45	2.68	2.86	3.03	3.19	3.34	3.48	3.61	3.74	3.86	3.98
		1.2	2.89	3.17	3.41	3.62	3.82	4.00	4.17	4.34	4.50	4.65	4.80	2.74	3.02	3.26	3.48	3.67	3.86	4.03	4.20	4.35	4.50	4.65
	0.8	0.2	2.00	2.01	2.02	2.02	2.03	2.04	2.05	2.05	2.06	2.07	2.08	1.99	1.99	2.00	2.01	2.01	2.02	2.03	2.04	2.04	2.05	2.06
		0.4	2.05	2.08	2.12	2.15	2.18	2.21	2.25	2.28	2.31	2.34	2.37	2.03	2.06	2.09	2.12	2.15	2.19	2.22	2.25	2.28	2.31	2.34
		0.6	2.15	2.23	2.31	2.39	2.46	2.53	2.60	2.67	2.73	2.79	2.85	2.12	2.19	2.27	2.34	2.41	2.48	2.55	2.61	2.67	2.73	2.79
		0.8	2.32	2.47	2.61	2.73	2.85	2.96	3.07	3.17	3.27	3.36	3.45	2.27	2.41	2.54	2.66	2.78	2.89	2.99	3.09	3.18	3.28	3.37
		1	2.59	2.80	2.99	3.16	3.32	3.47	3.61	3.74	3.87	3.99	4.11	2.49	2.70	2.89	3.06	3.21	3.36	3.50	3.63	3.76	3.88	4.00
		1.2	2.92	3.19	3.42	3.63	3.83	4.01	4.18	4.35	4.51	4.66	4.81	2.78	3.05	3.29	3.50	3.69	3.88	4.05	4.21	4.37	4.52	4.66

I_1　I_2　I_3　H_1　H_2　H_3

$K_1=\frac{I_1}{I_3}\cdot\frac{H_3}{H_1}$

$K_2=\frac{I_2}{I_3}\cdot\frac{H_3}{H_2}$

$\eta_1=\frac{H_1}{H_3}\sqrt{\frac{N_1}{N_3}\cdot\frac{I_3}{I_1}}$

$\eta_2=\frac{H_2}{H_3}\sqrt{\frac{N_2}{N_3}\cdot\frac{I_3}{I_2}}$

N_1——上段柱的轴心力

N_2——中段柱的轴心力

N_3——下段柱的轴心力

续附表 3.6

简图	η_1	η_2 \ K_1 / K_2	0.05											0.10										
			0.2	0.3	0.4	0.5	0.6	0.7	0.8	0.9	1	1.1	1.2	0.2	0.3	0.4	0.5	0.6	0.7	0.8	0.9	1	1.1	1.2
I_1 I_2 I_3 H_1 H_2 H_3	1	0.2	2.02	2.02	2.03	2.04	2.05	2.05	2.06	2.07	2.08	2.09	2.09	2.01	2.02	2.03	2.04	2.04	2.05	2.06	2.07	2.07	2.08	2.09
		0.4	2.07	2.10	2.14	2.17	2.20	2.23	2.26	2.30	2.33	2.36	2.39	2.06	2.10	2.13	2.16	2.19	2.22	2.25	2.28	2.31	2.34	2.37
		0.6	2.17	2.26	2.33	2.41	2.48	2.55	2.62	2.68	2.75	2.81	2.87	2.16	2.24	2.31	2.38	2.45	2.51	2.58	2.64	2.70	2.76	2.82
		0.8	2.36	2.50	2.63	2.76	2.87	2.98	3.08	3.19	3.28	3.38	3.47	2.32	2.46	2.58	2.70	2.81	2.92	3.02	3.12	3.21	3.30	3.39
		1	2.62	2.83	3.01	3.18	3.34	3.48	3.62	3.75	3.88	4.01	4.12	2.55	2.75	2.93	3.09	3.25	3.39	3.53	3.66	3.78	3.90	4.02
		1.2	2.95	3.21	3.44	3.65	3.82	4.02	4.20	4.36	4.52	4.67	4.81	2.84	3.10	3.32	3.53	3.72	3.90	4.07	4.23	4.39	4.54	4.68
	1.2	0.2	2.04	2.05	2.06	2.06	2.07	2.08	2.09	2.09	2.10	2.11	2.12	2.07	2.08	2.08	2.09	2.09	2.10	2.11	2.11	2.12	2.13	2.13
		0.4	2.10	2.13	2.17	2.20	2.23	2.26	2.29	2.32	2.35	2.38	2.41	2.13	2.16	2.18	2.21	2.24	2.27	2.30	2.33	2.35	2.38	2.41
$K_1=\frac{I_1}{I_3}\cdot\frac{H_3}{H_1}$		0.6	2.22	2.29	2.37	2.44	2.51	2.58	2.64	2.71	2.77	2.83	2.89	2.24	2.30	2.37	2.43	2.50	2.56	2.63	2.68	2.74	2.80	2.86
		0.8	2.41	2.54	2.67	2.78	2.90	3.00	3.11	3.20	3.30	3.39	3.48	2.41	2.53	2.64	2.75	2.86	2.96	3.06	3.15	3.24	3.33	3.42
$K_2=\frac{I_2}{I_3}\cdot\frac{H_3}{H_2}$		1	2.68	2.87	3.04	3.21	3.36	3.50	3.64	3.77	3.90	4.02	4.14	2.64	2.82	2.98	3.14	3.29	3.43	3.56	3.69	3.81	3.93	4.04
$\eta_1=\frac{H_1}{H_3}\sqrt{\frac{N_1}{N_3}\cdot\frac{I_3}{I_1}}$		1.2	3.00	3.25	3.47	3.67	3.86	4.04	4.21	4.37	4.53	4.68	4.83	2.92	3.16	3.37	3.57	3.76	3.93	4.10	4.26	4.41	4.56	4.70
	1.4	0.2	2.10	2.10	2.10	2.11	2.11	2.12	2.13	2.13	2.14	2.15	2.15	2.20	2.18	2.17	2.17	2.17	2.18	2.18	2.19	2.19	2.20	2.20
$\eta_2=\frac{H_2}{H_3}\sqrt{\frac{N_2}{N_3}\cdot\frac{I_3}{I_2}}$		0.4	2.17	2.19	2.21	2.24	2.27	2.30	2.33	2.36	2.39	2.41	2.44	2.26	2.26	2.27	2.29	2.32	2.34	2.37	2.39	2.42	2.44	2.47
N_1——上段柱的轴心力		0.6	2.29	2.35	2.41	2.48	2.55	2.61	2.67	2.74	2.80	2.86	2.91	2.37	2.41	2.46	2.51	2.57	2.63	2.68	2.74	2.80	2.85	2.91
N_2——中段柱的轴心力		0.8	2.48	2.60	2.71	2.82	2.93	3.03	3.13	3.23	3.32	3.41	3.50	2.53	2.62	2.72	2.82	2.92	3.01	3.11	3.20	3.29	3.37	3.46
N_3——下段柱的轴心力		1	2.74	2.92	3.08	3.24	3.39	3.53	3.66	3.79	3.92	4.04	4.15	2.75	2.90	3.05	3.20	3.34	3.47	3.60	3.72	3.84	3.96	4.07
		1.2	3.06	3.29	3.50	3.70	3.89	4.06	4.23	4.39	4.55	4.70	4.84	3.02	3.23	3.43	3.62	3.80	3.97	4.13	4.29	4.44	4.59	4.73

续附表 3.6

η_1	η_2 \ K_1 / K_2	0.20											0.30										
		0.2	0.3	0.4	0.5	0.6	0.7	0.8	0.9	1.0	1.1	1.2	0.2	0.3	0.4	0.5	0.6	0.7	0.8	0.9	1.0	1.1	1.2
0.2	0.2	1.94	1.93	1.93	1.93	1.93	1.93	1.94	1.94	1.95	1.95	1.96	1.92	1.91	1.90	1.89	1.89	1.89	1.90	1.90	1.90	1.90	1.91
	0.4	1.96	1.98	1.99	2.02	2.04	2.07	2.09	2.12	2.15	2.17	2.20	1.95	1.95	1.96	1.97	1.99	2.01	2.04	2.06	2.08	2.11	2.13
	0.6	2.02	2.07	2.13	2.19	2.26	2.32	2.38	2.44	2.50	2.56	2.62	1.99	2.03	2.08	2.13	2.18	2.24	2.29	2.35	2.41	2.46	2.52
	0.8	2.12	2.23	2.35	2.47	2.58	2.68	2.78	2.88	2.98	3.07	3.15	2.07	2.16	2.27	2.37	2.47	2.57	2.66	2.75	2.84	2.93	3.01
	1	2.28	2.47	2.65	2.82	2.97	3.12	3.26	3.39	3.51	3.63	3.75	2.20	2.37	2.53	2.69	2.83	2.97	3.10	3.23	3.35	3.46	3.57
	1.2	2.50	2.77	3.01	3.22	3.42	3.60	3.77	3.93	4.09	4.23	4.38	2.39	2.63	2.85	3.05	3.24	3.42	3.58	3.74	3.89	4.03	4.17
0.4	0.2	1.93	1.93	1.93	1.93	1.94	1.94	1.95	1.95	1.96	1.96	1.97	1.92	1.91	1.91	1.90	1.90	1.91	1.91	1.91	1.92	1.92	1.92
	0.4	1.97	1.98	2.00	2.03	2.05	2.08	2.11	2.13	2.16	2.19	2.22	1.95	1.96	1.97	1.99	2.01	2.03	2.05	2.08	2.10	2.12	2.15
	0.6	2.03	2.08	2.14	2.21	2.27	2.33	2.40	2.46	2.52	2.58	2.63	2.00	2.04	2.09	2.14	2.20	2.26	2.31	2.37	2.42	2.48	2.53
	0.8	2.13	2.25	2.37	2.48	2.59	2.70	2.80	2.90	2.99	3.08	3.17	2.08	2.18	2.28	2.39	2.49	2.59	2.68	2.77	2.86	2.95	3.03
	1	2.29	2.49	2.67	2.83	2.99	3.13	3.27	3.40	3.53	3.64	3.76	2.22	2.39	2.55	2.71	2.85	2.99	3.12	3.24	3.36	3.48	3.59
	1.2	2.52	2.79	3.02	3.23	3.43	3.61	3.78	3.94	4.10	4.24	4.39	2.41	2.65	2.87	3.07	3.26	3.43	3.60	3.75	3.90	4.04	4.18
0.6	0.2	1.95	1.95	1.95	1.95	1.96	1.96	1.97	1.97	1.98	1.98	1.99	1.93	1.93	1.92	1.92	1.93	1.93	1.93	1.94	1.94	1.95	1.95
	0.4	1.98	2.00	2.02	2.05	2.08	2.10	2.13	2.16	2.19	2.21	2.24	1.96	1.97	1.99	2.01	2.03	2.06	2.08	2.11	2.13	2.16	2.18
	0.6	2.04	2.10	2.17	2.23	2.30	2.36	2.42	2.48	2.54	2.60	2.66	2.02	2.06	2.12	2.17	2.23	2.29	2.35	2.40	2.46	2.51	2.57
	0.8	2.15	2.27	2.39	2.51	2.62	2.72	2.82	2.92	3.01	3.10	3.19	2.11	2.21	2.32	2.42	2.52	2.62	2.71	2.80	2.89	2.98	3.06
	1	2.32	2.52	2.70	2.86	3.01	3.16	3.29	3.42	3.55	3.66	3.78	2.25	2.42	2.59	2.74	2.88	3.02	3.15	3.27	3.39	3.50	3.61
	1.2	2.55	2.82	3.05	3.26	3.45	3.63	3.80	3.96	4.11	4.26	4.40	2.44	2.69	2.91	3.11	3.29	3.46	3.62	3.78	3.93	4.07	4.20
0.8	0.2	1.97	1.97	1.98	1.98	1.99	1.99	2.00	2.01	2.01	2.02	2.03	1.96	1.95	1.96	1.96	1.97	1.97	1.98	1.98	1.99	1.99	2.00
	0.4	2.00	2.03	2.06	2.08	2.11	2.14	2.17	2.20	2.22	2.25	2.28	1.99	2.01	2.03	2.05	2.08	2.10	2.13	2.15	2.18	2.21	2.23
	0.6	2.08	2.14	2.21	2.27	2.34	2.40	2.46	2.52	2.58	2.64	2.69	2.05	2.10	2.16	2.22	2.28	2.34	2.40	2.45	2.51	2.56	2.81
	0.8	2.19	2.32	2.44	2.55	2.66	2.76	2.86	2.96	3.05	3.13	3.22	2.15	2.26	2.37	2.47	2.57	2.67	2.76	2.85	2.94	3.02	3.10
	1	2.37	2.57	2.74	2.90	3.05	3.19	3.33	3.45	3.58	3.69	3.81	2.30	2.48	2.64	2.79	2.93	3.07	3.19	3.31	3.43	3.54	3.65
	1.2	2.61	2.87	3.09	3.30	3.49	3.66	3.83	3.99	4.14	4.29	4.42	2.50	2.74	2.96	3.15	3.33	3.50	3.66	3.81	3.96	4.10	4.23

简图

$$K_1=\frac{I_1}{I_3}\cdot\frac{H_3}{H_1}$$

$$K_2=\frac{I_2}{I_3}\cdot\frac{H_3}{H_2}$$

$$\eta_1=\frac{H_1}{H_3}\sqrt{\frac{N_1}{N_3}\cdot\frac{I_3}{I_1}}$$

$$\eta_2=\frac{H_2}{H_3}\sqrt{\frac{N_2}{N_3}\cdot\frac{I_3}{I_2}}$$

N_1——上段柱的轴心力

N_2——中段柱的轴心力

N_3——下段柱的轴心力

续附表 3.6

简图	η_1 \ K_1	η_2 \ K_2	0.20											0.30										
			0.2	0.3	0.4	0.5	0.6	0.7	0.8	0.9	1.0	1.1	1.2	0.2	0.3	0.4	0.5	0.6	0.7	0.8	0.9	1.0	1.1	1.2
	1	0.2	2.01	2.02	2.03	2.03	2.04	2.05	2.05	2.06	2.07	2.07	2.08	2.01	2.02	2.02	2.03	2.04	2.04	2.05	2.06	2.06	2.07	2.07
		0.4	2.06	2.09	2.11	2.14	2.17	2.20	2.23	2.25	2.28	2.31	2.33	2.05	2.08	2.10	2.13	2.16	2.18	2.21	2.23	2.26	2.28	2.31
		0.6	2.14	2.21	2.27	2.34	2.40	2.46	2.52	2.58	2.63	2.69	2.74	2.13	2.19	2.25	2.30	2.36	2.42	2.47	2.53	2.58	2.63	2.68
		0.8	2.27	2.39	2.51	2.62	2.72	2.82	2.91	3.00	3.09	3.18	3.26	2.24	2.35	2.45	2.55	2.65	2.74	2.83	2.92	3.00	3.08	3.16
		1	2.46	2.64	2.81	2.96	3.10	3.24	3.37	3.50	3.61	3.73	3.84	2.40	2.57	2.72	2.86	3.00	3.13	3.25	3.37	3.48	3.59	3.70
		1.2	2.69	2.94	3.15	3.35	3.53	3.71	3.87	4.02	4.17	4.32	4.46	2.60	2.83	3.03	3.22	3.39	3.56	3.71	3.86	4.01	4.14	4.28
	1.2	0.2	2.13	2.12	2.12	2.13	2.13	2.14	2.14	2.15	2.15	2.16	2.16	2.17	2.16	2.16	2.16	2.16	2.16	2.17	2.17	2.18	2.18	2.19
		0.4	2.18	2.19	2.21	2.24	2.26	2.29	2.31	2.34	2.36	2.38	2.41	2.22	2.22	2.24	2.26	2.28	2.30	2.32	2.34	2.36	2.39	2.41
$K_1=\frac{I_1}{I_3}\cdot\frac{H_3}{H_1}$		0.6	2.27	2.32	2.37	2.43	2.49	2.54	2.60	2.65	2.70	2.76	2.81	2.29	2.33	2.38	2.43	2.48	2.53	2.58	2.62	2.67	2.72	2.77
$K_2=\frac{I_2}{I_3}\cdot\frac{H_3}{H_2}$		0.8	2.41	2.50	2.60	2.70	2.80	2.89	2.98	3.07	3.15	3.23	3.32	2.41	2.49	2.58	2.67	2.75	2.84	2.92	3.00	3.08	3.16	3.23
$\eta_1=\frac{H_1}{H_3}\sqrt{\frac{N_1}{N_3}\cdot\frac{I_3}{I_1}}$		1	2.59	2.74	2.89	3.04	3.17	3.30	3.43	3.55	3.66	3.78	3.89	2.56	2.69	2.83	2.96	3.09	3.21	3.33	3.44	3.55	3.66	3.76
$\eta_2=\frac{H_2}{H_3}\sqrt{\frac{N_2}{N_3}\cdot\frac{I_3}{I_2}}$		1.2	2.81	3.03	3.23	3.42	3.59	3.76	3.92	4.07	4.22	4.36	4.49	2.74	2.94	3.13	3.30	3.47	3.63	3.78	3.92	4.06	4.20	4.33
N_1——上段柱的轴心力	1.4	0.2	2.35	2.31	2.29	2.28	2.27	2.27	2.27	2.27	2.27	2.28	2.28	2.45	2.40	2.37	2.35	2.35	2.34	2.34	2.34	2.34	2.34	2.34
N_2——中段柱的轴心力		0.4	2.40	2.37	2.37	2.38	2.39	2.41	2.43	2.45	2.47	2.49	2.51	2.48	2.45	2.44	2.44	2.45	2.46	2.48	2.49	2.51	2.53	2.55
N_3——下段柱的轴心力		0.6	2.48	2.49	2.52	2.56	2.61	2.65	2.70	2.75	2.80	2.85	2.89	2.55	2.54	2.56	2.60	2.63	2.67	2.71	2.75	2.80	2.84	2.88
		0.8	2.60	2.66	2.73	2.82	2.90	2.98	3.07	3.15	3.23	3.31	3.38	2.64	2.68	2.74	2.81	2.89	2.96	3.04	3.11	3.18	3.25	3.33
		1	2.77	2.88	3.01	3.14	3.26	3.38	3.50	3.62	3.73	3.84	3.94	2.77	2.87	2.98	3.09	3.20	3.32	3.43	3.53	3.64	3.74	3.84
		1.2	2.97	3.15	3.33	3.50	3.67	3.83	3.98	4.13	4.27	4.41	4.54	2.94	3.09	3.26	3.41	3.57	3.72	3.86	4.00	4.13	4.26	4.39

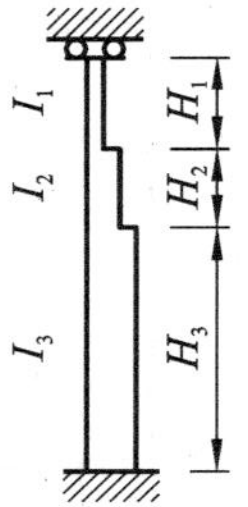

注：表中的计算长度系数 μ_3 值是按下式算得：

$$\frac{\eta_1 K_1}{\eta_2 K_2}\cdot \mathrm{ctg}\frac{\pi\eta_1}{\mu_3}\cdot \mathrm{ctg}\frac{\pi\eta_2}{\mu_3}+\frac{\eta_1 K_1}{(\eta_2 K_2)^2}\cdot \mathrm{ctg}\frac{\pi\eta_1}{\mu_3}\cdot \mathrm{ctg}\frac{\pi}{\mu_3}+\frac{1}{\eta_2 K_2}\cdot \mathrm{ctg}\frac{\pi\eta_2}{\mu_3}\cdot \mathrm{ctg}\frac{\pi}{\mu_3}-1=0$$

附录4 各种截面回转半径的近似值

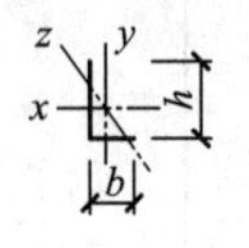 $i_x=0.30h$ $i_y=0.30b$ $i_z=0.195h$	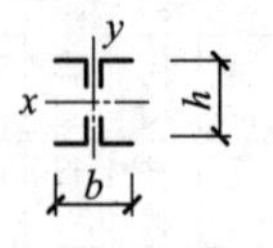 $i_x=0.40h$ $i_y=0.21b$	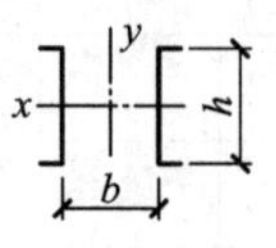 $i_x=0.38h$ $i_y=0.60b$	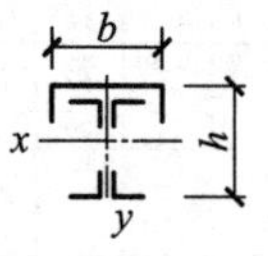 $i_x=0.41h$ $i_y=0.22b$
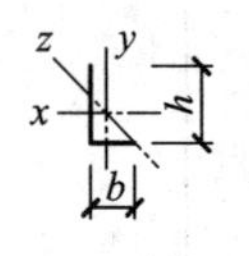 $i_x=0.32h$ $i_y=0.28b$ $i_z=0.18\dfrac{h+b}{2}$	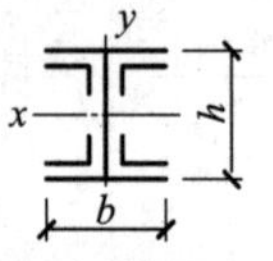 $i_x=0.45h$ $i_y=0.235b$	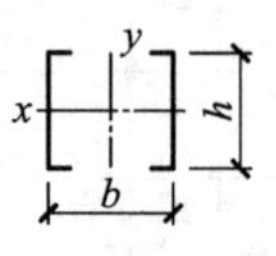 $i_x=0.38h$ $i_y=0.44b$	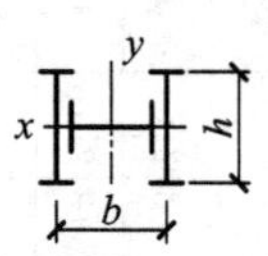 $i_x=0.32h$ $i_y=0.49b$
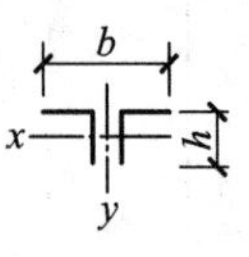 $i_x=0.30h$ $i_y=0.215b$	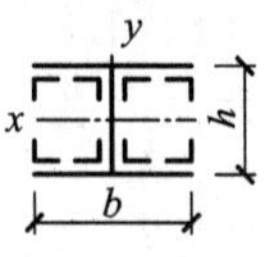 $i_x=0.44h$ $i_y=0.28b$	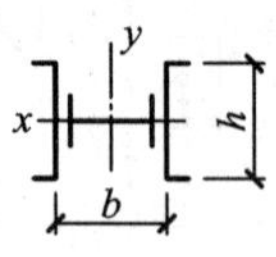 $i_x=0.32h$ $i_y=0.58b$	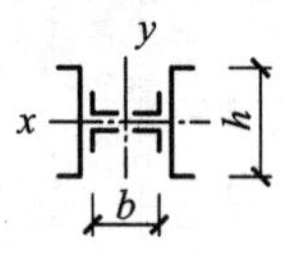 $i_x=0.29h$ $i_y=0.50b$
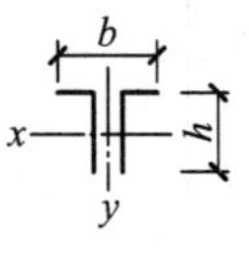 $i_x=0.32h$ $i_y=0.20b$	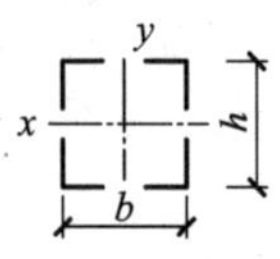 $i_x=0.43h$ $i_y=0.43b$	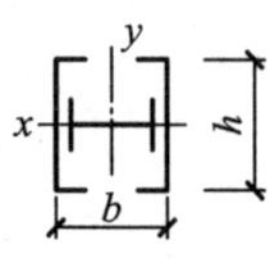 $i_x=0.32h$ $i_y=0.40b$	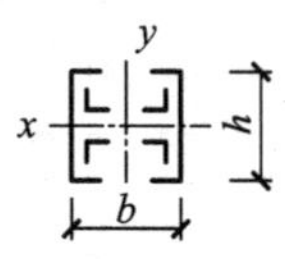 $i_x=0.29h$ $i_y=0.45b$
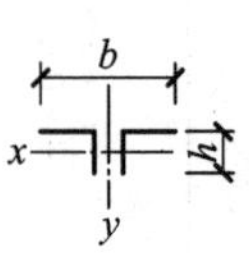 $i_x=0.28h$ $i_y=0.24b$	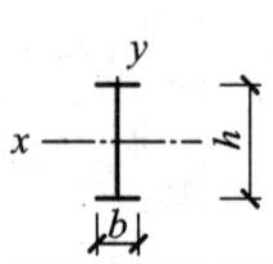 $i_x=0.39h$ $i_y=0.20b$	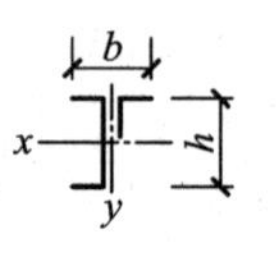 $i_x=0.32h$ $i_y=0.12b$	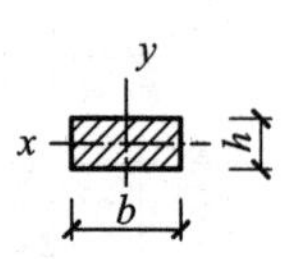 $i_x=0.29h$ $i_y=0.29b$
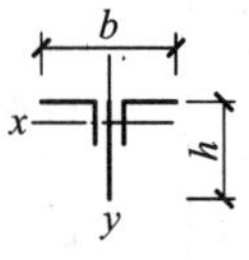 $i_x=0.30h$ $i_y=0.17b$	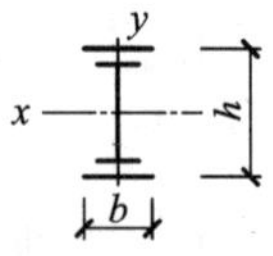 $i_x=0.42h$ $i_y=0.22b$	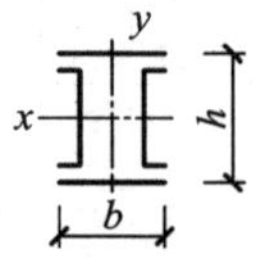 $i_x=0.44h$ $i_y=0.32b$	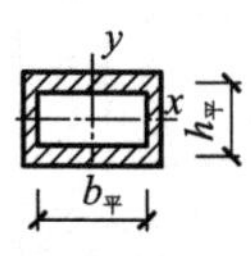 $i_x=0.40h_{平}$ $i_y=0.40b_{平}$
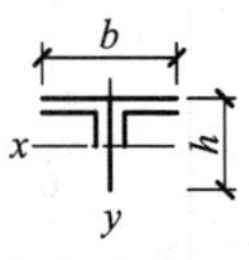 $i_x=0.28h$ $i_y=0.21b$	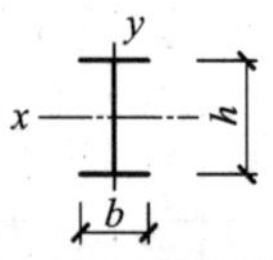 $i_x=0.43h$ $i_y=0.24b$	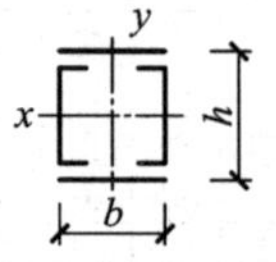 $i_x=0.44h$ $i_y=0.38b$	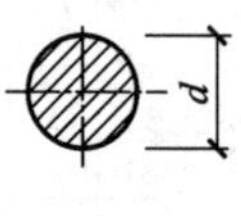 $i=0.25d$
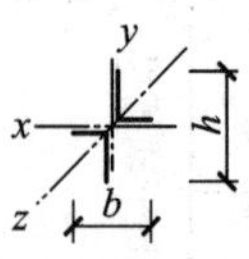 $i_x=0.21h$ $i_y=0.21b$ $i_z=0.185h$	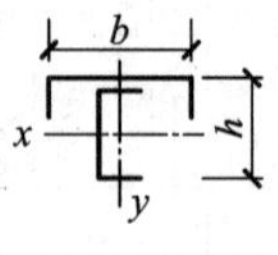 $i_x=0.365h$ $i_y=0.275b$	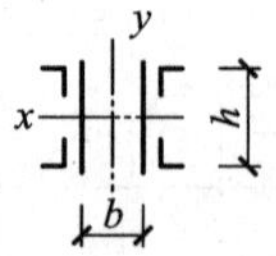 $i_x=0.37h$ $i_y=0.54b$	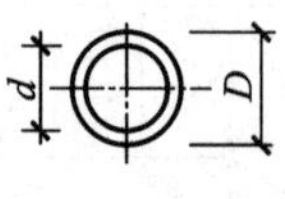 $i=0.175(D+d)$
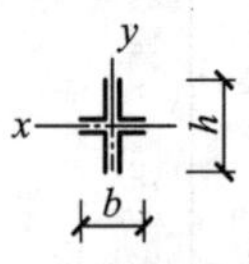 $i_x=0.21h$ $i_y=0.21b$	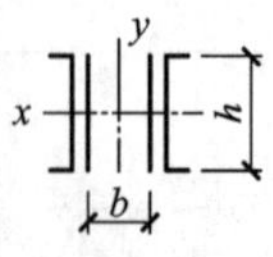 $i_x=0.35h$ $i_y=0.56b$	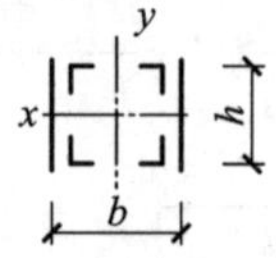 $i_x=0.37h$ $i_y=0.45b$	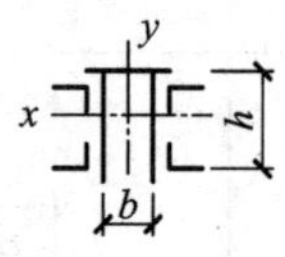 $i_x=0.39h$ $i_y=0.53b$
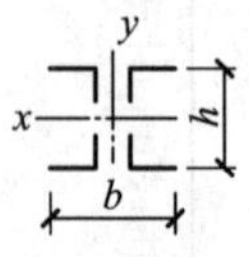 $i_x=0.45h$ $i_y=0.24b$	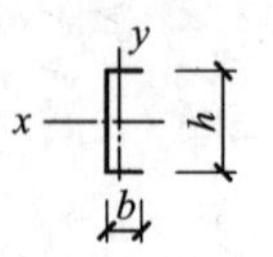 $i_x=0.39h$ $i_y=0.29b$	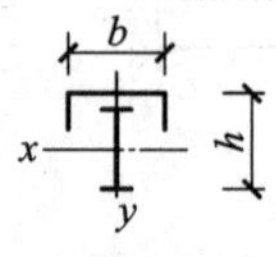 $i_x=0.40h$ $i_y=0.24b$	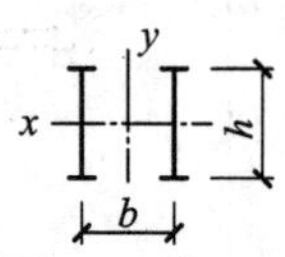 $i_x=0.40h$ $i_y=0.50b$

附录 5　热轧等边角钢

附表 5.1　热轧等边角钢的规格及截面特性(按 GB/T 706—2016 计算)

说明：b—边宽度；
d—边厚度；
r—内圆弧半径；
r_1—边端圆弧半径，$r_1 \approx t/3$；
Z_0—重心距离。

型号	截面尺寸(mm)			截面面积(cm^2)	理论重量(kg/m)	外表面积(m^2/m)	惯性矩(cm^4)				惯性半径(cm)			截面模数(cm^3)			重心距离(cm)	双角钢回转半径 i_y(cm) 当间距 a(mm)为					
	b	d	r				I_x	I_{x1}	I_{x0}	I_{y0}	i_x	i_{x0}	i_{y0}	W_x	W_{x0}	W_{y0}	Z_0	6	8	10	12	14	16
L20×3	20	3	3.5	1.132	0.89	0.078	0.40	0.81	0.63	0.17	0.59	0.75	0.39	0.29	0.45	0.20	0.60	1.08	1.16	1.25	1.34	1.43	1.52
L20×4	20	4	3.5	1.459	1.15	0.077	0.50	1.09	0.78	0.22	0.58	0.73	0.38	0.36	0.55	0.24	0.64	1.10	1.19	1.28	1.37	1.46	1.55
L25×3	25	3	3.5	1.432	1.12	0.098	0.82	1.57	1.29	0.34	0.76	0.95	0.49	0.46	0.73	0.33	0.73	1.28	1.36	1.45	1.53	1.62	1.71
L25×4	25	4	3.5	1.859	1.46	0.097	1.03	2.11	1.62	0.43	0.74	0.93	0.48	0.59	0.92	0.40	0.76	1.29	1.38	1.46	1.55	1.64	1.73
L30×3	30	3	4.5	1.749	1.37	0.117	1.46	2.71	2.31	0.61	0.91	1.15	0.59	0.68	1.09	0.51	0.85	1.47	1.55	1.63	1.71	1.80	1.88
L30×4	30	4	4.5	2.276	1.79	0.117	1.84	3.63	2.92	0.77	0.90	1.13	0.58	0.87	1.37	0.62	0.89	1.49	1.57	1.66	1.74	1.83	1.91
L36×3	36	3	4.5	2.109	1.66	0.141	2.58	4.68	4.09	1.07	1.11	1.39	0.71	0.99	1.61	0.76	1.00	1.71	1.79	1.87	1.95	2.03	2.11
L36×4	36	4	4.5	2.756	2.16	0.141	3.29	6.25	5.22	1.37	1.09	1.38	0.70	1.28	2.05	0.93	1.04	1.73	1.81	1.89	1.97	2.05	2.14
L36×5	36	5	4.5	3.382	2.65	0.141	3.95	7.84	6.24	1.65	1.08	1.36	0.70	1.56	2.45	1.00	1.07	1.74	1.82	1.91	1.99	2.07	2.16

续附表 5.1

型号	截面尺寸(mm)			截面面积(cm^2)	理论重量(kg/m)	外表面积(m^2/m)	惯性矩(cm^4)				惯性半径(cm)			截面模数(cm^3)			重心距离(cm)	双角钢回转半径 i_y(cm) 当间距 a(mm)为					
	b	d	r				I_x	I_{x1}	I_{x0}	I_{y0}	i_x	i_{x0}	i_{y0}	W_x	W_{x0}	W_{y0}	Z_0	6	8	10	12	14	16
3	40	3	5	2.359	1.85	0.157	3.59	6.41	5.69	1.49	1.23	1.55	0.79	1.23	2.01	0.96	1.09	1.86	1.93	2.01	2.09	2.17	2.25
L40× 4		4		3.086	2.42	0.157	4.60	8.56	7.29	1.91	1.22	1.54	0.79	1.60	2.58	1.19	1.13	1.88	1.96	2.04	2.12	2.20	2.28
5		5		3.792	2.98	0.156	5.53	10.7	8.76	2.30	1.21	1.52	0.78	1.96	3.10	1.39	1.17	1.90	1.98	2.06	2.14	2.23	2.31
3	45	3		2.659	2.09	0.177	5.17	9.12	8.20	2.14	1.40	1.76	0.89	1.58	2.58	1.24	1.22	2.07	2.14	2.21	2.30	2.38	2.46
L45× 4		4		3.486	2.74	0.177	6.65	12.2	10.6	2.75	1.38	1.74	0.89	2.05	3.32	1.54	1.26	2.08	2.16	2.24	2.32	2.40	2.48
5		5		4.292	3.37	0.176	8.04	15.2	12.7	3.33	1.37	1.72	0.88	2.51	4.00	1.81	1.30	2.11	2.18	2.26	2.34	2.42	2.51
6		6		5.077	3.99	0.176	9.33	18.4	14.8	3.89	1.36	1.70	0.80	2.95	4.64	2.06	1.33	2.12	2.20	2.28	2.36	2.44	2.53
3	50	3	5.5	2.971	2.33	0.197	7.18	12.5	11.4	2.98	1.55	1.96	1.00	1.96	3.22	1.57	1.34	2.26	2.33	2.41	2.48	2.56	2.64
L50× 4		4		3.897	3.06	0.197	9.26	16.7	14.7	3.82	1.54	1.94	0.99	2.56	4.16	1.96	1.38	2.28	2.35	2.43	2.51	2.59	2.67
5		5		4.803	3.77	0.196	11.2	20.9	17.8	4.64	1.53	1.92	0.98	3.13	5.03	2.31	1.42	2.30	2.38	2.46	2.53	2.61	2.69
6		6		5.688	4.46	0.196	13.1	25.1	20.7	5.42	1.52	1.91	0.98	3.68	5.85	2.63	1.46	2.33	2.40	2.48	2.56	2.64	2.72
3	56	3	6	3.343	2.62	0.221	10.2	17.6	16.1	4.24	1.75	2.20	1.13	2.48	4.08	2.02	1.48	2.50	2.57	2.64	2.72	2.80	2.87
4		4		4.390	3.45	0.220	13.2	23.4	20.9	5.46	1.73	2.18	1.11	3.24	5.28	2.52	1.53	2.52	2.59	2.67	2.74	2.82	2.90
5		5		5.415	4.25	0.220	16.0	29.3	25.4	6.61	1.72	2.17	1.10	3.97	6.42	2.98	1.57	2.54	2.62	2.69	2.77	2.85	2.93
L56× 6		6		6.420	5.04	0.220	18.7	35.3	29.7	7.73	1.71	2.15	1.10	4.68	7.49	3.40	1.61	2.56	2.64	2.71	2.79	2.87	2.95
7		7		7.404	5.81	0.219	21.2	41.2	33.6	8.82	1.69	2.13	1.09	5.36	8.49	3.80	1.64	2.57	2.65	2.73	2.81	2.89	2.97
8		8		8.367	6.57	0.219	23.6	47.2	37.4	9.89	1.68	2.11	1.09	6.03	9.44	4.16	1.68	2.60	2.67	2.75	2.83	2.91	3.00

续附表 5.1

型号	截面尺寸(mm)			截面面积(cm^2)	理论重量(kg/m)	外表面积(m^2/m)	惯性矩(cm^4)				惯性半径(cm)			截面模数(cm^3)			重心距离(cm)	双角钢回转半径 i_y(cm) 当间距 a(mm)为					
	b	d	r				I_x	I_{x1}	I_{x0}	I_{y0}	i_x	i_{x0}	i_{y0}	W_x	W_{x0}	W_{y0}	Z_0	6	8	10	12	14	16
∟60×5	60	5	6.5	5.829	4.58	0.236	19.9	36.1	31.6	8.21	1.85	2.33	1.19	4.59	7.44	3.48	1.67	2.70	2.77	2.85	2.93	3.01	3.08
∟60×6		6		6.914	5.43	0.235	23.4	43.3	36.9	9.60	1.83	2.31	1.18	5.41	8.70	3.98	1.70	2.72	2.79	2.87	2.95	3.02	3.10
∟60×7		7		7.977	6.26	0.235	26.4	50.7	41.9	11.0	1.82	2.29	1.17	6.21	9.88	4.45	1.74	2.73	2.81	2.89	2.96	3.04	3.12
∟60×8		8		9.020	7.08	0.235	29.5	58.0	46.7	12.3	1.81	2.27	1.17	6.98	11.0	4.88	1.78	2.76	2.83	2.91	2.99	3.07	3.15
∟63 4	63	4	7	4.978	3.91	0.248	19.0	33.4	30.2	7.89	1.96	2.46	1.26	4.13	6.78	3.29	1.70	2.80	2.87	2.94	3.02	3.09	3.17
∟63 5		5		6.143	4.82	0.248	23.2	41.7	46.8	9.57	1.94	2.45	1.25	5.08	8.25	3.90	1.74	2.82	2.89	2.97	3.04	3.12	3.20
∟63 6		6		7.288	5.72	0.247	27.1	50.1	43.0	11.2	1.93	2.43	1.24	6.00	9.66	4.46	1.78	2.84	2.91	2.99	3.06	3.14	3.22
∟63 7		7		8.412	6.60	0.247	30.9	58.6	49.0	12.8	1.92	2.41	1.23	6.88	11.0	4.98	1.82	2.86	2.93	3.01	3.09	3.17	3.25
∟63 8		8		9.515	7.47	0.247	34.5	67.1	54.6	14.3	1.90	2.40	1.23	7.75	12.3	5.47	1.85	2.87	2.94	3.02	3.10	3.18	3.26
∟63 10		10		11.66	9.15	0.246	41.1	84.3	64.9	17.3	1.88	2.36	1.22	9.39	14.6	6.36	1.93	2.92	2.99	3.07	3.15	3.23	3.31
∟70 4	70	4	8	5.570	4.37	0.275	26.4	45.7	41.8	11.0	2.18	2.74	1.40	5.14	8.4	4.17	1.86	3.07	3.14	3.21	3.29	3.36	3.44
∟70 5		5		6.876	5.40	0.275	32.2	57.2	51.1	13.3	2.16	2.73	1.39	6.32	10.3	4.95	1.91	3.09	3.16	3.24	3.31	3.39	3.47
∟70 6		6		8.160	6.41	0.275	37.8	68.7	59.9	15.6	2.15	2.71	1.38	7.48	12.1	5.67	1.95	3.11	3.19	3.26	3.34	3.41	3.49
∟70 7		7		9.424	7.40	0.275	43.1	80.3	68.4	17.8	2.14	2.69	1.38	8.59	13.8	6.34	1.99	3.13	3.21	3.28	3.36	3.44	3.52
∟70 8		8		10.67	8.37	0.274	48.2	91.9	76.4	20.0	2.12	2.68	1.37	9.68	15.4	6.98	2.03	3.15	3.22	3.30	3.38	3.46	3.54
∟75×5	75	5	9	7.412	5.82	0.295	40.0	70.6	63.3	16.6	2.33	2.92	1.50	7.32	11.9	5.77	2.04	3.30	3.37	3.45	3.52	3.60	3.67
∟75×6		6		8.797	6.91	0.294	47.0	84.6	74.4	19.5	2.31	2.90	1.49	8.64	14.0	6.67	2.07	3.31	3.38	3.46	3.53	3.61	3.68
∟75×7		7		10.16	7.98	0.294	53.6	98.7	85.0	22.2	2.30	2.89	1.48	9.93	16.0	7.44	2.11	3.33	3.40	3.48	3.55	3.63	3.71
∟75×8		8		11.50	9.03	0.294	60.0	113	95.1	24.9	2.28	2.88	1.47	11.2	17.9	8.19	2.15	3.35	3.42	3.50	3.57	3.65	3.73

续附表 5.1

型号	截面尺寸(mm)			截面面积(cm^2)	理论重量(kg/m)	外表面积(m^2/m)	惯性矩(cm^4)				惯性半径(cm)			截面模数(cm^3)			重心距离(cm)	双角钢回转半径 i_y(cm) 当间距 a(mm)为					
	b	d	r				I_x	I_{x1}	I_{x0}	I_{y0}	i_x	i_{x0}	i_{y0}	W_x	W_{x0}	W_{y0}	Z_0	6	8	10	12	14	16
L75× 9	75	9	9	12.83	10.1	0.294	66.1	127	105	27.5	2.27	2.86	1.46	12.4	19.8	8.89	2.18	3.36	3.44	3.51	3.59	3.67	3.75
L75× 10	75	10	9	14.13	11.1	0.293	72.0	142	114	30.1	2.26	2.84	1.46	13.6	21.5	9.56	2.22	3.38	3.46	3.54	3.61	3.69	3.77
L80× 5	80	5	9	7.912	6.21	0.315	48.8	85.4	77.3	20.3	2.48	3.13	1.60	8.34	13.7	6.66	2.15	3.49	3.56	3.63	3.71	3.78	3.85
L80× 6	80	6	9	9.397	7.38	0.314	57.4	103	91	23.7	2.47	3.11	1.59	9.87	16.1	7.65	2.19	3.51	3.58	3.65	3.73	3.80	3.88
L80× 7	80	7	9	10.86	8.53	0.314	65.6	120	104	27.1	2.46	3.10	1.58	11.4	18.4	8.58	2.23	3.53	3.60	3.67	3.75	3.83	3.90
L80× 8	80	8	9	12.30	9.66	0.314	73.5	137	117	30.4	2.44	3.08	1.57	12.8	20.6	9.46	2.27	3.54	3.62	3.69	3.77	3.84	3.92
L80× 9	80	9	9	13.73	10.8	0.314	81.1	154	129	33.6	2.43	3.06	1.56	14.3	22.7	10.3	2.31	3.57	3.64	3.72	3.79	3.87	3.95
L80× 10	80	10	9	15.13	11.9	0.313	88.4	172	140	36.8	2.42	3.04	1.56	15.6	24.8	11.1	2.35	3.59	3.66	3.74	3.81	3.89	3.97
L90× 6	90	6	10	10.64	8.35	0.354	82.8	146	131	34.3	2.79	3.51	1.80	12.6	20.6	11.1	2.44	3.91	3.98	4.05	4.13	4.20	4.28
L90× 7	90	7	10	12.30	9.66	0.354	94.8	170	150	39.2	2.78	3.50	1.78	14.5	23.6	11.2	2.48	3.93	4.00	4.08	4.15	4.22	4.30
L90× 8	90	8	10	13.94	10.9	0.353	106	195	169	44.0	2.76	3.48	1.78	16.4	26.6	12.4	2.52	3.95	4.02	4.09	4.16	4.24	4.32
L90× 9	90	9	10	15.57	12.2	0.353	118	219	187	48.7	2.75	3.46	1.77	18.3	29.4	13.5	2.56	3.97	4.04	4.12	4.19	4.27	4.34
L90× 10	90	10	10	17.17	13.5	0.353	129	244	204	53.3	2.74	3.45	1.76	20.1	32.0	14.5	2.59	3.98	4.06	4.13	4.21	4.28	4.36
L90× 12	90	12	10	20.31	15.9	0.352	149	294	236	62.2	2.71	3.41	1.75	23.6	37.1	16.5	2.67	4.02	4.09	4.17	4.25	4.32	4.40
L100× 6	100	6	12	11.93	9.37	0.393	115	200	182	47.9	3.10	3.90	2.00	15.7	25.7	12.7	2.67	4.29	4.36	4.43	4.51	4.58	4.65
L100× 7	100	7	12	13.80	10.8	0.393	132	234	209	54.7	3.09	3.89	1.99	18.1	29.6	14.3	2.71	4.31	4.38	4.46	4.53	4.60	4.68
L100× 8	100	8	12	15.64	12.3	0.393	148	267	235	61.4	3.08	3.88	1.98	20.5	33.2	15.8	2.76	4.34	4.41	4.48	4.56	4.63	4.71
L100× 9	100	9	12	17.46	13.7	0.392	164	300	260	68.0	3.07	3.86	1.97	22.8	36.8	17.2	2.80	4.36	4.43	4.50	4.58	4.65	4.73

续附表 5.1

型号	截面尺寸(mm)			截面面积(cm^2)	理论重量(kg/m)	外表面积(m^2/m)	惯性矩(cm^4)				惯性半径(cm)			截面模数(cm^3)			重心距离(cm)	双角钢回转半径 i_y(cm) 当间距 a(mm)为					
	b	d	r				I_x	I_{x1}	I_{x0}	I_{y0}	i_x	i_{x0}	i_{y0}	W_x	W_{x0}	W_{y0}	Z_0	6	8	10	12	14	16
L100×10	100	10	12	19.26	15.1	0.392	180	334	285	74.4	3.05	3.84	1.96	25.1	40.3	18.5	2.84	4.38	4.45	4.52	4.60	4.67	4.75
L100×12		12		22.80	17.9	0.391	209	402	331	86.8	3.03	3.81	1.95	29.5	46.8	21.1	2.91	4.41	4.49	4.56	4.64	4.71	4.79
L100×14		14		26.26	20.6	0.391	237	471	374	99	3.00	3.77	1.94	33.7	52.9	23.4	2.99	4.45	4.53	4.60	4.68	4.76	4.83
L100×16		16		29.63	23.3	0.390	263	540	414	111	2.98	3.74	1.94	37.8	58.6	25.6	3.06	4.49	4.57	4.64	4.72	4.80	4.88
L110×7	110	7	12	15.20	11.9	0.433	177	311	281	73.4	3.41	4.30	2.20	22.1	36.1	17.5	2.96	4.72	4.79	4.86	4.93	5.00	5.08
L110×8		8		17.24	13.5	0.433	199	355	316	82.4	3.40	4.28	2.19	25.0	40.7	19.4	3.01	4.75	4.82	4.89	4.96	5.03	5.10
L110×10		10		21.26	16.7	0.432	242	445	384	100	3.38	4.25	2.17	30.6	49.4	22.9	3.09	4.78	4.85	4.93	5.00	5.07	5.15
L110×12		12		25.20	19.8	0.431	283	535	448	117	3.35	4.22	2.15	36.1	57.6	26.2	3.16	4.82	4.89	4.96	5.04	5.11	5.19
L110×14		14		29.06	22.8	0.431	321	625	508	133	3.32	4.18	2.14	41.3	65.3	29.1	3.24	4.85	4.93	5.00	5.08	5.15	5.23
L125×8	125	8	14	19.75	15.5	0.492	297	521	471	123	3.88	4.88	2.50	32.5	53.3	25.9	3.37	5.34	5.41	5.48	5.55	5.62	5.70
L125×10		10		24.37	19.1	0.491	362	652	574	149	3.85	4.85	2.48	40.0	64.9	30.6	3.45	5.37	5.44	5.52	5.59	5.66	5.73
L125×12		12		28.91	22.7	0.491	423	783	671	175	3.83	4.82	2.46	41.2	76.0	35.0	3.53	5.42	5.49	5.56	5.63	5.71	5.78
L125×14		14		33.37	26.2	0.490	482	916	764	200	3.80	4.78	2.45	54.2	86.4	39.1	3.61	5.45	5.52	5.60	5.67	5.75	5.82
L125×16		16		37.74	29.6	0.489	537	1050	851	224	3.77	4.75	2.43	60.9	96.3	43.0	3.68	5.48	5.56	5.63	5.71	5.78	5.86
L140×10	140	10		27.37	21.5	0.551	515	915	817	212	4.34	5.46	2.78	50.6	82.6	39.2	3.82	5.98	6.05	6.12	6.19	6.27	6.34
L140×12		12		32.51	25.5	0.551	604	1100	959	249	4.31	5.43	2.76	59.8	96.9	45.0	3.90	6.02	6.09	6.16	6.23	6.30	6.38
L140×14		14		37.57	29.5	0.550	689	1280	1090	284	4.28	5.40	2.75	68.8	110	50.5	3.98	6.05	6.12	6.20	6.27	6.34	6.42
L140×16		16		42.54	33.4	0.549	770	1470	1220	319	4.26	5.36	2.74	77.5	123	55.6	4.06	6.10	6.17	6.24	6.31	6.39	6.46

续附表 5.1

型号	截面尺寸(mm)			截面面积(cm^2)	理论重量(kg/m)	外表面积(m^2/m)	惯性矩(cm^4)				惯性半径(cm)			截面模数(cm^3)			重心距离(cm)	双角钢回转半径 i_y(cm) 当间距 a(mm)为					
	b	d	r				I_x	I_{x1}	I_{x0}	I_{y0}	i_x	i_{x0}	i_{y0}	W_x	W_{x0}	W_{y0}	Z_0	6	8	10	12	14	16
L150×8	150	8	14	23.75	18.6	0.592	521	900	827	215	4.69	5.90	3.01	47.4	78.0	38.1	3.99	6.35	6.42	6.49	6.56	6.63	6.70
L150×10	150	10	14	29.37	23.1	0.591	638	1130	1010	262	4.66	5.87	2.99	58.4	95.5	45.5	4.08	6.40	6.46	6.53	6.60	6.68	6.75
L150×12	150	12	14	34.91	27.4	0.591	749	1350	1190	308	4.63	5.84	2.97	69.0	112	52.4	4.15	6.42	6.49	6.56	6.63	6.71	6.78
L150×14	150	14	14	40.37	31.7	0.590	856	1580	1360	352	4.60	5.80	2.95	79.5	128	58.8	4.23	6.46	6.53	6.60	6.67	6.75	6.82
L150×15	150	15	14	43.06	33.8	0.590	907	1690	1440	374	4.59	5.78	2.95	84.6	136	61.9	4.27	6.48	6.55	6.62	6.69	6.76	6.84
L150×16	150	16	14	45.74	35.9	0.589	958	1810	1520	395	4.58	5.77	2.94	89.6	143	64.9	4.31	6.50	6.57	6.64	6.71	6.79	6.86
L160×10	160	10	16	31.50	24.7	0.630	780	1370	1240	322	4.98	6.27	3.20	66.7	109	52.8	4.31	6.79	6.85	6.92	6.99	7.06	7.14
L160×12	160	12	16	37.44	29.4	0.630	917	1640	1460	377	4.95	6.24	3.18	79.0	129	60.7	4.39	6.82	6.89	6.96	7.03	7.10	7.17
L160×14	160	14	16	43.30	34.0	0.629	1060	1910	1670	432	4.92	6.20	3.16	91.0	147	68.2	4.47	6.85	6.92	6.99	7.06	7.14	7.21
L160×16	160	16	16	49.07	38.5	0.629	1180	2190	1870	485	4.89	6.17	3.14	103	165	75.3	4.55	6.89	6.96	7.03	7.10	7.17	7.25
L180×12	180	12	16	42.24	33.3	0.710	1320	2330	2100	543	5.59	7.05	3.58	101	165	78.4	4.89	7.63	7.70	7.77	7.84	7.91	7.98
L180×14	180	14	16	48.90	38.4	0.709	1510	2720	2410	622	5.56	7.02	3.56	116	189	88.4	4.97	7.66	7.73	7.80	7.87	7.94	8.01
L180×16	180	16	16	55.47	43.5	0.709	1700	3120	2700	699	5.54	6.98	3.55	131	212	97.8	5.05	7.70	7.77	7.84	7.91	7.98	8.06
L180×18	180	18	16	61.96	48.6	0.708	1880	3500	2990	762	5.50	6.94	3.51	146	235	105	5.13	7.73	7.80	7.87	7.94	8.01	8.09
L200×14	200	14	18	54.64	42.9	0.788	2100	3730	3340	864	6.20	7.82	3.98	145	236	112	5.46	8.46	8.53	8.60	8.67	8.74	8.81
L200×16	200	16	18	62.01	48.7	0.788	2370	4270	2760	971	6.18	7.79	3.96	164	266	124	5.54	8.50	8.57	8.64	8.71	8.78	8.86
L200×18	200	18	18	69.30	54.4	0.787	2620	4810	4160	1080	6.15	7.75	3.94	182	294	136	5.62	8.54	8.61	8.68	8.75	8.82	8.89
L200×20	200	20	18	76.51	60.1	0.787	2870	5350	4550	1180	6.12	7.72	3.93	200	322	147	5.69	8.56	8.63	8.70	8.78	8.85	8.92
L200×24	200	24	18	90.66	71.2	0.785	3340	6460	5290	1380	6.07	7.64	3.90	236	374	167	5.87	8.66	8.73	8.80	8.87	8.94	9.02

续附表 5.1

型号	截面尺寸(mm)			截面面积(cm^2)	理论重量(kg/m)	外表面积(m^2/m)	惯性矩(cm^4)				惯性半径(cm)			截面模数(cm^3)			重心距离(cm)	双角钢回转半径 i_y(cm) 当间距 a(mm)为					
	b	d	r				I_x	I_{x1}	I_{x0}	I_{y0}	i_x	i_{x0}	i_{y0}	W_x	W_{x0}	W_{y0}	Z_0	6	8	10	12	14	16
L220×16	220	16	21	68.67	53.9	0.866	3190	5680	5060	1310	6.81	8.59	4.37	200	326	154	6.03	9.30	9.37	9.44	9.51	9.58	9.65
L220×18	220	18	21	76.75	60.3	0.866	3540	6400	5620	1450	6.79	8.55	4.35	223	361	168	6.11	9.34	9.41	9.48	9.55	9.62	9.69
L220×20	220	20	21	84.76	66.5	0.865	3870	7110	6150	1590	6.76	8.52	4.34	245	395	182	6.18	9.36	9.43	9.50	9.57	9.64	9.71
L220×22	220	22	21	92.68	72.8	0.865	4200	7830	6670	1730	6.73	8.48	4.32	267	429	195	6.26	9.40	9.47	9.54	9.61	9.68	9.76
L220×24	220	24	21	100.5	78.9	0.864	4520	8550	7170	1870	6.71	8.45	4.31	289	461	208	6.33	9.43	9.50	9.57	9.64	9.72	9.79
L220×26	220	26	21	108.3	85.0	0.864	4830	9280	7690	2000	6.68	8.41	4.30	310	492	221	6.41	9.47	9.54	9.61	9.68	9.75	9.83
L250×18	250	18	24	87.84	69.0	0.985	5270	9380	8370	2170	7.75	9.76	4.97	290	473	224	6.84	10.53	10.60	10.67	10.74	10.81	10.88
L250×20	250	20	24	97.05	76.2	0.984	5780	10400	9180	2380	7.72	9.73	4.95	320	519	243	6.92	10.57	10.64	10.71	10.78	10.85	10.92
L250×22	250	22	24	106.2	83.3	0.983	6280	11500	9970	2580	7.69	9.69	4.93	349	564	261	7.00	10.60	10.67	10.74	10.81	10.88	10.95
L250×24	250	24	24	115.2	90.4	0.983	6770	12500	10700	2790	7.67	9.66	4.92	378	608	278	7.07	10.63	10.70	10.77	10.84	10.92	10.99
L250×26	250	26	24	124.2	97.5	0.982	7240	13600	11500	2980	7.64	9.62	4.90	406	650	295	7.15	10.67	10.74	10.81	10.88	10.95	11.02
L250×28	250	28	24	133.0	104	0.982	7700	14600	12200	3180	7.61	9.58	4.89	433	691	311	7.22	10.70	10.77	10.84	10.91	10.98	11.06
L250×30	250	30	24	141.8	111	0.981	8160	15700	12900	3380	7.58	9.55	4.88	461	731	327	7.30	10.74	10.81	10.88	10.95	11.02	11.10
L250×32	250	32	24	150.5	118	0.981	8600	16800	13600	3570	7.56	9.51	4.87	488	770	342	7.37	10.77	10.84	10.91	10.98	11.06	11.13
L250×35	250	35	24	163.4	128	0.980	9240	18400	14600	3850	7.52	9.46	4.86	527	827	264	7.48	10.82	10.89	10.96	11.04	11.11	11.19

附录 6　热轧不等边角钢

附表 6.1　热轧不等边角钢的规格及截面特性(按 GB/T 706—2016 计算)

说明：B—长边宽度；　r_1—边端圆弧半径，$r_1 \approx t/3$；
b—短边宽度；　X_0—重心距离；
d—边厚度；　Y_0—重心距离。
r—内圆弧半径；

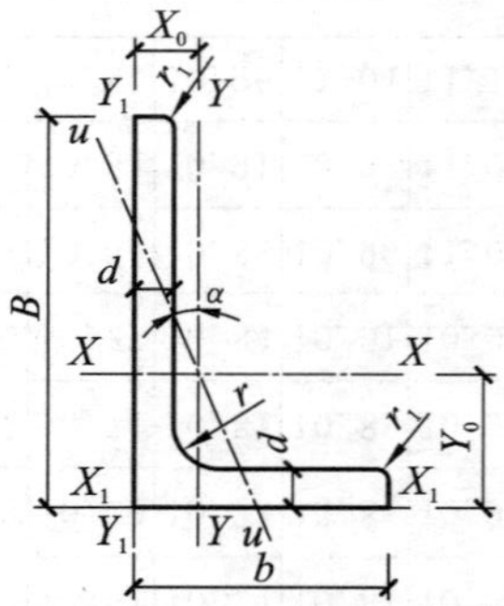

型号		截面尺寸(mm)				截面面积	理论重量	外表面积	惯性矩(cm^4)					惯性半径(cm)			截面模数(cm^3)			tanα	重心距离(cm)	
		B	b	d	r	(cm^2)	(kg/m)	(m^2/m)	I_x	I_{x1}	I_y	I_{y1}	I_u	i_x	i_y	i_u	W_x	W_y	W_u		x_0	y_0
L25×16×	3	25	16	3	3.5	1.162	0.91	0.080	0.70	1.56	0.22	0.43	0.14	0.78	0.44	0.34	0.43	0.19	0.16	0.392	0.42	0.86
	4			4		1.499	1.18	0.079	0.88	2.09	0.27	0.59	0.17	0.77	0.43	0.34	0.55	0.24	0.20	0.381	0.46	0.90
L32×20×	3	32	20	3		1.492	1.17	0.102	1.53	3.27	0.46	0.82	0.28	1.01	0.55	0.43	0.72	0.30	0.25	0.382	0.49	1.08
	4			4		1.939	1.52	0.101	1.93	4.37	0.57	1.12	0.35	1.00	0.54	0.42	0.93	0.39	0.32	0.374	0.53	1.12
L40×25×	3	40	25	3	4	1.890	1.48	0.127	3.08	5.39	0.93	1.59	0.56	1.28	0.70	0.54	1.15	0.49	0.40	0.385	0.59	1.32
	4			4		2.467	1.94	0.127	3.93	8.53	1.18	2.14	0.71	1.36	0.69	0.54	1.49	0.63	0.52	0.381	0.63	1.37
L45×28×	3	45	28	3	5	2.149	1.69	0.143	4.45	9.10	1.34	2.23	0.80	1.44	0.79	0.61	1.47	0.62	0.51	0.383	0.64	1.47
	4			4		2.806	2.20	0.143	5.69	12.1	1.70	3.00	1.02	1.42	0.78	0.60	1.91	0.80	0.66	0.380	0.68	1.51
L50×32×	3	50	32	3	5.5	2.431	1.91	0.161	6.24	12.5	2.02	3.31	1.20	1.60	0.91	0.70	1.84	0.82	0.68	0.404	0.73	1.60
	4			4		3.177	2.49	0.160	8.02	16.7	2.58	4.45	1.53	1.59	0.90	0.69	2.39	1.06	0.87	0.402	0.77	1.65

续附表 6.1

型号		截面尺寸(mm)				截面面积 (cm^2)	理论重量 (kg/m)	外表面积 (m^2/m)	惯性矩(cm^4)					惯性半径(cm)			截面模数(cm^3)			$\tan\alpha$	重心距离(cm)	
		B	b	d	r				I_x	I_{x1}	I_y	I_{y1}	I_u	i_x	i_y	i_u	W_x	W_y	W_u		x_0	y_0
L56×36×	3	56	36	3	6	2.743	2.15	0.181	8.88	17.5	2.92	4.70	1.73	1.80	1.03	0.79	2.32	1.05	0.87	0.408	0.80	1.78
	4			4		3.590	2.82	0.180	11.5	23.4	3.76	6.33	2.23	1.79	1.02	0.79	3.03	1.37	1.13	0.408	0.85	1.82
	5			5		4.415	3.47	0.180	13.9	29.3	4.49	7.94	2.67	1.77	1.01	0.78	3.71	1.65	1.36	0.404	0.88	1.87
L63×40×	4	63	40	4	7	4.058	3.19	0.202	16.5	33.3	5.23	8.63	3.12	2.02	1.14	0.88	3.87	1.70	1.40	0.398	0.92	2.04
	5			5		4.993	3.92	0.202	20.0	41.6	6.31	10.9	3.76	2.00	1.12	0.87	4.74	2.07	1.71	0.396	0.95	2.08
	6			6		5.908	4.64	0.201	23.4	50.0	7.29	13.1	4.34	1.96	1.11	0.86	5.59	2.43	1.99	0.393	0.99	2.12
	7			7		6.802	5.34	0.201	26.5	58.1	8.24	15.5	4.97	1.98	1.10	0.86	6.40	2.78	2.29	0.389	1.03	2.15
L70×45×	4	70	45	4	7.5	4.553	3.57	0.226	23.2	45.9	7.55	12.3	4.40	2.26	1.29	0.98	4.86	2.17	1.77	0.410	1.02	2.24
	5			5		5.609	4.40	0.225	28.0	57.1	9.13	15.4	5.40	2.23	1.28	0.98	5.92	2.65	2.19	0.407	1.06	2.28
	6			6		6.644	5.22	0.225	32.5	68.4	10.6	18.6	6.35	2.21	1.26	0.98	6.95	3.12	2.59	0.404	1.09	2.32
	7			7		7.658	6.01	0.225	37.2	80.0	12.0	21.8	7.16	2.20	1.25	0.97	8.03	3.57	2.94	0.402	1.13	2.36
L75×50×	5	75	50	5	8	6.126	4.81	0.245	34.9	70.0	12.6	21.0	7.41	2.39	1.44	1.10	6.83	3.30	2.74	0.435	1.17	2.40
	6			6		7.260	5.70	0.245	41.1	84.3	14.7	25.4	8.54	2.38	1.42	1.08	8.12	3.88	3.19	0.435	1.21	2.44
	8			8		9.467	7.43	0.244	52.4	113	18.5	34.2	10.9	2.35	1.40	1.07	10.5	4.99	4.10	0.429	1.29	2.52
	10			10		11.59	9.10	0.244	62.7	141	22.0	43.4	13.1	2.33	1.38	1.06	12.8	6.04	4.99	0.423	1.36	2.60
L80×50×	5	80	50	5		6.376	5.00	0.255	42.0	85.2	12.8	21.1	7.66	2.56	1.42	1.10	7.78	3.32	2.74	0.383	1.14	2.60
	6			6		7.560	5.93	0.255	49.5	103	15.0	25.4	8.85	2.56	1.41	1.08	9.25	3.91	3.20	0.337	1.18	2.65
	7			7		8.724	6.85	0.255	56.2	119	17.0	29.8	10.2	2.54	1.39	1.08	10.6	4.48	3.70	0.384	1.21	2.69
	8			8		9.867	7.75	0.254	62.8	136	18.9	34.3	11.4	2.52	1.38	1.07	11.9	5.03	4.16	0.381	1.25	2.73

续附表 6.1

型号		截面尺寸(mm)				截面面积 (cm^2)	理论重量 (kg/m)	外表面积 (m^2/m)	惯性矩(cm^4)					惯性半径(cm)			截面模数(cm^3)			tanα	重心距离(cm)	
		B	b	d	r				I_x	I_{x1}	I_y	I_{y1}	I_u	i_x	i_y	i_u	W_x	W_y	W_u		x_0	y_0
L90×56×	5	90	56	5	9	7.212	5.66	0.287	60.5	121	18.3	29.5	11.0	2.90	1.59	1.23	9.92	4.21	3.49	0.335	1.25	2.91
	6			6		8.557	6.72	0.285	71.0	146	21.4	35.6	12.9	2.88	1.58	1.23	11.7	4.96	4.13	0.384	1.29	2.95
	7			7		9.881	7.76	0.286	81.0	170	24.4	41.7	14.7	2.86	1.57	1.22	13.5	5.70	4.72	0.382	1.33	3.00
	8			8		11.18	8.78	0.285	91.0	194	27.2	47.9	16.3	2.85	1.56	1.21	15.3	6.41	5.29	0.380	1.36	3.04
L100×63×	6	100	63	6	10	9.518	7.55	0.320	99.1	200	30.9	50.5	18.4	3.21	1.79	1.38	14.6	6.35	5.25	0.394	1.43	3.24
	7			7		11.11	8.72	0.320	113	233	35.3	59.1	21.0	3.20	1.78	1.38	16.9	7.29	6.02	0.394	1.47	3.28
	8			8		12.58	9.88	0.319	127	265	39.4	67.9	23.5	3.18	1.77	1.37	19.1	8.21	6.78	0.391	1.50	3.32
	10			10		15.47	12.1	0.319	154	333	47.1	85.7	28.3	3.15	1.74	1.35	23.3	9.98	8.24	0.387	1.58	3.40
L100×80×	6	100	80	6	10	10.64	8.35	0.354	107	200	61.2	103	31.7	3.17	2.40	1.72	15.2	10.2	8.37	0.627	1.97	2.95
	7			7		12.30	9.66	0.354	123	233	70.1	120	36.2	3.16	2.39	1.72	17.5	11.7	9.60	0.626	2.01	3.00
	8			8		13.94	10.9	0.353	138	267	78.6	137	40.6	3.14	2.37	1.71	19.8	13.2	10.8	0.625	2.05	3.04
	10			10		17.17	13.5	0.353	167	334	94.7	172	49.1	3.12	2.35	1.69	24.2	16.1	13.1	0.622	2.13	3.12
L110×70×	6	110	70	6	10	10.64	8.35	0.354	133	266	42.9	69.1	25.4	3.54	2.01	1.54	17.9	7.90	6.53	0.403	1.57	3.53
	7			7		12.30	9.66	0.354	153	310	49.0	80.8	29.0	3.53	2.00	1.53	20.6	9.09	7.50	0.402	1.61	3.57
	8			8		13.94	10.9	0.353	172	354	54.9	92.7	32.5	3.51	1.98	1.53	23.3	10.3	8.45	0.401	1.65	3.62
	10			10		17.17	13.5	0.353	208	443	65.9	117	39.2	3.48	1.96	1.51	28.5	12.5	10.3	0.397	1.72	3.70
L125×80×	7	125	80	7	11	14.10	11.1	0.403	228	455	74.4	120	43.8	4.02	2.30	1.76	26.9	12.0	9.92	0.408	1.80	4.01
	8			8		15.99	12.6	0.403	257	520	83.5	138	49.2	4.01	2.28	1.75	30.4	13.6	11.2	0.407	1.84	4.06
	10			10		19.71	15.5	0.402	312	650	101	173	59.5	3.98	2.26	1.74	37.3	16.6	13.6	0.404	1.92	4.14
	12			12		23.35	18.3	0.402	364	780	117	210	69.4	3.95	2.24	1.72	44.0	19.4	16.0	0.400	2.00	4.22

续附表 6.1

型号	截面尺寸(mm) B	b	d	r	截面面积 (cm^2)	理论重量 (kg/m)	外表面积 (m^2/m)	惯性矩(cm^4) I_x	I_{x1}	I_y	I_{y1}	I_u	惯性半径(cm) i_x	i_y	i_u	截面模数(cm^3) W_x	W_y	W_u	tanα	重心距离(cm) x_0	y_0
L140×90×8	140	90	8	12	18.04	14.2	0.453	366	731	121	196	70.8	4.50	2.59	1.98	38.5	17.3	14.3	0.411	2.04	4.50
L140×90×10	140	90	10	12	22.26	17.5	0.452	446	913	140	246	85.8	4.47	2.56	1.96	47.3	21.2	17.5	0.409	2.12	4.58
L140×90×12	140	90	12	12	26.40	20.7	0.451	522	1100	170	297	100	4.44	2.54	1.95	55.9	25.0	20.5	0.406	2.19	4.66
L140×90×14	140	90	14	12	30.46	23.9	0.451	594	1280	192	349	114	4.42	2.51	1.94	64.2	28.5	23.5	0.403	2.27	4.74
L150×90×8	150	90	8	12	18.84	14.8	0.473	442	898	123	196	74.1	4.84	2.55	1.98	43.9	17.5	14.5	0.364	1.97	4.92
L150×90×10	150	90	10	12	23.26	18.3	0.472	539	1120	149	246	89.9	4.81	2.53	1.97	54.0	21.4	17.7	0.362	2.05	5.01
L150×90×12	150	90	12	12	27.60	21.7	0.471	632	1350	173	297	105	4.79	2.50	1.95	63.8	25.1	20.8	0.359	2.12	5.09
L150×90×14	150	90	14	12	31.86	25.0	0.471	721	1570	196	350	120	4.76	2.48	1.94	73.3	28.8	23.8	0.356	2.20	5.17
L150×90×15	150	90	15	12	33.95	26.7	0.471	764	1680	207	376	127	4.74	2.47	1.93	78.0	30.5	25.3	0.354	2.24	5.21
L150×90×16	150	90	16	12	36.03	28.3	0.470	806	1800	217	403	134	4.73	2.45	1.93	82.6	32.3	26.8	0.352	2.27	5.25
L160×100×10	160	100	10	13	25.32	19.9	0.512	669	1360	205	337	122	5.14	2.85	2.19	62.1	26.6	21.9	0.390	2.28	5.24
L160×100×12	160	100	12	13	30.05	23.6	0.511	785	1640	239	406	142	5.11	2.82	2.17	73.5	31.3	25.8	0.388	2.36	5.32
L160×100×14	160	100	14	13	34.71	27.2	0.510	896	1910	271	476	162	5.08	2.80	2.16	84.6	35.8	29.6	0.385	2.43	5.40
L160×100×16	160	100	16	13	39.28	30.8	0.510	1000	2180	302	548	183	5.05	2.77	2.16	95.3	40.2	33.4	0.382	2.51	5.48
L180×110×10	180	110	10	14	28.37	22.3	0.571	956	1940	278	447	167	5.80	3.13	2.42	79.0	32.5	26.9	0.376	2.44	5.89
L180×110×12	180	110	12	14	33.71	26.5	0.571	1120	2330	325	539	195	5.78	3.10	2.40	93.5	38.3	31.7	0.374	2.52	5.98
L180×110×14	180	110	14	14	38.97	30.6	0.570	1290	2720	370	632	222	5.75	3.08	2.39	108	44.0	36.3	0.372	2.59	6.06
L180×110×16	180	110	16	14	44.14	34.6	0.569	1440	3110	412	726	249	5.72	3.06	2.38	122	49.4	40.9	0.369	2.67	6.14
L200×125×12	200	125	12	14	37.91	29.8	0.641	1570	3190	483	788	286	6.44	3.57	2.74	117	50.0	41.2	0.392	2.83	6.54
L200×125×14	200	125	14	14	43.87	34.4	0.640	1800	3730	551	922	327	6.41	3.54	2.73	135	57.4	47.3	0.390	2.91	6.62
L200×125×16	200	125	16	14	49.74	39.0	0.639	2020	4260	615	1060	366	5.38	3.52	2.71	152	64.9	53.3	0.388	2.99	6.70
L200×125×18	200	125	18	14	55.53	43.6	0.639	2240	4790	677	1200	405	6.35	3.49	2.70	169	71.7	59.2	0.385	3.06	6.78

附表 6.2　两个热轧不等边角钢的组合截面特性(按 GB/T 706—2016 计算)

长边相连：y_0—重心距；I—惯性矩；W—抵抗矩；i—回转半径；a—两角钢背间距离。

短边相连：y_0—重心距；I—惯性矩；W—抵抗矩；i—回转半径；a—两角钢背间距离。

规格		截面面积 (cm²)	每米质量 (kg/m)	长边相连											短边相连										
				y_0 (cm)	I_x (cm⁴)	W_{xmax} (cm³)	W_{xmin} (cm³)	i_x (cm)	i_y(cm) 当 a(mm)为 6	8	10	12	14	16	y_0 (cm)	I_x (cm⁴)	W_{xmax} (cm³)	W_{xmin} (cm³)	i_x (cm)	i_y(cm) 当 a(mm)为 6	8	10	12	14	16
2L25×16×	3	2.324	1.82	0.86	1.40	1.63	0.85	0.78	0.84	0.93	1.02	1.11	1.20	1.30	0.42	0.44	1.05	0.37	0.44	1.40	1.48	1.57	1.65	1.74	1.83
	4	2.998	2.36	0.90	1.76	1.96	1.10	0.77	0.87	0.96	1.05	1.14	1.24	1.33	0.46	0.54	1.17	0.47	0.43	1.42	1.51	1.60	1.68	1.77	1.86
2L32×20×	3	2.984	2.34	1.08	3.06	2.83	1.44	1.01	0.97	1.05	1.14	1.22	1.31	1.40	0.49	0.92	1.88	0.61	0.55	1.71	1.79	1.88	1.96	2.05	2.14
	4	3.878	3.04	1.12	3.86	3.45	1.86	1.00	0.99	1.08	1.16	1.25	1.34	1.44	0.53	1.14	2.15	0.78	0.54	1.74	1.82	1.90	1.99	2.08	2.16
2L40×25×	3	3.780	2.96	1.32	6.16	4.67	2.30	1.28	1.13	1.21	1.30	1.38	1.47	1.56	0.59	1.86	3.15	0.97	0.70	2.06	2.14	2.22	2.31	2.39	2.47
	4	4.934	3.88	1.37	7.86	5.74	2.99	1.36	1.16	1.24	1.32	1.41	1.50	1.59	0.63	2.36	3.75	1.26	0.69	2.09	2.17	2.26	2.34	2.42	2.51
2L45×28×	3	4.298	3.38	1.47	8.90	6.05	2.94	1.44	1.23	1.31	1.39	1.47	1.56	1.64	0.64	2.68	4.19	1.24	0.79	2.28	2.36	2.44	2.52	2.60	2.69
	4	5.612	4.40	1.51	11.38	7.54	3.81	1.42	1.25	1.33	1.41	1.50	1.58	1.67	0.68	3.40	5.00	1.60	0.78	2.30	2.38	2.46	2.55	2.63	2.71
2L50×32×	3	4.862	3.82	1.60	12.48	7.80	3.67	1.60	1.38	1.45	1.53	1.61	1.70	1.78	0.73	4.04	5.53	1.64	0.91	2.49	2.56	2.64	2.72	2.80	2.89
	4	6.354	4.98	1.65	16.04	9.72	4.79	1.59	1.40	1.48	1.56	1.64	1.72	1.81	0.77	5.16	6.70	2.12	0.90	2.52	2.59	2.67	2.75	2.84	2.92
2L56×36×	3	5.486	4.30	1.78	17.76	9.98	4.65	1.80	1.51	1.58	1.66	1.74	1.82	1.90	0.80	5.84	7.30	2.09	1.03	2.75	2.83	2.90	2.98	3.06	3.15
	4	7.180	5.64	1.82	23.0	12.6	6.08	1.79	1.54	1.62	1.69	1.77	1.86	1.94	0.85	7.52	8.85	2.73	1.02	2.77	2.85	2.93	3.01	3.09	3.17
	5	8.830	6.94	1.87	27.8	14.9	7.45	1.77	1.55	1.63	1.71	1.79	1.87	1.96	0.88	8.98	10.2	3.30	1.01	2.80	2.88	2.96	3.04	3.12	3.21

续附表 6.2

规格		截面面积 (cm^2)	每米质量 (kg/m)	长边相连 y_0—重心距；I—惯性矩；W—抵抗矩；i—回转半径；a—两角钢背间距离。											短边相连 y_0—重心距；I—惯性矩；W—抵抗矩；i—回转半径；a—两角钢背间距离。										
				y_0 (cm)	I_x (cm^4)	W_{xmax} (cm^3)	W_{xmin} (cm^3)	i_x (cm)	i_y(cm) 当 a(mm)为						y_0 (cm)	I_x (cm^4)	W_{xmax} (cm^3)	W_{xmin} (cm^3)	i_x (cm)	i_y(cm) 当 a(mm)为					
									6	8	10	12	14	16						6	8	10	12	14	16
2L63×40×	4	8.116	6.38	2.04	33.0	16.2	7.75	2.02	1.67	1.74	1.82	1.90	1.98	2.06	0.92	10.5	11.4	3.40	1.14	3.09	3.17	3.24	3.32	3.40	3.48
	5	9.986	7.84	2.08	40.0	19.2	9.48	2.00	1.68	1.76	1.83	1.91	2.00	2.08	0.95	12.6	13.3	4.14	1.12	3.11	3.19	3.27	3.34	3.43	3.51
	6	11.82	9.28	2.12	46.8	22.1	11.2	1.96	1.70	1.78	1.86	1.94	2.02	2.11	0.99	14.6	14.7	4.84	1.11	3.13	3.21	3.29	3.37	3.45	3.53
	7	13.60	10.7	2.15	53.0	24.7	12.8	1.98	1.73	1.80	1.88	1.97	2.05	2.14	1.03	16.5	16.0	5.55	1.10	3.15	3.22	3.30	3.39	3.47	3.55
2L70×45×	4	9.106	7.14	2.24	46.4	20.7	9.75	2.26	1.84	1.92	1.99	2.07	2.15	2.23	1.02	15.1	14.8	4.34	1.29	3.40	3.47	3.55	3.63	3.71	3.79
	5	11.22	8.80	2.28	56.0	24.6	11.9	2.23	1.86	1.94	2.02	2.09	2.17	2.26	1.06	18.3	17.2	5.31	1.28	3.41	3.49	3.57	3.65	3.72	3.81
	6	13.29	10.4	2.32	65.0	28.0	13.9	2.21	1.88	1.95	2.03	2.11	2.19	2.27	1.09	21.2	19.5	6.22	1.26	3.43	3.51	3.58	3.66	3.74	3.82
	7	15.32	12.0	2.36	74.4	31.5	16.0	2.20	1.90	1.98	2.06	2.14	2.22	2.30	1.13	24.0	21.2	7.12	1.25	3.45	3.53	3.61	3.69	3.77	3.85
2L75×50×	5	12.25	9.62	2.40	69.8	29.1	13.7	2.39	2.05	2.13	2.20	2.28	2.36	2.44	1.17	25.2	21.5	6.58	1.44	3.60	3.68	3.76	3.83	3.91	3.99
	6	14.52	11.4	2.44	82.2	33.7	16.3	2.38	2.07	2.15	2.22	2.30	2.38	2.46	1.21	29.4	24.3	7.76	1.42	3.63	3.70	3.78	3.86	3.94	4.02
	8	18.93	14.9	2.52	105	41.6	21.0	2.35	2.12	2.19	2.27	2.35	2.43	2.51	1.29	37.0	28.7	9.97	1.40	3.67	3.75	3.83	3.91	3.99	4.07
	10	23.18	18.2	2.60	125	48.2	25.0	2.33	2.16	2.24	2.31	2.40	2.48	2.56	1.36	44.0	32.4	12.1	1.38	3.72	3.80	3.88	3.96	4.04	4.12
2L80×50×	5	12.75	10.0	2.60	84	32.3	15.6	2.56	2.02	2.09	2.17	2.24	2.32	2.40	1.14	25.6	22.5	6.63	1.42	3.87	3.95	4.02	4.10	4.18	4.26
	6	15.12	11.9	2.65	99	37.4	18.5	2.56	2.04	2.12	2.19	2.27	2.35	2.43	1.18	30.0	25.4	7.85	1.41	3.91	3.98	4.06	4.14	4.22	4.30
	7	17.45	13.7	2.69	112	41.8	21.2	2.54	2.06	2.13	2.21	2.29	2.37	2.45	1.21	34.0	28.1	8.97	1.39	3.92	4.00	4.08	4.16	4.23	4.32
	8	19.73	15.5	2.73	126	46.0	23.8	2.52	2.08	2.15	2.23	2.31	2.39	2.47	1.25	37.8	30.2	10.1	1.38	3.94	4.02	4.10	4.18	4.26	4.34

续附表 6.2

长边相连：y_0—重心距；I—惯性矩；W—抵抗矩；i—回转半径；a—两角钢背间距离。

短边相连：y_0—重心距；I—惯性矩；W—抵抗矩；i—回转半径；a—两角钢背间距离。

规格		截面面积 (cm^2)	每米质量 (kg/m)	长边相连 y_0 (cm)	I_x (cm^4)	W_{xmax} (cm^3)	W_{xmin} (cm^3)	i_x (cm)	i_y(cm) 当 a(mm)为 6	8	10	12	14	16	短边相连 y_0 (cm)	I_x (cm^4)	W_{xmax} (cm^3)	W_{xmin} (cm^3)	i_x (cm)	i_y(cm) 当 a(mm)为 6	8	10	12	14	16
2L90×56×	5	14.42	11.3	2.91	121	41.6	19.9	2.90	2.22	2.29	2.37	2.44	2.52	2.60	1.25	36.6	29.3	8.41	1.59	4.32	4.40	4.47	4.55	4.63	4.71
	6	17.11	13.4	2.95	142	48.1	23.5	2.88	2.24	2.31	2.39	2.46	2.54	2.62	1.29	42.8	33.2	9.93	1.58	4.34	4.42	4.49	4.57	4.65	4.73
	7	19.76	15.5	3.00	162	54.0	27.0	2.86	2.26	2.34	2.41	2.49	2.57	2.65	1.33	48.8	36.7	11.4	1.57	4.37	4.44	4.52	4.60	4.68	4.76
	8	22.36	17.6	3.04	182	59.9	30.5	2.85	2.28	2.35	2.43	2.50	2.58	2.66	1.36	54.4	40.0	12.8	1.56	4.39	4.47	4.55	4.62	4.70	4.78
2L100×63×	6	19.04	15.1	3.24	198	61.2	29.3	3.21	2.50	2.57	2.64	2.71	2.79	2.87	1.43	61.8	43.2	12.7	1.79	4.79	4.86	4.94	5.02	5.09	5.17
	7	22.22	17.4	3.28	226	68.9	33.6	3.20	2.51	2.58	2.66	2.73	2.81	2.89	1.47	70.6	48.0	14.6	1.78	4.79	4.87	4.95	5.02	5.10	5.18
	8	25.16	19.8	3.32	254	76.5	38.0	3.18	2.52	2.60	2.67	2.75	2.82	2.90	1.50	78.8	52.5	16.4	1.77	4.82	4.89	4.97	5.05	5.12	5.20
	10	30.94	24.2	3.40	308	90.6	46.7	3.15	2.56	2.64	2.71	2.79	2.87	2.95	1.58	94.2	59.6	20.0	1.74	4.86	4.94	5.02	5.09	5.17	5.25
2L100×80×	6	21.28	16.7	2.95	214	72.5	30.4	3.17	3.30	3.37	3.44	3.52	3.59	3.66	1.97	122	62.1	20.3	2.40	4.54	4.61	4.69	4.76	4.84	4.91
	7	24.60	19.3	3.00	246	82.0	35.1	3.16	3.32	3.39	3.46	3.54	3.61	3.69	2.01	140	69.8	23.4	2.39	4.57	4.64	4.72	4.79	4.87	4.94
	8	27.88	21.8	3.04	276	90.8	39.7	3.14	3.34	3.41	3.48	3.56	3.63	3.71	2.05	157	76.7	26.4	2.37	4.59	4.66	4.74	4.81	4.89	4.96
	10	34.34	27.0	3.12	334	107	48.6	3.12	3.38	3.45	3.53	3.60	3.68	3.76	2.13	189	88.9	32.3	2.35	4.63	4.70	4.78	4.85	4.93	5.01
2L110×70×	6	21.28	16.7	3.53	266	75.4	35.6	3.54	2.74	2.81	2.88	2.96	3.03	3.11	1.57	85.8	54.7	15.8	2.01	5.21	5.29	5.36	5.44	5.51	5.59
	7	24.60	19.3	3.57	306	85.7	41.2	3.53	2.76	2.83	2.90	2.98	3.05	3.13	1.61	98.0	60.9	18.2	2.00	5.24	5.31	5.39	5.46	5.54	5.62
	8	27.88	21.8	3.62	344	95.0	46.6	3.51	2.78	2.85	2.93	3.00	3.08	3.15	1.65	110	66.6	20.5	1.98	5.26	5.34	5.41	5.49	5.57	5.65
	10	34.34	27.0	3.70	416	112	57.0	3.48	2.81	2.89	2.96	3.04	3.11	3.19	1.72	132	76.6	25.0	1.96	5.30	5.38	5.45	5.53	5.61	5.69

续附表 6.2

长边相连：y_0—重心距；I—惯性矩；W—抵抗矩；i—回转半径；a—两角钢背间距离。

短边相连：y_0—重心距；I—惯性矩；W—抵抗矩；i—回转半径；a—两角钢背间距离。

规格		截面面积 (cm²)	每米质量 (kg/m)	长边相连											短边相连										
				y_0 (cm)	I_x (cm⁴)	W_{xmax} (cm³)	W_{xmin} (cm³)	i_x (cm)	i_y(cm) 当 a(mm)为						y_0 (cm)	I_x (cm⁴)	W_{xmax} (cm³)	W_{xmin} (cm³)	i_x (cm)	i_y(cm) 当 a(mm)为					
									6	8	10	12	14	16						6	8	10	12	14	16
2L125×80×	7	28.20	22.2	4.01	456	114	53.7	4.02	3.11	3.18	3.25	3.32	3.40	3.47	1.80	149	82.7	24.0	2.30	5.89	5.97	6.04	6.12	6.19	6.27
	8	31.98	25.2	4.06	514	127	60.9	4.01	3.13	3.20	3.27	3.34	3.42	3.49	1.84	167	90.8	27.1	2.28	5.92	6.00	6.07	6.15	6.22	6.30
	10	39.42	31.0	4.14	624	151	74.6	3.98	3.17	3.24	3.31	3.39	3.46	3.54	1.92	202	105	33.2	2.26	5.96	6.04	6.11	6.19	6.27	6.34
	12	46.70	36.6	4.22	728	173	87.9	3.95	3.21	3.28	3.36	3.43	3.51	3.58	2.00	234	117	39.0	2.24	6.00	6.08	6.15	6.23	6.31	6.39
2L140×90×	8	36.08	28.4	4.50	732	163	77.1	4.50	3.49	3.56	3.63	3.70	3.77	3.84	2.04	242	119	34.8	2.59	6.58	6.66	6.73	6.80	6.88	6.96
	10	44.52	35.0	4.58	892	195	94.7	4.47	3.49	3.56	3.63	3.70	3.77	3.85	2.12	280	132	40.7	2.56	6.62	6.70	6.77	6.85	6.92	7.00
	12	52.80	41.4	4.66	1044	224	112	4.44	3.56	3.63	3.70	3.77	3.85	3.92	2.19	340	155	49.9	2.54	6.66	6.74	6.81	6.89	6.96	7.04
	14	60.92	47.8	4.74	1188	251	128	4.42	3.59	3.67	3.74	3.81	3.89	3.97	2.27	384	169	57.1	2.51	6.70	6.78	6.85	6.93	7.01	7.08
2L150×90×	8	37.68	29.6	4.92	884	180	87.7	4.84	3.42	3.49	3.55	3.62	3.70	3.77	1.97	246	125	35.0	2.55	7.12	7.19	7.27	7.34	7.42	7.50
	10	46.52	36.6	5.01	1078	215	108	4.81	3.45	3.52	3.59	3.66	3.74	3.81	2.05	298	145	42.9	2.53	7.17	7.24	7.32	7.39	7.47	7.55
	12	55.20	43.4	5.09	1264	248	128	4.79	3.48	3.55	3.62	3.70	3.77	3.85	2.12	346	163	50.1	2.50	7.21	7.28	7.36	7.43	7.51	7.59
	14	63.72	50.0	5.17	1442	279	147	4.76	3.52	3.59	3.67	3.74	3.82	3.89	2.20	392	178	57.7	2.48	7.25	7.32	7.40	7.48	7.56	7.63
	15	67.90	53.4	5.21	1528	293	156	4.74	3.54	3.61	3.69	3.76	3.84	3.92	2.24	414	185	61.2	2.47	7.27	7.35	7.42	7.50	7.58	7.66
	16	72.06	56.6	5.25	1612	307	165	4.73	3.55	3.63	3.70	3.78	3.85	3.93	2.27	434	191	64.5	2.45	7.29	7.37	7.45	7.52	7.60	7.68

续附表 6.2

规格		截面面积 (cm²)	每米质量 (kg/m)	长边相连 y_0 (cm)	I_x (cm⁴)	W_{xmax} (cm³)	W_{xmin} (cm³)	i_x (cm)	i_y(cm) 当 a(mm)为 6	8	10	12	14	16	短边相连 y_0 (cm)	I_x (cm⁴)	W_{xmax} (cm³)	W_{xmin} (cm³)	i_x (cm)	i_y(cm) 当 a(mm)为 6	8	10	12	14	16
2L160×100×	10	50.64	39.8	5.24	1338	255	124	5.14	3.84	3.91	3.98	4.05	4.12	4.19	2.28	410	180	53.1	2.85	7.56	7.63	7.71	7.78	7.86	7.93
	12	60.10	47.2	5.32	1570	295	147	5.11	3.88	3.95	4.02	4.09	4.16	4.24	2.36	478	203	62.6	2.82	7.60	7.67	7.75	7.82	7.90	7.97
	14	69.42	54.4	5.40	1792	332	169	5.08	3.91	3.98	4.05	4.12	4.20	4.27	2.43	542	223	71.6	2.80	7.64	7.71	7.79	7.86	7.94	8.02
	16	78.56	61.6	5.48	2000	365	190	5.05	3.95	4.02	4.09	4.17	4.24	4.32	2.51	604	241	80.6	2.77	7.67	7.75	7.82	7.90	7.98	8.06
2L180×110×	10	56.74	44.6	5.89	1912	325	158	5.80	4.16	4.23	4.29	4.36	4.43	4.51	2.44	556	228	65.0	3.13	8.49	8.56	8.63	8.71	8.78	8.86
	12	67.42	53.0	5.98	2240	375	186	5.78	4.19	4.26	4.33	4.40	4.47	4.55	2.52	650	258	76.7	3.10	8.52	8.60	8.67	8.75	8.82	8.90
	14	77.94	61.2	6.06	2580	426	216	5.75	4.22	4.29	4.36	4.44	4.51	4.58	2.59	740	286	88.0	3.08	8.58	8.65	8.73	8.80	8.88	8.95
	16	88.28	69.2	6.14	2880	469	243	5.72	4.26	4.33	4.40	4.48	4.55	4.62	2.67	824	309	98.9	3.06	8.61	8.68	8.76	8.83	8.91	8.99
2L200×125×	12	75.82	59.6	6.54	3140	480	233	6.44	4.75	4.81	4.88	4.95	5.02	5.09	2.83	966	341	99.9	3.57	9.39	9.46	9.54	9.61	9.69	9.76
	14	87.74	68.8	6.62	3600	544	269	6.41	4.78	4.85	4.92	4.99	5.06	5.13	2.91	1102	379	115	3.54	9.43	9.50	9.58	9.65	9.73	9.80
	16	99.48	78.0	6.70	4040	603	304	6.38	4.82	4.88	4.95	5.03	5.10	5.17	2.99	1230	411	129	3.52	9.47	9.54	9.62	9.69	9.77	9.84
	18	111.1	87.2	6.78	4480	661	339	6.35	4.85	4.92	4.99	5.06	5.13	5.20	3.06	1354	442	143	3.49	9.51	9.59	9.66	9.74	9.81	9.89

长边相连：y_0—重心距；I—惯性矩；W—抵抗矩；i—回转半径；a—两角钢背间距离。

短边相连：y_0—重心距；I—惯性矩；W—抵抗矩；i—回转半径；a—两角钢背间距离。

附录 7 热轧普通工字钢

附表 7.1 热轧普通工字钢的规格及截面特性(按 GB/T 706—2016 计算)

说明:h—高度; b—腿宽度;
d—腰厚度; t—腿中间厚度;
r—内圆弧半径; r_1—腿端圆弧半径。

型号	截面尺寸(mm)						截面面积(cm^2)	理论重量(kg/m)	外表面积(m^2/m)	惯性矩(cm^4)		惯性半径(cm)		截面模数(cm^3)	
	h	b	d	t	r	r_1				I_x	I_y	i_x	i_y	W_x	W_y
10	100	68	4.5	7.6	6.5	3.3	14.33	11.3	0.432	245	33.0	4.14	1.52	49.0	9.72
12	120	74	5.0	8.4	7.0	3.5	17.80	14.0	0.493	436	46.9	4.95	1.62	72.7	12.7
12.6	126	74	5.0	8.4	7.0	3.5	18.10	14.2	0.505	488	46.9	5.20	1.61	77.5	12.7
14	140	80	5.5	9.1	7.5	3.8	21.50	16.9	0.553	712	64.4	5.76	1.73	102	16.1
16	160	88	6.0	9.9	8.0	4.0	26.11	20.5	0.621	1130	93.1	6.58	1.89	141	21.2
18	180	94	6.5	10.7	8.5	4.3	30.74	24.1	0.681	1660	122	7.36	2.00	185	26.0
20a	200	100	7.0	11.4	9.0	4.5	35.55	27.9	0.742	2370	158	8.15	2.12	237	31.5
20b		102	9.0				39.55	31.1	0.746	2500	169	7.96	2.06	250	33.1
22a	220	110	7.5	12.3	9.5	4.8	42.10	33.1	0.817	3400	225	8.99	2.31	309	40.9
22b		112	9.5				46.50	36.5	0.821	3570	239	8.78	2.27	325	42.7

续附表 7.1

型号	截面尺寸(mm)						截面面积(cm^2)	理论重量(kg/m)	外表面积(m^2/m)	惯性矩(cm^4)		惯性半径(cm)		截面模数(cm^3)	
	h	b	d	t	r	r_1				I_x	I_y	i_x	i_y	W_x	W_y
24a	240	116	8.0	13.0	10.0	5.0	47.71	37.5	0.878	4570	280	9.77	2.42	381	48.4
24b		118	10.0				52.51	41.2	0.882	4800	297	9.57	2.38	400	50.4
25a	250	116	8.0				48.51	38.1	0.898	5020	280	10.2	2.40	402	48.3
25b		118	10.0				53.51	42.0	0.902	5280	309	9.94	2.40	423	52.4
27a	270	122	8.5	13.7	10.5	5.3	54.52	42.8	0.958	6550	345	10.9	2.51	485	56.6
27b		124	10.5				59.92	47.0	0.962	6870	366	10.7	2.47	509	58.9
28a	280	122	8.5				55.37	43.5	0.978	7110	345	11.3	2.50	508	56.6
28b		124	10.5				60.97	47.9	0.982	7480	379	11.1	2.49	534	61.2
30a	300	126	9.0	14.4	11.0	5.5	61.22	48.1	1.031	8950	400	12.1	2.55	597	63.5
30b		128	11.0				67.22	52.8	1.035	9400	422	11.8	2.50	627	65.9
30c		130	13.0				73.22	57.5	1.039	9850	445	11.6	2.46	657	68.5
32a	320	130	9.5	15.0	11.5	5.8	67.12	52.7	1.084	11100	460	12.8	2.62	692	70.8
32b		132	11.5				73.52	57.7	1.088	11600	502	12.6	2.61	726	76.0
32c		134	13.5				79.92	62.7	1.092	12200	544	12.3	2.61	760	81.2
36a	360	136	10.0	15.8	12.0	6.0	76.44	60.0	1.185	15800	552	14.4	2.69	875	81.2
36b		138	12.0				83.64	65.7	1.189	16500	582	14.1	2.64	919	84.3
36c		140	14.0				90.84	71.3	1.193	17300	612	13.8	2.60	962	87.4
40a	400	142	10.5	16.5	12.5	6.3	86.07	67.6	1.285	21700	660	15.9	2.77	1090	93.2
40b		144	12.5				94.07	73.8	1.289	22800	692	15.6	2.71	1140	96.2
40c		146	14.5				102.1	80.1	1.293	23900	727	15.2	2.65	1190	99.6

续附表 7.1

型号	截面尺寸(mm)						截面面积(cm^2)	理论重量(kg/m)	外表面积(m^2/m)	惯性矩(cm^4)		惯性半径(cm)		截面模数(cm^3)	
	h	b	d	t	r	r_1				I_x	I_y	i_x	i_y	W_x	W_y
45a		150	11.5				102.4	80.4	1.411	32200	855	17.7	2.89	1430	114
45b	450	152	13.5	18.0	13.5	6.8	111.4	87.4	1.415	33800	894	17.4	2.84	1500	118
45c		154	15.5				120.4	94.5	1.419	35300	938	17.1	2.79	1570	122
50a		158	12.0				119.2	93.6	1.539	46500	1120	19.7	3.07	1860	142
50b	500	160	14.0	20.0	14.0	7.0	129.2	101	1.543	48600	1170	19.4	3.01	1940	146
50c		162	16.0				139.2	109	1.547	50600	1220	19.0	2.96	2080	151
55a		166	12.5	21.0	14.5	7.3	134.1	105	1.667	62900	1370	21.6	3.19	2290	164
55b	550	168	14.5				145.1	114	1.671	65600	1420	21.2	3.14	2390	170
55c		170	16.5				156.1	123	1.675	68400	1480	20.9	3.08	2490	175
56a		166	12.5				135.4	106	1.687	65600	1370	22.0	3.18	2340	165
56b	560	168	14.5				146.4	115	1.691	68500	1490	21.6	3.16	2450	174
56c		170	16.5				157.8	124	1.695	71400	1560	21.3	3.16	2550	183
63a		176	13.0				154.6	121	1.862	93900	1700	24.5	3.31	2980	193
63b	630	178	15.0	22.0	15.0	7.5	167.2	131	1.866	98100	1810	24.2	3.29	3160	204
63c		180	17.0				179.8	141	1.870	102000	1920	23.8	3.27	3300	214

附录 8 热轧普通槽钢

附表 8.1 热轧普通槽钢的规格及截面特性(按 GB/T 706—2016 计算)

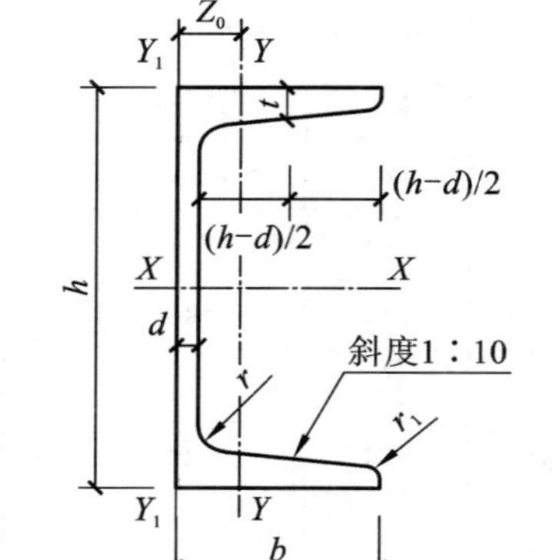

说明：h—高度； b—腿宽度；
d—腰厚度； t—腿中间厚度；
r—内圆弧半径； r_1—腿端圆弧半径；
Z_0—重心距离。

型号	截面尺寸(mm)						截面面积(cm^2)	理论重量(kg/m)	外表面积(m^2/m)	惯性矩(cm^4)			惯性半径(cm)		截面模数(cm^3)		重心距离(cm)
	h	b	d	t	r	r_1				I_x	I_y	I_{y1}	i_x	i_y	W_x	W_y	W_z
5	50	37	4.5	7.0	7.0	3.5	6.925	5.44	0.226	26.0	8.30	20.9	1.94	1.10	10.4	3.55	1.35
6.3	63	40	4.8	7.5	7.5	3.8	8.446	6.63	0.262	50.8	11.9	28.4	2.45	1.19	16.1	4.50	1.36
6.5	65	40	4.3	7.5	7.5	3.8	8.292	6.51	0.267	55.2	12.0	28.3	2.54	1.19	17.0	4.59	1.38
8	80	43	5.0	8.0	8.0	4.0	10.24	8.04	0.307	101	16.6	37.4	3.15	1.27	25.3	5.79	1.43
10	100	48	5.3	8.5	8.5	4.2	12.74	10.0	0.365	198	25.6	54.9	3.95	1.41	39.7	7.80	1.52
12	120	53	5.5	9.0	9.0	4.5	15.36	12.1	0.423	346	37.4	77.7	4.75	1.56	57.7	10.2	1.62
12.6	126	53	5.5	9.0	9.0	4.5	15.69	12.3	0.435	391	38.0	77.1	4.95	1.57	62.1	10.2	1.59

续附表 8.1

型号	截面尺寸(mm)						截面面积(cm^2)	理论重量(kg/m)	外表面积(m^2/m)	惯性矩(cm^4)			惯性半径(cm)		截面模数(cm^3)		重心距离(cm)
	h	b	d	t	r	r_1				I_x	I_y	I_{y1}	i_x	i_y	W_x	W_y	W_z
14a	140	58	6.0	9.5	9.5	4.8	18.51	14.5	0.480	564	53.2	107	5.52	1.70	80.5	13.0	1.71
14b		60	8.0				21.31	16.7	0.484	609	61.1	121	5.35	1.69	87.1	14.1	1.67
16a	160	63	6.5	10.0	10.0	5.0	21.95	17.2	0.538	866	73.3	144	6.28	1.83	108	16.3	1.80
16b		65	8.5				25.15	19.8	0.542	935	83.4	161	6.10	1.82	117	17.6	1.75
18a	180	68	7.0	10.5	10.5	5.2	25.69	20.2	0.596	1270	98.6	190	7.04	1.96	141	20.0	1.88
18b		70	9.0				29.29	23.0	0.600	1370	111	210	6.84	1.95	152	21.5	1.84
20a	200	73	7.0	11.0	11.0	5.5	28.83	22.6	0.654	1780	128	244	7.86	2.11	178	24.2	2.01
20b		75	9.0				32.83	25.8	0.658	1910	144	268	7.64	2.09	191	25.9	1.95
22a	220	77	7.0	11.5	11.5	5.8	31.83	25.0	0.709	2390	158	298	8.67	2.23	218	28.2	2.10
22b		79	9.0				36.23	28.5	0.713	2570	176	326	8.42	2.21	234	30.1	2.03
24a	240	78	7.0	12.0	12.0	6.0	34.21	26.9	0.752	3050	174	325	9.45	2.25	254	30.5	2.10
24b		80	9.0				39.01	30.6	0.756	3280	194	355	9.17	2.23	274	32.5	2.03
24c		82	11.0				43.81	34.4	0.760	3510	213	388	8.96	2.21	293	34.4	2.00
25a	250	78	7.0				34.91	27.4	0.722	3370	176	322	9.82	2.24	270	30.6	2.07
25b		80	9.0				39.91	31.3	0.776	3530	196	353	9.41	2.22	282	32.7	1.98
25c		82	11.0				44.91	35.3	0.780	3690	218	384	9.07	2.21	295	35.9	1.92

续附表 8.1

型号	截面尺寸(mm)						截面面积(cm^2)	理论重量(kg/m)	外表面积(m^2/m)	惯性矩(cm^4)			惯性半径(cm)		截面模数(cm^3)		重心距离(cm)
	h	b	d	t	r	r_1				I_x	I_y	I_{y1}	i_x	i_y	W_x	W_y	W_z
27a	270	82	7.5	12.5	12.5	6.2	39.27	30.8	0.826	4360	216	393	10.5	2.34	323	35.5	2.13
27b	270	84	9.5	12.5	12.5	6.2	44.67	35.1	0.830	4690	239	428	10.3	2.31	347	37.7	2.06
27c	270	86	11.5	12.5	12.5	6.2	50.07	39.3	0.834	5020	261	467	10.1	2.28	372	39.8	2.03
28a	280	82	7.5	12.5	12.5	6.2	40.02	31.4	0.846	4760	218	388	10.9	2.33	340	35.7	2.10
28b	280	84	9.5	12.5	12.5	6.2	45.62	35.8	0.850	5130	242	428	10.6	2.30	366	37.9	2.02
28c	280	86	11.5	12.5	12.5	6.2	51.22	40.2	0.854	5500	268	463	10.4	2.29	393	40.3	1.95
30a	300	85	7.5	13.5	13.5	6.8	43.89	34.5	0.897	6050	260	467	11.7	2.43	403	41.1	2.17
30b	300	87	9.5	13.5	13.5	6.8	49.89	39.2	0.901	6500	289	515	11.4	2.41	433	44.0	2.13
30c	300	89	11.5	13.5	13.5	6.8	55.89	43.9	0.905	6950	316	560	11.2	2.38	463	46.4	2.09
32a	320	88	8.0	14.0	14.0	7.0	48.50	38.1	0.947	7600	305	552	12.5	2.50	475	46.5	2.24
32b	320	90	10.0	14.0	14.0	7.0	54.90	43.1	0.951	8140	336	593	12.2	2.47	509	49.2	2.16
32c	320	92	12.0	14.0	14.0	7.0	61.30	48.1	0.955	8690	374	643	11.9	2.47	543	52.6	2.09
36a	360	96	9.0	16.0	16.0	8.0	60.89	47.8	1.053	11900	455	818	14.0	2.73	660	63.5	2.44
36b	360	98	11.0	16.0	16.0	8.0	68.09	53.5	1.057	12700	497	880	13.6	2.70	703	66.9	2.37
36c	360	100	13.0	16.0	16.0	8.0	75.29	59.1	1.061	13400	536	948	13.4	2.67	746	70.0	2.34
40a	400	100	10.5	18.0	18.0	9.0	75.04	58.9	1.144	17600	592	1070	15.3	2.81	879	78.8	2.49
40b	400	102	12.5	18.0	18.0	9.0	83.04	65.2	1.148	18600	640	1140	15.0	2.78	932	82.5	2.44
40c	400	104	14.5	18.0	18.0	9.0	91.04	71.5	1.152	19700	688	1220	14.7	2.75	986	86.2	2.42

附录 9 热轧 H 型钢和部分 T 型钢

附表 9.1 热轧 H 型钢的规格及截面特性(按 GB/T 11263—2010 计算)

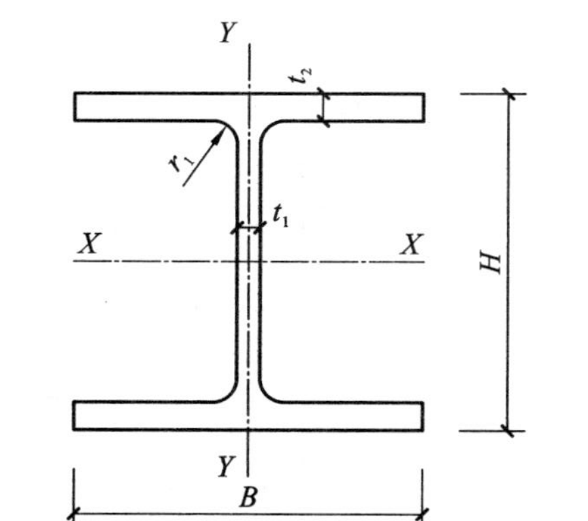

说明:H—高度; B—宽度;
t_1—腹板厚度; t_2—翼缘厚度;
r—圆角半径。
HW、HM、HN、HT 分别代表宽翼缘、中翼缘、窄翼缘、薄壁 H 型钢。

类别	型号(高度×宽度)(mm×mm)	截面尺寸(mm)					截面面积(cm^2)	理论重量(kg/m)	惯性矩(cm^4)		惯性半径(cm)		截面模数(cm^3)	
		H	B	t_1	t_2	r			I_x	I_y	i_x	i_y	W_x	W_y
HW	100×100	100	100	6	8	8	21.58	16.9	378	134	4.18	2.48	75.6	26.7
	125×125	125	125	6.5	9	8	30.00	23.6	839	293	5.28	3.12	134	46.9
	150×150	150	150	7	10	8	39.64	31.1	1620	563	6.39	3.76	216	75.1
	175×175	175	175	7.5	11	13	51.42	40.4	2900	984	7.50	4.37	331	112
	200×200	200	200	8	12	13	63.53	49.9	4720	1600	8.61	5.02	472	160
		*200	204	12	12	13	71.53	56.2	4980	1700	8.34	4.87	498	167

续附表 9.1

类别	型号（高度×宽度）（mm×mm）	截面尺寸(mm)					截面面积（cm^2）	理论重量（kg/m）	惯性矩(cm^4)		惯性半径(cm)		截面模数(cm^3)	
		H	B	t_1	t_2	r			I_x	I_y	i_x	i_y	W_x	W_y
HW	250×250	* 244	252	11	11	13	81.31	63.8	8700	2940	10.3	6.01	713	233
		250	250	9	14	13	91.43	71.8	10700	3650	10.8	6.31	860	292
		* 250	255	14	14	13	103.9	81.6	11400	3880	10.5	6.10	912	304
	300×300	* 294	302	12	12	13	106.3	83.5	16600	5510	12.5	7.20	1130	365
		300	300	10	15	13	118.5	93.0	20200	6750	13.1	7.55	1350	450
		* 300	305	15	15	13	133.5	105	21300	7100	12.6	7.29	1420	466
	350×350	* 338	351	13	13	13	133.3	105	27700	9380	14.4	8.38	1640	534
		* 344	348	10	16	13	144.0	113	32800	11200	15.1	8.83	1910	646
		* 344	354	16	16	13	164.7	129	34900	11800	14.6	8.48	2030	669
		350	350	12	19	13	171.9	135	39800	13600	15.2	8.88	2280	776
		* 350	357	19	19	13	196.4	154	42300	14400	14.7	8.57	2420	808
	400×400	* 388	402	15	15	22	178.5	140	49000	16300	16.6	9.54	2520	809
		* 394	398	11	18	22	186.8	147	56100	18900	17.3	10.1	2850	951
		* 394	405	18	18	22	214.4	168	59700	20000	16.7	9.64	3030	985
		400	400	13	21	22	218.7	172	66600	22400	17.5	10.1	3330	1120
		* 400	408	21	21	22	250.7	197	70900	23800	16.8	9.74	3540	1170
		* 414	405	18	28	22	295.4	232	92800	31000	17.7	10.2	4480	1530
		* 428	407	20	35	22	360.7	283	119000	39400	18.2	10.4	5570	1930
		* 458	417	30	50	22	528.6	415	187000	60500	18.8	10.7	8170	2900

续附表 9.1

类别	型号(高度×宽度)(mm×mm)	截面尺寸(mm)					截面面积(cm²)	理论重量(kg/m)	惯性矩(cm⁴)		惯性半径(cm)		截面模数(cm³)	
		H	B	t_1	t_2	r			I_x	I_y	i_x	i_y	W_x	W_y
HW	400×400	*498	432	45	70	22	770.1	604	298000	94400	19.7	11.1	12000	4370
	500×500	*492	465	15	20	22	258.0	202	117000	33500	21.3	11.4	4770	1440
		*502	465	15	25	22	304.5	239	146000	41900	21.9	11.7	5810	1800
		*502	470	20	25	22	329.6	259	151000	43300	21.4	11.5	6020	1840
HM	150×100	148	100	6	9	8	26.34	20.7	1000	150	6.16	2.38	135	30.1
	200×150	194	150	6	9	8	38.10	29.9	2630	507	8.30	3.64	271	67.6
	250×175	244	175	7	11	13	55.49	43.6	6040	984	10.4	4.21	495	112
	300×200	294	200	8	12	13	71.05	55.8	11100	1600	12.5	4.74	756	160
		*298	201	9	14	13	82.03	64.4	13100	1900	12.6	4.80	878	189
	350×250	340	250	9	14	13	99.53	78.1	21200	3650	14.6	6.05	1250	292
	400×300	390	300	10	16	13	133.3	105	37900	7200	16.9	7.35	1940	480
	450×300	440	300	11	18	13	153.9	121	54700	8110	18.9	7.25	2490	540
	500×300	*482	300	11	15	13	141.2	111	58300	6760	20.3	6.91	2420	450
		488	300	11	18	13	159.2	125	68900	8110	20.8	7.13	2820	540
	550×300	*544	300	11	15	13	148.0	116	76400	6760	22.7	6.75	2810	450
		*550	300	11	18	13	166.0	130	89800	8110	23.3	6.98	3270	540
	600×300	*582	300	12	17	13	169.2	133	98900	7660	24.2	6.72	3400	511
		588	300	12	20	13	187.2	147	114000	9010	24.7	6.93	3890	601
		*594	302	14	23	13	217.1	170	134000	10600	24.8	6.97	4500	700

续附表 9.1

类别	型号（高度×宽度）(mm×mm)	截面尺寸(mm)					截面面积(cm^2)	理论重量(kg/m)	惯性矩(cm^4)		惯性半径(cm)		截面模数(cm^3)	
		H	B	t_1	t_2	r			I_x	I_y	i_x	i_y	W_x	W_y
HN	*100×50	100	50	5	7	8	11.84	9.30	187	14.8	3.97	1.11	37.5	5.91
	*125×60	125	60	6	8	8	16.68	13.1	409	29.1	4.95	1.32	65.4	9.71
	150×75	150	75	5	7	8	17.84	14.0	666	49.5	6.10	1.66	88.8	13.2
	175×90	175	90	5	8	8	22.89	18.0	1210	97.5	7.25	2.06	138	21.7
	200×100	*198	99	4.5	7	8	22.68	17.8	1540	113	8.24	2.23	156	22.9
		200	100	5.5	8	8	26.66	20.9	1810	134	8.22	2.23	181	26.7
	250×125	*248	124	5	8	8	31.98	25.1	3450	255	10.4	2.82	278	41.1
		250	125	6	9	8	36.96	29.0	3960	294	10.4	2.81	317	47.0
	300×150	*298	149	5.5	8	13	40.80	32.0	6320	442	12.4	3.29	424	59.3
		300	150	6.5	9	13	46.78	36.7	7210	508	12.4	3.29	481	67.7
	350×175	*346	174	6	9	13	52.45	41.2	11000	791	14.5	3.88	638	91.0
		350	175	7	11	13	62.91	49.4	13500	984	14.6	3.95	771	112
	400×150	400	150	8	13	13	70.37	55.2	18600	734	16.3	3.22	929	97.8
	400×200	*396	199	7	11	13	71.41	56.1	19800	1450	16.6	4.50	999	145
		400	200	8	13	13	83.37	65.4	23500	1740	16.8	4.56	1170	174
	450×150	*446	150	7	12	13	66.99	52.6	22000	677	18.1	3.17	985	90.3
		450	151	8	14	13	77.49	60.8	25700	806	18.2	3.22	1140	107
	450×200	*446	199	8	12	13	82.97	65.1	28100	1580	18.4	4.36	1260	159
		450	200	9	14	13	95.43	74.9	32900	1870	18.6	4.42	1460	187

续附表 9.1

类别	型号（高度×宽度）(mm×mm)	截面尺寸(mm)					截面面积 (cm^2)	理论重量 (kg/m)	惯性矩(cm^4)		惯性半径(cm)		截面模数(cm^3)	
		H	B	t_1	t_2	r			I_x	I_y	i_x	i_y	W_x	W_y
HN	475×150	*470	150	7	13	13	71.53	56.2	26200	733	19.1	3.20	1110	97.8
		*475	151.5	8.5	15.5	13	86.15	67.6	31700	901	19.2	3.23	1330	119
	475×150	482	153.5	10.5	19	13	106.4	83.5	39600	1150	19.3	3.28	1640	150
	500×150	*492	150	7	12	13	70.21	55.1	27500	677	19.8	3.10	1120	90.3
		*500	152	9	16	13	92.21	72.4	37000	940	20.0	3.19	1480	124
		504	153	10	18	13	103.3	81.1	41900	1080	20.1	3.23	1660	141
	500×200	*496	199	9	14	13	99.29	77.9	40800	1840	20.3	4.30	1650	185
		500	200	10	16	13	112.3	88.1	46800	2140	20.4	4.36	1870	214
		*506	201	11	19	13	129.3	102.0	55500	2580	20.7	4.46	2190	257
	550×200	*546	199	9	14	13	103.8	81.5	50800	1840	22.1	4.21	1860	185
		550	200	10	16	13	117.3	92.0	58200	2140	22.3	4.27	2120	214
	600×200	*596	199	10	15	13	117.8	92.4	66600	1980	23.8	4.09	2240	199
		600	200	11	17	13	131.7	103	75600	2270	24.0	4.15	2520	227
		*606	201	12	20	13	149.8	118	88300	2720	24.3	4.25	2910	270
	625×200	*625	198.5	13.5	17.5	13	150.6	118	88500	2300	24.2	3.90	2830	231
		630	200	15	20	13	170.0	133	101000	2690	24.4	3.97	3220	268
		*638	202	17	24	13	198.7	156	122000	3320	24.8	4.09	3820	329
	650×300	*646	299	10	15	13	152.8	120	110000	6690	26.9	6.61	3410	447
		*650	300	11	17	13	171.2	134	125000	7660	27.0	6.68	3850	511

续附表 9.1

类别	型号(高度×宽度)(mm×mm)	截面尺寸(mm)					截面面积(cm^2)	理论重量(kg/m)	惯性矩(cm^4)		惯性半径(cm)		截面模数(cm^3)	
		H	B	t_1	t_2	r			I_x	I_y	i_x	i_y	W_x	W_y
HN	650×300	*656	301	12	20	13	195.8	154	147000	9100	27.4	6.81	4470	605
	700×300	*692	300	13	20	18	207.5	163	168000	9020	28.5	6.59	4870	601
		700	300	13	24	18	231.5	182	197000	10800	29.2	6.83	5640	721
	750×300	*734	299	12	16	18	182.7	143	161000	7140	29.7	6.25	4390	478
		*742	300	13	20	18	214.0	168	197000	9020	30.4	6.49	5320	601
		*750	300	13	24	18	238.0	187	231000	10800	31.1	6.74	6150	721
		*758	303	16	28	18	284.8	224	276000	13000	31.1	6.75	7270	859
	800×300	*792	300	14	22	18	239.5	188	248000	9920	32.2	6.43	6270	661
		800	300	14	26	18	263.5	207	286000	11700	33.0	6.66	7160	781
	850×300	*834	298	14	19	18	227.5	179	251000	8400	33.2	6.07	6020	564
		*842	299	15	23	18	259.7	204	298000	10300	33.9	6.28	7080	687
		*850	300	16	27	18	292.1	229	346000	12200	34.4	6.45	8140	812
		*858	301	17	31	18	324.7	255	395000	14100	34.9	6.59	9210	939
	900×300	*890	299	15	23	18	266.9	210	339000	10300	35.6	6.20	7610	687
		900	300	16	28	18	305.8	240	404000	12600	36.4	6.42	8990	842
		*912	302	18	34	18	360.1	283	491000	15700	36.9	6.59	10800	1040
	1000×300	*970	297	16	21	18	276.0	217	393000	9210	37.8	5.77	8110	620
		*980	298	17	26	18	315.5	248	472000	11500	38.7	6.04	9630	772
		*990	298	17	31	18	345.3	271	544000	13700	39.7	6.30	11000	921

续附表 9.1

类　别	型号(高度×宽度)(mm×mm)	截面尺寸(mm)					截面面积(cm^2)	理论重量(kg/m)	惯性矩(cm^4)		惯性半径(cm)		截面模数(cm^3)	
		H	B	t_1	t_2	r			I_x	I_y	i_x	i_y	W_x	W_y
HN	1000×300	*1000	300	19	36	18	395.1	310	634000	16300	40.1	6.41	12700	1080
		*1008	302	21	40	18	439.3	345	712000	18400	40.3	6.47	14100	1220
HT	100×50	95	48	3.2	4.5	8	7.620	5.98	115	8.39	3.88	1.04	24.2	3.49
		97	49	4	5.5	8	9.370	7.36	143	10.9	3.91	1.07	29.6	4.45
	100×100	96	99	4.5	6	8	16.20	12.7	272	97.2	4.09	2.44	56.7	19.6
	125×60	118	58	3.2	4.5	8	9.250	7.26	218	14.7	4.85	1.26	37.0	5.08
		120	59	4	5.5	8	11.39	8.94	271	19.0	4.87	1.29	45.2	6.43
	125×125	119	123	4.5	6	8	20.12	15.8	532	186	5.14	3.04	89.5	30.3
	150×75	145	73	3.2	4.5	8	11.47	9.00	416	29.3	6.01	1.59	57.3	8.02
		147	74	4	5.5	8	14.12	11.1	516	37.3	6.04	1.62	70.2	10.1
	150×100	139	97	3.2	4.5	8	13.43	10.6	476	68.6	5.94	2.25	68.4	14.1
		142	99	4.5	6	8	18.27	14.3	654	97.2	5.98	2.30	92.1	19.6
	150×150	144	148	5	7	8	27.76	21.8	1090	378	6.25	3.69	151	51.1
		147	149	6	8.5	8	33.67	26.4	1350	469	6.32	3.73	183	63.0
	175×90	168	88	3.2	4.5	8	13.55	10.6	670	51.2	7.02	1.94	79.7	11.6
		171	89	4	6	8	17.58	13.8	894	70.7	7.13	2.00	105	15.9
	175×175	167	173	5	7	13	33.32	26.2	1780	605	7.30	4.26	213	69.9
		172	175	6.5	9.5	13	44.64	35.0	2470	850	7.43	4.36	287	97.1
	200×100	193	98	3.2	4.5	8	15.25	12.0	994	70.7	8.07	2.15	103	14.4

续附表 9.1

类别	型号（高度×宽度）（mm×mm）	截面尺寸（mm）					截面面积（cm^2）	理论重量（kg/m）	惯性矩（cm^4）		惯性半径（cm）		截面模数（cm^3）	
		H	B	t_1	t_2	r			I_x	I_y	i_x	i_y	W_x	W_y
HT	200×100	196	99	4	6	8	19.78	15.5	1320	97.2	8.18	2.21	135	19.6
	200×150	188	149	4.5	6	8	26.34	20.7	1730	331	8.09	3.54	184	44.4
	200×200	192	198	6	8	13	43.69	34.3	3060	1040	8.37	4.86	319	105
	250×125	244	124	4.5	6	8	25.86	20.3	2650	191	10.1	2.71	217	30.8
	250×175	238	173	4.5	8	13	39.12	30.7	4240	691	10.4	4.20	356	79.9
	300×150	294	148	4.5	6	13	31.90	25.0	4800	325	12.3	3.19	327	43.9
	300×200	286	198	6	8	13	49.33	38.7	7360	1040	12.2	4.58	515	105
	350×175	340	173	4.5	6	13	36.97	29.0	7490	518	14.2	3.74	441	59.9
	400×150	390	148	6	8	13	47.57	37.3	11700	434	15.7	3.01	602	58.6
	400×200	390	198	6	8	13	55.57	43.6	14700	1040	16.2	4.31	752	105

注：(1)表中同一型号的产品，其内侧尺寸高度一致。

(2)表中截面面积计算公式为："$t_1(H-2t_2)+2Bt_2+0.858r^2$"。

(3)"*"表示的规格为非常用规格。

附表 9.2　部分 T 型钢的规格及截面特性(按 GB/T 11263—2010 计算)

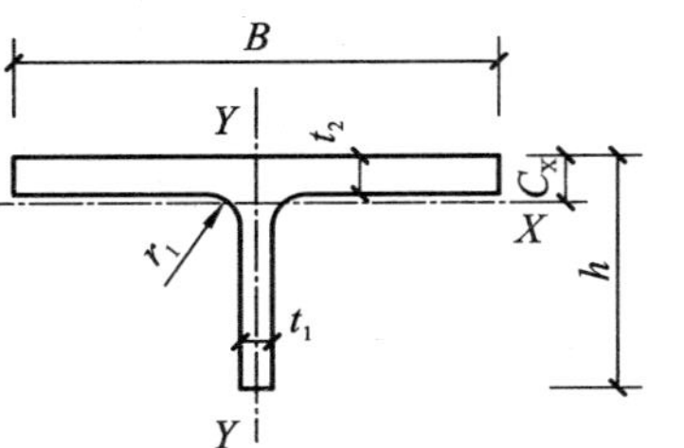

说明：H—高度；　B—宽度；
t_1—腹板厚度；　t_2—翼缘厚度；
r—圆角半径；　C_x—重心。
TW、TM、TN 分别代表宽翼缘、中翼缘、窄翼缘部分 T 型钢。

类别	型号(高度×宽度)(mm×mm)	截面尺寸(mm)					截面面积(cm^2)	理论重量(kg/m)	惯性矩(cm^4)		惯性半径(cm)		截面模数(cm^3)		重心 C_x(cm)	对应 H 型钢系列型号
		H	B	t_1	t_2	r			I_x	I_y	i_x	i_y	W_x	W_y		
TW	50×100	50	100	6	8	8	10.79	8.47	16.1	66.8	1.22	2.48	4.02	13.4	1.00	100×100
	62.5×125	62.5	125	6.5	9	8	15.00	11.8	35.0	147	1.52	3.12	6.91	23.5	1.19	125×125
	75×150	75	150	7	10	8	19.82	15.6	66.4	282	1.82	3.76	10.8	37.5	1.37	150×150
	87.5×175	87.5	175	7.5	11	13	25.71	20.2	115	492	2.11	4.37	15.9	56.2	1.55	175×175
	100×200	100	200	8	12	13	31.76	24.9	184	801	2.40	5.02	22.3	80.1	1.73	200×200
		100	204	12	12	13	35.76	28.1	256	851	2.67	4.87	32.4	83.4	2.09	
	125×250	125	250	9	14	13	45.71	35.9	412	1820	3.00	6.31	39.5	146	2.08	250×250
		125	255	14	14	13	51.96	40.8	589	1940	3.36	6.10	59.4	152	2.58	
	150×300	147	302	12	12	13	53.16	41.7	857	2760	4.01	7.20	72.3	183	2.85	300×300
		150	300	10	15	13	59.22	46.5	798	3380	3.67	7.55	63.7	225	2.47	
		150	305	15	15	13	66.72	52.4	1110	3550	4.07	7.29	92.5	233	3.04	

续附表 9.2

类别	型号（高度×宽度）（mm×mm）	截面尺寸(mm)					截面面积（cm^2）	理论重量（kg/m）	惯性矩(cm^4)		惯性半径(cm)		截面模数(cm^3)		重心 C_x(cm)	对应H型钢系列型号
		H	B	t_1	t_2	r			I_x	I_y	i_x	i_y	W_x	W_y		
TW	175×350	172	348	10	16	13	72.00	56.5	1230	5620	4.13	8.83	84.7	323	2.67	350×350
		175	350	12	19	13	85.94	67.5	1520	6790	4.20	8.88	104	388	2.87	
	200×400	194	402	15	15	22	89.22	70.0	2480	8130	5.27	9.54	158	404	3.70	400×400
		197	398	11	18	22	93.40	73.3	2050	9460	4.67	10.1	123	475	3.01	
		200	400	13	21	22	109.3	85.8	2480	11200	4.75	10.1	147	560	3.21	
		200	408	21	21	22	125.3	98.4	3650	11900	5.39	9.74	229	584	4.07	
		207	405	18	28	22	147.7	116	3620	15500	4.95	10.2	213	766	3.68	
		214	407	20	35	22	180.3	142	4380	19700	4.92	10.4	250	967	3.90	
TM	75×100	74	100	6	9	8	13.17	10.3	51.7	75.2	1.98	2.38	8.84	15.0	1.56	150×100
	100×150	97	150	6	9	8	19.05	15.0	124	253	2.55	3.64	15.8	33.8	1.80	200×150
	125×175	122	175	7	11	13	27.74	21.8	288	492	3.22	4.21	29.1	56.2	2.28	250×175
	150×200	147	200	8	12	13	35.52	27.9	571	801	4.00	4.74	48.2	80.1	2.85	300×200
		149	201	9	14	13	41.01	32.2	661	949	4.01	4.80	55.2	94.4	2.92	
	175×250	170	250	9	14	13	49.76	39.1	1020	1820	4.51	6.05	73.2	146	3.11	350×250
	200×300	195	300	10	16	13	66.62	52.3	1730	3600	5.09	7.35	108	240	3.43	400×300
	225×300	220	300	11	18	13	76.94	60.4	2680	4050	5.89	7.25	150	270	4.09	450×300
	250×300	241	300	11	15	13	70.58	55.4	3400	3380	6.93	6.91	178	225	5.00	500×300

续附表 9.2

类别	型号（高度×宽度）（mm×mm）	截面尺寸（mm）					截面面积（cm^2）	理论重量（kg/m）	惯性矩（cm^4）		惯性半径（cm）		截面模数（cm^3）		重心 C_x（cm）	对应H型钢系列型号
		H	B	t_1	t_2	r			I_x	I_y	i_x	i_y	W_x	W_y		
TM	250×300	244	300	11	18	13	79.58	62.5	3610	4050	6.73	7.13	184	270	4.72	550×300
	275×300	272	300	11	15	13	73.99	58.1	4790	3380	8.04	6.75	225	225	5.96	
		275	300	11	18	13	82.99	65.2	5090	4050	7.82	6.98	232	270	5.59	
	300×300	291	300	12	17	13	84.60	66.4	6320	3830	8.64	6.72	280	255	6.51	600×300
		294	300	12	20	13	93.60	73.5	6680	4500	8.44	6.93	288	300	6.17	
		297	302	14	23	13	108.5	85.2	7890	5290	8.52	6.97	339	350	6.41	
TN	50×50	50	50	5	7	8	5.920	4.65	11.8	7.39	1.41	1.11	3.18	2.95	1.28	100×50
	62.5×60	62.5	60	6	8	8	8.340	6.55	27.5	14.6	1.81	1.32	5.96	4.85	1.64	125×60
	75×75	75	75	5	7	8	8.920	7.00	42.6	24.7	2.18	1.66	7.46	6.59	1.79	150×75
	87.5×90	85.5	89	4	6	8	8.790	6.90	53.7	35.3	2.47	2.00	8.02	7.94	1.86	175×90
		87.5	90	5	8	8	11.44	8.98	70.6	48.7	2.48	2.06	10.4	10.8	1.93	
	100×100	99	99	4.5	7	8	11.34	8.90	93.5	56.7	2.87	2.23	12.1	11.5	2.17	200×100
		100	100	5.5	8	8	13.33	10.5	114	66.9	2.92	2.23	14.8	13.4	2.31	
	125×125	124	124	5	8	8	15.99	12.6	207	127	3.59	2.82	21.3	20.5	2.66	250×125
		125	125	6	9	8	18.48	14.5	248	147	3.66	2.81	25.6	23.5	2.81	
	150×150	149	149	5.5	8	13	20.40	16.0	393	221	4.39	3.29	33.8	29.7	3.26	300×150
		150	150	6.5	9	13	23.39	18.4	464	254	4.45	3.29	40.0	33.8	3.41	
	175×175	173	174	6	9	13	26.22	20.6	679	396	5.08	3.88	50.0	45.5	3.72	350×175
		175	175	7	11	13	31.45	24.7	814	492	5.08	3.95	59.3	56.2	3.76	

续附表 9.2

类别	型号（高度×宽度）（mm×mm）	截面尺寸（mm）					截面面积（cm^2）	理论重量（kg/m）	惯性矩（cm^4）		惯性半径（cm）		截面模数（cm^3）		重心 C_x（cm）	对应 H 型钢系列型号
		H	B	t_1	t_2	r			I_x	I_y	i_x	i_y	W_x	W_y		
TN	200×200	198	199	7	11	13	35.70	28.0	1190	723	5.77	4.50	76.4	72.7	4.20	400×200
		200	200	8	13	13	41.68	32.7	1390	868	5.78	4.56	88.6	86.8	4.26	
	225×150	223	150	7	12	13	33.49	26.3	1570	338	6.84	3.17	93.7	45.1	5.54	450×150
		225	151	8	14	13	38.74	30.4	1830	403	6.87	3.22	108	53.4	5.62	
	225×200	223	199	8	12	13	41.48	32.6	1870	789	6.71	4.36	109	79.3	5.15	450×200
		225	200	9	14	13	47.71	37.5	2150	935	6.71	4.42	124	93.5	5.19	
	237.5×150	235	150	7	13	13	35.76	28.1	1850	367	7.18	3.20	104	48.9	7.50	475×150
		237.5	151.5	8.5	15.5	13	43.07	33.8	2270	451	7.25	3.23	128	59.5	7.57	
		241	153.5	10.5	19	13	53.20	41.8	2860	575	7.33	3.28	160	75.0	7.67	
	250×150	246	150	7	12	13	35.10	27.6	2060	339	7.66	3.10	113	45.1	6.36	500× 150
		250	152	9	16	13	46.10	36.2	2750	470	7.71	3.19	149	61.9	6.53	
		252	153	10	18	13	51.66	40.6	3100	540	7.74	3.23	167	70.5	6.62	
	250×200	248	199	9	14	13	49.64	39.0	2820	921	7.54	4.30	150	92.6	5.97	500×200
		250	200	10	16	13	56.12	44.1	3200	1070	7.54	4.36	169	107	6.03	
		253	201	11	19	13	64.65	50.8	3660	1290	7.52	4.46	189	128	6.00	
	275×200	273	199	9	14	13	51.89	40.7	3690	921	8.43	4.21	180	92.6	6.85	550×200
		275	200	10	16	13	58.62	46.0	4180	1070	8.44	4.27	203	107	6.89	
	300×200	298	199	10	15	13	58.87	46.2	5150	988	9.35	4.09	235	99.3	7.92	600×200

续附表 9.2

类别	型号（高度×宽度）(mm×mm)	截面尺寸(mm)					截面面积(cm^2)	理论重量(kg/m)	惯性矩(cm^4)		惯性半径(cm)		截面模数(cm^3)		重心 C_x(cm)	对应H型钢系列型号
		H	B	t_1	t_2	r			I_x	I_y	i_x	i_y	W_x	W_y		
TN	300×200	300	200	11	17	13	65.85	51.7	5770	1140	9.35	4.14	262	114	7.95	600×200
		303	201	12	20	13	74.88	58.8	6530	1360	9.33	4.25	291	135	7.88	
	312.5×200	312.5	198.5	13.5	17.5	13	75.28	59.1	7460	1150	9.95	3.90	338	116	9.15	625×200
		315	200	15	20	13	84.97	66.7	8470	1340	9.98	3.97	380	134	9.21	
		319	202	17	24	13	99.35	78.0	9960	1160	10.0	4.08	440	165	9.26	
	325×300	323	299	10	15	12	76.26	59.9	7220	3340	9.73	6.62	289	224	7.28	650×300
		325	300	11	17	13	85.60	67.2	8090	3830	9.71	6.68	321	255	7.29	
		328	301	12	20	13	97.88	76.8	9120	4550	9.65	6.81	356	302	7.20	
	350×300	346	300	13	20	13	103.1	80.9	1120	4510	10.4	6.61	424	300	8.12	700×300
		350	300	13	24	13	115.1	90.4	1200	5410	10.2	6.85	438	360	7.65	
	400×300	396	300	14	22	18	119.8	94.0	1760	4960	12.1	6.43	592	331	9.77	800×300
		400	300	14	26	18	131.8	103	1870	5860	11.9	6.66	610	391	9.27	
	450×300	445	299	15	23	18	133.5	105	2590	5140	13.9	6.20	789	344	11.7	900×300
		450	300	16	28	18	152.9	120	2910	6320	13.8	6.42	865	421	11.4	
		456	302	18	34	18	180.0	141	3410	7830	13.8	6.59	997	518	11.3	

附录 10 锚栓规格

		Ⅰ				Ⅱ				Ⅲ		
型式		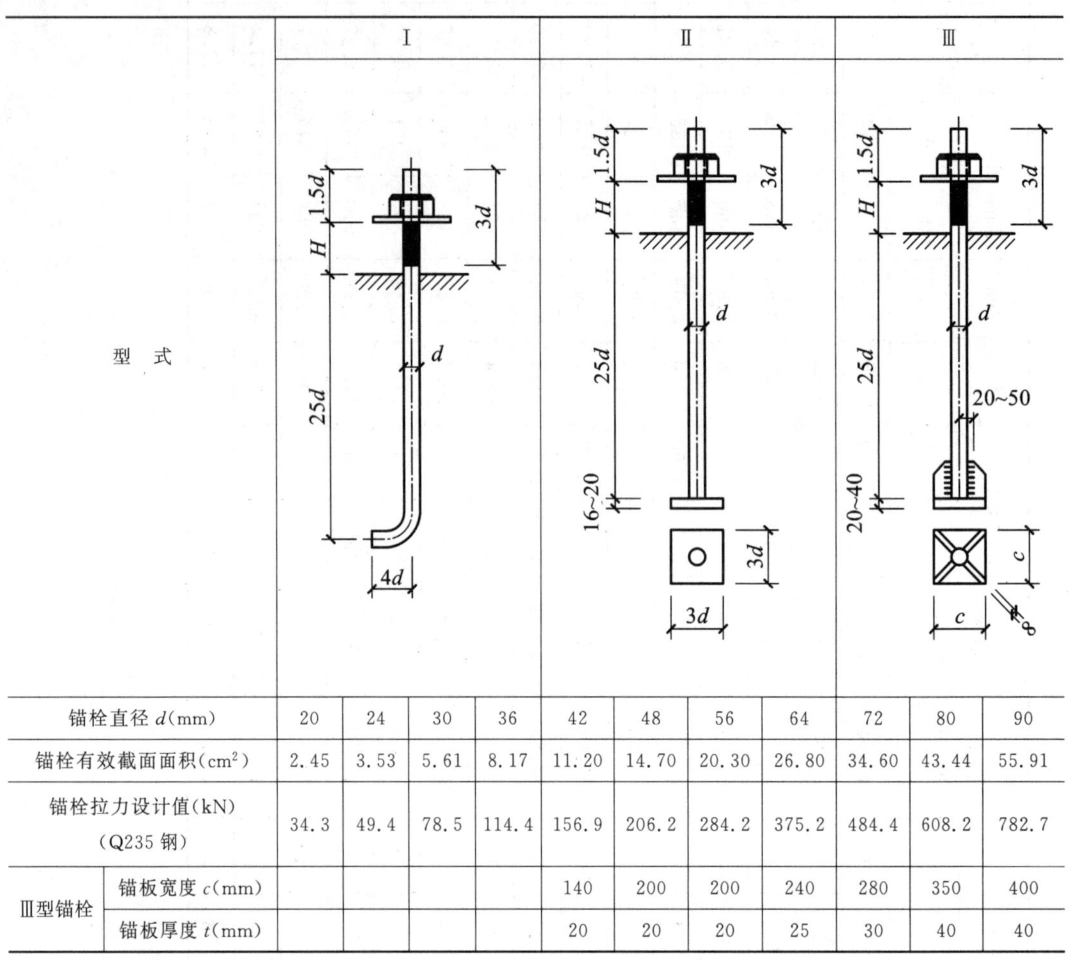										
锚栓直径 d(mm)		20	24	30	36	42	48	56	64	72	80	90
锚栓有效截面面积(cm^2)		2.45	3.53	5.61	8.17	11.20	14.70	20.30	26.80	34.60	43.44	55.91
锚栓拉力设计值(kN)(Q235 钢)		34.3	49.4	78.5	114.4	156.9	206.2	284.2	375.2	484.4	608.2	782.7
Ⅲ型锚栓	锚板宽度 c(mm)					140	200	200	240	280	350	400
	锚板厚度 t(mm)					20	20	20	25	30	40	40

附录 11 螺栓的有效直径和有效截面面积

螺栓直径 d(mm)	16	18	20	22	24	27	30
螺距 p(mm)	2	2.5	2.5	2.5	3	3	3.5
螺栓有效直径 d_e(mm)	14.1236	15.6545	17.6545	19.6545	21.1854	24.1854	26.7163
螺栓有效截面面积 A_e(mm^2)	156.7	192.5	244.8	303.4	352.5	459.4	560.6

注：表中的螺栓有效截面面积 A_e 值按下式算得：

$$A_e=\frac{\pi}{A}\left(d-\frac{13}{24}\sqrt{3}p\right)^2$$

附录 12　梁的整体稳定系数

（1）等截面焊接工字形和轧制 H 型钢（附图 12.1）简支梁的整体稳定系数 φ_b 应按下列公式计算：

$$\varphi_b = \beta_b \frac{4320}{\lambda_y^2} \cdot \frac{Ah}{W_x}\left[\sqrt{1+\left(\frac{\lambda_y t_1}{4.4h}\right)^2}+\eta_b\right]\varepsilon_k \qquad (附\ 12.1)$$

$$\lambda_y = \frac{l_1}{i_y} \qquad (附\ 12.2)$$

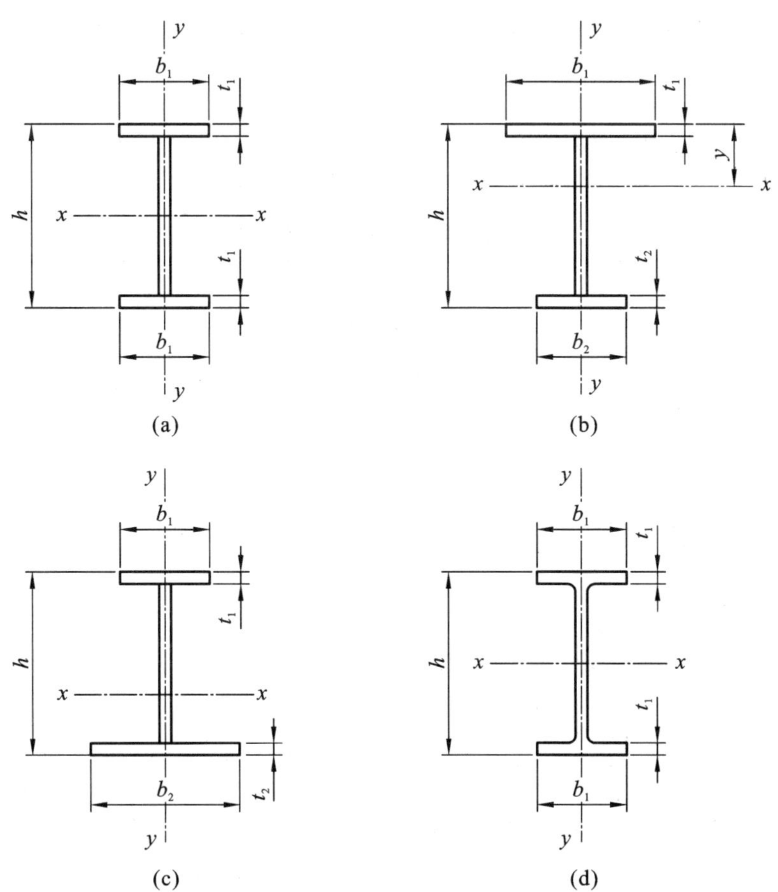

附图 12-1　焊接工字形和轧制 H 型钢

(a)双轴对称焊接工字形截面；(b)加强受压翼缘的单轴对称焊接工字形截面；
(c)加强受拉翼缘的单轴对称焊接工字形截面；(d)轧制 H 型钢截面

截面不对称影响系数 η_b 应按下列公式计算：

对双轴对称截面[附图 12.1(a)、附图 12.1(d)]

$$\eta_b = 0 \qquad (附\ 12.3)$$

对单轴对称工字形截面[附图 12.1(b)、附图 12.1(c)]：

加强受压翼缘 $\eta_b = 0.8(2\alpha_b - 1)$ （附 12.4）

加强受拉翼缘 $\eta_b = 2\alpha_b - 1$ （附 12.5）

$$\alpha_b = \frac{I_1}{I_1 + I_2} \quad \text{（附 12.6）}$$

当按式（附 12.1）算得的 φ_b 值大于 0.6 时，应用下式计算的 φ_b' 代替 φ_b 值：

$$\varphi_b' = 1.07 - \frac{0.282}{\varphi_b} \leqslant 1.0 \quad \text{（附 12.7）}$$

式中 β_b——梁整体稳定的等效弯矩系数，应按附表 12.1 采用；

λ_y——梁在侧向支承点间对截面弱轴 $y—y$ 的长细比；

A——梁的毛截面面积；

h、t_1——梁截面的全高和受压翼缘厚度，等截面铆接（或高强度螺栓连接）简支梁，其受压翼缘厚度 t_1 包括翼缘角钢厚度在内；

l_1——梁受压翼缘侧向支承点之间的距离；

i_y——梁毛截面对 y 轴的回转半径；

I_1、I_2——分别为受压翼缘和受拉翼缘对 y 轴的惯性矩。

附表 12-1　H 型钢和等截面工字形简支梁的系数 β_b

项次	侧向支承	荷载		$\xi \leqslant 2.0$	$\xi > 2.0$	适用范围
1	跨中无侧向支承	均布荷载作用在	上翼缘	$0.69 + 0.13\xi$	0.95	附图 12.1(a)、(b)和(d)的截面
2			下翼缘	$1.73 - 0.20\xi$	1.33	
3		集中荷载作用在	上翼缘	$0.73 + 0.18\xi$	1.09	
4			下翼缘	$2.23 - 0.28\xi$	1.67	
5	跨度中点有一个侧向支承点	均布荷载作用在	上翼缘	1.15		附图 12.1 中的所有截面
6			下翼缘	1.40		
7		集中荷载作用在截面高度的任意位置		1.75		
8	跨中有不少于两个等距离侧向支承点	任意荷载作用在	上翼缘	1.20		
9			下翼缘	1.40		
10	梁端有弯矩，但跨中无荷载作用			$1.75 - 1.05\left(\frac{M_2}{M_1}\right) + 0.3\left(\frac{M_2}{M_1}\right)^2$ 但 $\leqslant 2.3$		

注：1. ξ 为参数，$\xi = \frac{l_1 t_1}{b_1 h}$，其中 b_1 为受压翼缘的宽度。

2. M_1 和 M_2 为梁的端弯矩，使梁产生同向曲率时 M_1 和 M_2 取同号，产生反向曲率时取异号，$|M_1| \geqslant |M_2|$。

3. 表中项次 3、4 和 7 的集中荷载是指一个或少数几个集中荷载位于跨中央附近的情况，对其他情况的集中荷载，应按表中项次 1、2、5、6 内的数值采用。

4. 表中项次 8、9 的 β_b，当集中荷载作用在侧向支承点处时，取 $\beta_b = 1.20$。

5. 荷载作用在上翼缘系指荷载作用点在翼缘表面，方向指向截面形心；荷载作用在下翼缘系指荷载作用点在翼缘表面，方向背向截面形心。

6. 对 $\alpha_b > 0.8$ 的加强受压翼缘工字形截面，下列情况的 β_b 值应乘以相应的系数：

项次 1，当 $\xi \leqslant 1.0$ 时，乘以 0.95；

项次 3，当 $\xi \leqslant 0.5$ 时，乘以 0.90，当 $0.5 < \xi \leqslant 1.0$ 时，乘以 0.95。

(2)轧制普通工字形简支梁的整体稳定系数 φ_b 应按附表 12.2 采用，当所得的 φ_b 值大于 0.6 时，应取式(附 12.7)算得的代替值。

附表 12.2　轧制普通工字钢简支梁的 φ_b

<table>
<tr><th rowspan="2">项次</th><th rowspan="2" colspan="3">荷载情况</th><th rowspan="2">工字钢型号</th><th colspan="9">自由长度 l_1(mm)</th></tr>
<tr><th>2</th><th>3</th><th>4</th><th>5</th><th>6</th><th>7</th><th>8</th><th>9</th><th>10</th></tr>
<tr><td rowspan="3">1</td><td rowspan="12">跨中无侧向支承点的梁</td><td rowspan="6">集中荷载作用于</td><td rowspan="3">上翼缘</td><td>10～20</td><td>2.00</td><td>1.30</td><td>0.99</td><td>0.80</td><td>0.68</td><td>0.58</td><td>0.53</td><td>0.48</td><td>0.43</td></tr>
<tr><td>22～32</td><td>2.40</td><td>1.48</td><td>1.09</td><td>0.86</td><td>0.72</td><td>0.62</td><td>0.54</td><td>0.49</td><td>0.45</td></tr>
<tr><td>36～63</td><td>2.80</td><td>1.60</td><td>1.07</td><td>0.83</td><td>0.68</td><td>0.56</td><td>0.50</td><td>0.45</td><td>0.40</td></tr>
<tr><td rowspan="3">2</td><td rowspan="3">下翼缘</td><td>10～20</td><td>3.10</td><td>1.95</td><td>1.34</td><td>1.01</td><td>0.82</td><td>0.69</td><td>0.63</td><td>0.57</td><td>0.52</td></tr>
<tr><td>22～40</td><td>5.50</td><td>2.80</td><td>1.84</td><td>1.37</td><td>1.07</td><td>0.86</td><td>0.73</td><td>0.64</td><td>0.56</td></tr>
<tr><td>45～63</td><td>7.30</td><td>3.60</td><td>2.30</td><td>1.62</td><td>1.20</td><td>0.96</td><td>0.80</td><td>0.69</td><td>0.60</td></tr>
<tr><td rowspan="3">3</td><td rowspan="6">均布荷载作用于</td><td rowspan="3">上翼缘</td><td>10～20</td><td>1.70</td><td>1.12</td><td>0.84</td><td>0.68</td><td>0.57</td><td>0.50</td><td>0.45</td><td>0.41</td><td>0.37</td></tr>
<tr><td>22～40</td><td>2.10</td><td>1.30</td><td>0.93</td><td>0.73</td><td>0.60</td><td>0.51</td><td>0.45</td><td>0.40</td><td>0.36</td></tr>
<tr><td>45～63</td><td>2.60</td><td>1.45</td><td>0.97</td><td>0.73</td><td>0.59</td><td>0.50</td><td>0.44</td><td>0.38</td><td>0.35</td></tr>
<tr><td rowspan="3">4</td><td rowspan="3">下翼缘</td><td>10～20</td><td>2.50</td><td>1.55</td><td>1.08</td><td>0.83</td><td>0.68</td><td>0.56</td><td>0.52</td><td>0.47</td><td>0.42</td></tr>
<tr><td>22～40</td><td>4.00</td><td>2.20</td><td>1.45</td><td>1.10</td><td>0.85</td><td>0.70</td><td>0.60</td><td>0.52</td><td>0.46</td></tr>
<tr><td>45～63</td><td>5.60</td><td>2.80</td><td>1.80</td><td>1.25</td><td>0.95</td><td>0.78</td><td>0.65</td><td>0.55</td><td>0.49</td></tr>
<tr><td rowspan="3">5</td><td rowspan="3" colspan="3">跨中有侧向支承点的梁(不论荷载作用点在截面高度上的位置)</td><td>10～20</td><td>2.20</td><td>1.39</td><td>1.01</td><td>0.79</td><td>0.66</td><td>0.57</td><td>0.52</td><td>0.47</td><td>0.42</td></tr>
<tr><td>22～40</td><td>3.00</td><td>1.80</td><td>1.24</td><td>0.96</td><td>0.76</td><td>0.65</td><td>0.56</td><td>0.49</td><td>0.43</td></tr>
<tr><td>45～63</td><td>4.00</td><td>2.20</td><td>1.38</td><td>1.01</td><td>0.80</td><td>0.66</td><td>0.56</td><td>0.49</td><td>0.43</td></tr>
</table>

注：1. 同附表 12.1 的注 3、注 5；
2. 表中的 φ_b 适用于 Q235 钢。对其他钢号，表中数值应乘以 ε_k^2。

(3) 轧制槽钢简支梁的整体稳定系数，不论荷载的形式和荷载作用点在截面高度上的位置，均可按下式计算：

$$\varphi_b = \frac{570bt}{l_1 h} \cdot \varepsilon_k^2 \qquad \text{(附 12.8)}$$

式中　h、b、t——槽钢截面的高度、翼缘宽度和平均厚度。

当按式(附 12.8)算得的 φ_b 值大于 0.6 时，应按式(附 12.7)算得相应的 φ_b' 代替 φ_b 值。

(4) 双轴对称工字形等截面悬臂梁的整体稳定系数，可按式(附 12.1)计算，但式中系数 β_b 应按附表 12.3 查得，当按式(附 12.2)计算长细比 λ_y 时，l_1 为悬臂梁的悬伸长度。当求得的 φ_b 值大于 0.6 时，应按式(附 12.7)算得的相应的 φ_b' 代替 φ_b 值。

附表 12.3　双轴对称工字形等截面悬臂梁的系数 β_b

项次	荷载形式		$0.60\leqslant\xi\leqslant1.24$	$1.24<\xi\leqslant1.96$	$1.96<\xi\leqslant3.10$
1	自由端的一个集中荷载作用在	上翼缘	$0.21+0.67\xi$	$0.72+26\xi$	$1.17+0.03\xi$
2		下翼缘	$2.94-0.65\xi$	$2.64-0.40\xi$	$2.15-0.15\xi$
3	均不荷载作用在上翼缘		$0.62+0.82\xi$	$1.25+0.31\xi$	$1.66+0.10\xi$

注：1. 本表是按支承端为固定的情况确定的，当用于由邻跨延伸出来的伸臂梁时，应在构造上采取措施加强支承处的抗扭能力；

2. 表中的 ξ 见附表 12.1 注 1。

(5) 均匀弯曲的受弯构件，当 $\lambda_y\leqslant120\varepsilon_k$ 时，其整体稳定系数 φ_b 可按下列公式计算：

① 工字梁截面：

双轴对称

$$\varphi_b=1.07-\frac{\lambda_y^2}{44000\varepsilon_k^2} \tag{附 12.9}$$

单轴对称

$$\varphi_b=1.07-\frac{W_x}{(2\alpha_b+0.1)Ah}\cdot\frac{\lambda_y^2}{44000\varepsilon_k^2} \tag{附 12.10}$$

② 弯矩作用在对称轴平面，绕 x 轴的 T 形截面：

a. 弯矩使翼缘受压时：

双角钢 T 形截面

$$\varphi_b=1-0.0017\lambda_y/\varepsilon_k \tag{附 12.11}$$

剖分 T 型钢和两板组合 T 形截面

$$\varphi_b=1-0.0022\lambda_y/\varepsilon_k \tag{附 12.12}$$

b. 弯矩使翼缘受拉且腹板宽厚比不大于 $18\varepsilon_k$ 时：

$$\varphi_b=1-0.0005\lambda_y/\varepsilon_k \tag{附 12.13}$$

当按式(附 12.9)和式(附 12.10)算得的 φ_b 值大于 1.0 时，取 $\varphi_b=1.0$。

参 考 文 献

1. 钢结构设计标准(GB 50017—2017). 北京:中国建筑工业出版社,2017.
2. 低合金高强度结构钢(GB/T 1591—2008). 北京:中国标准出版社,2008.
3. 高层建筑结构用钢板(YB 4104—2000). 北京:中国标准出版社,2000.
4. 钢结构工程施工质量验收规范(GB 50205—2001). 北京:中国建筑工业出版社,2001.
5. 建筑结构可靠度设计统一标准(GB 50068—2001). 北京:中国建筑工业出版社,2001.
6. 建筑结构荷载规范(GB 50009—2012). 北京:中国建筑工业出版社,2012.
7. 钢结构焊接规范(GB 50661—2011). 北京:中国建筑工业出版社,2011.
8. 钢结构高强度螺栓连接技术规程(JGJ82—2011). 北京:中国建筑工业出版社,2011.
9. 焊缝符号表示法(GB/T 324—2008). 北京:中国标准出版社,2008.
10. 门式刚架轻型房屋钢结构技术规范(GB 51022—2015). 北京:中国建筑工业出版社,2015.
11. 冷弯薄壁型钢结构技术规范(GB 50018—2002). 北京:中国计划出版社,2002.
12. 周绥平,窦立军. 钢结构.3 版. 武汉:武汉理工大学出版社,2013.
13. 崔佳. 钢结构基本原理. 北京:中国建筑工业出版社,2012.
14. 陈绍蕃,顾强. 钢结构(上册)—钢结构基础. 北京:中国建筑工业出版社,2015.
15. 陈绍蕃. 钢结构稳定设计指南. 北京:中国建筑工业出版社,2013.
16. 陈骥. 钢结构稳定理论与设计. 六版. 北京:科学出版社,2014.
17. 张耀春,周绪红. 钢结构设计原理. 北京:高等教育出版社,2015.
18.《新钢结构设计手册》编委会. 新钢结构设计手册. 北京:中国计划出版社,2018.
19. 李星荣,魏才昂,秦斌. 钢结构连接节点设计手册.3 版. 北京:中国建筑工业出版社,2014.